# 高分子相变

## 亚稳态的重要性

# PHASE TRANSITIONS IN POLYMERS
## The Role of Metastable States

Stephen Z. D. Cheng

程正迪 著

沈志豪 译

何平笙 校

高等教育出版社·北京

**图书在版编目（CIP）数据**

高分子相变：亚稳态的重要性 ／ 程正迪著；沈志
豪译．-- 北京 ：高等教育出版社，2020.6
ISBN 978-7-04-053520-4

Ⅰ.①高… Ⅱ.①程… ②沈… Ⅲ.①高聚物物理学
-相变-研究②亚稳态-研究 Ⅳ.①O631.2 ②O414.12

中国版本图书馆 CIP 数据核字（2020）第 023810 号

| | | | | | | | |
|---|---|---|---|---|---|---|---|
| 策划编辑 | 王 超 | 责任编辑 | 王 超 | 封面设计 | 杨立新 | 版式设计 | 马 云 |
| 插图绘制 | 于 博 | 责任校对 | 刘 莉 | 责任印制 | 赵义民 | | |

| | | | |
|---|---|---|---|
| 出版发行 | 高等教育出版社 | 网 址 | http：//www.hep.edu.cn |
| 社 址 | 北京市西城区德外大街 4 号 | | http：//www.hep.com.cn |
| 邮政编码 | 100120 | 网上订购 | http：//www.hepmall.com.cn |
| 印 刷 | 北京中科印刷有限公司 | | http：//www.hepmall.com |
| 开 本 | 787mm×1092mm 1/16 | | http：//www.hepmall.cn |
| 印 张 | 21.25 | | |
| 字 数 | 420 千字 | 版 次 | 2020 年 6 月第 1 版 |
| 购书热线 | 010-58581118 | 印 次 | 2020 年 6 月第 1 次印刷 |
| 咨询电话 | 400-810-0598 | 定 价 | 89.00 元 |

# 作者简介

程正迪教授 1985 年于美国 Rensselaer Polytechnic Institute 获得博士学位。2018 年起担任华南理工大学分子科学与工程学院院长和软物质科学与技术高等研究院院长。此前他是美国 Akron 大学 Frank C. Sullivan 杰出科研教授，Robert C. Musson 讲座教授和董事会讲座教授，曾担任 Akron 大学高分子科学与工程学院院长（2007—2014）。2008 年当选美国工程院院士，同时是美国物理学会及美国科学发展协会会士（Fellow）。他还是中国化学会荣誉会士（2011）和美国化学会高分子材料科学与工程分会会士。他是我国改革开放后出国留学人员中第一位获得美国物理学会高分子物理奖（2013）的获奖人，该奖项是美国科学界授予高分子物理学者的最高奖项。他还获得美国总统青年科学家奖（1991）、美国物理学会 John H. Dillon 奖章（1995）、北美热分析学会 Mettler-Toledo 奖（1999）、国际热分析和量热联合协会 TA Instrument 奖（2004）、美国化学会高分子材料科学与工程分会合作研究奖（2005）、日本高分子学会国际奖（2017）等学术奖项。

程正迪教授的研究方向涉及高分子和先进功能材料的化学、物理和工程，包括有序结构、形貌、相变热力学、动力学和分子运动。近年来他的研究主要集中在具有不同化学分子结构以及物理拓扑结构、形状和相互作用的纳米杂化材料及其在本体、溶液和薄膜中的组装。同时，他也在开展导电高分子、光伏电池、高分子光学和光子学方面的研究。

# 译者简介

沈志豪，北京大学化学与分子工程学院副教授，博士生导师。1991年至1994年就读于南京大学强化部，获学士学位；1996年至2001年在美国阿克伦大学高分子科学系留学并获理学博士学位。2001年至2007年先后在美国弗吉尼亚联邦大学及工业界进行博士后研究。2007年10月进入北京大学化学与分子工程学院高分子科学与工程系，任副教授，2018年被聘为博雅特聘教授。主要研究兴趣为形状两性分子、液晶高分子以及液晶嵌段共聚物的自组装结构调控和功能化研究。2017年获国家杰出青年科学基金资助，同年获教育部高等学校科学研究优秀成果奖自然科学奖二等奖。

# 校者简介

何平笙，中国科学技术大学高分子科学与工程系前系副主任，退休教授，博士生导师。1963年毕业于中国科学技术大学，留校任教至今。曾赴英国、芬兰、荷兰和比利时等国任访问教授多年。从事高分子物理教学61年。曾获国家级教学成果二等奖，以及安徽省教学成果特等奖和一等奖多次。编写出版各级教材和专著十余本。科研兴趣广泛，包括树脂基复合材料的固化、二维状态下的聚合、微纳米元器件制备的软刻蚀技术等，公开发表学术论文约300篇。Email：hpsm @ ustc. edu. cn

# 目　录

# 中文版序

程正迪先生的呕心之作"Phase Transitions in Polymers – The Role of Metastable States"出版十年后,其中文版终于可以和我们见面了!等待中难免有不时的遗憾乃至失落,而十年等待后的相见确实令人欣喜无比。这正是我此刻的心情。

该书是正迪先生二十余年求学的心得,这在书的前言部分已有叙述。该书重点讨论的是高分子领域的重大关键科学问题:亚稳态。这个问题的重要性,以及正迪先生在讨论这个问题时所表现出来的高瞻远瞩和处理复杂问题的高超艺术,Andrew J. Lovinger 先生在序言中已有分析。囿于视野和学识的局限,在下没有能力作出更加恰当中肯的评论和推荐了。这里愿和读者分享的,是在下拜读本书后的一点想法。

五六十年前,高分子还是个很时髦的学科,按照我的恩师冯新德先生的说法,高分子"年轻漂亮"。Lovinger 先生在序言中讲到,五十多年前因为高分子单晶、片晶和链折叠的发现而产生了一个在高分子物理和化学学科的"大爆炸"。今天的年轻学人或许可以通过对眼下一些"热门"领域的现象想见高分子的当年。然而时过境迁,如今的高分子研究热度已经消退。人们在享受着高分子所带来的红利的同时,已经不太关心它了;就像饱食终日的今天,见面不再问"吃了吗"一样。追风赶热是经常发生的现象,一场热闹过后再赶下一波热闹——人是喜欢热闹的。我读过贺东久先生的一首小诗,"我是一团火,你是一阵风,是你纵容我燃烧,烧得烈焰腾腾,然后哼着歌儿走向远方,我却化作了灰烬。"作者或许是为了爱情或者其他什么,而我读到的却是如今常见的一种学术生态。不过,正迪先生不一样,他有一个冷静和善于独立思考的大脑,有主见,不跟风。本书所总结的关于亚稳态的理论,正是他在热浪退去之后在该领域潜心耕耘的成果。他深刻地揭示了亚稳态的重要性,把对高分子运动的认识提升到了一个崭新的境界。按照 Lovinger 先生的说法,在我们往往是只见树木、不见森林时,他"将我们的视野提升到高过树梢,使我们能够观察整个森林"。通过本书,正迪先生传授给我们的,不只是关于高分子相变和亚稳态的知识,更重要的是一种态度,一种方法。学术上的不迷信,不跟风,善于发现并勇于挑战关乎全局的重大问题,能够从纷繁的研究案例和文献中找出其中的联系和规律,作出准确判断,提出独到见解,引领新的学术方向,这些属于该书文本之外的东西，恐怕更加难能可贵、更加需要我们认真学习和借鉴吧。

正迪先生虽长期工作生活在美国，他的弟子和朋友却遍布中国的各个角落，而且个个出彩。认识先生的人都知道，他为人热情、真诚而又非常严格。他授课总是那么投入，那么引人入胜，让人耳目一新。他对学生的指导，总能循循善诱，诲人不倦，让人受益终生。他特别鼓励学生们独立思考，别开生面。他的学生们，也都藏有青蓝之志。学生的成功正是先生的成功。正迪先生的这本书，是为学生们精心撰写的。我知道，他爱他的学生。我也知道，本书的读者，不论他(她)是在校学生抑或已经参加工作，都将从中获益，不仅将对高分子相变和高分子亚稳态还将对高分子科学和高分子材料有更加准确和更加深刻的理解，而且将在科学思想和科学方法上得到升华。

周其凤

2017 年 12 月 12 日

# 中文版前言和致谢

　　经过多年的努力，这本书的中文版终于要和国内的读者见面了。我过去的学生，现在北京大学任教的沈志豪博士完成了翻译工作，中国科技大学的何平笙教授作了最后的校订。期间，许多我的中国学生(特别是陈尔强博士、郑如青博士)和博士后为此书的翻译提供了宝贵意见。我首先要对他们的辛勤劳动和贡献表达我最真诚的谢意。同时，我也非常感谢北京大学的周其凤先生，感谢他在百忙之中为这本书的中文版作序。

　　尽管本书的形成原因和构思安排在我的英文版前言和致谢中已经说明，我还想趁这个机会和国内的读者说几句话。有别于这个领域里的其他专著，这本书是我基于对这门学科的整体理解，在知识结构和系统表达上作出的一些新的尝试。因此，就像我的好朋友 Andrew Lovinger 博士在本书英文版的序中所说，这本书"本身并不容易阅读"，有些读者在刚读这本书时可能会遇到一些困难。但是，如果坚持下去，我想一定会有所收获。我希望这本书能为研究和理解高分子相变提供一个讨论的平台，希望大家能用平衡热力学上的亚稳态和亚稳定性概念来理解非平衡的相变，从而把我们传统上只关注相变的起始态和最终态的认识推广到追踪和研究相变的路径和过程上来，进而对不可逆非平衡态的相变产生兴趣。

　　我在三十多年前开始走进高分子科学的大门。我对我的硕士导师钱宝钧先生和许多华东纺织学院(简称华纺，现在的东华大学)的老师、同学和同事们永远怀着深深的感激之情。华纺对我恩重如山。和三十年前相比，高分子科学变得成熟了。任何一个学科都有它的诞生、成长和成熟的过程。但是一个学科的成熟会孕育更新的学科的诞生，而这个新学科一定比老的学科具有更博大的包容性、更精深的前瞻性以及更广阔的应用性，所以也就具有更顽强的生命力。如果说三十年来我们较多探讨的是塑料、橡胶和人造纤维所引发的科学与工程问题的话，那么今天除了要把传统的高分子领域不断推向新的高度，我们更要追求高分子在生物、医药、能源、光电、环境和其他交叉学科的发展。这样一个新的领域，软物质科学和工程，才刚刚兴起。

　　我的专业领域是高分子化学和物理，所以我最感兴趣的是揭示在实验中观察到的化学和物理现象的内在联系和规律。那么高分子化学和物理作为一门学科是否已经走到头了呢？我的回答是否定的。即使在今天，我们对这个领域中的许多科学问题的认识仍然处在定性或者启蒙的阶段。就我个人的观点来说，在未来的一段比较长的时间里，高分子相变的研究，无论是对合成还是天然高分子或超分子而言，都将会集中在离开平衡态、离开焓主导、离开平均场描述、离开大尺寸、离开单一空间和时间尺度的那些相转变过程和路径上。

过去三十年来，经过几代科学家的艰苦奋斗，中国高分子科学的教育和研究取得了很快的发展和进步。每当参加高分子年会时，我总是为国内这支庞大而年轻的高分子科研队伍而激动并感叹不已。我相信这支队伍在很好地组织、培养、训练和引领下，假以时日，一定会使中国的高分子科研走在世界的最前列。

我的全部基础知识都是在国内受教育而获得的。在我三十多年的学术生涯中，得到了许许多多国内的师长、朋友和同行的帮助和指教。从他们那里我学到了大量的科学知识，也学到了很多做人的道理。为了表达我的感激和仰慕之心，谨以这本书的中文版献给他们，并致以我最诚挚的敬意。

程正迪

于 Akron

2017 年 12 月

# 序

我们经常会看到某些具有革命性的新事物变得如此成功，以至于最后被认为是理所当然的。这同样也发生在结晶性高分子研究领域，在五十多年前因为高分子单晶、片晶和链折叠的发现而产生了一个在高分子物理和化学学科的"大爆炸"。随后的几十年里，这个爆炸性的学科发展包括了结晶、退火及熔融的详细研究，分子构象、晶体结构和形态的确定和控制，关于晶体生长模型以及链折叠学说的正确性和程度的激烈争论，力学、光学和其他物理性能的阐明和开发，更不必说各种各样新型结晶性高分子的至关重要的合成。

不过，在我们自己的年代里，这个"大爆炸"已经变成了(用 T. S. Eliot 的话说)一种微弱的"呜咽"。这并不是说结晶性高分子不再是重要的——恰恰完全相反！毕竟所有商用的高分子中 70% 是结晶性高分子，包括我们日常生活和各种高科技中大量应用的多种材料。结晶性高分子已经变得如此普遍，以至于我们不再把它们当回事。高分子研究者也已经转移到更流行、更具有吸引力的新领域(例如嵌段共聚物、杂化物、与纳米和生物相关的课题，等等)。

但是，是否结晶性高分子中的主要问题都已经解决了？现在是否已经是离开这个领域的时候了？不，决不是！目前这个领域的状况是有些没有解决的问题已经导致了激烈的争论或走进了死胡同，而还在结晶性高分子领域中的研究人员已经将他们的注意力逐渐集中到愈来愈狭窄的问题以及愈来愈专门的高分子材料体系。我们中的多数人不断地培育着我们自己的"知识之树"，专注于研究自己喜欢的高分子、性能和实验技术手段。有时，我们也会努力扩展和超越我们自己所喜爱的独立的"树"，建造一个小小的"树林"，比如研究同族的相关的结晶高分子或者进一步深入到它们的性能研究。不过，常言道：我们一般只见树木不见森林。

这正是为什么这本书是如此使人感觉到清新和有用。它聚焦于"大的图像"：它像一盏巨大的照明灯照耀着整个森林，不仅照亮着它，而且揭示着树木之间很多隐藏的连接和未知的路径。当多数书籍"静态地"看待我们的领域(例如个别地和分离地讨论它们不同的子主题)的时候，本书采用了一种"动态的"方法来研究结晶性(和其他的)高分子的相转变行为。程教授已经在他自己的研究中用了二十多年的时间来思考和发展这个领域。在取得了对于个别高分子和几大类高分子的结构和性能研究的主要发现的同时，他还始终在寻找它们凝聚态行为中的内在联系、现象和共同的规律。在这样的努力下，他已经发现了在高分子材料的相变中的内在联系，更明确地，揭示了亚稳态在相变中所扮演的角色。

亚稳定性的概念与热力学中能垒存在着密切的联系。一个亚稳定的相是指在一个相转变的过程中，在到达最低自由能的终态之前，必须越过一个能垒。虽然通过改变温度而导致的一级和二级转变是典型的可逆过程，但从一个亚稳相到一个更稳定相态的转变却并不如此。在高分子体系中，大分子的结构本质及其伴随的缠结、持久长度、构象特点以及动力学因素决定了几乎任何可到达的固态相都将会处于一个亚稳态。这导致在形态特征、多晶态（同质多晶）现象、相转变特点以及相互转换的丰富性方面，累积至今没有任何一个其他材料学科可以与高分子材料相比。

本书讨论了这个非常复杂、非常多样的实验观察群体，并考察和解释了其系统规律和相互联系。前三个介绍性章节重温了相变热力学和动力学必需的基础背景知识（包括亚稳定性的基本概念）。之后，第四章详细讨论了高分子的相转变和亚稳态，对用来解释高分子结晶成核与生长的不同观点的模型、在不同条件下晶体熔融的错综复杂的行为以及关于相分离的共混物和共聚物中亚稳态的极其广泛而丰富的文献进行了考察和评述。

第五章关注于所有高分子领域里由动力学支配而获得的相态，汇集了相当丰富的多晶态现象、生长竞争、瞬态以及压力和场诱导的形态。特别值得欢迎的是，阐明了常令人惊叹的——却是支配性的——表面和界面对于一些极其迷人、过去五十年来已经在许多高分子中被确定的结构和形态的特征的影响。正是在这里，也许比本书的其他任何地方都多，将我们的视野提升到高过树梢，使我们能够观察整个森林、它的路径、它的连接以及它的共同的基本特征。随后的第六章有效地集中了在不同空间尺度上观察到的多种亚稳定性，探索了它们的相互依赖，并且集合了通常不会联系起来探讨的研究主题，例如与结晶甚至凝胶化同时发生的液-液相分离。

本书对这个宽广的领域内最近发表的上千个单独研究的报道进行了统一化、综合化和精炼，这对于读者是最直接的好处。据我所知，还没有其他任何的书能在这个程度甚至是接近这个程度上涵盖这些主题，并且也的确没有其他任何一本书如此丰富地、综合地、常常评论性地来讨论这些最近的文献。不过，也许最大的更长远的好处是这本书开启了对通常不用亚稳态的概念来研究的主题和领域的重新探讨，并因此在跨越课题边界时获得新的认识和理解。

作品本身并不容易阅读。当我仔细阅读这本书的未编辑的版本时，我经常不得不回去第二遍、有时甚至是第三遍重读某些句子。这确实是底蕴深厚的文本，在文字外表之下蕴藏着很多思想和意义，但是读者花费的时间的代价会以得到综合的知识和新的理解的充分奖励来补偿。本书应该不仅对高分子物理和技术上的研究者和从业者，也对研究生具有特别的价值。

至少在美国，在其他领域的压力以及课程中更大的多学科性的要求下，结晶性高分子的课堂教育一般已经被减少到最低程度。遗憾地看见，高分子晶体结构，结晶度、结晶和形态经常被压缩到只在高分子课程引言中一个或两个讲座中介绍，即使继续高分子研究的研究生可能也没有机会来更深入地了解这门学科，因为这样的课程经常只是选修的。既然我们都知道结晶性高分子在材料世界和我们日常生活中的普遍性和重要性，这样的课程安排看来是完全不适当的。因此，借助本书在亚稳态方面新鲜和启蒙的展示，希望能帮助大学中结晶性高分子学科教学的复兴而加油努力。

ANDREW J. LOVINGER

# 前言和致谢

　　本书的起源可以追溯到大约十八年前，当时我尝试开设一门"高分子相变"的研究生课程。在我准备这门课的过程中，我不断地想到两个问题：我能否确定一个特定的概念来建立不同类型的高分子相变之间的联系？如果要建立一个理解这个主题的平台的话，什么是连接所有关于高分子相变知识的有机结合的纽带？当我们处理涉及不同类型、相互依赖的相变的复杂相行为时，这个概念显得尤其重要。在我的两位导师 Bernhard Wunderlich 教授和 Andrew Keller 教授的鼓励下，我运用亚稳态和亚稳定性两个基本概念将高分子中不同类型的相变联系起来。

　　在我的学术生涯中，我从我的导师们那里学到了许多知识。特别是 Wunderlich 教授，我跟随他取得了博士学位并度过了博士后的训练阶段。他教会了我高分子的热力学，尤其是亚稳定性的热力学概念。Keller 教授使我认识到了动力学控制的高分子亚稳态。在 1993 年到 1998 年之间，Keller 教授和我花费了很多白天和黑夜讨论和定义这些概念，探寻对实验观察结果的解释，并尝试推广这些概念为普适的原理。这一努力成文为一篇评论文章，1998 年在 *Polymer* 上发表，这篇文章总结了当时我们对于高分子亚稳态概念的思考。今天，差不多十年以后，我们在评论文章中描述的很多原理还是有用的。事实上，在 Keller 教授生命的最后一年里，我们谈到了合著一本关于高分子相变中亚稳态作用的书的可能性。

　　自从 Keller 教授在 1999 年突然辞世以后，我已经在阿克伦大学（The University of Akron）以及中国、法国和美国的不同的大学、科研院所和工业机构开设"高分子相变"的课程。在我的教学过程中，我明确地试图使用亚稳态和亚稳定性的概念作为中心主题来联系和解释高分子的相变行为。大约在三年前，我决定开始写这本书。尽管现在我必须在没有 Keller 教授的见解的帮助下前进，我感到用这些概念来讨论高分子的相变是一个有价值的尝试。贯穿这本书，读者将会发现 Keller 教授和他的学术助手以及合作者们做出的很多原创性贡献，这些工作首次总结在 1998 年的评论文章中。

　　本书的组织结构采取了和通常的高分子物理书不同的路线。第一章是绪论，它提供了书中后面讨论的更深层次主题所需的必要背景知识。在这一章中，我引入了几个重要的概念来描述相态的微观结构，包括结构的对称性和有序性，以及用经典热力学来描述的相态的宏观性质。这两个不同尺度的世界可以由统计力学来连接。同时本章也介绍了相变的热力学定义。第二章是关于材料相转变的简短综述，我特别组织了这一章以阐明在单组分和多组分体系中液-气和固-液相转变以及涉及中间相的相转变的热力学和动力学。第二章的目的是希望拓宽只熟悉高分子相变的读者对相变的看法和认识，说明高分子相转变是物质相转变研究领域中的一个重要分支。

第三章介绍了亚稳态和亚稳定性的概念。根据经典热力学，在相转变中初始态的过热和过冷都是亚稳态，但更有趣的是由于相转变动力学竞争时产生的亚稳态。利用亚稳态的这两种起源，随后的三章（第四、第五和第六章）讨论了高分子相变中不同类型的亚稳态。第四章聚焦在单一空间尺度上基本的、经典的高分子相变中的亚稳态，特别描述了单组分体系中由过冷的液体和过热的晶体导致的亚稳态和亚稳定性，明确介绍和讨论了相尺寸对亚稳定性的影响，重点关注高分子结晶、熔融及中间相的转变。该章中亦关注和讨论了多组分体系中共混物和嵌段共聚物液-液相分离情形下的亚稳态概念。

第五章提出了亚稳态可以起源于竞争的相转变动力学的概念。这些动力学上被截留的亚稳态经常是短暂的。动力学概念也将相转变速率的作用引入讨论之中，其中速率是由转变能垒单独决定的。这一概念解释了许多我们在实验中观察到的在热力学上并非最稳定而在动力学上形成最快的相态。最后，在第六章中，我的目的是要阐明高分子中不同空间尺度上亚稳态的相互依赖性。不同类型亚稳态的组合导致在单组分和多组分体系中具有相互依赖性的复杂相变现象，一个亚稳态总是与至少一种其他的相态的形成产生竞争。不同转变过程的相互干预，例如在玻璃化、液-液相分离及/或凝胶化与结晶过程之间的相互干预，为我们理解和解释这些实验观察结果提出了挑战。对不同空间尺度上亚稳态相互依赖性的考虑可以使我们能够解释这些实验观察的结果。第七章是我个人对这个研究领域的展望。

撰写一本书需要很多的背景知识和经验以及朋友、过去和现在的学生及同事们的支持和帮助。本书中大部分材料最初是和 Keller 教授在一起为我们 1998 年的评论文章所收集和讨论的。我的很多朋友花费了他们的宝贵时间仔细阅读了本书的原稿并提供了极其有价值的意见和建议，这些宝贵的意见和建议引导我对本书进行了重要的修改和订正。他们是在 Arlington, Virginia 的 National Science Foundation 的 Andrew J. Lovinger 博士、在法国 Strasburg 的 Institut Charles Sadron, CNRS 的 Bernard Lotz 教授、在 Gaithersburg, Maryland 的 National Institute of Standards and Technology 的 Freddy Khoury 博士、在英国 Sheffield 的 University of Sheffield 的 Goran Ungar 教授、在日本 Hiroshima 的 Hiroshima University 的 Akihiko Toda 教授以及英国 Leicestershire 的 Loughborough

University 的 Sanjay Rastogi 教授。在中国北京的中国科学院化学研究所韩志超研究员和在 Kent，Ohio 的 Kent State University 的 Liquid Crystal Institute 的 Deng-Ke Yang 教授也阅读了原稿的多个部分并给予了他们有价值的评论和修正。此外，Andrew J. Lovinger 博士在百忙中为本书作了序，我要表达对他最深切的感激之情。

我过去和现在的学生同样细心地阅读了原稿，并在修改和订正本书上做出了他们的贡献。本书中所有的图都是由阿克伦大学的王晶先生仔细地重画和复制的，他对本书做出了特殊的贡献。本书中介绍的我自己研究组里大部分研究工作的财政支持来自美国 National Science Foundation、the Air Force Office of Scientific Research、the National Aeronautics and Space Administration、the Ohio State Board of Regents、阿克伦大学及多个产业公司。

我的父母教会了我博爱、勤奋工作和逻辑思维的重要性。我的夫人 Susan 和我的女儿 Wendy 给了我无限的爱、毫无保留的支持和理解，并在我过去二十多年的学术生涯中始终鼓励我。我的朋友、学生和同事的帮助使我取得了学术事业的成功。我无法表达我多么地感激我的父母、家庭、朋友、学生和同事，因此谨以此书献给他们，并致以我最诚挚的谢意。

于 Akron
2008 年 1 月

# 第一章
# 绪论

## I.1 单组分体系中的相态

本章将从宏观和微观两个方面来简要回顾我们对相态基本概念的理解。从宏观来看，经典热力学告诉我们，相态可以用一系列热力学性质来确定；而在微观上，相态应该由它的结构对称性及其有序性的类型来定义。统计力学则是连接这两个尺度有巨大差异的微观和宏观的桥梁。等压或等温下一个相态到另一相态的转变就是相变。相变不仅在科学上很有意思，在实际应用中也极为重要。本章将介绍 Ehrenfest 关于单组分体系中相变的热力学定义。这些相变可以分为不连续相变和临界现象两类。而相平衡及稳定性则可根据经典热力学来确定。知道这些信息后，我们就有可能构造出体系相变的自由能路径。

### I.1.1 相态的宏观描述

物质的相态及相态间的转变是凝聚态物理和固体化学广泛研究

的内容。这一研究为当今的材料科学及工程领域提供了理论基础，从而在世界经济的发展及人类生活品质的改善方面发挥了重要作用。众所周知，固体、液体和气体是物质的三种基本相态。这些状态的表观定义在小学课本中就已有介绍。当物质可以填满容器并能与容器形状保持一致时，我们将那种物质称为液体。具体来说，液体是一类具有特定体积但没有特定形状的物质。另一方面，固体是一类既有特定体积又有特定形状的物质，而气体则既没有特定体积也没有特定形状。对这些相态更为全面的理解，不但有基于宏观的而且有基于微观的描述，都来自于我们后来所得到的高等教育。

早在约两百年前就有了对物质状态的定量宏观描述。一系列宏观的热力学性质如温度、压力、焓、熵以及自由能被用来描述一个物质的平衡相，并依此来定义物质的状态。这种描述的基础源于 19 世纪工业革命时期发展起来的经典热力学的几个经验定律。在这些定律中，最重要的是热不能自发地从一个低温物体传输到另一个高温物体，以及在平衡时两个物体的温度一定是相等的。能量守恒定律表明，尽管能量可从一种形式转换为另一种形式，但它既不能被创造也不能被消灭。这个原理构成了热力学第一定律。其次，功可以完全转化为热，但是热却不能百分之一百地转化为功。不能转化为功的那部分能量与熵有关。热力学第二定律更精确地指出损失的热能是绝对温度和熵变的乘积。热力学第三定律则定量描述了作为宏观性质的熵与统计热力学概率之间的关系（玻尔兹曼（Boltzmann）方程）。

相态的热力学是基于不同体系，如在孤立体系（与环境无物质及能量交换）、封闭体系（与环境无物质交换但有能量交换）或开放体系（与环境既有物质交换又有能量交换）中热力学性质（或函数）的变化来描述。一个封闭、等压的单组分单相体系的焓（$H$）、熵（$S$）以及吉布斯（Gibbs）自由能（$G$）热力学性质可由量热法测得的不同温度下的等压热容（$C_P$）的数据来计算。相应方程如下：

$$H = H_0 + \int_0^T C_P \mathrm{d}T \tag{I.1}$$

$$S = \int_0^T \frac{C_P}{T} \mathrm{d}T \tag{I.2}$$

$$G = H - TS \tag{I.3}$$

等容条件下，一个封闭的单组分单相体系的热力学性质有内能（$U$）、熵（$S$）以及亥姆霍兹（Helmholtz）自由能（$F$），它们也可由不同温度下的等容热容（$C_V$）计算得到：

$$U = U_0 + \int_0^T C_V \mathrm{d}T \tag{I.4}$$

$$S = \int_0^T \frac{C_V}{T} \mathrm{d}T \tag{I.5}$$

$$F = U - TS \tag{I.6}$$

等压热容与等容热容的关系满足如下方程：

$$C_P - C_V = TV\alpha^2\beta = \left[\left(\frac{\partial U}{\partial V}\right)_{T,n} + P\right]\left(\frac{\partial V}{\partial T}\right)_{P,n} \tag{I.7}$$

方程中，$\alpha$ 为热膨胀系数，定义为 $(\partial V/\partial T)_P/V$，而 $\beta$ 为压缩系数，定义为 $-(\partial V/\partial P)_T/V$。显然，不管是通过实验还是通过理论计算，知道一个体系的热容($C_P$ 或 $C_V$)是多么的重要，因为一个相态的所有热力学性质都可以通过方程 I.1-I.6 来求取(例子见 Wunderlich，2005)。

## I.1.2　相态的微观描述

一个相态的宏观热力学性质源自平衡态时微观的分子间相互作用和运动。一般来说，分子间相互作用促使结构的有序，而热运动的随机本质则导致结构的无序。在不同类型的相态中，微观的结构和运动是不同的。

对不同相态的微观结构有序性进行定量分类，我们需要进行一系列的数学操作。为此，引入一组对称操作来表示任意的平移、旋转及反映操作(欧几里得(Euclidean)群)，用这个群或其子群来定义一个相态的微观结构。在统计意义上，液体和气体的相态结构在所有这些操作下都不变，因此它们的对称群是整个欧几里得群，该群包含了最大可能数目的对称操作。因此，流体(包括液体和气体)具有最高可能的对称性。这个特征意味着液体和气体不能从对称性上加以区分。其他的平衡相只在欧几里得群的一些子群下不变，因而与流体相态相比，其对称操作的数目较少。这是因为那些相态中的有序结构减少了可应用的对称操作。例如在一个完美的晶态固体中，对称操作在三维空间中具有周期性，并且粒子(原子或分子)密度只在相对于通过晶格矢量的平移时才保持不变。

要在实践上描述一个相态，我们需要一个能在三维空间中代表粒子平均相对位置的结构函数。一个相态的描述可以从定义一个数量密度函数开始。在 Chaikin 和 Lubensky 撰写的凝聚态物理教科书(1995 年出版)中，数量密度函数特指在三维空间中某个点 $r(x, y, z)$ 处单位体积的粒子数，用 $n(r)$ 表示。密度函数的整体平均值是位置 $r$ 处的平均密度 $\langle n(r) \rangle$。在均匀的流体中，这个平均值等于粒子总数与体系总体积的比值，表明在该体系中 $\langle n(r) \rangle$ 与 $r$ 的大小和方向都无关。

这个结构函数可以通过散射实验求得，因为散射矢量代表粒子密度相关函数的傅里叶变换。特别是，一个相关函数明确地描述了三维空间中两个不同位置($r_1$ 和 $r_2$)处的密度函数 $n(r_1)$ 和 $n(r_2)$ 之间的关系。相关函数是空间这两个点处密度函数乘积的系综平均值。已有好几种类型的密度-密度相关函数在经常使用，其中，有一个称为 Ursell 函数，它包含了 $\langle n(r_1) \cdot (n(r_2) \rangle$ 和 $\langle n(r_1) \rangle$

$\langle n(\boldsymbol{r}_2) \rangle$ 之间的差别。要注意只有在三维空间中结构函数不随位置改变时，如在均匀流体的情况下，相关函数才能从结构函数重构。由于周期性的晶态固体并不符合这个标准，这就需要使用衍射实验方法，如 X 射线和中子衍射，来得到相关函数。此外，从相关函数是不可能构筑唯一对应的密度函数的（Chaikin 和 Lubensky，1995）。

相态的微观结构是依据它们的位置、价键取向以及分子取向的有序性来分类的。位置有序性描述原子或分子的周期性排列。价键取向有序性描述方向矢量沿特定周期性的排列，可以用来确定晶格轴。最后，分子取向有序性描述原子或分子相对于特定方向的排列。

这三种有序性的每一种都可以是短程、准长程或长程的。所谓短程、准长程或长程有序并非是指一个结构的区域大小，而是精确地指空间及取向相关性如何随距离的增加而衰减。短程有序遵循指数函数而衰减。准长程有序的相关性随距离的衰减则符合幂律函数关系。对长程有序，相关性遵循阶梯函数而衰减。图 I.1 中给出了这三种不同类型的相关性衰减在一维实空间及它们在倒易空间中相应的衍射模式（Leadbetter，1987；Demus 等，1998）。而位置、价键取向以及分子取向这三种类型有序性的衰减则归纳在图 I.2 中。

现在，我们可以根据结构有序性和相关性衰减来对三维相态进行分类。对晶态固体，其平均结构只在特定的不连续的晶格平移和构成空间群的点群操作时是不变的，它们具有位置、价键取向以及分子取向的长程有序性。对于平均结构在任意旋转及平移下不变的各向同性流体，这三种类型的有序性都以指数形式衰减，因而它们是短程有序的。在三维长程有序的晶态固体和短程有序的各向同性液体之间，还存在其他类型的相态，它们只在某些有序性中表现为长程有序，而在其余的有序性中则是短程或准长程有序的。这些相态类型称为中间相（mesophases）。"meso"这个词根起源于希腊语，意指"在两者之间"（"in-between"），因此中间相指的是在晶态固体和各向同性液体"中间"的那些相态。联合短程、准长程及长程三类有序性的衰减可使我们在结构上确定不同的相态，例如各种液晶（liquid crystal）和塑晶（plastic crystal）相。

在这里，我们以液晶相为例来介绍中间相。约在 120 多年前此类材料由 Reinitzer 首次报道，当时他正在研究胆甾酯类的物理性质。尽管 Reinitzer 没有给出解释，但他描述了胆甾酯样品在变硬前的"……一种特殊的、非常华丽的变色现象……"，并把观察到的现象和"两个熔融温度"联系了起来（Reinitzer，1888）。在进一步研究了 Reinitzer 的样品后，Lehmann 提出了"晶态液体"和"液晶"这样的术语来描述这种新相（Lehmann 和 Verhandl，1900）。在实验上观察到的是，晶态的胆甾酯样品在高温时先熔融，并像流体一样可以流动，但是该流体保留了双折射的性质。双折射只有在样品被加热到更高的温度时才消失。

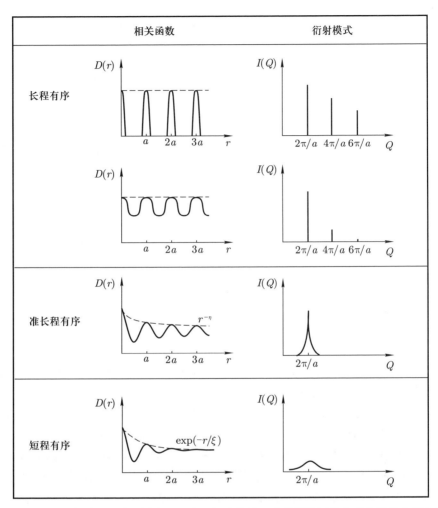

图 I.1　有序性衰减的三种不同类型：实空间中长程、准长程及短程有序性以及它们在倒
易空间中相对应的一维衍射模式。$D(r)$ 为在距离 $r$ 处的位移，$r^{-\eta}$ 是一个具有温度依赖性、
与相态的弹性有关的量，$\eta$ 值在 0.1-0.4 之间。$I$ 为倒易点阵的衍射强度。$\xi$ 为相关长度，
一般为几个纳米。（重绘 1987 年 Leadbetter 的图，承蒙许可）

　　因此，该相态存在于两个"熔融温度"之间：其中一个是晶体的熔融温度，而另
一个为液体的清亮温度。由于当时一般理解只有晶体才产生双折射，在这两个温
度之间的相态因此被称为液晶相——一种可以像"液体"一样流动的"晶体"。

　　后来，人们发现要形成这种相态，分子中需要有液晶基元以及柔性的尾
链，其中液晶基元一般由芳香环或者其他的刚性单元组成，而柔性尾链通常由
脂肪族的基团组成。迄今人们已经确定和表征了很多种不同的液晶亚相（例子

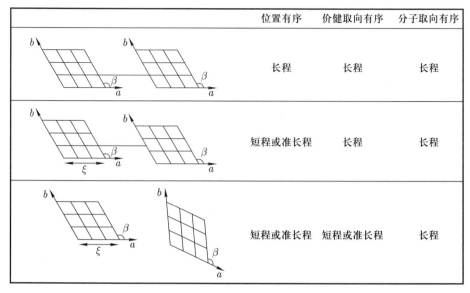

| | 位置有序 | 价键取向有序 | 分子取向有序 |
|---|---|---|---|
| | 长程 | 长程 | 长程 |
| | 短程或准长程 | 长程 | 长程 |
| | 短程或准长程 | 短程或准长程 | 长程 |

图 I.2　位置、价键取向及分子取向有序性衰减示意图。在本图中，假设分子取向与二维晶格垂直。（重绘 1998 年 Demus 等的图，承蒙许可）

见 Pershan，1988）。如图 I.3 所示，棒状（calamitic，从希腊语"棒状的"而来）液晶体系可以根据有序性的递增来进行相态分类。在这张图中，向列相（nematic，从希腊语"丝状的"而来）的有序性最低，只有长程的分子取向有序，而位置及价键取向只具有短程有序。下一类棒状液晶相是近晶相（smectic，从希腊语"层状的"而来），具有层状结构。根据液晶基元在分子层内的取向，它们可以是近晶 A 相（取向和层的法线平行）或者近晶 C 相（相对于层的法线倾斜）。如图 I.3 所列，进一步增加有序性导致几种高有序性的液晶相。在其中一个系列中，液晶基元保持与分子层的法线平行，但是层内部及层之间的侧向排列有序性增强。在另外两个系列中，液晶基元相对于层的法线方向倾斜：一个系列为向顶点倾斜（近晶相 I 系列）；而另一系列为向边倾斜（近晶相 F 系列）。继续沿着图 I.3 的列表向下，出现的相在层内的侧向排列有序性继续不断增强。最近刚被确定的一系列新的液晶相，它们与前述的三个系列平行，但分子层内液晶基元的倾斜方向发生在向边与向顶点倾斜之间（近晶相 L 系列），它们没有被列在图 I.3 中（Chaikin 和 Lubensky，1995）。

　　Chandrasekhar 等发现了一类含有盘状（discotic）液晶基元的新液晶。图 I.4 列出了这种类型中间相的一套分类方法。这些相现在被称作柱状相，可以作为更为广义的液晶相中的一部分。这些相的详细描述可以从很多参考书中找到（如，参见 Pershan，1988；Demus 等，1998）。

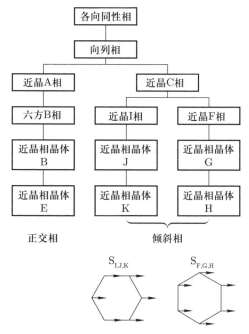

图 I.3 按递增的有序性定义的棒状液晶相。(重绘 1988 Pershan 的图,承蒙许可)

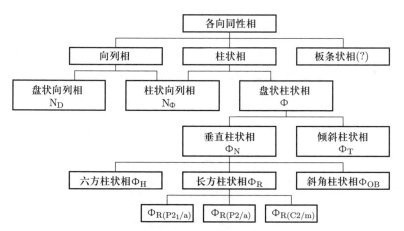

图 I.4 基于盘状液晶基元贯穿在液晶相中有序性的演进。尽管用空间群来定义结构,这些相中的长程有序性仅局限于二维。标注在板条状(sanidic)相的问号反映了当前有关它是否存在的争论。(重绘 1998 Demus 等的图,承蒙许可)

## I.1.3 微观描述和宏观性质之间的联系

从动态力学(dynamics)的观点来看,微观粒子的运动在不同的相态结构中差别极大。这种差别引出了如下两个问题:第一,怎样去定量描述这些运动?第二,每个相互作用着的粒子的微观运动对宏观的相态性质如何做出贡献?这就需要把一个体系的宏观热力学性质看作是粒子微观机械运动平均值的表现。统计力学作为一个桥梁把宏观性质与微观运动联系了起来。如果想要描述几个相互作用着的粒子的运动,借助于目前业已相当强大的计算能力,这些运动的力学描述(经典的或量子的)能得到数值解。但是,当考虑含有大量粒子的体系("多体"问题)时,数值解实际上是不可能的。例如,一滴直径为几毫米的水滴就包含了超过 $1 \times 10^{20}$ 个水分子。如果还要考虑每一个水分子的相互作用,就需要繁复的计算过程和极大的计算容量来考察这个相对说来还算简单的体系。解决这个问题的主要简化方法就是将相邻粒子的相互作用平均化,使之成为有效的介质。这个思路是"平均场"方法的基础。在 20 世纪的上半叶,业已开发出多种平均场理论(例子见 Landau 和 Lifshitz,1969)。统计力学以绝对零度(0 K)时的热运动为参考起始点。随后为了定量描述热运动,引入一个能量项。用玻尔兹曼常量($k = 1.38 \times 10^{-16}$ erg/K)[1]和绝对温度的乘积 $kT$,可描述导致无序化的热能(热运动)。统计力学的基础知识已在许多教科书(如 Hill,1960)中作了介绍。以下简要地说明如何通过平衡统计力学将微观运动和宏观性质联系起来。

假设我们有一个由 $N$ 个粒子组成的体系,这里 $N$ 是个极其巨大的数目,每个粒子的能级为 $\varepsilon_i (i = 1, 2, 3, \cdots)$,而在特定能级 $\varepsilon_1$ 的粒子数目是 $n_1$,在 $\varepsilon_2$ 的为 $n_2$,$\cdots$,而在 $\varepsilon_i$ 的为 $n_i$,$\cdots$。则总粒子数 $N = \sum_i n_i$,体系总能量 $E = \sum_i n_i \varepsilon_i$。对于占据不同能级粒子的特定分布 $\boldsymbol{n}$,安排粒子占据这些能级的排布方式数目可由方程 I.8 给出。

$$W_t(\boldsymbol{n}) = \frac{N!}{(n_1! \ n_2! \ \cdots)} = \frac{N!}{\prod_i n_i} \qquad (I.8)$$

恒温下,一个粒子占据能级 $\varepsilon_i$ 的概率可用下面的方程来确定:

$$P_i = \frac{\dfrac{\sum_i W_t(\boldsymbol{n}) n_i(\boldsymbol{n})}{\sum_i W_t(\boldsymbol{n})}}{N} \qquad (I.9)$$

---

[1] $1 \mathrm{erg} = 10^{-7} \mathrm{J}$。——编者注

当 $N \to \infty$，概率 $P_i$ 遵循玻尔兹曼分布（方程 I. 10）（Hill, 1960）。

$$P_i = \frac{\exp\left(-\dfrac{\varepsilon_i}{kT}\right)}{\sum_i \exp\left(-\dfrac{\varepsilon_i}{kT}\right)} \tag{I. 10}$$

上式中，$\varepsilon_i$ 和 $kT$ 之比是把能级 $\varepsilon_i$ 与热能 $kT$ 做了对比。方程 I. 10 中的分母是所有能级的加和，为配分函数（$Q$）。为更精确，我们还要考虑一些状态可能具有相同的能级，因此，在配分函数中再引入一个简并因子 $g_i$。

$$Q = \sum_i g_i \exp\left(-\frac{\varepsilon_i}{kT}\right) \tag{I. 11}$$

知道配分函数后，我们可以建立起微观热运动与宏观热力学性质之间的关系。描述亥姆霍兹自由能的是方程 I. 12。

$$F = -kT \ln Q(T) \tag{I. 12}$$

通过这个方程可以求得其他的热力学性质。内能（$U$）就可取自由能对温度的导数求得。

$$U = kT^2 \left(\frac{\partial \ln Q}{\partial T}\right)_{V, n} \tag{I. 13}$$

熵（$S$）由方程 I. 14 给出。

$$S = kT^2 \left(\frac{\partial \ln Q}{\partial T}\right)_{V, n} + k \ln Q \tag{I. 14}$$

等容热容（$C_V$）是自由能的二阶导数。

$$C_V = \frac{k}{T^2} \left[\frac{\partial^2 \ln Q}{\partial \left(\dfrac{1}{T}\right)^2}\right]_{V, n} \tag{I. 15}$$

其他的热力学性质也可以用相同的方法来推导确定。

## I. 2　单组分体系中的相变

### I. 2. 1　相变的定义

Ehrenfest 首先（1932）提出了根据平衡热力学来对相变进行分类。这种宏观的分类方法是基于自由能函数求导后是连续还是不连续来判定的。我们知道自由能的一阶导数是压力（或体积）、熵（或温度）以及极化度。而自由能的二阶导数是压缩系数、膨胀系数、热容和电介质极化率。Ehrenfest 分类法定义一级相变中自由能（等压状态下为吉布斯自由能，等容状态下为亥姆霍兹自由能)是连续的，但自由能的一阶导数是不连续的。这意味着在转变温度，等压或等容时自由能的一阶导数所代表的热力学性质出现突变。其等压的情况如图 I.5 所示。在转变温度，自由能二阶导数的函数显示出一个高度无限又无限窄的峰，但峰高相对于温度的积分值却是有限的(一个狄拉克(Dirac)δ 函数)。

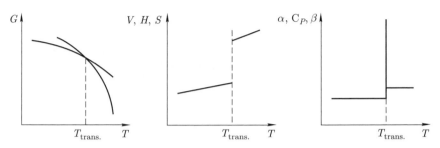

图 I.5　等压下，热力学函数在一级转变时的变化。注意焓($H$)、熵($S$)及体积($V$)为吉布斯自由能($G$)的不连续一阶导数，它们在转变时表现出不连续的变化。等压热容($C_P$)、热膨胀系数($\alpha$)及压缩系数($\beta$)为吉布斯自由能($G$)的不连续二阶导数。

根据 Ehrenfest 的分类，二级转变定义为自由能及其一阶导数是连续的，但其自由能的二阶导数在等压或等容条件下呈现出不连续性。图 I.6 显示的是等压下二级转变的情形，只有其自由能的三阶导数才会呈现出类似狄拉克 δ 函数的转变行为。

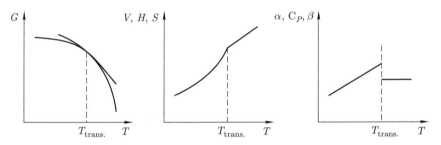

图 I.6　等压下，热力学函数在二级转变时的变化。注意焓($H$)、熵($S$)及体积($V$)为吉布斯自由能($G$)的连续一阶导数，而等压热容($C_P$)、热膨胀系数($\alpha$)及压缩系数($\beta$)为吉布斯自由能($G$)的不连续二阶导数。

在更一般的形式下，一个 $K$ 级转变可以这样来定义，自由能的 $K-1$ 阶导数是连续的，而自由能的 $K$ 阶导数是不连续的。在这个定义的体系里，高于二级的转变对实验科学家来说并非是绝对必要的，因为实际上只能观察到一级转变(结晶、晶体熔融、大多数液晶转变及其他)和二级转变(临界点处的液相和气相之间的转变、无外加磁场时超流体和超导的转变以及几种铁磁相变，如居里(Curie)点)。几种特殊的二维体系，比如多于两组分的流体相混合物(如三临界点、四临界点或五临界点)以及一些理论预测体系(如理想玻色(Bose)气体中的玻色-爱因斯坦(Einstein)凝结)，可能会出现高于二级的转变。为简单起见，一级转变可以看作不连续转变，而二级及更高级转变可以归类为连续相变或临界现象。

对于相转变来说，高温相的有序性通常相对较低、对称性相对较高，而低温的相则相反。一个合乎逻辑的问题是，统计力学到底能否用来描述这些相变。这个问题在大约七十年前曾经引起过很大的争论。最大的问题在于统计力学处理的是光滑的函数，如方程 I.12–I.15。用平均化来得到配分函数(方程 I.11)需要进行积分，而积分过程会使配分函数更为光滑。但是，相转变存在热力学性质上的不连续变化。因此，人们自然要问：统计力学能否用来描述那些热力学性质不连续的相变？现在知道，如果我们采用粒子数 $N$ 和体积 $V$ 都趋于无穷大，而其比值 $N/V$ 为一有限值的"热力学极限"，那么不连续变化是可以用理论来预测的。在过去的一个世纪里，使用平均场理论来描述相转变已有很大的进展。人们发现平均场理论可以描述涨落相对较小的体系。而在呈现有大涨落的临界点附近，则需要采用其他场理论，如重整化群方法，来说明体系的行为。关于这个话题的详细描述可以在凝聚态物理的教科书中找到(如 Chaikin 和 Lubensky，1995)。

在平均场理论中，可以用一个序参量($\Phi$)来描述相转变时有序性的变化。对于多种相变来说，根据研究体系的差异，序参量(可以是一个数或一个矢量)可能迥然不同。如果我们仅讨论经典和简单的凝聚体系，单组分体系的序参量是密度(或体积)，而多组分体系中的则是浓度。高温时，序参量通常变为一个常数。在转变温度，有序性出现了。低于这个转变温度，序参量会高于高温时的数值。因此，在一级相转变的转变温度，可以观察到序参量的不连续变化，正如图 I.7a 所示的那样。对于如图 I.7b 所示的二级连续转变，序参量在降温过程中从转变温度时的常数值连续增大。

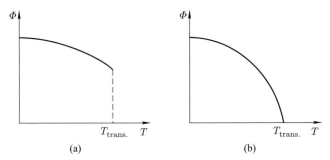

图 I.7 序参量随温度的变化：(a)一级相转变；(b)二级连续转变。

### I.2.2　相平衡与稳定性

　　热力学的平衡和稳定在相态和相转变中是两个非常重要的概念。为理解这两个概念的区别，我们可以使用经典力学来做一个类比，见图 I.8。对于一个处于力学平衡的状态，施加于体系上的平移及转动力之加和为零。然而，体系的稳定性反映体系如何对外界扰动作出响应。如果一个体系能使这种外界扰动减弱和消散，那么这个体系就是稳定的。反之，如果一个体系使这种扰动扩大化，那么这个体系是不稳定的（Cheng 和 Keller，1998）。如图 I.8 所示，第一种情形表示了一个不稳定的平衡（图 I.8a）；第二种情况为一个稳定的平衡（图 I.8b）；而第三种情况则属于经典力学中的一个随机平衡（图 I.8c）。图 I.8d 说明的是一个双势阱的情况，在两个稳定平衡点之间存在着一个不稳定的平衡点（Yu 等，2005）。

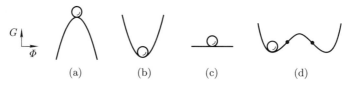

图 I.8　经典力学中平衡与稳定性的概念：（a）不稳定平衡；（b）稳定平衡；
（c）随机平衡；（d）双势阱，其中一个不稳定平衡点被两个稳定平衡点包围，
两个实心点表示稳定性的极限。

　　这些经典力学的概念同样适用于统计热力学。与图 I.8 相似，如果我们考虑自由能（$G$）对一个序参量（$\Phi$）所作的图，一个相要处于热力学平衡就需要自由能对序参量的一阶导数为零，即 $dG/d\Phi = 0$。另外，一个稳定相必然要求自由能对序参量的二阶导数为正值，即 $d^2G/d\Phi^2 > 0$。在 $d^2G/d\Phi^2 = 0$ 处，体系开始不满足上述稳定平衡相的两个判据。图 I.8d 中两个实心点所表示的拐点正对应了 $d^2G/d\Phi^2 = 0$ 的情况。在这两个点，相态达到热力学稳定的极限。要使稳定性等于其极限值，需要同时满足 $d^3G/d\Phi^3 = 0$ 和 $d^4G/d\Phi^4 > 0$。这些是稳定性必要和充分的判据。一般来说，一个稳定相要求最低阶的非零偶数阶导数大于零，同时所有更低阶的导数为零（Debenedetti，1996）。业已发现，这些吉布斯自由能的高阶导数对粒子相互作用的微小变化非常敏感，而我们对热力学性质的分析正是基于粒子相互作用所构筑的结构。

　　要理解相转变所选择的路径，我们需要构建一个吉布斯自由能的全景图（landscape）。一般而言，这种全景图包括不同组合的自由能峰峦（能垒，见图 I.9a）、低谷（稳定的最小值，见图 I.9b）、平坦的路径（无自由能变化，见图 I.9c）以及相邻的低谷（双势阱，见图 I.9d）。如图 I.9 所示，如果我们同时以

吉布斯自由能对体积和压力作图，这些可能的情形就将成为我们绘制和描述整个相转变过程自由能全景图的构造要素。

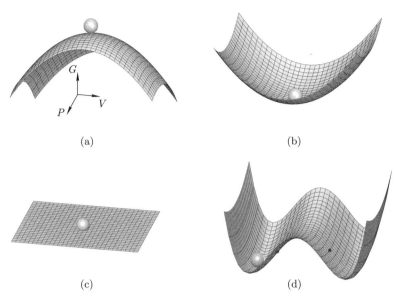

(a)  (b)

(c)  (d)

图 I.9　构建用于阐明相态路径的吉布斯自由能图的可能要素：(a) 自由能峰峦(能垒)；(b) 自由能低谷(稳定的最小值)；(c) 平坦的自由能路径(无自由能变化)以及 (d) 两个相邻的自由能低谷(双势阱，见图 I.8d)。

# 参 考 文 献 及 更 多 读 物

Chaikin, P. M.; Lubensky, T. C. 1995. *Principles of Condensed Matter Physics*. Cambridge University Press: New York.

Chandrasekhar, S.; Sadashiva, B. K.; Suresh, K. A. 1977. *Liquid crystals of disc-like molecules*. Pramana **9**, 471-480.

Cheng, S. Z. D.; Keller, A. 1998. *The role of metastable states in polymer phase transitions: Concepts, principles and experimental observations*. Annual Review of Materials Science **28**, 533-562.

Debenedetti, P. G. 1996. *Metastable Liquids: Concepts and Principles*. Princeton University Press: Princeton.

Demus, D.; Goodby, J.; Gray, G. W.; Spiess, H. -W.; Vill, V., Eds. 1998. *Handbook of Liquid Crystals*. Wiley-VCH: Weinheim.

Ehrenfest, P. 1933. *Phase changes in the ordinary and extended sense classified according to the corresponding singularities of the thermodynamic potential.* Proceedings of the Section of Sciences, Koninklijke Akademie van Wetenschappen te Amsterdam **36**, 153-157.

Hill, T. L. 1960. *Introduction to Statistical Thermodynamics.* Addison-Wesley: Reading.

Landau, L. D.; Lifshitz, E. M. 1969. *Statistical Physics.* Addison-Wesley: Reading.

Leadbetter A. J. 1987. *Structural classification of liquid crystals.* In *Thermotropic Liquid Crystals.* Gray G. W. Ed. Chapter 1; John Wiley & Sons: Chichester.

Lehmann, O.; Verhandl. D. 1900. Deutschen Phys. Ges. Sitzung. **16**, 1; from Kelker, H. 1973. *History of liquid crystals.* Molecular Crystals and Liquid Crystals 21, 1-48.

Pershan, P. S. 1988. *Structure of Liquid Crystal Phases.* World Scientific: Singapore.

Renitzer, F. 1888. *Beiträge zur Kenntniss des Cholesterins.* Monatshefte für Chemie **9**, 421-441.

Wunderlich, B. 2005. *Thermal Analysis of Polymeric Materials.* Springer: Berlin.

Yu, L.; Hao, B.; Chen, X. 2005. *Phase Transitions and Critical Phenomena.* Science Publication: Beijing.

# 第二章
# 相变的热力学和动力学

本章将对简单小分子的相变热力学和动力学作一概述,着重介绍相关问题的研究背景。我们将首先从热力学的角度回顾单组分体系中的相变,包括液-气、晶态固体-液体、晶态固体-固体以及涉及中间相的一些转变。特别是结晶、熔融以及中间相转变的动力学。然后,相变的热力学描述将扩展到多组分体系,重点关注二元混合物中的液-液相分离、晶态固体-液体和中间相-液体的转变。二元混合物在早期、中期以及后期粗化阶段的液-液相分离动力学也在本章中有所描述。

## II.1  单组分体系中相变的热力学

### II.1.1  液-气转变的一个例子:范德瓦耳斯(van der Waals)气体

讨论相变,要回答的第一个问题是这个相变是否在本质上是可能发生的,而这个问题的答案实际上是一个热力学的问题。我们先来分析液-气相的转变。范德瓦耳斯气体的凝结可以用来阐述这个液-气的转变行为。

体积、压力和温度这三个宏观的热力学性质决定了一个相的物理状态。我们知道，这三个性质并不是互相独立的，确定了其中的两个，第三个也就确定了。在热力学平衡状态下，这三者之间的关系被称为状态方程。对理想气体，最著名的状态方程是：

$$PV = nN_A kT = nRT = \frac{Nm\langle v \rangle^2}{3} \tag{II.1}$$

其中 $P$ 为压力，$V$ 为体积，$T$ 为温度，$N_A$ 为阿伏伽德罗（Avogadro）常量，$n$ 为粒子（原子或分子）的物质的量，而 $R = N_A k$（$k$ 是玻尔兹曼常量）为气体常量。气体常量用在基于物质的量的粒子计算，而玻尔兹曼常量用在单个粒子的计算。方程 II.1 的右边是理想气体的微观统计描述，这里 $N$ 是粒子数，$m$ 是粒子质量，而 $\langle v \rangle$ 是粒子的平均速度。根据方程 II.1 的描述，气相绝不会经历相变而凝聚成液体。原因非常简单：在理想气体中，粒子间没有相互作用，因此它们不能聚集。所以理想气体永远只能是气体。

为了阐述气体到液体的凝聚过程，当时正在攻读哲学博士学位的范德瓦耳斯于 1873 年提出，在理想气体体系中引入两个基本的非理想物理量：每个粒子占有的体积（$b$）以及体系中存在的粒子间相互作用。范德瓦耳斯状态方程可以写成：

$$\left[ P + \left( \frac{N}{V} \right)^2 a \right] (V - Nb) = nN_A kT \tag{II.2}$$

这里粒子间相互作用产生一个"内压"，表示为 $(N/V)^2 a$，其中 $a$ 为比例常量。显然，$N/V$ 非常小时，这个方程就与理想气体状态方程非常近似，并且液-气相变也不会发生。但是，只要 $N/V$ 不再是很小，相变就可以发生。这反映了这样一个事实，即在一个特定温度以上，无论对体系施加多大压力都只有气相存在。这个温度叫做临界温度。在临界温度时，刚好能够导致气相液化的压力叫做临界压力。而在临界温度和临界压力下体系所占的体积则为临界体积（例子见 Moore，1972）。如果我们将压力和体积间的关系作图，如图 II.1 所示，在温度远高于临界温度时，气体的压力-体积行为近似于理想气体。但在临界温度时，出现一个奇点（图 II.1 中的临界点 C），在该点，等温下压力对体积的一阶和二阶导数都是零：

$$\left( \frac{\partial P}{\partial V} \right)_T = 0 \tag{II.3}$$

以及

$$\left( \frac{\partial^2 P}{\partial V^2} \right)_T = 0 \tag{II.4}$$

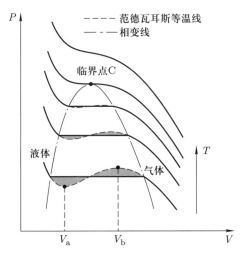

图 II.1　压力-体积图上临界点(C点)附近区域,不同温度下的一组范德瓦耳斯等温线。在虚线所表示的那部分范德瓦耳斯等温线,压力($P-P_C$)对体积在 $V$(液体)和 $V$(气体)之间的积分必定等于零,因为图中水平线上、下两部分(阴影部分)的面积相等但符号相反。

将方程 II.3 和 II.4 与范德瓦耳斯方程(方程 II.2)结合起来,我们可以计算在临界点处的压力、体积和温度:

$$T_C = \frac{8a}{27bk} \tag{II.5a}$$

$$P_C = \frac{a}{27b^2} \tag{II.5b}$$

$$V_C = 3Nb \tag{II.5c}$$

这里,$T_C$、$P_C$ 和 $V_C$ 分别是临界温度、临界压力和临界体积。如果我们再定义约化温度 $T^* = T/T_C$,约化体积 $V^* = V/V_C$ 以及约化压力 $P^* = P/P_C$,并将这些无量纲量代入范德瓦耳斯方程,可得如下形式:

$$\left(P^* + \frac{3}{V^{*2}}\right)(3V^* - 1) = 8T^* \tag{II.6}$$

因为方程中不再包含任何与气体分子的化学细节有关的参数,所有的气体都应遵守方程 II.6。

　　从图 II.1 中低于临界温度的范德瓦耳斯等温线的虚线部分可明显看出,每个温度下的极小值和极大值间存在有这样一个体积区域,在那里 $(\partial P/\partial V)_T > 0$。恒温压缩系数的定义是 $\beta = -(\partial V/\partial P)_T/V$,这样,这个压缩系数将成为负值。则在这个区域内,范德瓦耳斯方程预测出了一个不可能的事件,即体积随压力增大而增加。请注意，$(\partial P/\partial V)_T < 0$ 或 $\beta > 0$ 是相稳定性的必要条件。由此而论，这个区域应该对应着一个不稳定态的存在。根据等面积原理（麦克斯韦（Maxwell）原理），需要一条水平直线来同时连接液相和气相。特别是，麦克斯韦原理指出沿着这条直线，压力对体积的积分必须等于零（见图 II.1）。麦克斯韦原理也预示等温时沿这条直线液相和气相共存。

范德瓦耳斯方程首次尝试运用"平均场"的思想来分析液-气相变。如图 II.1 所示，临界点左边界是液相，体积不大，而右边界则是气相，体积较大。温度低于临界温度，有液气共存的区域。当温度接近临界温度时，液相和气相间的物理差别逐渐消失。在临界点 $(\partial P/\partial V)_T = 0$，压缩系数 $\beta$ 变成无穷大。在这里压缩系数发散，预示着一个无限小的压力变化就可导致很大的体积涨落。

## II.1.2　液-气和晶态固体-液体转变概述

如果我们知道了在每一压力（或体积）及温度下的相行为，就可以构筑一个单组分体系的相图。这个相图能为我们提供在特定的温度和压力（或体积）下用以确定一个相变能否发生的所有信息。范德瓦耳斯气体的凝聚是描述接近理想条件下气-液相变很好的近似。现在的问题是：如何将我们的理解扩展到单组分体系的晶态固体-液体转变？

要对一个单组分体系中气体、液体和晶态固体状态相变行为有完整的理解，唯有用一个三维的压力-体积-温度相图才能实现。当压力、体积和温度中的一个维持恒定，则可得到三维相图的一个截面图，即为二维相图。图 II.2a 给出了在压力-温度平面内三种相态的一个典型相图。相图中的线描述了热力学性质的不连续变化，因此是相的边界线。当在图 II.2a 中加上垂直于压力-温度平面的体积轴，这些线就变为构成三维相图中的曲面。相图中孤立的点代表单一或多重临界点。通过临界点的相变不涉及体积和焓的变化。在图 II.2a 中，临界点是对液-气相变而言的。通过围绕这个临界点来改变压力及温度，我们可以重复实现从气体到液体的变化。这条路径可行的原因是液体和气体具有相同的对称性。我们也可以作出三种状态的二维压力-体积相图，如图 II.2b 所示。与图 II.1 相比，这个图多了一个需要考虑的固相。

让我们来分析一下图 II.2a 中的相图。线 QC 代表不同压力和温度下的液-气转变（气化和凝结）。点 C 为临界点。线 QB 表示晶态固体-液体的转变，而线 QA 是晶态固体-气体的转变。所有这些转变（不含围绕临界点的转变）都包含着潜热，清楚表明它们都是一级转变，在相变时粒子的相互作用呈现突变。晶态固体-液体和晶态固体-气体转变时都产生对称性破缺。在此相图中，三条线汇交在一个点 Q，它是三个相可以共存的三相点（triple point）。要注意的是在图 II.2b 中，三相点在压力-体积平面内成为一条水平的三相线（triple line）。

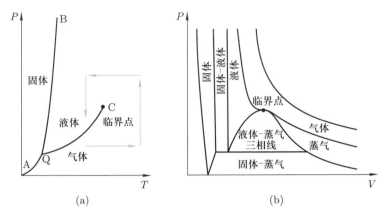

(a)　　　　　　　　　　　(b)

图 II.2　具有三个相态的压力-温度相平面(a)及压力-体积相平面(b)的示意图。图(a)中所示的路径为一个围绕着临界点的从气体到液体的连续转变。要注意(a)中的三相点在压力-体积相平面(b)中变为三相线。

　　图 II.3 为综合图 II.2a 和 II.2b 得到的三维相图。其中有三个区域可以观察到两相共存，包括晶态固体和液体、晶态固体和气体以及液体和气体。为了

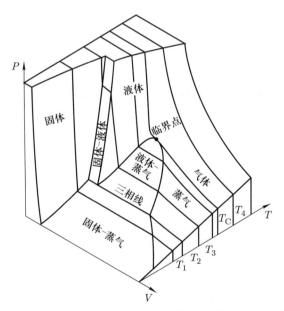

图 II.3　同时有晶态固体、液体及气体三种相态的压力-体积-温度相图。本图中选了五个温度 $T_4 > T_C > T_3 > T_2 > T_1$，其中温度 $T_C$ 为临界温度。

（重绘 1990 年 Atkins 的图，承蒙许可）

分析图 II. 3，我们取五个温度，$T_4 > T_C > T_3 > T_2 > T_1$，而温度 $T_C$ 通过临界点。温度高于 $T_C$（例如 $T_4$），只存在着气相。温度降到 $T_3$，体系可以通过一个液-气转变。进一步降温到 $T_2$，会致使体系经历一个晶态固体-液体转变和一个液-气转变。最后，到温度 $T_1$，只有一个晶态固体-气体转变。

这里，问题来了：晶态固体-液体转变是否也存在着一个临界点呢？如果有，这个临界点会终止在区分晶态固体和液体相态的相边界线。根据目前我们的理解，晶态固体-液体转变的临界点并不存在，因为每一个晶态固体-液体转变都包含着对称性的破缺。

让我们来分析晶态固体-液体相变。晶体熔融是个一级转变。为了在简单的原子水平上描述晶体的熔融，可以设想把相转变（过程）分解成连续的三步：首先，晶格膨胀，粒子间距扩张到各向同性液体中的平均间距（体积变化）；其次，在这个扩张后"晶态"结构中的长程有序仍然维持着的同时，每个晶格点位上有了无序的旋转；最后，粒子作大振幅运动，"晶态"结构尚存的位置长程有序被破坏（熵变化）。

根据这个假设性的描述，体积和熵应该是描述平衡晶体熔融时最有用的两个热力学性质。对于大多数原子、小分子和高分子晶体而言，熔融时体积的增大一般为百分之几，但是有的也可能达到接近百分之二十。有一些晶体在熔融时体积变化是负的。如在常压下，因为氢键效应的作用，冰在 0 ℃ 熔融时有百分之八的体积收缩。还有一些原子晶体，如铋和锗，在熔融时也有百分之三的体积收缩。

更好描述晶体熔融过程中普遍规律的方法当属熵的变化。根据 Wunderlich 关于晶体熔融的描述（1980），具有球形单原子结构基元的简单晶体熔融时遵循 Richard 定律（1897）。此类晶体熔融时，熵变的范围通常在 7 到 14 J/(K·mol) 区间内。这是因为在熔融过程中只有位置熵的变化（$\Delta S_{position}$）。当晶胞基元的形状是非球形时，则需要进一步考虑取向熵的变化（$\Delta S_{orientation}$），这可以由 Walden 定律来描述（1908）。在整体熵变中，这一附加贡献已被确认在 20 到 50 J/(K·mol) 之间。因此，一个简单晶体在平衡熔融时，熵变的一般描述可以用以下的方程来表示：

$$\Delta S_{melting} = \Delta S_{position} + \Delta S_{orientation} \tag{II.7}$$

当晶体由含有柔性键的分子（如高分子）构成时，正如 Wunderlich（1980）和 Grebowicz（1984）描述的那样，方程 II. 7 需要加上构象熵变（$\Delta S_{conformation}$）来作进一步修正。每一个旋转单元的熵变贡献范围在 7 到 15 J/(K·mol) 之间。因此，柔性分子和高分子晶体在平衡熔融时的整体熵变为：

$$\Delta S_{melting} = \Delta S_{position} + \Delta S_{orientation} + \Delta S_{conformation} \tag{II.8}$$

注意，方程 II. 8 中的最后一项是由分子或高分子链重复单元中的旋转单元数目来决定的。利用平衡熔融温度时的熵变，我们可以用热力学来描述等压晶体熔融。熵变和平衡温度这两个热力学量的乘积代表能量，相当于构筑晶体所需的分子间相互作用，即焓的变化(平衡熔融热)。

### II.1.3 晶态固体-固体转变

单组分体系中经常能观察到晶态固体-固体转变。与结晶-熔融-重结晶过程不同，晶态固体-固体转变只发生在固态。通过改变温度(或压力)，一个晶态固体可以转变成另一种晶态固体，无需进入各向同性的液相。这些转变导致材料的多晶态(polymorphs)。大多数情况下，晶态固体-固体转变是一级转变，晶体排列的变化导致了体积、焓和熵的不连续变化。这些变化的程度和晶态固体-液体转变发生时的变化相比一般较小。尽管在满足一级转变的条件时，晶态固体-固体转变需要在结构上有对称性的破缺，但是从一个晶态结构变化下一个结构时分子的位置变化必须协同发生，而这种分子的位移不可能太大。

水和碳是单一晶态固体中晶态固体-固体转变的著名实例，高压下冰的不同形式间的转变以及高温高压下碳在石墨和钻石间的转变是晶态固体-固体转变的极好例证。这些体系的二维压力-温度相图见图 II.4a 和 II.4b。在图 II.4a 中，由于冰熔融时体积缩小，正常冰相(冰 I)的熔融温度随压力增加而降低。随压力增加，冰 I 相经历晶态固体-固体转变而进入冰的其他形式。这些冰相的出现是由于施加的压力改变了水分子间的物理键合或相互作用。这些冰的相

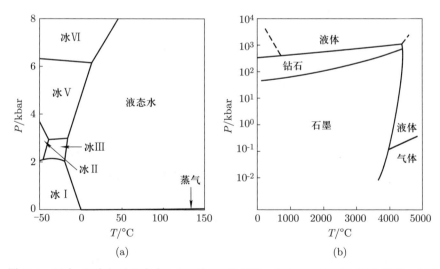

(a)　　　　　　　　　　　(b)

图 II.4　压力-温度相平面内水(a)和碳(b)的相图。水有几种不同的冰的相态。在碳中，石墨和钻石是大家知道的相态，它们由同一种元素碳构成，具有不同的价键结构和堆砌方式。(重绘 1990 年 Atkins 的图，承蒙许可)

态熔融温度更高（例子见 Moore，1972；Atkins，1990）。另一方面，图 II.4b 中碳的相行为很难定量地来建立，这是因为在非常高的温度和压力下，其他的相可能会有干扰，致使实验观察变得非常复杂。因而我们只关注石墨和钻石之间的转变。虽然钻石在高于 730 ℃ 和一万个大气压的压力时就会变得稳定，但是只有在二十万个大气压和 3730 ℃，纯石墨到钻石的转变才具有实用的转化率。从结构的观点来看，这个转变包括一个从石墨的二维片状价键结构向钻石的三维网络价键结构的转化（例子见 Atkins，1990）。

## II.1.4　涉及中间相的转变

在三维长程有序的晶态固体和三维短程有序的液体之间，有许多中间相存在。就三种类型（位置、价键取向和分子取向）的有序性而言，单组分中间相至少在一种类型上缺少长程有序，因此将根据结构的有序性和对称性来定义中间相（见 I.1.2 节）。中间相转变的一个鲜明的特点是它们都发生在（或者接近于）热力学平衡时。

液晶相囊括了大部分的中间相。对中间相转变行为的理论认识源于半个世纪前低温物理中的标度概念以及统计力学中的非高斯（Gaussian）指数计算的发展。液晶指向矢（如指向矢的取向度）被用作为序参量来描述液晶的相变。在这些体系中，存在着液晶-各向同性液体、液晶-液晶以及液晶-晶态固体的相转变。这些相变中有许多是一级转变，也有一些液晶-液晶相变是二级转变。关于液晶转变的详细理论描述和实验概述可以在《液晶手册》（*Handbook of Liquid Crystals*：Demus，1998；Barois，1998）中找到。

有关液晶相变热力学性质的大量实验数据，如转变温度以及转变温度时体积、焓和熵的变化已广有收集。现在的问题是，我们能否把这些数据总结归纳成一般的规律来理解液晶的相变行为。定性来说，由于在结构有序性和对称性方面液晶介于晶态固体和各向同性液体之间，我们可以预期它们相变的热力学性质应该取决于液晶与晶态固体或各向同性液体在结构特征上的相近程度。对于有序性低的液晶相，如向列相、近晶 A 相和近晶 C 相，我们知道这些液晶相和各向同性液体的密度差别明显要小于液晶相和晶态固体的差别。与这些转变相关的焓和熵的变化只是晶态固体和各向同性液体之间焓和熵总变化的百分之几。另一方面，高有序性的近晶相在结构上和晶态固体相似，因此它们的热力学转变性质应该接近于晶态固体的性质。此外，尽管定性而言，中间相转变时体积变化的趋势和熵变相似，但它们并不定量匹配（例子见 Demus 等，1983）。

一般来说，向列相和各向同性液体之间的转变表现出的熵变较小，范围从十分之几至几个 J/（K·mol），而从向列相到低有序性近晶相转变的熵变一般为几至几十个 J/(K·mol)。这是由于低有序性近晶相的形成需要引入额外的层状有序结构。需注意的是，这些转变的熵变仍然只是描述晶体熔融时取向熵变的 Walden 规律所预测的数值的一部分。

获得定量描述液晶转变的规律被证明是困难的。早在 20 世纪 70 年代，就已收集了超过两百种液晶和其他中间相的转变性质。为了找到可以描述液晶相变性质的普遍规律，人们做过很多尝试。如果我们只局限于讨论液晶中的一级转变，那么我们应该可以用体积变化或熵变来分析和讨论多种液晶中的不同相变。

Bahadur(1976)、Beguin 等(1984)、Pisipati 等(1989)、Tsykalo(1991)及其他学者收集发表了大量关于液晶相变时体积(也可看作是密度)变化的数据，但仍难以建立起体积变化和液晶类型转变之间的定量相关性。当转变时的焓变和温度已知时，这些液晶一级转变的熵变就可以用实验测量确定。这些液晶转变的热力学性质可以从 Barrall 和 Johnson(1974)、Schantz 和 Johnson(1978)、Huang 等(1985)、Garland(1992)及其他学者收集发表的大量文献中找到。我们也可以采用如 II.1.2 中所描述的晶体熔融方程 II.8(Wunderlich，1980；Wunderlich 和 Grebowicz，1984)来确定液晶转变中位置、取向和构象有序性对熵变的贡献。但熵变和某些特定的液晶转变(如向列相-近晶相转变)间的相关性在定量上还是不如熵变和晶体熔融间的相关性。

定量分析液晶转变，一个明显的难点就是液晶分子是由刚性的液晶基元和柔性的尾链所构成，所以需要考虑热力学性质在这两个相异部分中的配分。当柔性尾链由亚甲基单元构成时，这个部分对液晶相变时的熵变也会有所贡献。相反，由氧化乙烯或二甲基硅氧烷单元构成的柔性部分则对熵变没有贡献(Blumstein 和 Blumstein，1988；Blumstein 和 Thomas，1982；Yandrasits 等，1992；Yoon 等，1996a、b)。因此，在液晶相转变中，液晶基元和柔性尾链对于体积和熵变化的配分取决于尾链的组成。已经有人尝试过基于密度测量来估算适当的配分(Guillon 和 Skoulios，1976a、b)，但是系统性的研究尚未完成。另一个问题是液晶相中结构的有序性在多大程度上来源于特定的分子间相互作用。在某些情况下，液晶基元(如氰基二联苯)通过偶极-偶极间的吸引而相互作用。这些关于配分的困难说明了为何涉及液晶转变性质规律的研究仍处于半定量的分析之中。

另一方面，对单个液晶化合物相转变的分析却更为成功。通常，液晶材料从各向同性液体按顺序通过有序性递增的液晶相变到晶态固体。对于一个单一组分的体系，我们可以用实验方法来知道这些一级转变的熵变，而且我们也可以估算这个化合物从它的平衡晶相到各向同性液体的总熵变。等压升温过程中，熵的增加归因于在相转变时位置、取向和构象有序性的损失。通过对估算的总熵变与实验观测到的各转变的熵变的加和进行比较，我们能确定转变时的总熵变是否与所估算的相匹配，或是否还存在着"隐藏的"转变，而这些隐藏的转变通常是连续相变。

可用来说明这个原理的一个实例是 $N$，$N'$-二(4-$n$-辛氧基-亚苄基)-1,4-对苯二胺，如图 II.5 所示。这个液晶分子的化学结构中包含一个液晶基元和两根柔性尾链。图 II.5 中的等压热容数据显示有八个相。随温度的升高，它通过每一个相变致使其相结构有序性一步步损失。要注意其至在 $K_3$ 晶相转变温度以下，分子还要在 77 ℃ 经过一个玻璃化才能达到它的固态热容。把所有这些转变的熵变加起来还是小于从晶态固体到各向同性液体所估算的熵变。进入玻璃态之前的最低温度相是 $K_3$ 晶相，而碳 13 固态核磁共振实验结果表明，即使在该相时，分子中柔性的辛基尾链并不完全处于全反式构象（Cheng等，1992）。

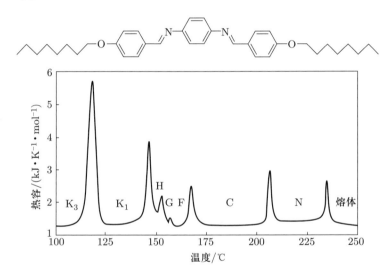

图 II.5　用量热实验测得的 $N$，$N'$-二(4-$n$-辛氧基-亚苄基)-1,4-对苯二胺的热容数据。该液晶分子有八个相，从低温一侧开始，被确定为 $K_3$ 晶体、$K_1$ 晶体、高有序性的近晶 H、G 和 F 相、近晶 C 相、向列相和各向同性液体。

（重绘 2005 年 Wunderlich 的图，承蒙许可）

另外一个有趣的领域是压力对液晶相结构和稳定性的影响。不同压力下，一个特定的液晶相稳定存在的温度范围可能会变宽或变窄；在一些极端情况下，液晶相也可能被完全抑制，或者诱导产生出本不存在的液晶相。这些相稳定性随压力的变化可以很清楚地用一个压力-温度相图来阐明。在这些行为中，最引人入胜的观测是"重入"（reentrant）相变。也就是有序性低的高温相可能会在低于稳定高有序性液晶相的温度范围中再次重现。这种相行为可以用分子排列受挫、复杂的空间构象因素或者竞争的涨落来解释(Cladis, 1998)。譬如，含正烷基和正烷氧基的氰基希夫碱(Schiff base)和氰基二联苯，其向列相随压力增加而消失，却在更高的压力下又重现(Cladis 等, 1977)。这种"重入"行为也出现于常压下不同浓度的对氰基己氧基联苯和对氰基辛氧基联苯的混合物中。图 II. 6 是这种混合物的相图(Guillon 等, 1980)。显然，近晶 A 相只能在对氰基己氧基联苯浓度相对较低的范围内形成，而更重要的是在相稳定性边界线上浓度对温度导数的符号发生变更。这样就导致一个极大值，在该处浓度对温度的导数为零，产生一个"重入"的向列相。

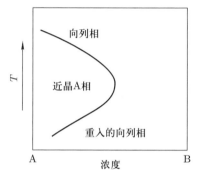

图 II. 6　大气压下对氰基己氧基联苯(A)和对氰基辛氧基联苯(B)混合物的温度-浓度相图的示意图。浓度相对于温度变化的斜率在相稳定性边界线的上半部分是正的，而在线的下半部分是负的。(重绘 1980 年 Guillon 等的图，承蒙许可)

　　除液晶相转变之外，还有塑晶中间相的转变。在塑晶中，球形或近似球形的结构单元是旋转无序的，但同时保持着三维长程位置有序。因此塑晶在光学上是各向同性的，没有双折射。一篇早期的综述概括了一些典型的塑晶相存在的实例(见，例如 Smith, 1975)。一个实例就是像 $C_{60}$ 那样的富勒烯。这个富勒烯从晶体到塑晶相的熵变归因于取向无序，而维持着位置的长程有序性。这个转变发生在 $-14$ ℃，熵变为 27.3 J/(K·mol)。这个熵变值符合 Walden 规律(Wunderlich 和 Jin, 1993)。晶体-塑晶的转变也对应于分子运动的一个突变。这可以通过碳 13 核磁共振实验中的自旋点阵弛豫时间的检测来认识。图 II. 7 显示了这个弛豫时间($T_1$)随温度的变化。$T_1$ 与分子转动相关。已检测到三种类型的转动模式：围绕五重对称轴($C_5$)的转动、围绕六重对称轴($C_6$)的转动以及整体的转动(Tycko 等, 1991)。用这种磁共振技术检测到的塑晶相取向无序化的转变温度为 $-17$ ℃，和量热法测得的结果几乎相同(Wunderlich 和 Jin, 1993)。

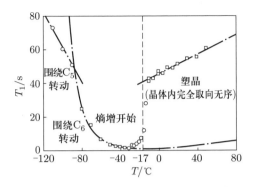

图 II.7　用碳 13 核磁共振实验测得的富勒烯随温度变化的自旋-晶格弛豫时间($T_1$)随温度的变化。可以确定有三种转动模式。进入塑晶相的无序化温度为-17 ℃，与量热法测量得到的-14 ℃能很好地对应。（重绘 1991 年 Tycko 等的图，承蒙许可）

　　现在我们特别来讨论小分子的盘状液晶相（请比较图 I.3 和图 I.4）。这些相被认为是属于一类"柱状（columnar）"中间相的一部分。柱状相有比较复杂的热力学转变性质，有很多具有不同程度有序性和对称性的相。柱状相的结构特点是沿柱的方向不存在真正的长程有序性（de Gennes 和 Prost，1995）。在很多情况下，成柱的驱动力是芳香核之间的 π-π 相互作用。图 II.8a 和图 II.8b 分别为由低有序性液晶相（近晶 A 相）和六方排列的柱状相的取向单畴区域得到的二维 X 射线衍射图。这些衍射图反映了它们的结构特征。对于棒状的近晶 A 相，它的长程（或准长程）有序性是沿着近晶层的法线方向（在图 II.8a 中呈现为沿着子午线方向的强衍射点），而短程有序性是沿着侧向分子之间的排列，它垂直于棒状分子的长轴（在图 II.8a 中呈现为在赤道方向的弥散晕）。在六方

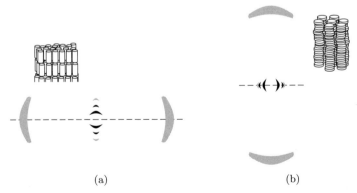

(a)　　　　　　　　　　　　　　　　　　(b)

图 II.8　单畴区二维 X 射线衍射图的示意图：（a）沿着层法线（子午线）方向长程有序的低有序度棒状近晶 A 相；（b）沿着横向排列（赤道）方向长程有序的六方排列的柱状相。

排列的柱状相中,柱子的侧向排列具有长程有序性(在图 II. 8b 中沿着赤道方向),而沿着柱子的方向只有短程有序性(在图 II. 8b 中沿着子午线方向)。这样的结构特点也保持在长方形或者倾斜排列的柱状相中。

许多柱状中间相及其技术的应用已有所综述(例子见 Cammidge 和 Bushby,1998;Hoeben 等,2005)。在聚合物中,已确认有一些与柱状相有相同结构特征的中间相。这些知识在理解中间相的基本分类以及实现它们实际的应用方面变得越来越重要。

## II. 2　单组分体系相变动力学

### II. 2.1　结晶

在一定温度和压力下,一个相变能否发生是由热力学决定的,但是转变如何达到终态则由动力学来决定。因此,讨论相变时动力学同样非常重要。动力学通常设想一个相转变时粒子如何活化的微观模型,然后用这个模型来解释宏观上观察到的相变速率。相变速率可以用衍射、量热、谱学或显微镜等实验方法来测量。在前文已提及的那些相转变中,我们首先来关注液体-晶态固体转变。

结晶是各向同性液体到晶态固体的转变,但它并不发生在平衡状态下。这一原则早在 18 世纪就得到确认(例子见 Volmer,1939)。首先,让我们建立一个简单的粒子结晶模型来帮助我们设想结晶过程中发生的微观过程。这个模型的基本观点是吉布斯在一个世纪前建立的(1878),随后为 Tammann (1903,1925)、Volmer(1939)、Frenkel (1946)及其他许多学者不断发展和完善。在这个模型中,每个粒子在结晶前需要经历几个步骤,如吸附、扩散、聚集和成核。最慢的那一步将是限制结晶速率(rate-limiting)的过程。这一概念对于理解高分子的结晶也是至关重要的。

一个非常普通的成核控制(nucleation-limited)过程将用来说明结晶现象。这个构架基于这样一个假设,即过冷液体中由热能引起的粒子密度涨落可以克服因形成小晶体(晶核)的新表面而导致的成核能垒。结晶可以是均相(三维)成核,也可以是在业已存在的生长前沿上的异相(二维)成核。当成核这步需要最多的时间(决速步骤),结晶就是一个成核控制过程。体积和能量恒定时,根据玻尔兹曼定律,晶核存在的概率是熵变的函数($\propto \exp[\Delta S/k]$),其中 $\Delta S$ 是液体和晶态固体之间的熵差。压力和温度恒定时,一个给定尺寸晶核存在的概率与 $\exp[-\Delta G/(kT)]$ 成正比,其中 $\Delta G$ 是液体和晶态固体之间的自由能之差。针对体系开始形成晶体的情况,Turnbull 和 Fisher 推导出了一个均相成核速率($i$)方程。这个方程包含了两个相互制约的控制因素，即成核能垒自由能（$\Delta G$）以及扩散活化自由能（$\Delta G_{\eta}$）（1949）：

$$i = \frac{NkT}{h}\exp\left(-\frac{\Delta G + \Delta G_{\eta}}{kT_x}\right)\qquad(\text{II}.9)$$

上式中，$h$ 是普朗克（Planck）常量，$N$ 是可以参与成核过程的非结晶粒子数目，$T_x$ 是发生结晶的温度。大多数关于结晶的讨论集中于成核能垒 $\Delta G$。一般的理解是，在过冷液体中结晶的驱动力为最后（晶体）和起始（液体）状态的自由能之差，并且任何晶体的形成必然从具有高比表面的起始状态开始。因此，形成一个小晶体的总自由能可以表示为：

$$\Delta G = G_{\text{crystal}} - G_{\text{melt}} = G_{\text{bulk}} + \sum_i \gamma_i A_i - G_{\text{melt}} = \Delta G_c + \sum_i \gamma_i A_i\quad(\text{II}.10)$$

其中 $G_{\text{bulk}}$ 是忽略表面效应的晶体（体积）自由能，$\Delta G_c$ 代表总为负值的本体自由能变化。$A_i$ 表示晶体的第 $i$ 种表面的总面积，$\gamma_i$ 则是第 $i$ 种表面的比表面自由能。当晶体很小时（在成核阶段），表面自由能在方程 II.10 中是不能忽略的正项，它会导致晶核不稳定。因此，表面自由能项和体积自由能项有竞争。如图 II.9 所示，对于各向同性液体到晶态固体转变的均相成核过程，正的表面自由能产生一个成核能垒。

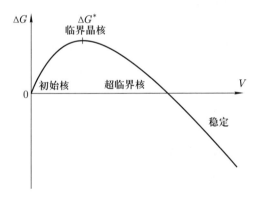

图 II.9　均相成核中自由能垒的图示。图中 $V$ 为晶体的尺寸。

根据晶核的不同形状，我们可以写出表面自由能项的具体解析形式，从而使方程 II.10 可以定量地描述不同类型的成核能垒。取方程 II.10 相对于晶核尺寸的一阶导数，可得临界晶核大小，从而得到最大成核能垒（$\Delta G^*$）的解析表达式。如果 $\Delta G_{\eta}$ 可以通过粒子的弛豫行为（它与能用如黏度那样的物性来表征的分子动力学有关）来预测，则我们也可以写出方程 II.9 中活化自由能（$\Delta G_{\eta}$）的详细解析形式。方程 II.9 不仅代表均相（初级）成核过程，也可以用于异相（次级和表面）成核过程。如果表面成核过程是晶体生长的决速步骤，它的成核速率必定有与方程 II. 9 相类似的形式。

异相成核速率也呈现出对于过冷度倒数的指数依赖性。根据成核理论，能垒项 $\Delta G$ 依赖于过冷度。过冷度增大，液体的亚稳定性程度增大，成核能垒降低。但是活化项 $\Delta G_\eta$ 有相反的趋势。所以，在平衡熔融温度（$\Delta T = 0$）和玻璃化温度（$\Delta T = T_m^0 - T_g$）之间，均相或异相成核过程的成核速率相对于过冷度形成钟形曲线。在 $T_m^0$ 和 $T_g$ 这两个温度时，成核速率均为零，这是因为当 $\Delta T = 0$，成核过程的能垒趋向于无穷大，而在 $T_g$（即 $\Delta T = T_m^0 - T_g$）时大尺度的分子运动被冻结。还需要注意的是，在相同的过冷度时，表面成核能垒因为引入的表面积较少而比初级成核的能垒低。此外，对于初级和表面成核，它们的钟形曲线的极大值可能不在同一过冷度上。

关于表面成核的物理图像，可以设想存在一个在晶体学上接近完美的晶体表面，在上面几乎没有生长台阶（growth ledges）。大多数吸附到晶体表面的粒子最后会离开这个表面。为了使晶体能够生长，必须在表面上形成生长台阶（或"小丘（hillocks）"），这是最费时的步骤。一个生长台阶的形成需要一些粒子聚集在表面上形成一个晶核。这样的成核过程属于一个横（层）向生长的类型，此类生长可以充分地描述粒子如何在现有的晶体表面上结晶。对于成核控制的晶体生长来说，一个明显的形态特点是它形成规整的、宏观上有晶体学生长平面的单晶。由于生长较快的晶面会被首先消耗完，所以观察到的生长前沿总是生长最慢的晶体学平面。

这个经由表面成核的简单结晶模型包含了好几个步骤，如吸附、在晶体表面的二维和一维传输，以及在表面上形成生长台阶的具体结构转化。晶体生长也可以是受扩散控制（diffusion-limited）的过程。在这种情况下，参与结晶的活化粒子数目是有限的。其结果是分子的输运成为晶体生长过程中最慢的一步，因而成为结晶的控制步骤。有时候，晶体生长也会受制于由台阶引发的螺旋位错（screw dislocation）或者刃型位错（edge dislocation）（缺陷控制，defect-limited）。

如果一个晶体的生长面包含许多的台阶而造成一个粗糙的表面，那么成核就不一定是决定晶体生长速率的过程。粗糙表面生长也叫做连续生长（例子见 Rosenberger，1982）。这个模型暗示着每个粒子的撞击（impingement）位点都是潜在的生长点，而一维或二维输送以及实际的晶体表面形态可以忽略而不考虑。如果我们认为在这个模型中，$\exp[-\Delta G_a/(kT)]$ 代表一个撞击粒子的活化能依赖性（附着过程），而 $\exp[-\Delta G_d/(kT)]$ 为粒子离去的活化能依赖性（分离过程），则晶体生长速率可以表达为：

$$R = r_a^* \exp\left(-\frac{\Delta G_a}{kT_x}\right) - r_d^* \exp\left(-\frac{\Delta G_d}{kT_x}\right) \tag{II. 11}$$

也要注意:

$$\Delta G_{\mathrm{d}} = \Delta G_{\mathrm{a}} + \Delta h_{\mathrm{f}} \tag{II.12}$$

其中 $\Delta h_{\mathrm{f}}$ 为结晶的潜热。在平衡熔融温度($T_{\mathrm{m}}^0$)时,生长速率 $R = 0$,$r_{\mathrm{a}} = r_{\mathrm{a}}^*$,$r_{\mathrm{d}} = r_{\mathrm{d}}^*$,则有如下关系:

$$\frac{r_{\mathrm{a}}^*}{r_{\mathrm{d}}^*} = \exp\left(-\frac{\Delta h_{\mathrm{f}}}{kT_{\mathrm{m}}^0}\right) \tag{II.13}$$

结合方程 II.12 和 II.13,方程 II.11 现在可以取这样的形式:

$$R = r_{\mathrm{a}}^* \exp\left(-\frac{\Delta G_{\mathrm{a}}}{kT_x}\right) \left[1 - \exp\left(-\frac{\Delta h_{\mathrm{f}}\Delta T}{kT_x T_{\mathrm{m}}^0}\right)\right] \tag{II.14}$$

当 $\Delta h_{\mathrm{f}}\Delta T / (kT_x T_{\mathrm{m}}^0) \ll 1$,

$$R = r_{\mathrm{a}}^* \exp\left(-\frac{\Delta G_{\mathrm{a}}}{kT_x}\right) \frac{\Delta h_{\mathrm{f}}\Delta T}{kT_x T_{\mathrm{m}}^0} \tag{II.15}$$

在低过冷度($\Delta T$)时,对于一个狭窄的 $T_x$ 范围,

$$R \propto \Delta T \tag{II.16}$$

而在高过冷度($\Delta T$)范围,则有,

$$R \propto \Delta T \exp\left(-\frac{\Delta G_{\mathrm{a}}}{kT_x}\right) \tag{II.17}$$

因此,在低过冷度区域,晶体的生长速率和过冷度之间存在着一个线性关系;而在高过冷度时,生长速率具有嵌入活化能(arriving activation energy)和热能之比的指数依赖性。

类粗糙表面生长的单晶形态取决于晶体生长过程中的温度或浓度梯度。因此所产生的单晶的形状"复制"了温度或浓度梯度。多数情况下,这种生长产生弯曲的晶体形态。应该记住的是,虽然在弯曲单晶形态中缺少宏观的特定生长晶面,但这并不意味着单晶的连续生长机理就有充分论据了。不过,连续生长机理不能生成宏观上具有晶体学生长平面的单晶。

区分表面成核生长与连续生长这两种不同机理的判据是晶体生长前沿的粗糙度。这样就提出一个问题:需要多大的粗糙程度才能使晶体的生长机理从一种类型变为另一种类型呢?在简单小分子中,粗化温度是由因子 $\alpha$ 来定义的。在从各向同性液体到简单固态晶体的生长中,因子 $\alpha$ 为 $\Delta h_{\mathrm{f}}/(kT_{\mathrm{R}}) \approx 2$(其中 $T_{\mathrm{R}}$ 为粗化温度)(Hunt 和 Jackson,1966;Jackson 等,1967)。但是,高分子晶体生长中的相应判据还没有建立。

最后要再一次强调一下,上述两种结晶机理都描述了这样一个事实:从各向同性液体形成晶体总是发生在低于平衡熔融温度以下的温度。因此,结晶过程总是发生在非平衡条件之下。

## II. 2. 2  晶体熔融动力学

熔融动力学通常是在高于但又接近平衡熔融温度的区域才会加以考虑的。和晶体生长速率相比，熔融速率在实验上更难以监测。这是因为晶体生长速率可在过冷条件下测定，而熔融速率则必须在过热条件下测定。因此，长期以来报道有关晶体熔融动力学的研究就较少。简单晶态固体为数不多的实验观测表明，接近平衡熔融温度时熔融只发生在晶体–液体的相边界，它是结晶的逆过程。用微观模型可以阐明，平衡熔融只能发生在那些可以作为"熔融核"的晶体的角、边和台阶的边缘上，而绝不会发生在一个完美晶体的中心处（Volmer和 Schmidt，1937），即使在温度略高于平衡熔融温度的情况下也是如此。

为测量熔融速率，晶体需要足够完整且尺寸足够大，从而使得晶体在过热的液体里有足够的停留时间。如果我们测定单晶的空间尺寸随过冷度和过热度的变化，会发现结晶和熔融的速率在平衡温度附近可能是相似的。这样，平衡熔融温度就可以在实验上定义为晶体空间尺寸随时间变化为零时的温度，此时粒子在晶面上的附着和脱离过程有一个动态平衡。

在五氧化二磷（Cormia 等，1963）、二氧化锗（Vergano 和 Uhlmann，1970a、b）、二硅酸钠（Fang 和 Uhlmann，1984）以及钠（Tymczak 和 Ray，1990）的晶态固体的报道中，可以找到好几个在接近平衡熔融温度时晶体生长和熔融的实例。图 II. 10 描绘了晶体生长和熔融速率，概括了简单小分子和低聚物的行为。对于小分子，晶体尺寸在熔融温度以下增加（晶体生长），而在略高于这个温度时晶体尺寸减小（晶体熔融）。生长和熔融速率的绝对值相似而符号相反。而对于低聚物，如图 II. 10 所示，晶体生长和熔融速率之间相对于等量过

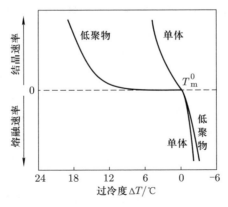

图 II. 10  简单小分子和低聚物晶体的晶体生长和熔融速率的示意图。随分子变大，诱导结晶所需的过冷度增大。（重绘 2005 年 Wunderlich 的图，承蒙许可）

冷度或过热度的对称性可能会消失。这是因为晶体生长中所需晶核的形成比诱导晶体熔融的"核"的形成还要困难。

如果在每个过热度都能观察到一个线性晶体熔融速率，且这个线性熔融速率相对于过热度有与方程 II.9 相似的指数依赖性，同时在熔融过程中单晶的形态(晶体的晶面及分区)得以保持，那么熔融过程是由一个"异相(表面)成核"过程所控制。在这种晶体熔融情况下，类似于晶体生长中的表面成核过程，熔融局限于一个二维的表面，并且它的速率一般可以表达为(Toda 等，2002)：

$$R = R_0(T_{sh}) \exp\left( - \frac{K\gamma^2 T_m^0}{\Delta h_f k T_{sh} \Delta T_{sh}} \right) \tag{II.18}$$

这里 $T_{sh}$ 为平衡熔融温度 $T_m^0$ 以上的等温温度。$\Delta T_{sh}$ 是过热度，定义为 $T_{sh} - T_m^0$。$R_0$ 为指前因子，略微依赖于温度 $T_{sh}$。$K$ 为几何因子，和具体的晶体形状有关，而 $\gamma$ 为表面自由能。由于我们在方程 II.18 中使用绝对温度，温度 $T_{sh}$ 的变化相对于过热度 $\Delta T_{sh}$ 的变化可以忽略不计，而 $K$ 是一个常数。因此，$R$ 近似正比于过热度 $\Delta T_{sh}$ 的指数。这样就变成：

$$\log R \propto \Delta T_{sh} \tag{II.19}$$

但是，与较大过冷度时可以在有限大小的表面上形成晶体生长的异相核不同，"液相核"实际上出现在晶体的角、边和台阶的边缘处。因此，熔融过程从那些"液体核"开始，并从晶体的表面到中心持续进行。熔融也可以由其他决定速率的步骤如热传输(传导控制的，conduction-limited)所控制。

当一个晶体在远高于其平衡熔融温度的温度下熔融时，支配整个熔融过程的将不再是"异相成核"。在这个温度区域的晶体熔融被称之为"均相熔融"。在"均相熔融"时，过热的晶体自发地产生大量空间上相关的、内在的局部晶格不稳定性。这些局部晶格不稳定性的积聚和兼并形成了晶体内部液相核，这是"均相液体成核"的主要机理(Iwamatsu，1999)。

好几个判据都可用来确定"均相液体成核"成为主导过程时的最低过热极限。第一个称为"等熵突变"。在临界温度，一个过热晶体的熵和液体的熵相同。估算这个临界温度约为平衡熔融温度的 1.38 倍(Fecht 和 Johnson，1988)。另一个判据是"等容突变"，即在这个临界温度，一个过热晶体的熵等于无定形固体的熵。相对于前一个判据，"等容突变"给出的临界温度较低，约为平衡熔融温度的 1.29 倍(Tallon，1989)。其他一些更早提出的判据包括晶体剪切模量趋于零时(Born，1939)或者晶格振动振幅达到一个临界值时(Lindemann，1910)所导致的剪切或刚性不稳定性。最近利用分子动力学进行的计算机模拟表明，由过热晶体产生的空间上相关的簇同时满足 Lindemann 和 Born 不稳定性判据时，晶体将发生熔融(Jin 等，2001)。人们也模拟了等容熔融时的不稳定性(Belonoshko 等，2006)。另一方面，在临界温度，与突变性"均相液体成核"相关的动力学不稳定性也可用分子动力学模拟。在理论上，通过振动和弹性晶格不稳定性判据可以确定晶体的过热极限。这一研究给出的结论是："均相液体成核"应该在 1.2 倍于平衡熔融温度时发生(Lu 和 Li，1998；Jin 和 Lu，2000；Jin 等，2001)。

## II.2.3 涉及中间相的转变动力学

大多数涉及中间相的转变处于或者接近热力学平衡。由于中间相的结构有序性介于晶态固体和各向同性液体之间，所以由各向同性液体到中间相的一级相变，其经历的焓、熵和体积变化相对较小。在接近平衡转变温度时，涉及较低结构有序性的中间相的转变速率通常很快，其相变动力学一般很难用实验来监测。随着中间相结构有序性的增加，从各向同性液体开始的转变动力学逐渐变慢，其速率会越来越接近结晶的速率(如果存在着晶相的话)。

我们只能找到少数几个关于研究低有序中间相的相变动力学的报道。这些相变动力学的表征采用了类似于结晶动力学的处理方法，通常涉及 Avrami 方程(Avrami，1939、1940、1941)的使用：

$$1 - v^c = \exp(-Kt^n) \tag{II.20}$$

对于结晶过程，方程 II.20 中的 $v^c$ 代表晶相体积分数，$t$ 为等温结晶时间，而 $K$ 包含了一组常数，包括单位体积里的晶核数目、几何因子以及线性生长速率。"Avrami 指数"$n$ 通常和结晶的空间维数相关联。对方程 II.20 两边取双对数，我们可以用 $\log[-\ln(1-v^c)]$ 对 $\log t$ 作图得到线性关系。这个线性关系的斜率为 $n$，而截距为 $\log K$。应用 Avrami 处理方法描述总体转变动力学时必须假设动力学是成核控制的。当方程 II.20 被用于描述中间相的转变动力学时，上述参数的物理意义需要作相应的改变。例如，在液晶转变中，$v^c$ 就是代表液晶的体积分数了。

文献中有几个例子，报道了从各向同性液体到胆甾向列相液晶、然后到近晶相液晶、再到固态晶相的转变动力学，所研究的样品是胆甾醇的乙酸酯、肉豆蔻酸酯、壬酸酯以及其他一些酯类分子。在这些报道中，所有的转变动力学均可用方程 II.20 的 Avrami 处理方法来拟合(Price 和 Wendorff，1971；Jabarin 和 Stein，1973)。例如，胆甾醇的肉豆蔻酸酯从各向同性液体到胆甾液晶相时经历了两个不相关联的转变。第一个步骤中很快形成一个浑浊的"蓝色"垂直排列状态，而第二个步骤是一个较慢的转变，形成焦锥球晶状的织构(Jabarin 和 Stein，1973)。图 II.11 给出了按方程 II.20 处理得到的第二步相转变的动力学。尽管胆甾向列相和近晶相液晶转变中的体积变化甚小，这样的分析还是表明了这个转变是成核和生长过程。另外需要指出的是，这些转变中涉及的结构有序性和对称性的变化显然与结晶的不同。

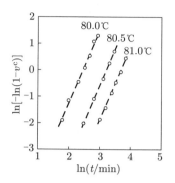

图 II.11  胆甾醇的肉豆蔻酸酯从各向同性液体到胆甾液晶相的转变中第二步骤的 Avrami 作图。Avrami 指数约为 3。（重绘 1973 年 Jabarin 和 Stein 的图，承蒙许可）

对于从中间相到晶态固体的转变，测量转变动力学相对比较容易。例如，胆甾醇的洋绣球酸酯和己酸酯从液晶到晶态固体的转变动力学可以用方程 II.20 的 Avrami 处理方法来分析（Adamaski 和 Klimczyk，1978a、b）。但是，有些这样的转变的 Avrami 指数 $n$ 非常小。要注意，这个指数本来是用来代表有序相生长的空间维数的。如果小于 1，这个指数就丧失了明确的物理意义。关于低指数的解释有：预先形成核的体积分数比较大而不可忽略；或者等温相变速率由于大界面区域的存在等原因不是常数，而是随时间变化（Cheng，1988；Cheng 和 Wunderlich，1988）。

使用 Avrami 方法分析处理结晶和中间相转变的动力学数据时，最后还有一点需要注意：如果我们没有相形态的证据以及微观模型来解释这些相变的发生，Avrami 处理方法只是一个数据拟和的过程，仅仅使用这种处理方法是不能正确理解相变机理的。

最近，已经有了关于 2，3，6，7，10，11-六（4'-辛氧基苯酰氧基）苯并菲的盘状柱状中间相的相变动力学报道。多种相转变的存在为研究不同有序相间的转变动力学提供了一个很好的机会。尤其令人感兴趣的是，这个盘状液晶在降温时具有一个盘状向列相、一个长方柱状相和一个高有序性的盘状正交相，并且在升温时还会出现一个高有序性的盘状单斜相（Tang 等，2001）。在这一体系中，与正交相相比单斜相是亚稳定的。测定长方柱状相到两种高有序性相的转变动力学后，发现在一个很大的相对低温区域内单斜相比正交相生长得更快。考虑到前者在热力学上是亚稳定的，则这一动力学让人感到意外。在等温条件下，较长时间后单斜相就会转变成更稳定的正交相（Tang 等，2003）。这个现象也非常有趣，本书的后续章节还会做详细讨论。

## II. 3　多组分体系中的相态和相变

### II. 3. 1　吉布斯相律

吉布斯（J. W. Gibbs）在 1875—1878 年期间发表在 *Transactions of the Connecticut Academy of Arts and Sciences* 上的系列论文，最先描述了异相平衡体系的相律。对于单组分体系中的一级相变，如图 I. 5 所示，等压下以自由能 $G$ 对温度作图时，在平衡转变温度时两相的自由能（$G_A$ 和 $G_B$）相等，表明两相的稳定性相同。对于一个具有固定物质的量的体系，$G_A$ 和 $G_B$ 的变化以每摩尔为基数来表示时可以写作：

$$\left(\frac{\partial G_A}{\partial T}\right)_P dT + \left(\frac{\partial G_A}{\partial P}\right)_T dP = \left(\frac{\partial G_B}{\partial T}\right)_P dT + \left(\frac{\partial G_B}{\partial P}\right)_T dP \qquad (\text{II. 21})$$

在此方程中只有一个可独立调节的变量：温度或者压力。换而言之，当这两相彼此处于平衡时，单组分体系只存在一个自由度。这类体系被称为是单变量的。在更一般的形式下，吉布斯相律可以写为：

$$p + f = c + 2 \qquad (\text{II. 22})$$

这里 $p$ 是相态的个数，$f$ 是自由度，$c$ 是所考察体系中的组分数。数字 2 代表两个变量：压力和温度。因此，在一个单组分体系中，如果同时存在三个相互处于平衡的相态，则自由度为零。在这样的体系中，没有独立可调的变量，所以体系是不变的。这意味着在一个二维的压力-温度相图（它是三维的压力-温度-体积相图的一个截面，见图 II. 3）上，三相点代表在固定压力和温度下三个相共存。另一方面，在单一相态中有两个独立可调的变量，表明体系是双变量的。

当我们讨论一个多组分体系时，独立可调变量的个数开始增多。最简单的多组分体系是双组分二元混合物。在下面几节中，我们将集中讨论二元混合物，并使用吉布斯相律来阐述多组分体系中相态和相变的一般规律。

### II. 3. 2　二元混合的经典热力学

在单组分体系中，所有的分子在化学上是等同的，且分子间的相互作用也相等。在一个多组分混合物中，不同类型分子之间的相互作用则是不同相行为的起源。这些微观相互作用促进了对二元或多组分体系的偏摩尔性质，如偏摩尔体积、偏摩尔吉布斯自由能或化学势的研究，这些性质随混合物浓度而变化。

首先让我们来看最简单的情况：$n_A$ 摩尔的理想气体 A 和 $n_B$ 摩尔的理想气

体 B 相混合。据吉布斯相律，还需要确定一个自由度，在这里即为混合体系的浓度。由于理想气体中粒子没有相互作用，混合焓为零。这个混合物也就是"永久"的气体。不过，由于混合使得体系更为无序，混合熵远大于纯气体的值。这个体系的混合吉布斯自由能如下：

$$\Delta G_{mix} = RT\left[ n_A \ln\left(\frac{P_A}{P}\right) + n_B \ln\left(\frac{P_B}{P}\right) \right] \qquad (\text{II.23a})$$

其中 $P_A$ 和 $P_B$ 分别是气体 A 和 B 的分压，$P$ 为混合物的总压力，$P = P_A + P_B$。根据道尔顿（Dalton）定律，$P_A/P$ 可以用物质的量分数 $x_A$ 来代替，$x_A$ 定义为 $n_A/n$，$n = n_A + n_B$。这样方程 II.23a 可以写作：

$$\Delta G_{mix} = RT(n_A \ln x_A + n_B \ln x_B) \qquad (\text{II.23b})$$

由于混合焓 $\Delta H_{mix}$ 为零，这样混合熵为：

$$\Delta S_{mix} = - R(n_A \ln x_A + n_B \ln x_B) \qquad (\text{II.24})$$

由于 $x_A$ 和 $x_B$ 都小于 1，方程中的 $\ln x_A$ 和 $\ln x_B$ 总为负值，使得混合熵总为正值，表明混合是一个热力学的自发过程。

假如在理想溶液中有两种液体，那么它们的混合行为与方程 II.23 和 II.24 描述的理想气体的混合相同。尽管液体中分子之间有相互作用，混合物中的平均 A-B 相互作用和纯液体中的 A-A 及 B-B 相互作用相同。但是，当 A-B 相互作用不同于 A-A 和 B-B 的相互作用时，我们就得到一个实际溶液，它拥有超额的混合性质，如超额熵及超额自由能。当这些相互作用明显不同时，二元混合物中的这两种液体就变成只是部分混溶甚至不相混溶的，这就导致溶液发生相分离。此外，因为分子相互作用是随如温度和压力那样的其他参数而变化，相溶性也随这些参数而变化。例如，升高温度可增强两种液体的相溶性。如果高于一个特定温度或者在一定温度范围内相分离在任何浓度时都不发生，那么这个体系就具有一个高临界共溶温度（upper critical solution temperature，UCST）。UCST 代表了一个温度极限，在这个极限以下两个单独的相可以共存。另一方面，在低临界共溶温度（lower critical solution temperature，LCST）体系中，相分离发生在高温，并且随温度的降低，两种液体变得相溶。也就是说，LCST 也是一个温度极限，在这个极限以上两个单独的相可以共存。有些液体混合物可以呈现出同时包含高和低临界共溶温度的复杂相行为，这取决于相互作用随温度和压力的变化。

## II.3.3 二元混合物中的液-液相分离

具有相同尺寸的两个简单小分子所形成的二元混合物的液-液相分离是一个相转变。这个相分离依赖于混合后及未混合前两种状态之间的吉布斯自由能之差，$\Delta G_{mix}$。对于一个特定的二元混合物，我们可以将混合吉布斯自由能之差对浓度作图，如图 II.12 所示。在恒定压力下这个混合物是否表现出液-液相分离取决于温度。在图 II.12 中情况（a）下，两种液体在所有浓度下都相溶。在一个给定温度和压力下，完全相溶的判据是 $\partial^2 \Delta G_{\mathrm{mix}} / \partial x^2$ 在所有浓度下都大于零，正如图中所示，曲线在整个浓度范围内都向下凹。图 II.12 中情况（b）代表处于临界点的混合物。在该点这个混合物须满足 $\partial^2 \Delta G_{\mathrm{mix}} / \partial x^2$ 和 $\partial^3 \Delta G_{\mathrm{mix}} / \partial x^3$ 都等于零。此外，这意味着这两种液体的相溶性达到了一个极限，在此点之上 $\partial^2 \Delta G_{\mathrm{mix}} / \partial x^2$ 的符号变负，因此该点可看作液-液相分离的起始点。图 II.12 中情况（c）下，存在有两个浓度 $x_A^1$ 和 $x_A^2$，其 $\partial \Delta G_{\mathrm{mix}} / \partial x$ 等于零，而 $\partial^2 \Delta G_{\mathrm{mix}} / \partial x^2$ 大于零。当混合物的浓度在 $x_A^1$ 和 $x_A^2$ 这两个浓度之间时，为了减小 $\Delta G_{\mathrm{mix}}$ 并保证体系的吉布斯自由能达到极小，混合物会分离成浓度分别为 $x_A^1$ 和 $x_A^2$ 的两个不同的液相。所以，在此浓度范围内，发生了液-液相分离。

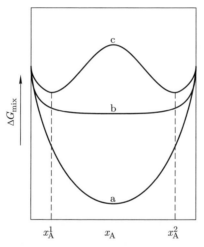

图 II.12  一个二元混合物的混合吉布斯自由能之差 $\Delta G_{\mathrm{mix}}$-浓度图。（a）两种液体完全相溶，形成一个液相；（b）混合体系处于临界点；（c）液-液相分离发生。要注意这三种情况发生在三个不同温度下。

我们可以用已有的平衡热力学知识来进一步分析二元混合物的液-液相分离。针对 II.12 中的情况（c），我们着重考察在恒定压力下液-液相分离的温度依赖性。在图 II.13 中，我们描绘了一个具有高临界共溶温度的体系。温度高于临界点，两种液体完全相溶并形成单一的液相。当温度略低于临界点时，$\Delta G_{\mathrm{mix}}$ 的极小值同时出现在临界点的两边。温度的继续降低使得这两个极小值之间的浓度间隔逐渐增大，而这两个极小值之间的 $\Delta G_{\mathrm{mix}}$ 峰值逐渐增大。事实上，这正是图 I.8 中的情况（d）。从图 II.13 可知，在这两个极小值处 $\partial \Delta G_{\mathrm{mix}} / \partial x = 0$（相同的化学势）。另外，在这两个极小值之间的浓度范围内，我们可以找到两个拐点，在拐点处 $\partial^2 \Delta G_{mix}/\partial x^2$ 等于零。因此，在极小值和拐点之间，$\partial^2 \Delta G_{mix}/\partial x^2$ 大于零。但是，在两个拐点之间，$\partial^2 \Delta G_{mix}/\partial x^2$ 小于零。

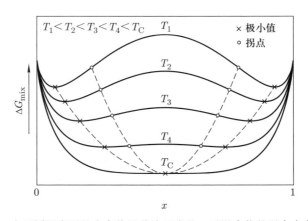

图 II.13　在不同温度下具有高临界共溶温度的二元混合物的混合吉布斯自由能差 $\Delta G_{mix}$ 对浓度的作图。"×"点为极小值，此时 $\partial \Delta G_{mix}/\partial x$ 值等于零。"○"点为拐点，此时 $\partial^2 \Delta G_{mix}/\partial x^2$ 值为零。由极小值形成的曲线为两相共存线，而由拐点组成的曲线为亚稳极限线。

　　如图 II.13 所示，当我们连接所有温度下的极小值（$\partial \Delta G_{mix}/\partial x = 0$）时，我们就得到两相共存线（binodal line）；连接所有的拐点（$\partial^2 \Delta G_{mix}/\partial x^2 = 0$）则得到亚稳极限线（spinodal line）。现在在我们可以构造一个液-液相分离的高临界共溶温度相图，即温度对浓度的作图，如图 II.14 所示。图中两相共存线和亚稳极限线都是对称的，这是因为我们所考虑的是两种具有相同尺寸的简单小分子形成的混合体系。如果这两种分子的尺寸差别很大，例如一个聚合物在小分子溶剂中形成的溶液，就要把物质的量分数换成体积分数，并将呈现不对称的两相共存线和亚稳极限线。在这种情况下，相同的化学势可能并不处于混合吉布斯自由能的极小值处。反而是，通过确定在何处具有非零值斜率的切线同时接触两个自由能势阱的办法，我们可以找到组成两相的体积分数。事实上，在发生相分离处的这两个体积分数，体系达到最低可能的吉布斯自由能。

　　让我们再回到图 II.14，考察不同情况下的液-液相分离。当我们使一个具有固定浓度 $x$ 的二元体系沿着垂线进行淬冷而进入两相共存线和亚稳极限线之间的温度区域时，相分离就立即发生。对于处于此图中 $x_1$ 所对应的温度，分相后的两个液相的浓度为 $x_A^1$ 和 $x_A^2$，正如由两相共存线所指示的那样。当淬冷温度降得更低时，$x_A^1$ 和 $x_A^2$ 更移向纯液体组分。

　　淬冷过程所取的不同路径会改变相分离的机理。将体系带至亚稳区域（如

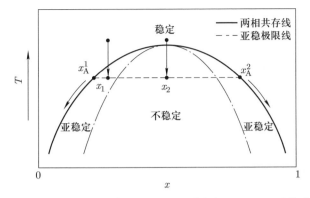

图 II. 14　一个高临界共溶温度体系在两个不同浓度($x_1$ 和 $x_2$)时的液-液相分
离。实线为两相共存线,虚线为亚稳极限线。沿 $x_1$ 的淬冷为偏离临界点淬冷,
而沿 $x_2$ 的为临界点淬冷。

前面讨论的沿浓度 $x_1$ 的情况)的淬冷过程被称为偏离临界点淬冷。也如图
II. 14 所示,如果我们将体系沿浓度 $x_2$ 淬冷,此时的淬冷过程通过临界点,则
发生临界点淬冷。这里,体系不通过亚稳区域而进入亚稳极限分解(spinodal
decomposition)区域。尽管区分这两种淬冷的判据并不绝对严密,一般说来,
临界点淬冷要求相分离发生在或接近发生在两种液体混合体系的临界浓度上。

　　均匀混合物发生相分离的过程可以十分不同,这取决于体系是经历临界点
淬冷还是经历偏离临界点的淬冷。偏离临界点淬冷可能通过进入两相共存线和
亚稳极限线之间的亚稳区域而发生相分离(Siggia,1979)。在亚稳区域,需要
有自由能和浓度的涨落以克服成核能垒,从而诱导这个相分离(Cahn 和
Hilliard,1959)。临界点淬冷将体系置于亚稳极限分解区域,无需通过亚稳区
域。这个亚稳极限分解区域是不稳定的,在特定温度下混合相会自发地分解成
两个平衡浓度的相(Cahn 和 Hilliard,1958)。因此,尽管在两种类型的淬冷下
最终相的浓度($x_A^1$ 和 $x_A^2$)是由热力学决定的,但是相分离的机理不尽相同,正
如为形成极限平衡形态所取的相态途径那样。

## II. 3. 4　二元混合物中液-液相分离的动力学

　　二元混合物中液-液相分离的动力学在理论和实验两方面都已受到相当多
的关注。相分离过程一般可以分成早期、中期和后期三个阶段。在早期阶段,
新的相还较小,边界是弥散的,浓度趋向平衡。后期阶段定义为相已有固定的
浓度和明显的界面边界,通过微小畴区的合并,相区不断粗化,从而形成最后
的稳定相形态。在这个时期,每个相的总体积保持不变。中期阶段则是早期和

后期之间的转换阶段。

相分离的起始阶段取决于二元混合物的浓度和相图，此阶段的液-液相分离是由两相共存线来界定的。在一个如图 II.14 所示的高临界共溶温度体系中，当体系从高温下的单一液相区域直接淬冷至亚稳区域，相分离是一个成核控制的过程。同样如图 II.14 所示，当体系临界点淬冷至由亚稳极限线界定的不稳定区域时，发生亚稳极限分解过程。因此，必须清楚地了解在一个理想的"平均场"体系中成核和亚稳极限分解过程之间的区别。

从动力学的观点来看，成核控制的过程（无论是均相还是异相）是一个活化过程，经由这一过程亚稳态不断向平衡态弛豫。一个饱含一种主要成分的微小液滴首先成核出现在二元混合物中，尽管它的形成带来了较高的自由能。因此，一个相的核必须在尺寸上不断生长，以克服自由能的能垒，并逐渐使其自身变得稳定。经典的成核理论将这种能垒归结为核的尺寸小，其比表面积却很大（见 II.2.1 节中的描述）。这个能垒的高度取决于体系的亚稳程度，在等压条件下，这决定于过冷度的大小。在这种成核控制的过程中，亚稳态是通过大幅度的局部浓度涨落的活化生长而进行弛豫的（Debenedetti，1996）。

另一方面，亚稳极限分解过程的主要特点是没有自由能的能垒。这个过程涉及超过一个临界波长的小幅度浓度涨落的生长。在这里有一个生长的最佳浓度涨落波长。大于这个波长，会因为分子需要更大的长程扩散而使得涨落的生长变得很慢。但是若小于这个波长，涨落就会产生大的界面而耗费过多的能量。因此，亚稳极限分解的相界面不清晰，意味着一个不稳定相是通过小幅度、长波长的涨落的自发生长来弛豫的（Debenedetti，1996）。

从相形态的观点来看，在达到最终平衡态前，成核和亚稳极限分解会产生完全不同的微区结构。在一个成核控制的过程中，二元混合物中的新相表现为嵌在基体中不连续的小滴。如果相分离通过亚稳极限分解过程发生，就会形成一种双连续的形态。这样的相形态具有一个特征的长度尺度，而这取决于最快生长的涨落波长。因此，在很多实际情况下，相形态变化的观测结果可以看作是相分离机理变化的证据。

由于相分离的成核过程与 II.2.1 节描述的结晶成核过程相类似，我们就只关注亚稳极限分解过程了。在早期阶段，亚稳极限分解的动力学可以用原为金属合金建立的 Cahn-Hilliard-Cook 理论来描述（Cahn 和 Hilliard，1958、1959；Cahn，1965；Cook，1970）。在把体系临界点淬冷至亚稳极限分解区域后，与起始及最终平衡态间浓度之差相比，浓度涨落的幅度已足够小。结构因子（$S$）随时间的演变就是散射矢量（$q$）和时间（$t$）的函数，而 $S(q,t)$ 可以写成（Nakatani 和 Han，1998）：

$$\frac{\partial S(q, t)}{\partial t} = -2Mq^2 \left[ \left( \frac{\partial^2 \Delta G_{mix}}{\partial x^2} \right)_0 + 2\kappa q^2 \right] S(q, t) + 2MkTq^2 \quad \text{(II. 25)}$$

这里 $M$ 是活动性,定义为互扩散涌流密度和化学势梯度之间关系的比例常数。互扩散系数可以定义为 $D_{inter} = M(\partial^2 \Delta G_{mix}/\partial x^2)_0$。参数 $\kappa$ 是界面自由能系数,定义为界面自由能密度和浓度梯度平方之间关系的比例常数。方程 II. 25 右边的最后一项是热噪声(和 $kT$ 相关),其振幅为涨落-耗散理论中观察到的值。可以给出微分方程 II. 25 的解为(Nakatani 和 Han,1998):

$$S(q, t) = S_\infty + [S_0(q) - S_\infty(q)] \exp[2R(q)t] \quad \text{(II. 26)}$$

这里的 $S_\infty(q)$ 是有效结构因子,可以写成:

$$S_\infty(q) = \frac{kT}{\dfrac{D_{inter}}{M} + 2\kappa q^2} \quad \text{(II. 27)}$$

而特征长度则变成:

$$R(q) = -(D_{inter}q^2 + 2\kappa Mq^4) \quad \text{(II. 28)}$$

所以,在亚稳极限分解区域内,在对应于一个特征长度 $R(q)$ 的散射矢量 $q$ 处时,任何浓度涨落都以指数形式生长。$R(q)$ 的最佳生长波长决定了亚稳极限分解的相分离尺度。当我们根据方程 II. 28 以 $R(q)/q^2$ 对 $q^2$ 作图,截距就是互扩散系数 $D_{inter}$。这通常被称为 Cahn 图。要注意的是,当我们研究涨落生长时这个系数是负的,而当我们研究扩散时它是正的(Nakatani 和 Han,1998)。

在亚稳极限分解中,浓度涨落的幅度和特征长度随着时间的延长不断增大。在散射实验中,亚稳极限分解峰连续变锐并逐渐移向更小的散射矢量。这时体系进入中期阶段,而跟随着这个阶段的是亚稳极限分解过程的后期阶段(Siggia,1979)。在这些阶段,可以观测到约化特征长度相对于时间的普适标度。在实验上,我们可以以最大强度时的约化散射矢量 $S(q_m, t)$(以 $Q_{max}$ 代表)对约化时间作图。这里,约化时间定义为:

$$\tau = \frac{t}{t_c} \quad \text{(II. 29)}$$

这里 $\dfrac{1}{t_c} = D_{inter}q_m^2$(当 $t = 0$ 时)。

相应的约化散射矢量是:

$$Q_{max} = \frac{q_m(\tau)}{q_m(t = 0)} \quad \text{(II. 30)}$$

对于具有时间依赖性的二元混合物的散射结构因子,模式耦合计算更有深刻见解的分析解同样是存在的(Langer 等,1975)。

通常,标度律是用来描述二元混合物中液-液相分离后期阶段体系粗化时的散射实验数据的。如果 $q_m$ 代表 $t$ 时刻具有散射结构因子 $S(q_m, t)$ 的峰强度的散射矢量，相分离区域随时间的演变就可以由下面的标度律来描述：

$$q_m \propto t^{-\alpha} \tag{II.31}$$

并且

$$S(q_m, t) \propto t^{\beta} \tag{II.32}$$

这里 $\alpha$ 和 $\beta$ 为标度指数，代表随时间的相态演变。在亚稳极限分解的中期阶段，$\alpha$ 和 $\beta$ 之间的关系遵循不等式：

$$\beta > 3\alpha \tag{II.33}$$

这是由于浓度涨落的特征波长和幅度随时间增大。但是，在亚稳极限分解的后期阶段，浓度涨落的幅度达到由图 II.14 中的共存线所确定的平衡，$\alpha$ 和 $\beta$ 之间的关系就变为：

$$\beta = 3\alpha \tag{II.34}$$

这是对于一个三维体系而言的。对于更一般的情况，方程 II.34 可以写成：

$$\beta = d\alpha \tag{II.35}$$

这里 $d$ 代表体系的维数。例如，在一个三维体系 $(d=3)$ 中，方程 II.35 变为方程 II.34。如果 $d<3$，意味着体系具有低密度的分形结构。另一方面，如果 $\alpha=1$，暗示这个结构通过流体动力流占优过程而进行粗化（Siggia, 1979; Furukawa, 1998）。相分离通常可以由散射实验实时监测，这些实验中的峰值散射矢量应该与特征尺寸 $R(t)$ 的倒数成正比。在相分离的后期阶段，相形态在长度尺度上继续增大，但是形态的形状保持不变。在这种情况下，散射结构因子也应该是自相似的：

$$S(q, t) = q^{-d} f\left(\frac{q}{q_{max}}\right) = q^{-d} g\left(\frac{t}{t_{max}}\right) \tag{II.36}$$

因此，我们可以选定不同实验时间以 $S(q, t) q^d$ 对 $q/q_{max}$ 作图，或者选定不同波数以 $S(q, t) q^d$ 对 $t/t_{max}$ 作图。这样做可以得到一个普适的结构因子。

对于简单二元混合物在非常接近临界温度（只相差 0.6 m℃）时的亚稳极限分解，一个著名的实验例子是 Chou 和 Goldburg 报道的 2，6-二甲基吡啶和水的混合物（1981）。图 II.15a 显示了这个体系在 10 到 500s 时间范围内的光散射实验结果。实验的时间段是处于亚稳极限分解过程的后期阶段附近。在这个图中，是散射强度对波数作图。当相分离的形态发生粗化和生长时，极大波数 $q$ 随时间减小。但是，此时相分离形态只有长度尺度的变化，而没有形状的变化。因此，图 II.15a 中的实验数据可以通过对不同时间的极大尺度或者极大波数来进行约化，从而构造一条时间 $t$ 的普适主散射曲线，如图 II.15b 所示。这一数据说明在亚稳极限分解过程的后期阶段，形态的变化是自相似的。这些相分离的双连续区域已经达到了平衡浓度。

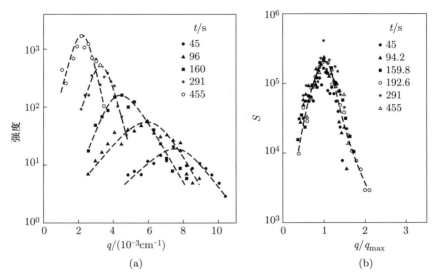

图 II. 15　2，6-二甲基吡啶和水的简单二元混合物中液-液相分离的光散射实验结果：（a）在不同时间获得的数据以散射强度对波数作图；（b）从（a）中实验数据以结构因子 $S$ 对约化波矢量作图得到的标度过的普适散射曲线。

（重绘 1981 年 Chou 和 Goldburg 的图，承蒙许可）

对于粗化过程的后期阶段，奥斯特瓦尔德（Ostwald）提出了一个相分离粗化动力学的简单处理方法，称为"奥斯特瓦尔德熟化（Ostwald's ripening）"（1900）。如果一个体系在相分离时包含具有明显界面边界的两个液相，那么新生成的少数相的小液滴会分散在多数相的基体中。那些小液滴并不处于热力学平衡态。在这样的液-液相分离的体系中，通过小液滴的合并从而增大少数相的尺寸，与界面相关的总体自由能会减小。如果这个少数相中的小液滴存在一个尺寸分布，那么从统计上讲，较大的液滴将会通过吸收更小的液滴而粗化生长。奥斯特瓦尔德熟化包括两个过程：其一是液滴间通过扩散进行的质量传输，其二是少数相液体的附着-脱离生长。液滴间的质量传输受多数相液体中的扩散场控制，因此这是一个扩散控制的过程。另一方面，附着-脱离过程发生在两相的界面上。当附着-脱离过程的速率最慢时，它就成为限制粗化速率的步骤。这个粗化过程因此是一个反应控制（reaction-limited）的。这一过程具有与成核控制过程类似的特征。

对于如何来定量地描述扩散控制的奥斯特瓦尔德熟化动力学，研究者们已做过大量的努力。当一个二元混合物处于一个很深的偏离临界点淬冷状态，且混合物中少数相只占很小的体积分数时，理论计算表明，第二种液相中生长的液滴的平均尺寸应该遵循以下方程：

$$\langle R(t)\rangle = (K_1 t)^{1/3} \tag{II.37}$$

这里$\langle R(t)\rangle$代表平均液滴尺寸；$K_1$是粗化速率常数，其大小取决于扩散常数和周围的环境。该计算假设第二种液相的生长在尺寸上可用液滴半径$R(t)$的增长来表示，并假设第二相的体积分数很小，既不互相接触也无任何关联。此外，液滴的尺寸分布可以满足一个与材料无关的普适标度形式。实际上，通过使用平均场近似，方程 II.37 中的 1/3 幂次标度可以由一般的维数讨论而得到（Lifshitz 和 Slyozov，1961；Wagner，1961）。在三维本体体系的情况，这就是著名的 Lifshitz-Slyozov-Wagner 定律。

另一方面，在反应控制的过程中，平均液滴尺寸随时间的变化关系为（Wagner，1961；Schmalzried，1981）：

$$\langle R(t)\rangle = (K_2 t)^{1/2} \tag{II.38}$$

这里$K_2$是粗化常数，它依赖于反应常数和周围的环境。关于方程 II.37 和 II.38 的详细统计讨论可以在教科书中找到（例子见 Ratke 和 Voorhees，2002）。另外，其他形式的生长定律也已有推导和报道（例子见 Furukawa，1998）。

应该指出，Lifshitz-Slyozov-Wagner 定律忽略了液滴体积分数和液滴间相互作用的影响。为了理解更实际的具有非零体积分数的体系，Tsumuraya 和 Miyata 用一系列不同的动力学粗化相互作用定律对 Lifshitz-Slyozov-Wagner 定律进行了修正（1983）。但是，所有这些修正都使用了相同的近似；于是就相形态的后期演变动力学预测而言，它们有类似的行为。通过使用"有效介质"理论来研究相的粗化，这方面的研究继续得到了进一步的发展（Brailsford 和 Wynblatt，1979）。这些进展包括：分析作用于每种按尺度分类的液滴上的统计"场胞"（Marsh 和 Glicksman，1996）；通过考虑由基体和液滴的分布而构成的两相介质所产生的"屏蔽"对扩散场空间范围的限制（Marquesee 和 Ross，1984）；以及动力学到有限簇的延伸（Fradkov 等，1996）等。这些理论处理给出的一个相同的结论是，液滴的非零体积分数并不改变 Lifshitz-Slyozov-Wagner 定律的时间粗化指数；但是，考虑体积分数后确实会改变粗化速率（方程 II.37 和 II.38 中的系数）以及液滴的尺寸分布。应该指出的是，这些理论处理仅局限于描述奥斯特瓦尔德熟化的动力学。Baldan 所撰写的综述已对过去半个世纪内相粗化理论方面的发展成果进行了全面的总结（2002）。

除了本体液-液相分离，其他一些实验现象也可用到奥斯特瓦尔德熟化过程的概念。奥斯特瓦尔德熟化能定量描述如超级合金一类的无机体系的行为。最近出现很多关于二维相分离体系粗化过程的报道。另外，反应控制的奥斯特瓦尔德熟化已经被用来解释结构完善化过程中观察到的实验结果。例如，晶体颗粒的生长可以通过以下两种路径中的任一种发生：一种是两个或更多颗粒合并在一起；另一种是一个颗粒通过消耗其他颗粒来进行生长。二维和三维体系中晶体的退火过程或许也能用这种熟化原理来阐述。

## II. 3. 5　二元混合物中的晶态固体−液体转变

如果二元混合物中的两种液体 A 和 B 在低温时都能结晶,我们就将面对着一个双组分的晶态固体−液体转变体系。如果在热力学平衡时这个体系在整个浓度范围包括在高温时相溶的液体以及在低温时不相溶的固体,那么这就是一个如图 II. 16 所示的简单低共熔合金体系。

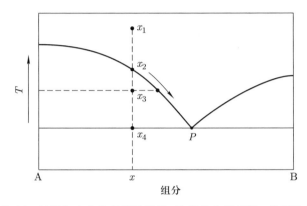

图 II. 16　双组分 A 和 B 的简单温度−浓度低共熔相图。这两种组分
在它们同为液相时完全相溶,但是它们的晶态固体互不相溶。

考虑从高温沿图 II. 16 中垂直的虚线降温时在浓度 $x$ 处的相变行为。在 $x_1$ 时,两种液体是完全相溶的。当到达 $x_2$ 点时,纯晶态固体 A 开始从溶液中沉淀出来。进一步降低温度,有更多的晶体 A 沉淀出来,溶液中 B 的浓度逐渐高于起始条件 $x_1$ 时的浓度。这一浓度变化是沿着 $x_2$P 线进行的。在 $x_3$ 点时,两相区域中两种组分在各相中的浓度由相图决定。到达 $x_4$ 点,剩余的溶液在 P 点具有低共熔浓度。进一步降温导致 A 和 B 晶体按 P 点所对应的浓度比同时从溶液中沉淀出来。需要注意的是,在特定的压力下,低共熔点在相图上是一个不变点。这个过程的发生是由于体系中存在着三相平衡;因此,按吉布斯相律,体系只剩下一个自由度,它就是所选定的压力。

二元混合物中另一种晶态固体−液体转变发生在固溶体中。与低共熔体系不同,固溶体中的固相包含的组分多于一种。固溶体可分为两类,即所谓取代固溶体和空隙固溶体。在取代溶液中,溶剂的构筑基元(原子、分子甚至更大的基团)可以取代晶体结构中的溶质基元。在空隙溶液中,溶质的构筑基元占据了溶剂晶体结构中的空隙。图 II. 17 给出了 A 和 B 组分的一个典型固溶体相图。高温时,A 和 B 在整个浓度范围内形成一个液体溶液,而在低温则形成一个固溶体。这两个区域的边界是固相线和液相线。在固相线和液相线围绕的区域内是一个固体-液体的混合物。当我们把一个固溶体体系降温,固体在到达固相线时马上析出。连续降温导致固体在不同 A(和 B)浓度时析出,这取决于固体析出时的具体温度。由于吉布斯相律并不苛求区分体系中有何种相存在,固体溶液在相平衡时和其他类型的二元混合物是相同的。

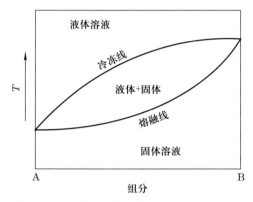

图 II.17　一个固溶体的典型温度-浓度相图。

## II.3.6　二元混合物中的中间相-液体转变

随着几种高分子材料工业化的极大成功,关于二元混合物中涉及中间相-液体转变的知识近年来有了长足的进步。对这个领域再度感兴趣也是由于对两亲性体系和生物体系的研究取得了实质性成果(例子见 Livolant 和 Leforestier,1996)。在很多情况下,两亲性体系和生物体系通过两种不相容组分在纳米尺度上的微相分离来组装成超分子结构。在分子尺度上,溶致液晶是研究中间相-液体转变的基本分子模型体系。在固定浓度范围内,这个体系可以包括两个或更多可以表现出液晶行为的组分。其相行为以由液晶化合物周围的溶剂分子引起的体系流动性为特征。因此,浓度就成了相图中的另一个自由度,它可以被用来诱导多种不同的液晶相。

Onsager(1949)从理论角度提出了一个简单的模型来预测溶致性相变,那就是硬棒模型。这个模型看重一个具有确定长径比的硬棒与另一硬棒接近时的排除体积。单单考虑模型中棒与棒之间的排斥作用,这样如果两根棒彼此平行取向,它们之间的排除体积很小。另一方面,当一根棒以一定的倾斜角度接近另一根棒时,它们周围就有较大的排除体积。因此,一根棒的角取向降低了靠过来的另一根棒的净位置熵。当平行取向时,棒的取向熵降低而位置熵增加。在棒的浓度低时,从熵的角度而言较高的位置有序更为有利。而当棒的浓度增加时，更好的取向有序在熵的层面上是有利的。这个模型预测了在足够高浓度（和温度）时硬棒溶液存在一个相变，棒的排列从各向同性的溶液进入具有长程取向有序的向列相。这个模型中的棒可以对应于液晶分子中刚性液晶基元部分。

Flory 把他的柔性高分子溶液的晶格模型延伸到具有一定长径比的刚性分子的情况（Flory，1956；Flory 和 Abe，1978）。这个模型指出，溶液中存在着一个棒的临界体积分数，在该值以上棒自发取向形成向列相。Onsager 和 Flory 的模型都引入了一个临界序参量 $S_c$。这是一个棒的长轴相对于单畴液晶相中向列相取向矢在角度分布上的系综平均值：

$$S_c = \frac{\langle 3\cos^2\theta - 1 \rangle}{2} \tag{II.39}$$

在此方程中，$\theta$ 代表刚性分子的长轴与（向列相中）一个单畴取向矢之间的夹角。这两种模型结合起来可以预测溶致型刚性液晶分子的相图，如图 II.18 所示（Khokhlov 和 Grosberg，1981）。研究也表明溶致液晶可以形成比向列相有序性更高的相结构，如近晶相。

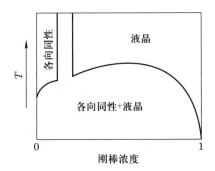

图 II.18　刚棒-稀释剂体系相图的示意图。

两亲性分子体系也已被广泛研究（例子见 Evans 和 Wennerström，1998）。最简单的一类两亲性分子体系是表面活性剂，它们通常是由亲水的头基和疏水的尾链组成。已经知道，在高于其临界胶束浓度时，这类表面活性剂在水溶液中可以形成不同的胶束状超分子形态。如图 II.19 所示，这些形态包括球、柱、双分子层、囊泡、甚至双连续形态。这些超分子形态处于热力学平衡，恒定压力下在不同浓度和温度时具有最低吉布斯自由能。其中最普通的例子是一般日常所用的肥皂。肥皂是辛酸钾，它有一个极性的 $CO_2^-K^+$ 头基和一个非极性的正烷烃 $[-(CH_2)_7CH_3]$ 碳氢尾链。取决于肥皂在水中的浓度，可以观察到不同的胶束形态。

不同形态的胶束（见图 II.19）作为结构单元可以形成不同的聚集体相态。

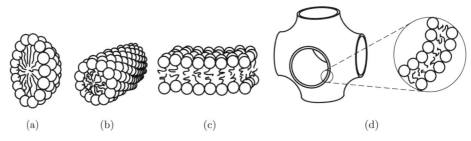

(a)　　　　　　(b)　　　　　　(c)　　　　　　　　　　(d)

图 II.19　不同的表面活性剂超分子结构，包括球(a)、柱(b)、双分子层(c)
以及双连续结构(d)。

这些相态具有的对称性与胶束形态结构单元对称性类似。例如，球形胶束可以
密堆积形成体心立方相，而柱状胶束则形成六方密堆积的相态。双分子层胶束
可以堆叠在一起形成层状相；而由鞍扇表面构成的胶束可以构造一个双连续的
立方相，由它形成一个称为螺旋二十四面体(gyroid)相的网络，并由三重节点
来定义(Hamley，2000)。图 II.20 显示了由胶束状结构单元堆积起来而形成有

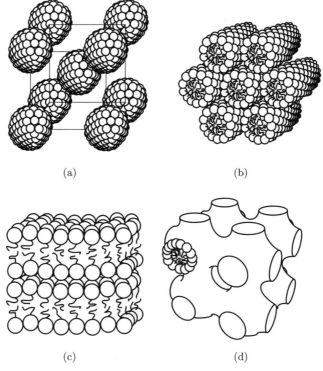

(a)　　　　　　　　　　　　　　(b)

(c)　　　　　　　　　　　　　　(d)

图 II.20　聚集的胶束相，包括体心立方(a)、六方圆柱(b)、片层堆叠(c)以及双连
续立方(螺旋二十四面体)(d)。

序相的几个例子。其中有些相可以很容易在众多胶束体系中观察到，例如肥皂水溶液即是一个常见的例子，如图 II. 21(Fontell，1981)所示。图中不但有相图，而且还包括了胶束的形态。当肥皂浓度较低时，表面活性剂只形成独立的胶束。肥皂浓度增加，这些独立的胶束聚集而堆积成有序相态。在高浓度区域降低温度时，可以达到 Krafft 温度 $T_K$。Krafft 温度是肥皂分子能以胶束存在的最低温度。低于这个温度，肥皂分子依然留驻在晶相。在超分子尺度上那些相态是溶致中间相行为新的一类。它们在研究和理解生物体系(如细胞膜)中相态形成的热力学和动力学上非常重要；同时，对它们的研究也为新的生物技术的发展(如可控的基因治疗、靶向药物传输等)提供了科学基础。

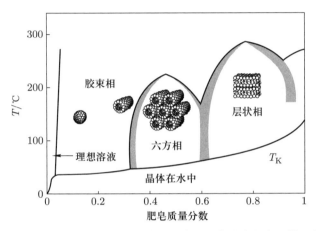

图 II. 21  肥皂-水体系的相图以及相应的胶束和聚集胶束相态。低肥皂质量分数处近似垂直的分界线是临界胶束浓度。Krafft 温度在图中用 $T_K$ 表示。

(重绘 1981 年 Fontell 的图，承蒙许可)

# 参 考 文 献 及 更 多 读 物

Adamski, P.; Czyzewski, R. 1978a. *Activation energy and growth rate of spherulites of cholesteric liquid crystals.* Kristallografiya **23**, 1284-1285.

Adamski, P.; Klimczyk, S. 1978b. *Study of the crystallization rate constant and the Avrami index for cholesterol pelargonate.* Kristallografiya **23**, 154-160.

Atkins, P. W. 1990. *Physical Chemistry (4th edition).* Freeman and Company: San Francisco.

Avrami, M. 1939. *Kinetics of phase change. Ⅰ. General theory.* Journal of Chemical Physics **7**, 1103-1112.

Avrami, M. 1940. *Kinetics of phase change. Ⅱ. Transformation-time relations for random distribution of nuclei.* Journal of Chemical Physics **8**, 212-224.

Avrami, M. 1941. *Kinetics of phase change. III. Granulation, phase change, and microstructure.* Journal of Chemical Physics **9**, 177-184.

Bahadur, B. 1976. *A review on the specific volume of liquid crystals.* Journal de Chimie Physique et de Physico-Chimie Biologique **73**, 255-267.

Baldan, A. 2002. *Progress in Ostwald ripening theories and their applications to nickel-base superalloys-Part I: Ostwald ripening theories.* Journal of Materials Science **37**, 2171-2202.

Barois, P. 1998. *Phase transition theories.* In *Handbook of Liquid Crystals. Volume 1. Fundamentals.* Demus, D.; Goodby, J.; Gray, G. W.; Spiess, H. -W.; Vill, V., Eds. Chapter VII. 6. 1; Wiley-VCH: Weinheim.

Barrall, E. M.; Johnson, J. F. 1974. *Thermal properties of liquid crystals.* In *Liquid Crystals and Plastic Crystals. Volume 2. Physico-Chemical Properties and Methods of Investigation.* Gray, G. W.; Winsor, P. A., Eds. Chapter 10; Ellis Horwood Limited: Chichester.

Beguin, A.; Billard, J. U.; Bonamy, F.; Buisine, J. M.; Cuvelier, P.; Dubois, J. C.; Le Barny, P. 1984. *Sources of thermodynamic data on mesogens,* Molecular Crystals and Liquid Crystals **115**, 1-326.

Belonoshko, A. B.; Skorodumova, N. V.; Rosengren, A.; Johansson, B. 2006. *Melting and critical superheating.* Physical Review B **73**, 012201.

Blumstein, R. B.; Blumstein, A.; 1988. *Inherently flexible thermotropic main chain polymeric liquid crystals.* Molecular Crystals and Liquid Crystals **165**, 361-387.

Blumstein, A.; Thomas, O. 1982. *Odd-even effect in thermotropic liquid-crystalline 4, 4'-dihydroxy-2, 2'-dimethylazoxybenzene-alkandioic acid polymers.* Macromolecules **15**, 1264-1267.

Born, M. 1939. *Thermal Dynamics of Crystals and Melting.* Journal of Chemical Physics **7**, 591-603.

Brailsford, A. D.; Wynblatt, P. 1979. *The dependence of Ostwald ripening kinetics on particle volume fraction.* Acta Metallurgica **27**, 489-497.

Cahn, J. W. 1965. *Phase separation by spinodal decomposition in isotropic systems.* Journal of Chemical Physics **42**, 93-99.

Cahn, J. W.; Hilliard, J. E. 1958. *Free energy of a nonuniform system. I. Interfacial free energy.* Journal of Chemical Physics **28**, 258-267.

Cahn, J. W.; Hilliard, J. E. 1959. *Free energy of a nonuniform system. III. Nucleation in a two-component incompressible fluid.* Journal of Chemical Physics **31**, 688-699.

Cammidge, A. N.; Bushby, R. J. 1998. *Synthesis and structural features.* In *Handbook of Liquid Crystals. Volume 2B. Low Molecular Weight Liquid Crystals II.* Demus, D.; Goodby, J.; Gray, G. W.; Spiess, H. -W.; Vill, V., Eds. Chapter VII; Wiley-VCH: Weinheim.

Cheng, J.; Jin, Y.; Liang, G.; Wunderlich, B. 1992. *Condis crystal of small molecules. V. Solid state 13C NMR and thermal properties of N, N'-bis ( 4-n-octyloxybenzal )-1, 4-*

*phynylenediamine* (*OOBPD*). Molecular Crystals and Liquid Crystals **213**, 237-258.

Cheng, S. Z. D. 1988. *Kinetics of mesophase transitions in thermotropic copolyesters. 1. Calorimetric study.* Macromolecules **21**, 2475-2484.

Cheng, S. Z. D.; Wunderlich, B. 1988. *Modification of the Avrami treatment of crystallization to account for nucleus and interface.* Macromolecules **21**, 3327-3328.

Chou, Y. C.; Goldburg, W. I. 1981. *Angular distribution of light scattered from critically quenched liquid mixtures.* Physical Review A **23**, 858-864.

Cladis, P. E. 1998. *Re-entrant phase transitions in liquid crystals.* In *Handbook of Liquid Crystals. Volume 1. Fundamentals.* Demus, D.; Goodby, J.; Gray, G. W.; Spiess, H. -W.; Vill, V., Eds. Chapter VII. 6. 4; Wiley-VCH: Weinheim.

Cladis, P. E.; Bogardus, R. K.; Daniels, W. B.; Taylor, G. N. 1977. *High-pressure investigation of the reentrant nematic-bilayer-smectic-A transition.* Physical Review Letters **39**, 720-723.

Cook, H. E. 1970. *Brownian motion in spinodal decomposition.* Acta Metallurgica **18**, 297-306.

Cormia, R. L.; Mackenzie, J. D.; Turnbull, D. 1963. *Kinetics of melting and crystallization of phosphorus pentoxide.* Journal of Applied Physics **34**, 2239-2244.

de Gennes, P. G.; Prost, J. 1995. *The Physics of Liquid Crystals.* Oxford University Press: Oxford.

Debenedetti, P. G. 1996. *Metastable Liquids: Concepts and Principles.* Princeton University Press: Princeton.

Demus, D. 1998. *Chemical structure and mesogenic properties.* In *Handbook of liquid crystals. Volume 1. Fundamentals.* Demus, D., Goodby, J., Gray, G. W., Spiess, H. -W., Vill, V., Eds. Chapter VI; Wiley-VCH: Weinheim.

Demus, D.; Diele, S.; Grande, S.; Sackmann, H. 1983. *Polymorphism in thermotropic liquid crystals.* In *Advances in Liquid Crystals. Volume 6.* Brown, G. H., Ed. Chapter 1; Academic Press: New York.

Evans, D. F.; Wennerström, H. 1999. *The Colloidal Domain: Where Physics, Chemistry, Biology and Technology Meet.* Wiley-VCH: New York.

Fang, C. -Y.; Uhlmann, D. R. 1984. *The process of crystal melting. II. Melting of sodium disilicate.* Journal of Non-Crystalline Solids **64**, 225-228.

Fecht, H. J.; Johnson, W. L. 1988. *Entropy and enthalpy catastrophe as a stability limit for crystalline material.* Nature **334**, 50-51.

Flory, P. J. 1956. *Statistical thermodynamics of semi-flexible chain molecules.* Proceedings of the Royal Society of London A: Mathematical and Physical Sciences **234**, 60-73.

Flory, P. J.; Abe, A. 1978. *Statistical thermodynamics of rodlike particles. 1. Theory for polydisperse systems.* Macromolecules **11**, 1119-1122.

Fontell, K. 1981. *Liquid crystallinity in lipid-water systems.* Molecular Crystals and Liquid Crystals **63**, 59-82.

Fradkov, V. E.; Glicksman, M. E.; Marsh, S. P. 1996. *Coarsening kinetics in finite clusters.* Physical Review E **53**, 3925-3932.

Frenkel, J. 1946. *Kinetic Theory of Liquids.* Oxford University Press: London; reprinted by Dover: New York, 1955.

Furukawa, H. 1998. *Dynamics of phase separation and its application to polymer mixture.* In *Structure and Properties of Multiphase Polymeric Materials.* Araki, T.; Tran-Cong, Q.; Shibayama, M., Ed. Chapter 2; Marcel Dekker: New York.

Garland, C. W. 1992. *Calorimetric studies of liquid crystal phase transitions: AC techniques.* In *Phase Transitions in Liquid Crystals.* Martellucci, S.; Chester, A. N., Eds. Chapter 11; Plenum Press: New York.

Gibbs, J. W. 1878. *On the equilibrium of heterogeneous substances.* Transactions of the Connecticut Academy of Arts and Sciences Ⅲ, 108-248 and 343-524.

Guillon, D.; Skoulios, A. 1976a. *Smectic polymorphism and melting progresses of molecules in the case of 4, 4'-di(p, n-alcoxybenzylidene-amino) biphenyls.* Journal de Physique **37**, 797-800.

Guillon, D.; Skoulios, A. 1976b. *Etude du polymorphisme smectique par dilatométrie et diffractométrie X.* Journal de Physique **37**, C3: 83-84.

Guillon, D.; Cladis, P. E.; Aadsen, D.; Daniels, W. B. 1980. *X-ray investigation of the smectic A reentrant nematic transition under pressure (CBOOA).* Physical Review A **21**, 658-665.

Hamley, I. W. 2000. *Introduction to Soft Matter: Polymers, Colloids, Amphiphiles and Liquid Crystals.* John Wiley & Sons: Chichester.

Hoeben, F. J. M.; Jonkheijm, P.; Meijer, E. W.; Schenning, A. P. H. J. 2005. *About supramolecular assemblies of π-conjugated systems.* Chemical Review **105**, 1491-1546.

Huang, C. C.; Viner, J. M.; Novack, J. C. 1985. *New experimental technique for simultaneously measuring thermal conductivity and heat capacity.* Review of Scientific Instruments **56**, 1390-1393.

Hunt, J. D.; Jackson, K. A. 1966. *Binary eutectic solidification.* Transactions of the Metallurgical Society of AIME **236**, 843-852.

Iwamatsu, M. 1999. *Homogeneous nucleation for superheated crystal.* Journal of Physics, Condensed Matter **11**, L1-L5.

Jabarin, S. A.; Stein, R. S. 1973. *Light scattering and microscopic investigations of mesophase transitions of cholesteryl myristate.* Journal of Physical Chemistry **77**, 409-413.

Jackson, K. A.; Uhlmann, D. R.; Hunt, J. D. 1967. *On the nature of the crystal growth from the melt.* Journal of Crystal Growth **1**, 1-36.

Jin, Z.; Lu, K. 2000. *Melting as a homogeneously nucleated process within crystals undergoing superheating.* Zeitschrift für Metallkunde **91**, 275-279.

Jin, Z.; Gumbsch, P.; Lu, K.; Ma, E. 2001. *Melting mechanisms at the limit of superheating*. Physical Review Letters **87**, 055703.

Khokhlov, A. R.; Grosberg, A. Yu. 1981. *Statistical theory of polymeric lyotropic liquid crystals*. Advances in Polymer Science **41**, 53-97.

Langer, J. S.; Bar-on, M.; Miller, H. D. 1975. *New computational method in the theory of spinodal decomposition*. Physical Review A **11**, 1417-1429.

Lifshitz, I. M.; Slyozov, V. V. 1961. *The kinetics of precipitation from supersaturated solid solutions*. The Journal of Physics and Chemistry of Solids **19**, 35-50.

Lindemann, F. A. 1910. *Über die Berechnung molekularer Eigenfrequenzen*. Physikalische Zeitschrift **11**, 609-612.

Livolant, F.; Leforestier, A. 1996. *Condensed phases of DNA: Structures and phase transitions*. Progress in Polymer Science **21**, 1115-1164.

Lu, K.; Li, Y. 1998. *Homogeneous nucleation catastrophe as a kinetic stability limit for superheated crystal*. Physical Review Letters **80**, 4474-4477.

Marqusee, J. A.; Ross, J. 1984. *Theory of Ostwald ripening: competitive growth and its dependence on volume fraction*. Journal of Chemical Physics **80**, 536-543.

Marsh, S. P.; Glicksman, M. E. 1996. *Kinetics of phase coarsening in dense systems*. Acta Materialia **44**, 3761-3771.

Moore, W. J. 1972. *Physical Chemistry*. Prentice Hall: Englewood Cliffs.

Nakatani, A. I.; Han, C. C. 1998. *Shear dependence of the equilibrium and kinetic behavior of multicomponent systems*. In *Structure and Properties of Multiphase Polymeric Materials*. Araki, T.; Tran-Cong, Q.; Shibayama, M., Eds. Chapter 7; Marcel Dekker: New York.

Onsager, L. 1949. *The effects of shapes on the interaction of colloidal particles*. Annals of the New York Academy of Sciences **51**, 627-659.

Ostwald. W. 1900. *Über die vermeintliche Isomerie des roten und gelben Quecksilberoxyds und die Oberflächenspannung fester Körper*. Zeitschrift für Physikalische Chemie, Stöchiometrie und Verwandschaftslehre **34**, 495-503.

Pisipati, V. G. K. M.; Rao, N. V. S.; Alapati, P. R. 1989. *DSC characterization of various phase-transitions in mesomorphic benzylidene anilines*. Crystal Research and Technology **24**, 1285-1290.

Price, F. P.; Wendorff, J. H. 1971. *Transitions in mesophase forming systems. I. Transformaiton kinetics and pretransition effects in cholesteryl myristate*. Journal of Physical Chemistry **75**, 2839-2849.

Ratke, L.; Voorhees, P. W. 2002. *Growth and Coarsening: Ostwald Repining in Material Processing*. Springer: Berlin.

Richards, J. W. 1897. *Relations between the meting-points and the latent heats of fusion of the metals*. Journal of the Franklin Institute **143**, 379-383.

Rosenberger, F. 1982. *Crystal growth kinetics*. NATO Advanced Study Institutes Series, Series

C: Mathematical and Physical Sciences **87**, 315-364.

Schantz, C. A.; Johnson, D. L. 1978. *Specific heat of the nematic, smectic-A, and smectic-C phases of 4-n-pentylphenylthiol-4′-n-octaoxybenzoate: Critical behavior.* Physical Review A **17**, 1504-1512.

Schmalzried, H. 1981. *Solid State Reactions.* Verlag Chemie: Weinheim.

Siggia, E. D. 1979. *Late stages of spinodal decomposition in binary mixtures.* Physical Review A **20**, 595-605.

Smith, G. W. 1975. *Plastic crystals, liquid crystals, and the melting phenomenon. The importance of order.* In *Advances in Liquid Crystals. Volume* 1. Brown G. H., Ed. Chapter 4; Academic Press: New York.

Tallon, J. L. 1989. *A hierarchy of catastrophes as a succession of stability limits for the crystalline state.* Nature **342**, 658-660.

Tammann, G. 1903. *Kristallisieren und Schmelzen.* Verlag Johann Ambrosius Barth: Leipzig.

Tammann, G.; Mehl, R. F. 1925. *The States of Aggregation.* Nan Nostrand Company: New York.

Tang, B. Y.; Ge, J. J.; Zhang, A.; Calhoun, B.; Chu, P.; Wang, H.; Shen, Z.; Harris, F. W.; Cheng, S. Z. D. 2001. *Liquid crystalline and monotropic phase behaviors of 2, 3, 6, 7, 10, 11-hexa (4′-octyloxybenzoyloxy) triphenylene discotic molecules.* Chemistry of Materials **13**, 78-86.

Tang, B. Y.; Jing, A. J.; Li, C. Y.; Shen, Z.; Wang, H.; Harris, F. W.; Cheng, S. Z. D. 2003. *Role of polymorphous metastability in crystal formation kinetics of 2, 3, 6, 7, 10, 11-hexa (4′-octyloxybenzoyloxy)-triphenylene discotic molecules.* Crystal Growth and Design **3**, 375-382.

Toda, A.; Hikosaka, M.; Yamada, K. 2002. *Superheating of the melting kinetics in polymer crystals: A possible nucleation mechanism.* Polymer **43**, 1667-1679.

Tsumuraya, K.; Miyata, Y. 1983. *Coarsening models incorporating both diffusion geometry and volume fraction of particles.* Acta Metallurgica **31**, 437-452.

Tsykalo, A. L. 1991. *Thermophysical Properties of Liquid Crystals.* Gordon and Breach: New York.

Turnbull, D.; Fisher, J. C. 1949. *Rate of nucleation in condensed systems.* Journal of Chemical Physics **17**, 71-73.

Tycko, R.; Dabbagh, G.; Fleming R. M.; Haddon, R. C.; Makhija, A. V.; Zahurak, S. M. 1991. *Molecular dynamics and the phase transition in solid $C_{60}$.* Physical Review Letters **67**, 1886-1889.

Tymczak, C. J.; Ray, J. R. 1990. *Asymmetric crystallization and melting kinetics in sodium: A molecular-dynamics study.* Physical Review Letters **64**, 1278-1281.

Vergano, P. J.; Uhlmann, D. R. 1970a. *Crystallization kinetics of germanium dioxide: The effect of stoichiometry on kinetics.* Physics and Chemistry of Glasses **11**, 30-38.

Vergano, P. J.; Uhlmann, D. R. 1970b. *Melting kinetics of germanium dioxide*. Physics and Chemistry of Glasses **11**, 39-45.

Volmer, M. 1939. *Kinetik der Phasenbildung*. Steinkopff: Dresden.

Volmer. M.; Schmidt, O. 1937. *Über den Schmelzvorgang*. Zeitschrift für physikalische Chemie, Abteilung B: Chemie der Elementarprozesse, Aufbau der Materie **35**, 467-480.

Wagner, C. Z. 1961, *Theorir der Alterung von Niederschlägen durch Umlösen (Ostwald-reifung)*. Zeitschrift für Elektrochemie **65**, 581-591.

Walden, P. 1908. *Über die Schmelzwärme, spezifische Kohäsion und Molekulargrösse bei der Schelztemperatur*. Zeitschrift für Elektrochemie **14**, 713-724.

Wunderlich, B. 1980. *Macromolecular Physics. Volume III. Crystal Melting*. Academic Press: New York.

Wunderlich, B. 2005. *Thermal Analysis of Polymeric Materials*. Springer: Berlin.

Wunderlich, B.; Grebowicz, J. 1984. *Thermotropic mesophases and mesophase transitions of linear, flexible macromolecules*. Advances in Polymer Science **60**, 1-59.

Wunderlich, B. Jin, Y. M. 1993. *The thermal properties of four allotropes of carbon*. Thermochimica Acta **226**, 169-176.

Yandrasits, M. A.; Cheng, S. Z. D.; Zhang, A.; Cheng, J.; Wunderlich, B.; Percec, V. 1992. *Mesophase behavior in thermotropic polyethers based on the semiflexible mesogen 1-(4-hydroxyphenyl)-2-(2-methyl-4-hydroxyphenyl)ethane*. Macromolecules **25**, 2112-2121.

Yoon, Y.; Zhang, A.; Ho, R. -M.; Cheng, S. Z. D.; Percec, V.; Chu, P. 1996a. *Phase identification in a series of liquid crystalline TPP polyethers and copolyethers having highly ordered mesophase structures. 1. Phase diagrams of odd-numbered polyethers*. Macromolecules **29**, 294-305.

Yoon, Y.; Ho, R. -M.; Moon, B.; Kim, D.; McCreight, K. W.; Li, F.; Harris, F. W.; Cheng, S. Z. D.; Percec, V.; Chu, P. 1996b. *Mesophase identifications in a series of liquid crystalline TPP polyethers and copolyethers having highly ordered mesophase structures 2. Phase diagrams of even-numbered polyethers*. Macromolecules **29**, 3421-3431.

# 第三章
# 亚稳态的概念

　　本章介绍我们目前对亚稳态的理解。亚稳态的概念可以追溯到一百多年前奥斯特瓦尔德的时代。现在公认的亚稳态是通过热力学加以定义的，一个亚稳态的出现，与相变前在有限时间段内存在的过冷或过热状态相关，也或与体系向平衡态转变时的多个自由能路径的动力学竞争有关。亚稳态的这两种出现方式都将在这一章中举例说明。当前的亚稳态概念忽略了尺寸对相稳定性的影响，因而在理解和解释实验现象时会受到限制。为了解释这些实验结果，有必要将亚稳态的概念延伸到多种长度尺度上去。此外，亚稳的程度（亚稳定性）也需要能够定量地用实验来测定，用以确定一个亚稳态离平衡态有多远。

## III. 1　奥斯特瓦尔德阶段规则以及亚稳态的定义

　　由于亚稳态在相转变时经常出现，因此人们在对相转变进行研究后不久就确认了亚稳态的存在。相变并不是发生在平衡转变温度，这一实验观察最早启示了亚稳态的存在。由于这些过冷或过热的非平衡态并不具有特定的温度和压力下的最低自由能,它们和自己最终稳定态的自由能相比只能被定义为亚稳态,并且只在有限的时间范围内存在。

　　除了过冷和过热现象以外,亚稳态也可能因相变时采取的动力学路径而形成。奥斯特瓦尔德在一百多年前构想他的阶段规则时就关注到相变现象(1897)。正如 Schmelzer(1998)所引用的:"……在一个不稳定的(或亚稳定的)状态转变成稳定态的过程中,体系并不直接变成最稳定的构象(对应于具有最低自由能的状态),而更喜欢达到具有和起始状态自由能最接近的中间阶段(对应于其他的亚稳状态)"。这暗示着相变是通过一系列稳定性递增的亚稳态而进行的。这个规则得到了大量实验数据的支持。如果从一个亚稳态到另一个亚稳态,或是到最终的稳定态的转变足够慢,亚稳态就能被观察到。但是,这个规则并没有解释为什么体系会经历一系列中间步骤,而不是直接转变成平衡相。

　　按照定义,亚稳态在热力学上是稳定的,但还不是具有最低自由能的稳定平衡态。换句话说,它是具有局部自由能极小值的稳定态。在如图 III.1 所示的自由能对序参量的作图中,对于亚稳态和最终稳定平衡态,自由能$(G)$对序参量$(\Phi)$的一阶导数都等于零,$dG/d\Phi = 0$,而且自由能对序参量的二阶导数为正值,$d^2G/d\Phi^2 > 0$(也可参见图 I.8b)。图中两个自由能极小值之差 $\Delta G$ 反映了亚稳态和平衡状态之间的稳定性差异,因此代表了粒子从亚稳态弛豫到平衡态时的驱动力。自由能高度 $\Delta G^*$ 是粒子转变到达平衡态时必须克服的活化能能垒。因此从亚稳态到更稳定的状态(或平衡态)的转变需要活化以克服自由能位垒。

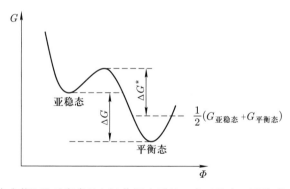

图 III.1　以自由能$(G)$对序参量$(\Phi)$作图表示的一个亚稳态。要注意亚稳态具有局部的稳定极小自由能,而平衡态具有整体的稳定极小自由能。亚稳态到平衡态的弛豫需要克服能垒$(\Delta G^*)$,而弛豫的驱动力为两个自由能极小值之差$(\Delta G)$。

　　亚稳态出现的原因有二。第一个是由相变的热力学决定的。当亚稳性的极限是绝对的而且转变能垒较高时，亚稳态可以存在足够长的时间而被实验检测到。这种类型的亚稳态的例子包括液–气转变中两相共存线和亚稳极限线之间的区域、过冷的无定形液体以及过热的晶态固体。这些例子将在 III. 2.1 和 III. 2.2 节作简要讨论。这类亚稳态的关键特点是，两相之间只存在一个与过冷或过热相关的转变能垒。在非平衡转变的特定压力与温度下，只有一个相是稳定的，而另一个相是亚稳定的。

但是，我们更感兴趣的是那些包括多种自由能路径的相转变，它们有好几个不同的局部自由能极小值以及导致特定亚稳态生长的不同高度的自由能位垒。这个状态是一个处于起始和最终状态之间的结构中间态，具有局部自由能极小值。问题变成是：怎样能清晰理解体系在一个局部自由能极小值中被捕获的过程？通常的解释是从起始状态到最后的平衡稳定态的转变必须有一个以上的、可供选择的自由能路径。经由亚稳态的路径必须比直接到平衡稳定态的转变具有更低的自由能位垒。此外，亚稳态的实验观测要求这个状态存在的时间尺度比所用仪器的时间分辨率更长(Debenedetti, 1996)。也就是说，从亚稳态到下一个更稳定的(或平衡)状态的转变动力学(kinetics)必须足够慢才能检测到这个亚稳态。

如果用非科学的语言来阐述亚稳态相变的微观过程，我们可以说粒子必须在几个能垒中做出选择，但是它们又无法预测，或者说是"缺乏眼光"来判断在这些能垒后面的相稳定性以及自由能的路径。由于克服一个能垒的能力取决于与热能 $kT$ 相关的热(密度)涨落以及粒子的相互作用，多数粒子就选择具有最低自由能位垒的路径，而无暇顾及位垒后面的相稳定性。这样粒子就有可能被捕获在一个局部的自由能极小值里(一个亚稳态)，并且只要这自由能极小值深度足够，在实验观测的时间范围内能保证粒子不从这个相逃脱，那么这个亚稳态就可能被发现。

## III. 2 相变中的亚稳态例子

### III. 2.1 液–气转变中的亚稳态

亚稳态的一个经典实例是在两相共存线和亚稳极限线之间区域的气体凝结或液体蒸发过程中所涉及的过冷或过热现象，如图 III. 2 所示。实际上，在压力–体积相图中的两相共存线上，吉布斯自由能对密度(序参量)的一阶导数等于零，即 $\partial G/\partial \rho = 0$；而在亚稳极限线上，吉布斯自由能对密度的二阶导数等于零，即 $\partial^2 G/\partial \rho^2 = 0$。因此，两相共存线代表绝对热力学稳定性极限内的一级转变，而亚稳极限线是亚稳定性的极限。要注意这里讨论的两相共存线和亚稳极限线是关于单组分体系中气体到液体转变时的密度变化，而在 II.3.4 节中讨论的曲线是关于二元混合物的，因此涉及浓度变化。如果从气相开始降温（或升高压力）使等压（或等温）体系到达临界点（图 II.2a），液相和气相将不可区分，这是因为这两相之间没有对称性上的差别，如 I.2.3 部分中所述。

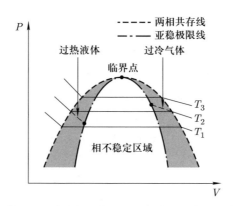

图 III.2　压力–体积相图中液相和气相之间相变的图解。两相共存线和亚稳极限线由 $\partial G/\partial\rho = 0$ 和 $\partial^2 G/\partial\rho^2 = 0$ 得到。本图中过热液体和过冷气体的区域都用阴影表示。

在两相共存线和亚稳极限线之间的区域内存在着亚稳定的相，过热液体或过冷气体。但是，一旦到达亚稳极限线，如图 III.2 所示，亚稳定的液体或气体就无法继续存在。因此，如果在压力不变时（等压）我们以自由能对温度作图，或者在温度不变时（等温）以自由能对压力作图，来表示液–气一级相变（见图 III.3a 和 III.3b），过热液体以及过冷气体，或者过度膨胀液体以及过度压缩气体，将达到亚稳定性的极限。这样体系则会达到亚稳定的终点，在两图

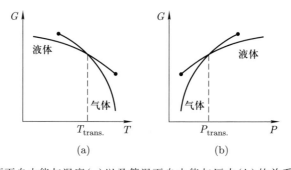

图 III.3　等压下自由能与温度（a）以及等温下自由能与压力（b）的关系。对于液–气转变，液体和气体的亚稳定性的极限可以由亚稳极限线来定义，因此，液体和气体相态的亚稳定性的程度都是固定的（两图中实心的圆圈）。

中以实心的圆圈表示。在图 III.2 中它们在亚稳极限线上。超过这两个终点，亚稳态在热力学上是不能存在的。另一方面，这些图中的相变温度（或压力）是由两相共存线来确定的。

### III.2.2 晶态固体–液体转变中的亚稳态

另一个同样重要的亚稳态的例子发生在晶态固体–液体一级相转变温度的附近。在等压转变下，温度高于平衡熔融温度时可能存在过热的晶相，或者温度低于平衡熔融温度时可能存在过冷的液相。从如图 III.4a 所示的自由能–温度图上可以看出，它们在液体和晶态固体之间的等压一级相转变附近。但是，当把此图与图 III.3a 相比较时人们注意到，与过冷液体和过热晶体相关联的自由能曲线没有终点。由于在晶态固体–液体转变中存在相态对称性的破缺，因而不存在临界点。恒定压力下，在平衡熔融温度的两边，晶相的自由能曲线可以延伸到更高的温度，而液体的自由能曲线可以延伸到更低的温度（图 III.4a）。等温情况下，我们可以以自由能对压力作图，如图 III.4b 所示。再一次看到，过度压缩液体或过度膨胀晶体的曲线都没有终点。这说明晶态固体–液体转变总涉及经典成核理论中的活化能位垒。换个说法来重新叙述这个概念，那就是不存在不稳定的状态。可以肯定，这些与亚稳态相关联的自由能曲线相对于温度或压力能不断延伸。它们只能与另一个具有不同热力学稳定性的相（一个多晶态）相交，如在 II.4a 和 II.4b 所示相图的那样。

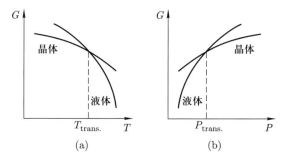

(a)  (b)

图 III.4　晶态固体–液体转变中恒压时自由能与温度之间（a）以及恒温下自由能与压力之间（b）的关系。要注意与图 III.3a 和 III.3b 相比，这两张图都没有亚稳定性的极限，因为在晶态固体–液体转变中不存在临界点。

Tammann 在一百多年前设想了另一个可能性（Tammann，1903；Tammann 和 Mehl，1925）。在一个二维的温度–压力相图上，晶态固体–液体的相曲线也可能形成闭合的环形，或者在温度或压力轴上终止于零。这个过程要求相曲线本身可以弯曲回来，这暗示存在着一个重入的液相，如图 III.5a 所示。（如果温度在玻璃化温度以下足够低，也可能进入无定形固相。）在这种情况下，在一个给定的压力，可能存在有两个熔融温度，而两个压力可能具有相同的熔融温度（Rastogi 等，1993）。

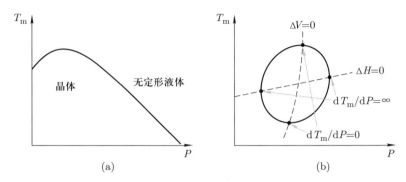

图 III.5　二维的温度-压力相图，表明斜率 $dT_m/dP$ 符号如何随压力增加而由正变负，并导致压力增加时的无定形化（a）；一个闭合环形相曲线上满足 $dT_m/dP=0$ 或 $dT_m/dP=\infty$ 的点处斜率符号发生变化（b）。（重绘 1993 年 Rastogi 等的图，承蒙许可）

熔融温度随压力增加时的这种往回的弯曲是因为熔融温度与压力关系中斜率符号的变化引起的。要注意这种关系由克劳修斯–克拉珀龙（Clausius-Clapeyron）方程给出：

$$\frac{dT_m}{dP}=\frac{T\Delta V}{\Delta H}$$

(III.1)

这里 $\Delta V$ 代表体积的变化，而 $\Delta H$ 代表热焓的变化。压力增加，晶体的密度比液体的密度大，因此方程 III.1 具有正的斜率，熔融温度升高。但是，如果晶体的密度变得比各向同性液体的还低，这个方程的斜率就变成负的，使得熔融温度随压力的增加而降低（Rastogi 等，1991；van Ruth 等，2004）。这一变化导致压力增加时的无定形化，如图 III.5a 所示。

把以上的分析和讨论总结如下，如果在一个二维的温度-压力相图上有一个熔融温度对压力的一阶导数等于零的点，即 $dT_m/dP=0$（实验上已观察到），并且可能还有一个熔融温度对压力的一阶导数趋于无穷大的点，即 $dT_m/dP=\infty$（实验上还没有被证明），那么在这两个点处方程 III.1 的斜率都将发生符号的变化（Rastogi 等，2006）。图 III.5b 用图例阐明闭合环形的相图，其中并没有其他相的介入（Tamman，1903；Tamman 和 Mehl，1925；Rastogi 等，1993）。

## III.3　来源于竞争的动力学并由其控制的亚稳态

在很多实际情况中，一个单组分体系可能具有一个以上含不同结晶学对称性的晶体结构，而所有的结晶形式都具有 I. 1. 2 部分所述的长程的位置、价键取向和分子取向有序性。在其他情况下，可能因一种或多种有序性失去其长程的、逐步相关性的衰减而存在有多种的相态，导致了中间相。因为本节的目的是阐述在几种动力学路径竞争下亚稳态的发育，我们将只关注亚稳态之间的稳定性，并描述它们的发展，尽管事实上它们并非是最稳定的状态。这些原则适用于所有类型的共存有序相态。我们将暂时避免区分相结构（晶体或中间相），并把这类相行为称作"多晶态"。

这种广义的多晶态，即有序相态的不同形式，在晶态固体和液体相态之间呈现出多种转变。我们用类似的等压下自由能-温度和等温下自由能-压力关系来描述每个相的热力学性质以及它们之间的相转变。不过，在这些情况下，自由能曲线代表不同的有序态和液体相态，而不只是代表晶态固体和液体相态。除非在两条自由能曲线的交点，除一种相外，所有其他的多晶态相对这个态都是亚稳态，因此，在指定的固定压力和温度（或体积）下，多晶态中只有一种是热力学上稳定的，其余的相都被认定为在热力学上是亚稳的。

对于多晶态中的相变，存在着两种不同类型的相行为。第一种类型叫做"双向性的（enantiotropic）"相行为。Vorländer 将双向性的相态描述为"……无论是通过加热固态的晶相还是冷却都可以达到转变温度……无定形的熔融体"（Vorländer，1923）。对于具有一种以上有序相的单组分体系，双向性的相行为描述了在可发生等压相转变的温度范围内热力学稳定性的顺序。加热时有序性较高的相首先熔融，继而有序性较低的相会无序化。当从各向同性的液体冷却时，观察到相反的转变顺序，即在较高温度先形成有序性较低的相，然后在较低温度下形成更有序的相。从纯粹的热力学观点来看，双向性相行为从等压下不同相的自由能对温度的图上就非常容易理解，如图 III. 6a 所示。在此图中，每个相都有本身的热力学自由能，在每个特定的温度区间，只有一个相有最低的自由能，因而是最稳定的相。在只考虑热力学时，图 III. 6b 示意性地说明了量热实验观察到的转变顺序。在把各向同性液体冷却到较低有序性相态的无序化温度以上的过程中，液体是最稳定的。在较低有序性相态的无序化温度和更有序的相的平衡熔融温度之间，有序性较低的相是最稳定的。而在平衡熔融温度以下，更有序的相是最稳定的。这个转变顺序在随后加热时是可逆的，如图 III. 6b 所示，因此它是双向性的。在这个图上，我们没有考虑相变动力学方面的因素，比如克服自由能能垒（要求过冷）以及各个有序相的熔融（可能涉及过热）。

另一方面，如果有序性较低的相在所研究的温度范围内都是亚稳的，就会出现"单向性的（monotropic）"相行为。单向性相行为的识别可追溯到 1877 年（Lehmann，1877）。Voländer 定义单向的相态为"……上述相态只有在冷却无

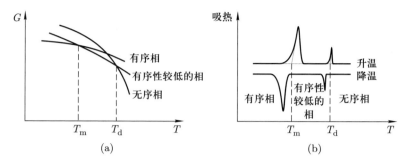

图 III.6　恒压下"双向性的"相变行为中自由能对温度的图解(a)；以及冷却和随后
加热时相应转变顺序的量热实验结果的示意图(b)。无序化温度表示为 $T_d$，
而熔融温度为 $T_m$。

定形的熔融物质时出现，而在固态晶体熔融时不出现"(Voländer，1923)。让
我们通过一个单组分体系的单向性转变行为，来说明动力学上如何促使亚稳态
的发育，它们包括一个液体、一个亚稳(较低有序性的)相以及一个稳定(更有
序的)相间的转变。一般假定形成亚稳相的能垒比形成更有序相的能垒小，但
这并非必然暗示着在同等过冷度时从液体到亚稳相的转变具有更快的动力学路
径，而是指亚稳相有足够的过冷度能在高温时达到比稳定相更快的生长速率。

在这种单向性的相变中，图 III.7a 说明了等压下不同相态自由能随温度的
变化，而图 III.7b 则示意了单向性转变的量热行为。从图 III.7a 中可以明显看
出亚稳相在任何温度下都不是最稳定的相。如果满足以下两个条件就能在实验
上观察到这个相：第一，亚稳相的热力学稳定性(自由能线)离相邻的稳定相
不能太远；第二，相比于亚稳相，稳定相必须要求有更大的过冷度才能形成。
在从各向同性的液相快速冷却过程中，稳定相的形成可以被绕过，因为它比亚
稳相具有更高的自由能位垒，从而要求更高的过冷度。结果是，在这个有序性
较低相态的熔融温度附近的高温处，首先发生各向同性液体到亚稳相的转变
(图 III.7b 中的第一个放热过程)。亚稳相形成后，一般认为要更进一步的冷
却才会发生到稳定相的转化，正如图 III.7b 中第二个放热过程所指示的那样。
因此，在随后的加热过程中只能看到一个吸热过程，这个过程是稳定相到各向
同性液体的熔融。

迄今为止，对具有单向行为的亚稳态研究得最多的主体是在液晶领域。八
十多年前(1923)，Vorländer 在考察了一百多种液晶分子后列出了至少 37 种被
认为具有单向性的相行为的分子，它们包含亚稳定的液晶相。在过去的二十年
中，单向液晶行为一直有所报道(Carr 和 Gray，1985；Andrews 和 Gray，
1985)。最近，在单向性柱状相的形成方面仍还有报道出现(Tang 等，2001、

2003）。

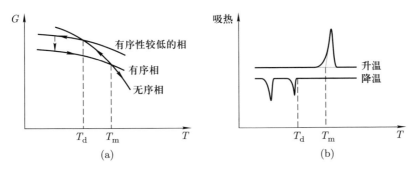

图 III. 7　（a）恒压下"单向性的"相变行为中的自由能对温度图。要注意在单向的情况
下，亚稳相在所研究的整个温度范围内都不是具有最低自由能的相。因此，这个亚稳
相的出现完全取决于稳定相的缓慢成核动力学。（b）冷却及随后加热过程中相应的相
变顺序的量热实验结果示意图。无序化温度表示为 $T_d$，而熔融温度为 $T_m$。

　　现在我们来讨论单向性相变行为的动力学起源。为了在绝对温标上进行比
较，我们需要注意亚稳相的熔融温度低于稳定晶相的熔融温度这个事实。图
III. 8 是在我们关心的温度范围内总体动力学相转变速率示意图。由于亚稳相
的熔融温度 $(T_m)_{meta}$ 低于稳定相的熔融温度 $(T_m)_{st}$，在图 III. 8 中的这两个温度
之间区域 I 内，即 $(T_m)_{meta} < T < (T_m)_{st}$ 时，相变总是从各向同性液体直接转变到
稳定相。当温度降低至亚稳相的熔融温度以下，即 $T < (T_m)_{meta}$ 时，亚稳相形成
的速率增大。此外，亚稳相的生长速率随温度降低的增大比稳定相的生长速率
快。这样的增大导致两条生长速率曲线有图 III. 8 所示的交叉。当温度在交叉
温度 $T_{cross}$ 以下，即图 III. 8 中的区域 III 时，亚稳相的生长变得最快，在稳定相
前先形成了亚稳相（Keller 和 Cheng，1998）。

　　这样的分析忽略了一个最有趣的问题：在亚稳相的熔融温度 $(T_m)_{meta}$ 和交
叉温度 $T_{cross}$ 之间（图 III. 8 中的区域 II），相生长过程又将会是怎样的呢？在这
个区域内，亚稳相和稳定相的生长速率处于同一个数量级。目前还不是很清楚
会发生什么变化。我们或许可能观察到两个截然不同的相生长过程，每个相有
各自的速率，表明这是一个同时包括两种结构的混合相态；或者亚稳相也可能
成为形成稳定相的前驱体。最近，在一个高分子亚稳相转变动力学方面进行的
研究工作至少已经开始向寻找这个问题的答案而做出努力了（Jing 等，2002）。

　　实际上，当一种液体被冷却时，在最终的稳定平衡相有足够的时间形成之
前，可能先达到一个亚稳相。问题是：当进一步冷却亚稳相时，亚稳相一定能
转变成稳定相吗？这一点完全依赖于相转变的动力学，这取决于亚稳相和稳定
相之间的自由能位垒。当这个转变的生长速率极慢时，意味着转变的自由能能

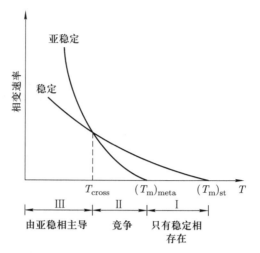

图 III.8　总体的相转变速率（动力学）示意图。这里有两个相变速率：一个是形成亚稳相的，另一个是形成稳定相的。要注意在这种特殊情况下，$(T_m)_{meta} < (T_m)_{st}$。因此可以分出三个温度区域：区域 I 中，$(T_m)_{meta} < T < (T_m)_{st}$；区域 II 中，$T_{cross} < T < (T_m)_{meta}$；区域 III 中，$T < T_{cross}$。$T_{cross}$ 是两个相转变速率交叉处的温度，如图所示。（重绘 1998 年 Keller 和 Cheng 的图，承蒙许可）

垒很高，亚稳相可能就是"永久的"，它的寿命比实验时间范围要长得多。既然是这样，证明奥斯特瓦尔德阶段规则的尝试是以动力学为基础的。

## III.4　什么是当前对亚稳态的理解的局限性？

　　到目前为止，我们描述的所有阐明亚稳态现象的情况都被归结为，或者是自由能垒延误了始相态到终相态的转变，成为过冷或过热状态的原因，或者是因为一个起始相在向平衡态转变时存在着多个自由能路径而导致在生长速率上的竞争，而亚稳态具有最快的速率（最低的自由能能垒）。这些亚稳态的概念是"经典的"，因为它们在单一长度尺度（通常在原子或分子尺度）上存在，不用考虑相尺寸对这些相稳定性的影响。这一传统的理解导致我们一次处理一个亚稳态，而没有考虑不同层次长度尺度上尺寸的影响或亚稳态之间的相互关联。很多最近的实验观测和理论模拟已经显示了尺寸和相互关联对亚稳态影响的有趣而有潜在深远意义的若干实例。我们就用这些结果来说明上述的"经典"亚稳态概念的局限性。

　　第一种情况是要说明亚稳态的稳定性具有尺寸依赖性。其实最简单的亚稳态类型就是来自有限尺寸的相，因为一个相的最终稳定性是假定相的尺度大到足以使其相表面对稳定性的影响可忽略不计。实际上，尽管和特定的体系有关，表面效应的尺寸下限一般在微米尺度上。但是，一个局限于这么小尺度的相态微区，例如液相中的分散小滴或者晶态固体中的精细颗粒结构，在定义上就是亚稳定的。这些小的微区向平衡稳定性粗化，引起相态织构的兼并。这个"奥斯特瓦尔德熟化"过程(Ostwald，1900)，我们已经在 II.3.4 节讨论过了。如果亚稳态是在一个纳米尺度的受限环境中形成，那么熟化的过程只能在这个受限的空间里发生。

除了相尺寸，相区的形态或形状也将影响相的稳定性。例如，在一个简单的自由(无支撑的)液体中，球状液体的热力学稳定性最大，因为此时小球的表面积与体积之比达到最小。在晶体中，热力学上最稳定的形状是 Wulff 表面(总的表面自由能在这个形状下达到最低)。所有其他的相区形状都对应于亚稳态。晶体相态尤其与此相关，因为晶体的形态可能取决于晶体生长的动力学(II.2.2 部分)，而并非具有最终的热力学稳定性。

越来越多的实验和理论证据表明相的稳定性随相的尺寸而变化。有大量的报道说明无机和金属小晶体的熔融温度随相尺寸的减小而降低(Bachels 等，2000；Dick 等，2001)。这样的观测结果可以追溯到 Pawlow 的报道(1909)。熔点的降低已经被归结为随着晶体尺寸的减小，表面积与体积的比值变得越来越大。从物理上来说，晶体表面上的微观粒子(原子或分子)与它们邻居的物理相互作用较少，因此更容易被热运动所激发。已经发现，只要晶体尺寸在几个纳米水平上，无机及金属小晶体的熔融温度与晶体尺寸(半径)的倒数呈线性关系(Buffat 和 Borel，1976；Couchman，1979；Lai 等，1996)。与具有无穷大尺寸及平衡熔融温度的完美晶体相比，这些不同尺寸和形状的小晶体是亚稳定的。

此外，当一个单组分体系中存在多晶态时，这些相的稳定性不仅有可能取决于它们的相尺寸，而且多晶态之间相对的相稳定性也可能随相的尺寸而改变。有一个例子涉及悬浮液中均匀胶体粒子的相行为。这一体系可以作为原子和分子相行为的模型，其中包括亚稳定性在相转变中所扮演的角色。已知半径在微米以下的均匀球形胶体粒子能形成三维有序排列，对应于胶体的"晶体"点阵。这里的"晶体"通过以悬浮粒子浓度作为一个变量的一级相变而形成。最近，有结果表明所有的三种物质状态(气体、液体和晶体)都可以由这样一个体系来表示，这些转变常常会经过亚稳态而进行；有的时候，转变会被锁定在这些亚稳态而不能继续进行，正如在双组分相图中所定义的那样(Poon 等，1995；Evans 等，1997)。要注意，对于理想的硬球体系，相转变的驱动力纯粹是熵。但是，从最近的进展来看，也能以可控的方式引入涉及焓变的相互作用，从而使得胶体能模仿更广泛的相变阵列。这种研究理想体系的方法给了我们好几个有关亚稳定性的新见解。特别地，现在认为亚稳相的起源是因为对于浓度序参量而言，这个相具有更低的自由能位垒，所以在动力学上生长得更快（Evans 和 Cates，1997；Evans 和 Poon，1997）。

我们的兴趣集中在这些胶体体系的"晶体"密堆积相态。它们已成为一些详尽的理论计算研究的焦点（ten Wolde 等，1996；Oxtoby 和 Shen，1996；Oxtoby，2003；Moroni 等，2005）。理论计算以及实验观测结果业已表明，尽管自由能差别很小，六方密堆积晶格相对于面心立方晶格是亚稳定的（Bolhuis 等，1997）。和具有最终稳定性的面心立方结构相比，亚稳定的六方密堆积相态却被发现是更容易形成的一种多晶态。这个情形的发生是因为形成六方密堆积晶格的动力学能垒低于面心立方晶格的能垒。事实上，这类体系证明了相尺寸和相结构之间的重要关系。当体系尺寸足够小时，六方密堆积的晶态变成稳定相。源于这些计算的进一步延伸结果是，即使具有足够尺寸而采取面心立方晶格的胶体晶体也应该有一个有限厚度的六方密堆积结构的外壳。要注意在尺寸无穷大时，这个六方密堆积晶格对于面心立方相而言是亚稳定的。

非常明显，以上例子表明存在着两种尺度上的亚稳态，即从晶体结构上和从相尺寸上，它必须满足以下的必要条件：两种不同的有序结构能在同样条件下生长，并且它们有各自的相稳定性与尺寸的关联。这些两种尺度上的亚稳态之间的相互影响会产生因相尺寸变化导致的亚稳定性的反转。更具体地说，在恒定的温度和压力下，在形成晶体结构时这两个相的稳定性以及与形成这两个相相关的自由能能垒的高度必须随着相尺寸而变化。

如果这种关于密堆积的球形胶体体系的计算结果可以应用于原子和分子结晶，那么在晶体形成过程中，与所生成的热力学上稳定的（尺寸趋向于无穷大）更大相态相比，生长前沿可能是一个在小尺度上更稳定、生长更快的另一种相。因此，晶体可能会以一个与晶体内部最后结构不同的相结构从表面上开始生长。这个有深远意义的推论可能导致对晶体生长新的理解。

## III.5 亚稳定性概念

为了定量地描述亚稳态，我们需要定义亚稳定性。参考状态全部采用无穷大尺寸下的平衡态。因此，亚稳定性是亚稳态和无穷大尺寸下平衡态之间稳定性的差别。这一情形类似于半个多世纪以前关于结晶度概念的发展。结晶度起初是被引入用来解释实验测得的密度和根据晶胞尺寸计算值之间的差别，但是这个概念很快成为半结晶高分子材料的一个定量的特性描述，并与机械性能及其他材料性能关联了起来。结晶度可以通过量热、衍射和光谱的方法从实验上测定。由于这三种方法对于同一个半结晶样品会得到不同的结晶度数据，所以更有意义的是用一种方法来测定属于同一类型高分子、但具有不同热-机械历史的一系列样品的结晶度，然后对这些结晶度进行比较。这样面临的一个问题是：我们能否确定一个可测定的量来代表一个亚稳态离平衡状态有多远（热力学）以及亚稳态转变成平衡态（或到最近的更稳定亚稳态）有多快？换句话说，在它的亚稳定性变化之前，这个亚稳态的寿命有多长？

当这些亚稳态的亚稳定性不依赖于它们的相尺寸时，热力学上定义的亚稳态的亚稳定性可以用亚稳态和它相应的平衡态之间的吉布斯自由能之差来表示。如果我们用量热法来测量等压热容，这些热力学性质就可以通过 I.1.1 部分的方程来计算。但是，这已被证明是一件非常困难的任务，因为每一个亚稳态的寿命很有限，而且只在无穷小的能量涨落的情况下才是稳定的。因此，一个相的亚稳定性可能随时间以及环境温度和压力的变化而向更稳定的亚稳态或平衡稳定状态发育。图 III.9 展示了当单组分体系从晶态固体到液体的转变时等压下自由能对温度的关系。相对于晶体和液体的平衡状态，亚稳态具有更高的自由能能级。随温度升高，处于亚稳态的晶态固体经常会被连续退火熟化，由此向着平衡值发展以降低其自由能能级。因此在加热时，晶态固体的熵值发生变化。这个过程叫作熵生成，必须用非平衡热力学来描述。所以，在用平衡热力学来描述亚稳态及其相变时，人们经常会犹豫不决而担心这样的处理是否正确。这种犹豫和担心是完全可以理解的，因为亚稳态并不处于热力学的平衡状态。

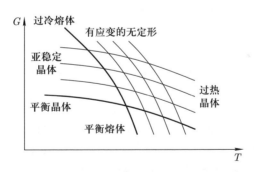

图 III.9　在恒定压力下晶态固体-液体转变中平衡状态和不同亚稳态的自由能相
　　　　对于温度的示意图。（重绘 1980 年 Wunderlich 的图，承蒙许可）

但是，如果我们假设在加热过程中，压力-温度相图上的这个晶态固体的亚稳定性不变，它的自由能会与平衡液体的自由能线相交，导致亚稳相的熔融，如图 III.9 所示。如果加热过程中亚稳定的晶体熵值不变，这个熔融温度就是晶体的那个亚稳态的特征。这个过程被称为"零熵生成（zero-entropy production）过程"（Wunderlich，1980）。在零熵生成时，平衡热力学是可以用来描述亚稳态的相变行为的。此外，如图 III.9 所示，亚稳态不仅存在于晶体中，也存在于液体中。通过拉伸或形变降低液体的熵，自由能线可以被推到更高的温度，如图 III.9 所示。这个过程导致晶态固体的过热，这也是一个亚稳态。在实验上，加热过程中保持一个相的亚稳定性不变是个非常困难但又是必须要解决的问题。

在实践中，稳定性的差别需要对应于一个实验上可测定的量。不同的体系，可测的量是不同的。找到一个合适的可测的结构参数来表征亚稳定性还是比较困难的，因为亚稳态不容易在形式上得到统一。某些具有独特且确定的结构参数的体系，可以精确测量这些结构参数并用来代表亚稳定性。这些体系为更全面理解高分子的相行为提供了定量讨论的机会。我们将在本书剩余的部分中，重点分析这些体系，并用它们来构建一个连接高分子物理中不同研究领域的平台。

# 参 考 文 献 及 更 多 读 物

Andrews, B. M.; Gray, G. W.; Bradshaw, M. J. 1985. *The preparation and liquid crystal behavior of pyrimidines and dioxans incorporating a dimethylene linking group.* Molecular Crystals and Liquid Crystals **123**, 257-269.

Bachels, T.; Güntherodt, H. -J.; Schäfer, R. 2000. *Melting of isolated tin nanoparticles.* Physical Review Letters **85**, 1250-1253.

Bolhuis, P. G.; Frenkel, D.; Mau, S. -C.; Huse, D. A. 1997. *Entropy difference between crystal phases.* Nature **388**, 235-237.

Buffat, Ph.; Borel, J. -P. 1976. *Size effect on the melting temperature of gold particles.* Physical Review A **13**, 2287-2298.

Carr, N.; Gray, G. W. 1985. *The properties of liquid crystal materials incorporating the*$-CH_2O-$*inter-ring linkage.* Molecular Crystals and Liquid Crystals **124**, 27-43.

Couchman, P. R. 1979. *The Lindemann hypothesis and the size dependence of melting temperatures II.* Philosophical Magazine A **40**, 637-643.

Debenedetti, P. G. 1996. *Metastable Liquids, Concepts and Principles,* Princeton University Press: New Jersey.

Dick, K.; Dhanasekaran, T.; Zhang, Z.; Meisel, D. 2001. *Size-dependent melting of silica-encapsulated gold nanoparticles.* Journal of American Chemical Society **124**, 2312-2317.

Evans, R. M. L.; Cates, M. E. 1997. *Diffusive evolution of stable and metastable phases. 1. Local dynamics of interfaces.* Physical Review E. **56**, 5738-5747.

Evans, R. M. L.; Poon, W. C. K. 1997. *Diffusive evolution of stable and metastable phases. 2. Theory of nonequilibrium behavior in colloid-polymer mixtures.* Physical Review E. **56**,

5748-5758.

Evans, R. M. L.; Poon, W. C. K.; Cates, M. E. 1997. *Role of metastable states in phase ordering dynamics.* Europhysics Letters **38**, 595-600.

Jing, A. J.; Taikum, O.; Li, C. Y.; Harris, F. W.; Cheng, S. Z. D. 2002. *Phase identifications and monotropic transition behaviors in a thermotropic main-chain liquid crystalline polyether.* Polymer **43**, 3431-3440.

Keller, A.; Cheng, S. Z. D. 1998. *The role of metastability in polymer phase transitions.* Polymer **39**, 4461-4487.

Lai, S. L.; Guo, J. Y.; Petrova, V.; Ramanath, G.; Allen, L. H. 1996. *Size-dependent melting properties of small tin particles: nanocalorimetric measurements.* Physical Review Letters **77**, 99-102.

Lehmann, O. 1877. *Über Physikallische Isomerie.* Dissertation: Strassburg. From Kelker, H. 1973. *History of liquid crystals.* Molecular Crystals and Liquid Crystals **21**, 1-48.

Moroni, D.; Ten Wolde, P. R.; Bolhuis, P. G. 2005. *Interplay between structure and size in a critical crystal nucleus.* Physical Review Letters **94**, 235703.

Ostwald, W. 1897. *Studien über die Bildung und Umwandlung fester Körper.* Zeitschrift für Physikalische Chemie, Stöchiometrie und Verwandschaftslehre **22**, 289-300.

Ostwald. W. 1900. *Über die vermeintliche Isomerie des roten und gelben Quecksilberoxyds und die Oberflächenspannung fester Körper.* Zeitschrift für Physikalische Chemie, Stöchiometrie und Verwandschaftslehre **34**, 495-503.

Oxtoby, D. W. 2003. *Crystal nucleation in simple and complex fluids.* Philosophical Transactions: Mathematical, Physical and Engineering Sciences **361**, 419-428.

Oxtoby, D. W.; Shen, Y. C. 1996. *Density functional approaches to the dynamics of phase transitions.* Journal of Physics: Condensed Matter **8**, 9657-9661.

Pawlow P. 1909. *Über die Abhängigkeit des Schmelzpunktes von der Oberflächenenergie eines festen Körpers.* Zeitschrift für Physikalische Chemie, Stöchiometrie und Verwandschaftslehre **65**, 1-35.

Poon, W. C. K.; Pirie, A. D.; Pusey, P. N. 1995. *Gelation in colloid-polymer mixtures.* Faraday Discussions **101**, 65-76.

Rastogi, S.; Newman, M.; Keller, A. 1991. *Pressure-induced amorphization and disordering on cooling in a crystalline polymer.* Nature **353**, 55-57.

Rastogi, S.; Newman, M.; Keller, A. 1993. *Unusual pressure-induced behavior in crystalline poly-4-methyl-pentene*-1. Journal of Polymer Science, Polymer Physics Edition **31**, 125-139.

Rastogi, S.; Vega, J. F.; van Ruth, N. J. L.; Terry, A. E. 2006. *Non-linear changes in the specific volume of the amorphous phase of poly* ( 4-methyl-1-pentene ); *Kausmann curves, inverse melting, fragility.* Polymer **47**, 5555-5565.

Schmelzer, J.; Möller, J.; Gutzow, I. 1998. *Ostwald's rule of stages: The effect of elastic strains and external pressure.* Zeitschrift für Physikalische Chemie, Stöchiometrie und Verwandschaftslehre **204**, 171-181.

Tammann, G. 1903. *Kristallisieren und Schmelzen.* Verlag Johann Ambrosius Barth: Leipzig.

Tammann, G.; Mehl, R. F. 1925. *The States of Aggregation.* Nan Nostrand Company: New York.

ten Wolde, P. R.; Ruiz-Montera, M. J.; Frenkel, D. 1996. *Numerical calculation of the rate of crystal nucleation in a Lennard-Jones system at moderate undercooling.* Journal of Chemical Physics **104**, 9932-9947.

van Ruth, N. J. L.; Rastogi, S. 2004. *Nonlinear Changes in Specific Volume, A Route To Resolve an Entropy Crisis.* Macromolecules **37**, 8191-8194.

Vorländer, D. 1923. *Die Erforschung der molekularen Gestalt mit Hilfe der kristallinischen Flüssigkeiten.* Zeitschrift für Physikalische Chemie, Stöchiometrie und Verwandschaftslehre **105**, 211-254.

Wagner, C. Z. 1961, *Theorie der Alterung von Niederschlägen durch Umlösen ( Ostwald-reifung ).* Zeitschrift für Elektrochemie **65**, 581-591.

Wunderlich, B. 1980. *Macromolecular Physics. Volume III. Crystal Melting.* Academic Press: New York.

# 第四章
# 高分子相变中的亚稳态

　　从本章开始，所有的讨论将聚焦于高分子的亚稳态和相变。本章第一部分，通过对半晶均聚物本体中各向同性熔体及其结晶所需的过冷以及晶体熔融时过热的研究来介绍对亚稳态的经典理解。我们也对迄今为止高分子结晶理论的进展及该领域当前遗留的问题提供一个全面的概括和综述，并且提出一个由焓和熵共同组成的成核自由能能垒的新定义。与相应的平衡态晶体相比，亚稳的高分子晶体熔点较低，这一现象确认了晶体亚稳定性对相尺寸的依赖性。但是，要在实验上确定晶体亚稳定性，最关键的是如何使晶体在加热时不改变其亚稳定性。此外，晶体熔融的动力学目前还没有很好地建立起来，有限的实验观测显示，高分子晶体的熔融过程可能受制于不同的机理。

　　本章第二部分处置分相的高分子共混物和共聚物中的亚稳态，尤其是引入了"形态上亚稳态(morphologically metastable states)"的概念，来阐明在分相的高分子共混物中观察到的形态演化的不同阶段。这些形态都处在共混物向双层平衡相分离形态发展的动力学路径上。我们特别着重描述了成核控制和亚稳极限分解两种机理的液-

液相分离动力学，并且讨论了亚稳相形态形成的不同路径。另一方面，由于两个化学上不一样的嵌段间的化学连接，嵌段共聚物在纳米尺度上的相分离所产生的相形态几乎总是热力学平衡形态。但是，仍然存在着由机械剪切诱导的一种特殊的六方穿孔层状亚稳相。此外，当在纳米尺度的相分离形态中有一个嵌段是可以结晶的时候，我们会得到不同长度尺度上的多层次结构，而其中至少有一个相结构是亚稳定的。

## IV.1 过冷液体和结晶

### IV.1.1 过冷液体

与 II.2.1 节所描述的简单小分子的结晶过程相比，高分子发生结晶更加远离热力学平衡。恒压下，高分子结晶总是发生在过冷液体中。在平衡熔点以下，各向同性液体的吉布斯自由能总是高于晶态固体的自由能。因此，按照定义，过冷液体在热力学上是亚稳的。过冷液体中的结晶始于成核。按传统的说法，晶核被认为是体积小而表面积大。在这个结晶的起始阶段，正的表面自由能超出了负的体积自由能，从而构成了一个自由能能垒。由此引出的问题是：亚稳的、过冷的高分子液体中的热（密度）涨落是如何引发初级晶核产生的？况且在初级成核过程之后，高分子晶体的生长一般也是受表面成核过程所支配。我们也可以问一个类似的问题：过冷液体中的热（密度）涨落如何影响这种表面成核的过程？回答这些问题，我们需要知道过冷液体的微观结构和动态力学，以及它们的温度依赖性和压力依赖性。在这个阶段，术语"过冷液体"指的是这样的一类液体，它们处在各自的平衡熔点以下，并且在各自的玻璃化温度以下会形成玻璃态，致使结晶或其他有序化的过程都被抑制而不会发生。

尽管目前我们对过冷液体的微观结构和动态力学还不完全了解，但已在实验中观察到了诸如黏度那样的重要宏观性质的温度依赖性。黏度以及结构弛豫时间随温度降低而迅速增大的事实已为大家所确定和接受。对温度依赖的力度是液体的一个关键特征。"脆弱"液体的弛豫时间温度依赖性较强，被认为其物理的分子间相互作用较弱，类似于范德瓦耳斯相互作用。而"强硬的"液体具有更弱的弛豫时间温度依赖性，被认为它们分子间有更强的"类网络"相互作用（Angell，1985）。绝大多数线形高分子过冷熔体都是脆弱液体。

对于处在低过冷度的脆弱液体，它们过冷液体的弛豫动态力学与平衡液体类似，其弛豫时间和温度的关系遵循阿伦尼乌斯（Arrhenius）方程。微观的弛豫过程要求分子的协同重整（cooperative rearrangement），其特征长度的尺度（characteristic length scale）估计约为 2 到 3 nm（Schmidt-Rohr 和 Spiess，1991；

Cicerone 和 Ediger，1995；Tracht 等，1998）。但当进一步冷却该过冷液体，协同的弛豫过程变得越来越偏离阿伦尼乌斯方程，而演化成具有非指数形式的温度依赖性。这种行为可以经验性地用一个扩展的（stretched）指数方程 $\exp[-(t/\tau)^{\beta}]$ 来描述，这里 $t$ 代表实验时间，$\tau$ 是材料的弛豫时间。正是指数 $\beta(>1)$ 扩展了这个指数方程。另外，有实验表明在这个温度区域液体会产生意想不到的小角光散射信号，表明在高分子（Debye 和 Bueche，1949；Fischer，1993）和小分子（Fischer，1993）液体中存在着相关长度大至 300 nm 左右的长程密度涨落。同时被发现的是，局部协同运动的特征长度尺度和这种长程涨落的相关性几乎是相互独立的。因此，在实验上已观察到了在长度和时间尺度上行为迥异的两种弛豫过程。

使用流体力学理论对液体运动的详细微观描述表明，转动和平动运动不是相互偶合的；也就是说，在过冷液体中，平动扩散常数和再取向（reorientation）时间的乘积应该在本质上和温度无关。但是，这一点在高度过冷的液体中却不成立，原因可能是过冷液体中存在结构上的瞬态区域（transient domain）。我们假定，流体力学理论只在单一区域内是正确的，而将所有区域平均应该会得到更大的扩散常数和更慢的再取向速率（例子见 Fourkas 等，1997；Murry 等，1999）。

我们可以引入一个"Fischer 簇"（Fisher's cluster）的新概念来解释单组分过冷液体中密度涨落的长程相关性（参见 Fischer 等，2002）。已提出一个关于Fischer 簇结构和动态力学的理论（Bakai 和 Fischer，2004）。这个理论基于由类固分子和类液分子瞬时连接而构成的过冷液体中的异相涨落。这两种簇具有不同的短程有序性，但随机分布在过冷液体中。所以，在异相液体中，可以讨论这两种簇之间的相聚集（phase aggregation）和平衡以及它们的临界现象。

当我们讨论本体中的过冷液体时，必然会涉及玻璃化温度的概念。玻璃化和去玻璃化过程在后面的章节中也会被时时提及。但是，对玻璃化温度的详细综述已超出了本书的范围。这里给出的只是一个非常简短的描述。当温度降低到玻璃化温度以下时，弛豫时间变得很长，以至于体系不再能保持过冷液体的平衡结构。因为结构弛豫时间与实验上所用的时间尺度在玻璃化温度处交叉（intersect），表观上整体的（global）热涨落和密度涨落都停止了。和热力学上定义的平衡晶体熔点不同，弛豫时间与实验中的时间尺度"相交（cross）"的温度会随着实验设置的条件而改变。因此，玻璃化温度不是一个固定的温度。相反，对于特定的实验设置，玻璃化温度经验上是通过使用一个阈值为物理基准来定义的。例如用黏度达到某一个值，如 $10^{13}$ P[①] 时的温度作为玻璃化温度。

———————————————

① 1P＝0.1Pa·s——编者注

玻璃化温度可以通过对量热、体积、力学性质、动态力学行为、介电现象及其他物理性质的测量而确定。

　　玻璃化现象已在非结晶性分子中得到广泛的研究。对于可结晶的分子，无定形玻璃态可以通过非常快速的淬冷来达到。在多数情况下，比如在水这个体系中，保持液体深度过冷而不结晶，是一件困难的事。可是，半结晶高分子熔体可以长时间在高度过冷度（高至 100 ℃）下存在，给我们提供了研究深度过冷液体的结构和动态力学的机会。不过，对于均聚物的体系而言，我们的一个困难是，它们通常被认作为单组分体系来处理，但由于均聚物体系中分子量的多分散性，过去适用于单组分、简单小分子体系的概念在均聚物体系的研究中不得不有所放宽。然而，如果我们不采用这一简化的方法，每个高分子体系只能被看作具有无穷大数目组分的多组分体系来处理。这在实际上是不可能操作的。

　　无论是从基础研究还是从实际应用的角度看，了解恒压下高分子熔体随过冷度增加（或恒温下随压力增大）的结晶过程具有根本的意义。定性地说，相对于平衡熔点，结晶温度取决于诸如分子结构、立构规整性、分子量、多分散性和冷却速率等内部和外部的参数。一般而言，冷却速率越快，化学结构越不对称，分子链越长，能到达的过冷水平就越高。这个过程也可以在多组分体系中被观察到，如溶液中或共混物中生长的高分子晶体。实验上可以检测到的亚稳过冷液体状态的寿命是由高分子结晶起始阶段中的成核过程支配的。而过冷度就定义为恒压下平衡熔点和结晶温度之差。

## IV.1.2　关于高分子结晶理论的综述和评论

　　自半晶高分子折叠链片层单晶发现（Jaccodine，1955；Keller，1957；Till，1957；Fischer，1957）以来，现代高分子物理学家已经尽了极大的努力来探索和理解高分子的结晶过程。基本上，现在理解高分子结晶过程的途径主要有两种。第一种是从结构和形态的角度来认识。尽管我们还不能跟踪每个分子的轨迹（pathway）以"看到"晶体生长过程中分子的行为，然而通过对结晶完成后高分子晶体结构和形态的研究，可以获得这些结构和形态中蕴含的关于结晶过程的大量信息，从而为我们提供了对成核和晶体生长过程中到底发生了什么的深刻了解。这个途径用结构和形态作为探针，可获取在纳米以下到纳米尺度上对晶体生长的解释。不过这个途径依赖于一个假设，即，最终观察到的结构和形态确实是代表了这个结晶过程的产物。另一个途径是基于散射实验观察到的结果。由于散射结果可以原位实时地得到，它们给出了过冷液体在结晶过程中密度涨落总体的平均结果。然而，要解释实验观察到的散射数据，需要有借助于理论描述的详细微观模型，而且还必须要有直接的形态观测结果支持。

　　到目前为止，几乎所有的结晶理论在本质上都是动力学的(kinetic)，它们描述原生表面上的晶体生长行为(表面成核过程)。如 II. 2.1 节中讨论的，最初用来描述简单小分子结晶的两种模型都已被用来描述高分子的结晶过程，一种是在光滑表面生长，也叫做横(层)向晶体生长，另一种是在粗糙表面生长，也叫做连续晶体生长。然而，一个成功的理论必须具有两个重要的特征。第一，它必须能解释已有报道的主要实验观察结果。第二，它必须能够成功地预言高分子的结晶行为。到目前为止，提出的所有高分子结晶理论都只实现了第一个目标。因此，让我们从简短地概括重要实验结果开始，这对理解高分子结晶非常关键。它们可以归结为下列五个方面。

　　第一，有关半晶高分子熔体在不同结晶温度(或过冷度)下等温晶体生长实验的大量报道显示，等温下晶体生长速率 $R$ 与时间成线性的关系，如图 IV. 1a 所示(Cheng 和 Lotz，2005 以及文中引用的文献)。只要球晶的径向(radial)生长方向总是沿着一个特定晶面的法线，并且生长不受局部环境的影响，测量的生长速率就代表了片层单晶在这个特定方向上的生长速率。不过，实验上理想的情况是直接测量片层单晶的生长速率。这种测量结果可以通过透射电镜(transmission electron microscopy)、原位微分干涉相差显微镜(in situ differential interference contrast optical microscopy)以及原位原子力显微镜(in situ atomic force microscopy)得到，例如，聚乙烯(Toda，1992；Toda 和 Keller，1993)和间规聚丙烯(Zhou 等，2000；Zhu 等，2007)的片层单晶在熔体和薄膜中的生长速率。半晶高分子的片层单晶生长也可以使用最初由 Kovacs 等运用

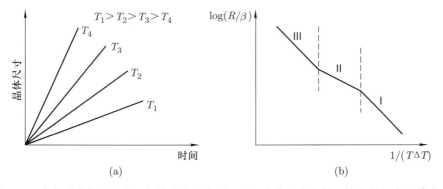

(a)　　　　　　　　　　　　　　　　(b)

图 IV. 1　高分子晶体生长的一般特点的示意图：(a) 在接近或者低于熔点的温度区域内在等温晶体生长条件下晶体的一维尺寸和温度与时间之间的线性关系。如果温度区域在接近或高于玻璃化温度，趋势会反过来；(b) 晶体生长速率($R$)的对数和 $1/(T\Delta T)$ 之间的关系，这里 $\beta$ 是包括一个活化项的指前因子，$T$ 是结晶温度，$\Delta T$ 是过冷度。生长区域 I、II 和 III 是基于聚乙烯的实验观测。(重绘 1997 年 Hoffman 和 Miller 的图，承蒙许可)

的自修饰(self-decoration)方法得到。Kovacs 等人曾用这个方法在偏光显微镜下研究聚环氧乙烷单晶生长的速率(Kovacs 和 Gonthier,1972;Kovacs 等,1975、1977;Kovacs 和 Straupe,1979、1980;Cheng 和 Chen,1991)。关于晶体线性生长速率早期的综述可参阅 Lovinger 等(1985)的文章。此外,在不同的结晶温度下,生长速率相对于结晶温度和过冷度乘积的倒数 $1/(T\Delta T)$ 呈现出指数的关系,如图 IV.1b 所示。要注意当片晶厚度是常数时,如在伸展链晶体生长时,生长速率随着过冷度的减小而线性降低(Leung 等,1985;Cheng 等,1992)。

第二,对于从各向同性液体(包括熔体和溶液)中的晶体生长,结晶后测量的片晶厚度线性正比于过冷度的倒数,如图 IV.2 所示(例子见 Wunderlich,1973)。随着过冷度的降低,在有些低聚物如单分散的正烷烃(Ungar 等,1985)和具有窄分子量分布的聚环氧乙烷级分(fractions)(Arlie 等,1965、1966、1967;Kovacs 和 Gonthier,1972;Kovacs 等,1975、1977;Kovacs 和 Straupe,1979、1980)中,已经观察到片晶的厚度随过冷度的降低呈量子化的增长。图 IV.2 示意性地给出了低聚物片晶厚度的这种量子化的变化关系。这样的关系归因于整数次链折叠晶体和伸展链晶体的形成,所有的链的末端基团都位于晶体片晶的基面(basal surface)上。对于本体样品片层晶体的厚度的测量通常使用小角 X 射线散射,而对于单晶样品则是使用透射电镜(可参考 *Faraday Discussions of the Chemical Society*,1979;*NATO Advanced Science Institute Series C* 1993)和原子力显微镜(Zheng 等,2006;Zhu 等,2007)。对于某些高分子,如聚乙烯和聚环氧乙烷,片层晶体的厚度也可以用纵向声学模式(longitudinal acoustic mode,LAM)拉曼光谱来测量(Ungar 和 Keller,1986;Kim 和 Krimm,1996)。

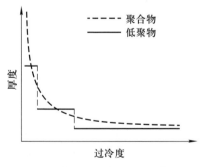

图 IV.2 结晶中形成的片层晶体的厚度反比于过冷度的示意图。在低聚物中,
可以观察到片晶厚度量子化的变化。

　　第三，沿特定方向生长的各个晶面的生长速率也是特定的，因此晶体在不同方向上的生长速率可能是不同的。从熔体或稀溶液中生长的高分子单晶会具有不同的形状（habits），从狭长（elongated）的带状到正方或六方的形状（Geil，1963；Keller，1968；Wunderlich，1973；Khoury 和 Passaglia，1976；Bassett，1981；Cheng 和 Li，2002；Cheng 和 Lotz，2003、2005）。各向异性的单晶形状总是与其晶胞具有的 $c$ 轴方向上较低的旋转对称性相关；而各向同性的单晶形状说明其晶胞在 $c$ 轴方向上有更高的旋转对称性。图 IV.3 是表明动力学上（kinetically）各向异性的单晶形状应该归因于在某个结晶温度不同晶面构成的生长前沿具有截然不同生长速率的示意图，各向同性的单晶形状则是因为在结晶温度时所有的生长前沿由于由相同的晶面构成而具有相同的生长速率。

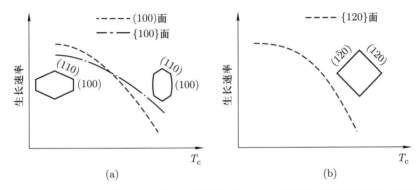

图 IV.3　（a）对于动力学上各向异性的单晶形状，如在聚乙烯中不同晶面构成的生长前沿的生长速率和结晶温度之间关系的示意图。（b）另一方面，对于动力学上各向同性的单晶形状，如在聚环氧乙烷中不同晶面构成的生长前沿的生长速率和结晶温度之间具有同一种关系。

　　第四，实验观察的结果显示在很多半晶高分子中，晶体生长速率依赖于分子量的大小（可参见 Magill，1964、1967、1969；Lauritzen 和 Hoffman，1973；Ergoz 等，1972；Hoffman 等，1975；Vasanthakumari 和 Pennings，1983；Pérez 等，1984；Cheng 和 Wunderlich，1986b、1988；Umemoto 和 Okui，2005）。一般来说，线性生长速率随着分子量的增加而减小。此外，成核所需的过冷度也随着分子量的增加而增大。图 IV.4 给出了生长速率和过冷度之间的关系。分子量的大小也显著影响高分子的结晶度和晶体的形态。在某个临界分子量以上，高分子的结晶度开始随分子量的增加而降低，同时，由于球晶生长涉及的特殊链取向和协同片晶堆砌过程变得更加困难，球晶形态也逐渐消失。最终，对于超高分子量的高分子，如超高分子量聚乙烯，其晶体形态仅剩下大量小晶体的聚集。

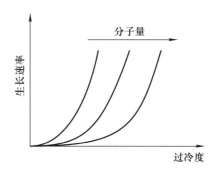

图 IV.4　不同分子量的样品的生长速率与过冷度之间关系的示意图。随着分子量
的减小，成核所需的过冷度降低。（重绘 1992 年 Armistead 和
Goldbeck-Wood 的图，承蒙许可）

　　第五，当一个高分子样品具有较宽的分子量分布或者是一个具有相同化学重复单元的低分子量和高分子量级分（称作"双分子量组分（bimodal）"）的混合物，高分子量的分子在结晶过程中会与低分子量的分子发生分离（Keith 和 Padden，1964a、b；Wunderlich，1976；Cheng 和 Wunderlich，1986a、b；Cheng 等，1988）。除非它们的分子已经足够大，以至于分子内链段（segment）可以在不相互影响的情况下独立砌入晶格，分子在结晶过程中看来可以"感觉"到它们的尺寸大小。例如，在相容的分子量范围内，高分子量和低分子量聚环氧乙烷的共混物在高过冷度时，两种组分可能会共结晶。不过，在低过冷度时，高分子量的分子会首先结晶，而低分子量的分子会在微观尺度上留在片晶之间和（或）在宏观尺度上留在球晶之间与高分子量组分发生相分离。如在图 IV.5 所阐明的，与理论计算预测的平衡分级过程相比，这种分离过程发生在更低的温度，而且其晶体生长速率减慢很多。这个现象在分子量低于约 20 kg/mol 都能被观察到，表明只有足够长的链（如约 40 kg/mol 以上）才能够消除整个分子内长程的链段相互识别和相互影响。所以，当分子足够长时，一根高分子链可以同时在两个相互独立但相邻的晶体的晶格中结晶，从而成为连接分子（tie molecule）（Keith 等，1965、1966a、b、1971）。

　　高分子结晶是高分子从三维无规线团构象转变为链折叠片层晶体的过程。结晶过程中某一根高分子链的特定轨迹可能会与其他链的轨迹非常不同。不过，我们还缺乏监测每一根高分子链以"看到"它们如何结晶的过程的技术。由于这个原因，解析（analytical）理论总是采取把所有的分子轨迹用一个平均的形式（即"平均场"的方法）简化成同一个轨迹来描述高分子的结晶过程。因此，解析理论忽略了在结晶过程中许多分子轨迹的具体细节。

　　第一个解析理论是四十多年前由 Hoffman 和 Lauritzen（Lauritzen 和

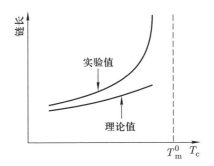

图 IV.5 相容区域内同种高分子的双分子量组分共混物的分离过程示
意图。此分离过程归因于高分子结晶的动力学特点。理论曲线是用平衡
分级过程（equilibrium fractionation process）计算得到的。（重绘 1992 年
Armistead 和 Goldbeck-Wood 的图，承蒙许可）

Hoffman，1960；Hoffman 和 Lauritzen，1961；Lauritzen 和 Hoffman，1973；
Hoffman 等，1975、1976）以及 Frank 和 Tosi（1961）提出的。他们使用了在光滑
表面生长（也叫做横/层向晶体生长）、表面成核控制的过程来描述高分子片晶
的生长速率。高分子结晶过程中表面成核过程在分子层面的认识是清晰的。已
经存在的晶体所具有的规则的、原子尺度上光滑的晶面提供了晶体的生长前
沿。高分子链依次沉积在这些生长面上，并通过一次一根链茎的方式结晶而形
成片晶。而且生长前沿的法线方向上的生长速率在特定结晶温度下是线性的。
此动力学模型使用四个参数来描述这个受成核控制的过程：表面成核速率，$i$；
与生长面平行的、表面成核后覆盖生长前沿的生长速率，称作横向覆盖速率
（lateral covering rate），$r$；晶核与覆盖生长所在的生长前沿的宽度（基底长度），
$L$；生长晶面法线方向的生长速率，$R$。Hoffman-Lauritzen 理论预测了如图
IV.6 所示的三个生长区域。

在低过冷度（高结晶温度）的区域 I 中，单个晶核（nucleus）的生长覆盖了
整个生长基底 $L$，如图 IV.6a 所示。这个过程的物理图像是，在原子尺度上光
滑的晶体生长前沿，首先发生表面成核，且成核速率是整个结晶过程中最慢
的，因此这是一个受表面成核控制的过程。余下的生长前沿被横向生长迅速覆
盖，从而产生一个新的原子层面上光滑的晶体生长前沿，并等待下一个表面晶
核在这个新的前沿上形成。区域 I 中生长速率的解析表达式由下面的方程给出
（Hoffman 和 Lauritzen，1961；Frank 和 Tosi，1961；Lauritzen 和 Hoffman，
1973；Hoffman 等，1975、1976；Hoffman，1982）：

$$R_{\mathrm{I}} = ib_0 L \qquad (\mathrm{IV}.1)$$

这里 $b_0$ 是基底上单层晶体的厚度，而 $L$ 是受单个表面晶核覆盖的基底的长度。

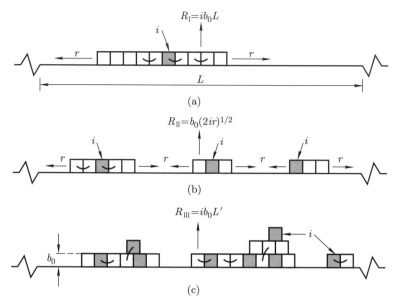

图 IV.6　基于 Hoffman-Lauritzen 理论，聚乙烯晶体生长中三个生长区域的示意图：(a) 在低过冷度的区域 I，可以预期只有单个晶核生成；(b) 在中等过冷度的区域 II，多个成核事件会同时发生；(c) 在高过冷度的区域 III，空隙间隔 $L'$ 是支配因素。（重绘 1997 年 Hoffman 和 Miller 的图，承蒙许可）

该式成立的条件是横向覆盖速率和基底长度的比值 $r/L$ 远小于表面成核速率与基底长度的乘积 $iL$（Frank，1974）。

随过冷度的增加，体系进入区域 II。图 IV.6b 给出了区域 II 生长的物理图像。很明显在长度为 $L$ 的基底上，多个晶核同时形成。因此，此时的生长速率与表面成核速率 $i$ 以及横向覆盖速率 $r$ 有关。在这个区域里，晶体生长的关键因素是两个相邻晶核之间的空隙间隔（niche separation）。在区域 II 中结晶温度高温端，空隙间隔比较大。由于成核速率随着过冷度的增加而增大，空隙间隔的距离随温度降低而减小。区域 II 中生长速率的解析表达式由下式给出（Sanchez 和 DiMarzio，1972）：

$$R_{II} = b_0 (2ir)^{1/2} \qquad (IV.2)$$

它和基底长度 $L$ 无关（Hoffman，1982；Hoffman 等，1979；Mansfield，1988）。Frank 用一个具有明确边界条件的微分方程也推导出了方程 IV.2（1974）。这个方程在不同边界条件下可以给出不同的解析解，它预测了聚乙烯单晶可具有从菱形到透镜状的不同形态（Mansfield，1988；Toda，1991）。从菱形到切去顶端菱形的形态变化分析早前也由 Passaglia 和 Khoury 报道和讨论（1984）。

进一步增大过冷度，进入区域 II 的结晶温度低端，晶体生长的行为产生了进一步变化。如图 IV.6c 所示，最后进入区域 III，空隙间隔的距离和链茎宽度 $a_0$ 处在同一个数量级上。这样，横向覆盖速率 $r$ 不再是一个支配因素，所以生长速率的解析表达式变回到：

$$R_{III} = ib_0 L' \tag{IV.3}$$

这里 $L'$ 是两个相邻晶核之间的空隙间隔的宽度，约为一到三个链茎宽度 (Hoffman，1983；Hoffman 和 Miller，1997)。

由于表面成核速率 $i$ 也可以表达为 II.2.1 节中方程 II.9 的 Turnbull 和 Fisher 形式(1949)，线性生长速率 $R$ 与活化自由能和成核能垒总是具有某些类型的指数关系。高结晶温度下的活化自由能几乎是恒定的。这样主要注意力就被集中在成核能垒上。正如 Hoffman-Lauritzen 理论中所采用的，基于成核理论的经典处理，高分子晶体生长的成核能垒可以用 II.2.1 节中方程 II.10 来描述，即：

$$\Delta G = -V\Delta g_f + A\gamma + B\gamma_e \tag{IV.4}$$

该能垒由侧向和折叠表面自由能 $A\gamma$ 和 $B\gamma_e$ 引起，这里 $\gamma$ 和 $\gamma_e$ 是侧向和折叠比表面自由能，$A$ 和 $B$ 是侧向和折叠表面的面积。当晶体很小时，这些项对总体自由能的贡献要大于晶体的本体自由能项。这里，本体自由能定义为 $V\Delta g_f$，其中 $\Delta g_f$ 是本体自由能密度，$V$ 是晶体体积。对这个成核能垒的详细解析构建依赖于高分子链如何将它们自己砌入晶体的晶格之中。Hoffman-Lauritzen 理论认为，作为其"平均场"方法中的平均化步骤，每次只有一根链茎吸附沉积到晶体生长前沿上。其他的平均化步骤可以使用如 Point(1979a、b)提出的每次只有一根链茎中的几个链节或者 Phillips(1990、2003)建议的每次有几根链茎同时吸附沉积到晶体生长前沿上。这些细节上的差别在理论上可能改变晶体生长过程的四个结构参数，但不会改变生长速率 $R$ 对于成核能垒的总体指数依赖性。

Hoffman-Lauritzen 理论中的四个参数(表面成核速率，$i$；横向覆盖速率，$r$；生长前沿的宽度或所谓的基底长度，$L$；沿着生长面法线方向的生长速率，$R$)之中，只有线性生长速率 $R$ 是可以在实验上测量的。在测量聚乙烯单晶生长的特例中，横向覆盖速率 $r$ 也可由实验数据推导而得(Toda，1993)。在等规聚乙烯基环己烷的特例中，用透射电镜中的暗场成像，可以揭示基底长度 $L$，结果很好地符合 Hoffman-Lauritzen 理论的预测，长度 $L$ 随着过冷度的增大而减小(Alcazar 等，2006)。也可用一些辅助实验方法来间接地检测这个基底长度，例如广角 X 射线衍射，它可以测量晶粒尺寸，这对应于熔体中生长的晶体的基底长度 $L$(Hoffman 和 Miller，1989)。

自最初提出 Hoffman-Lauritzen 理论的时候开始，它就经历了不断的改进和修正，以求提供对新的实验发现和数据的理论解释。这些改进和修正简单地反映了这个理论的适应性以及基于对结构参数物理意义不断加深的理解而操控这些结构参数的能力。第一个修正是针对所谓的"$\delta\ell$ 灾难"所作的响应（Hoffman 和 Lauritzen，1961；Lauritzen 和 Hoffman，1973；Hoffman 等，1969；Point 等，1986）。根据 Hoffman-Lauritzen 理论最初期的版本，预期片晶厚度在 $\Delta g_f = 2\gamma/a_0$ 时会不切实际地变成无穷大。这个不切实际的厚度剧增可以通过在 Hoffman-Lauritzen 理论中引入一个配分参数 $\Psi$ 来加以克服，它把结晶自由能的一部分配给与链茎吸附沉积相关的自由能项，而剩余的则在已吸附沉积的链茎随后的重整过程中被释放掉了。

第二个修正涉及基底长度 $L$，最初推测它是在微米数量级上。不过，后来由于设计出了一个控温极好的温度跳跃技术（同步修饰方法）来测量溶液中聚乙烯单晶生长速率，结果显示基底长度 $L$ 的值要比推测的小得多（Point 等，1986）。Hoffman-Lauritzen 的理论预言只要晶体侧向尺寸小于基底长度 $L$，晶体生长速率必然增大。这是根据这样的实验观察，即至少直至实验的微米分辨率，聚乙烯单晶生长速率仍显示出线性的行为（Point 等，1986）。因此，同步修饰方法的结果表明 Hoffman-Lauritzen 理论中基底长度 $L$ 必然小于 1 μm。目前普遍认为基底长度的值应是几百纳米，对应于由广角 X 射线衍射实验测得的晶粒尺寸（Lauritzen 和 Passaglia，1967；Hoffman 和 Miller，1989；Hoffman，1985a、b）。这一估算的基底长度最近也至少在一个半晶高分子中通过暗场透射电镜直接成像而得到证实（Alcazar 等，2006）。

第三个修正是关于如何解释在正烷烃中发现的，熔体和溶液结晶中一次折叠链（IF($n=1$)）晶体转变成伸展链（IF($n=0$)）晶体时的结晶温度附近，其生长速率存在一个极小值的事实（详见下面的 IV.1.5 节）（Ungar 和 Keller，1986；Organ 等，1989）。此修正在横向表面自由能 $\gamma$ 中引入了一个归因于某种瞬时的"动力学纤毛化（kinetic ciliation，没有结晶的部分链连接在晶体生长面外，像纤毛附在表皮上）"层的熵成分。这一处理使 Hoffman-Lauritzen 理论可以重现在实验上观察到的速率极小值（Hoffman，1991）。此外，还在横向表面自由能 $\gamma$ 的表达式中引入了 $C_\infty$ 项（高分子在熔体中的特征比）（Hoffman，1992；Hoffman 等，1992）。

第四个修正解释了 Hoffman-Lauritzen 理论如何能应用于弯曲的晶面生长前沿，尤其是理论计算（Hoffman 等，1979；Mansfield，1988）和实验上观察到的（Toda，1992；Toda 和 Keller，1993）聚乙烯单晶中弯曲的（200）面。在这个例子中，提出了{200}区中的晶格应变（lattice strain），并借助于一个被独立证明存在的表面自由能参数，把它引入 Hoffman-Lauritzen 理论中。同时也计及了分子层面上"锯齿状的"（200）面。然而沿着{110}面，晶体生长遵循适合于光滑生长前沿的标准 Hoffman-Lauritzen 理论（Hoffman 和 Miller，1989；Miller 和

Hoffman，1991）。由于不断有新的实验观测的报道，最后这两个修正仍存在着争议。

　　尽管 20 世纪 70 年代中期已经在实验上观察到了从熔体生长聚乙烯球晶和轴晶（axialites）的生长区域 I 和 II，但在实验上定量观察到这个聚乙烯生长区域 III 的存在却花了几乎三十年的时间，如图 IV.7 所示（Armistead 和 Hoffman，2002）。大多数关于高分子晶体生长的实验观测都可以用 Hoffman-Lauritzen 理论来解释。

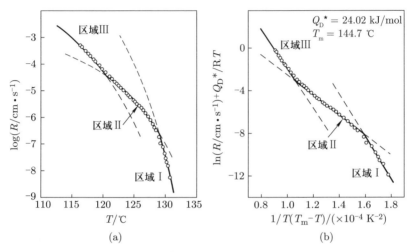

图 IV.7　熔体中结晶的某个聚乙烯级分的线性晶体生长速率。（a）实验上测得的生长
　　速率数据；（b）实验数据用 Hoffman-Lauritzen 理论处理后得到的三个区域。
　　　　　　（重绘 2002 年 Armistead 和 Hoffman 的图，承蒙许可）

　　过去四十年中，科学家们也提出了另外一些专门描述高分子晶体生长一些基本特点的高分子结晶理论。比如，提出了一个通过多重高分子链节吸附来形成一个链茎结晶的途径来克服所谓的“$\delta\ell$ 灾难”（Point，1979a、b）。为了解释宽分子量分布的高分子结晶中分子的相分离行为，Wunderlich 提出了分子成核的概念（例子见 Wunderlich，1976）。Hikosaka（1987、1990）更提出了一个二维成核过程，来描述高压下聚乙烯因横向晶体生长和六方晶格中沿链方向的分子滑移扩散而造成的晶体厚度增加的过程。Sadler 基于小分子连续晶体生长的机理（见 II.2.1 节中所述），提出了高分子晶体在粗糙表面生长的模型（Sadler，1986、1987a、b、c、d；Sadler 和 Gilmer，1984、1986、1988）。尽管这种模型最初在计算机模拟中忽略了分子链的连接性，它却引入了高分子晶体生长的成核能垒中需要有熵的贡献（熵垒）的重要思路，进而导致了“毒化（poisoning）”机理这个重要新概念的引入和拓展，并且它正是根据正烷烃结晶行为的实验观测而提出的(Ungar 和 Keller，1986)。Armistead 和 Goldbeck-Wood 发表了一篇极好的关于高分子晶体生长的理论预测和实验观测结果的全面综述(1992)；这一综述至今还是这个领域内最完整和最重要的文献之一。

所有这些理论在它们注重描述的半晶高分子结晶的某些行为方面已经有足够成功的基础了，尽管在这个领域仍然存在着一些"被忽视的"问题(Geil，2000)。其中，Hoffman-Lauritzen 理论已被广泛地应用于定量拟合高分子结晶速率的实验结果。该理论最重要的问题是它不能用于预测所有高分子晶体的生长行为。

最近，我们把成核能垒的起源拓展到包含焓和熵两者的贡献(Cheng 和 Lotz，2003、2005)。尽管熵垒的概念很难用解析式来表达，但它确实包含了单个分子在结晶过程中的某些细节。因此需要用统计力学来把通常由经典热力学描述的成核能垒与这些微观贡献联系起来。计算机模拟随着计算速度和能力的迅速增加已经使这种表达成为可能。计算机模拟的优势是它提供了单个分子在结晶过程中的轨迹，因此可能通过对整个系综里的所有分子轨迹取平均值来构建成核能垒。最近关于成核过程非常早期阶段的计算机模拟的结果也揭示了能垒的熵起源(Liu 和 Muthukumar，1998；Muthukumar，2000、2003)。

除了成核控制的过程，也呈现出由其他速率限制的高分子结晶过程。在一些特殊的结晶条件和环境下，晶体生长可由生长材料的传输控制。含不同端基的低分子量聚环氧乙烷的准去润湿薄层在亲水云母表面上的晶体生长，是这个机理变化最新的实例。取决于端基的化学结构和结晶温度，根据晶体横向尺寸或晶体体积是否线性正比于结晶时间，成核控制和扩散控制这两种机理都观察到了(Zhu 等，2007)。另一方面，在液体-晶体界面释放出的结晶热会产生温度梯度，导致了一个掌控晶体生长的热传输控制过程。这个现象经常在发生横晶(trans-crystallization)的注塑成型中出现。

尽管科学家们为进一步理解高分子成核和生长理论做出了极大努力，但这个领域仍然存在着很多没有解决的问题。在本章节接下来的部分里，我们会对一些重要的问题详加描述。正如前面所说，这里描述的观点主要还是基于实验观察到的结构和形态，假设这些观察的结果包含了关于成核和生长过程的微观信息。要注意的是这些观点主要是基于显微镜和衍射的分析，而所有的实验结果几乎全部依赖于在固态的观察。确定高分子结晶前及结晶过程中过冷液体的结构应该是至关重要地依赖于散射实验技术。

## IV.1.3　高分子结晶中的初级成核过程

观察均相(初级)成核的传统方法是最初由 Vonnegut(1948)发明的液滴法。由于液滴的体积足够小(直径~3 μm 或更小)，多数液滴将不会包含有异相核，所以可用偏光显微镜来追踪小液滴中的均相成核和结晶过程。过冷度大，晶体的生长速率很快，导致整个液滴的结晶只需要单个晶核即可完成。一般而言，在这样的过冷度下发生均相成核，晶核的尺寸估计在 10 nm³ 左右。分子量在 50 kg/mol 和 500 kg/mol 之间的一根高分子链，其体积应该在 100 nm³ 到 1000 nm³ 范围内。因此，只需要一根高分子链的一小部分就可以形成一个初级晶核。关于聚环氧乙烷(Bu 等，1991)、等规聚苯乙烯(Bu 等，1998b)和聚四氟乙烯(Geil 等，2005)的单分子单晶的报道显示，单根高分子链可以结晶成一个很小的、有固定晶面的(faceted)单晶。透射电镜和电子衍射观测已经确定在高分子结晶的起始阶段，这些初始的小晶体已经可以用晶体学的方法来描述。

为了理解亚稳过冷液体的结构和动态力学，仔细考察诸如等规聚苯乙烯等高分子的缓慢结晶实验结果是非常重要的。将等规聚苯乙烯样品迅速淬冷到其玻璃化温度以下，以避免它的结晶。淬冷冻结了高分子液体的热(密度)涨落。然后将样品置于其玻璃化温度以下进一步老化(aging)。物理老化对等规聚苯乙烯总体结晶过程的影响是通过随后把样品温度升高至玻璃化温度与晶体熔点之间进行等温结晶实验来研究的。图 IV.8 表明，与直接从熔体淬冷的等规聚苯乙烯等温结晶行为相比，物理老化对球晶的线性生长速率没有影响。换言之，在两种不同的热历史下，等规聚苯乙烯球晶的线性生长速率是相同的。另一方面，与直接从熔体淬冷的样品相比，物理老化后样品的总体结晶半周期降低了一个数量级，也就是说，其总体结晶速率增大了，这主要是因为在物理老化后的样品中，初级晶核密度几乎比直接从熔体淬冷的样品大了三个数量级。而速率增大的部分原因是在淬冷过程中"均相"成核可能在略高于玻璃化温度下发生。然而进一步的实验表明，在玻璃化温度下将老化时间从 6 min 延长到 15 min 也会导致初级晶核密度增加十倍(Cheng 和 Lotz，2005)。这个结果表明，尽管大尺度的热(密度)涨落在玻璃化温度以下被冻结，但局部的密度增加对初级晶核的形成也会有一定的贡献。本质上，在不同温度和时间下的热老化可能在过冷液体中产生具有不同亚稳定性的局部区域。这些实验还涉及几个新的问题，比如在老化过程中，局部的密度增加将会如何影响样品被带回到玻璃化温度以上后的过冷液体中的大尺度热(密度)涨落？过冷液体中更密集的堆积在增强初级晶核的形成中扮演了什么角色？IV.1.1 节中描述的"Fischer 簇"是否与初级晶核的形成相关？等等。

对于聚乙烯中初级晶核密度变化的一个有趣的研究是，把聚乙烯伸展链晶体在一个固定温度下熔融，并维持不同的熔融时间后再观察初级成核的密度变化。由于聚乙烯伸展链晶体在晶相中没有缠结，晶体的熔融瞬时就产生了具有一定链取向的不缠结熔体。晶体熔融后分子的缠结会随恒温停留时间的增加而发展，并伴有链取向的逐渐消失。研究发现，初级成核的密度会随停留的熔融

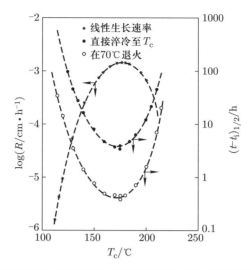

图 IV.8　不同结晶温度下两个不同热历史的等规聚苯乙烯样品的线性晶体生长速率（用偏光显微镜观察到的）和总体结晶半周期（用差示扫描量热观察到的）与结晶温度之间的关系。一条曲线显示了样品从 260 ℃下的各向同性熔体直接淬冷到不同结晶温度的结果。第二条显示了样品先淬冷到 70 ℃（等规聚苯乙烯玻璃化温度以下 30 ℃）并在此退火 6 min。

测量了具有两种热历史的样品在不同结晶温度时的晶体生长速率和总体结晶速率。

（重绘 2005 年 Cheng 和 Lotz 的图，承蒙许可）

时间的增加而减小，表明随时间的延长，链缠结和解取向（disorienting）会妨碍初级晶核的形成（Yamazaki 等，2002、2006）。此外，他们还观察到聚乙烯熔体中的初级成核密度分两个阶段递减，在不同阶段相对于停留的熔融时间遵循两个不同的指数方程。这个结果表明从不缠结的熔体逐渐形成缠结是一个两步的过程。这些研究得到的重要结论是，在伸展链晶体熔融时和熔融之后，随着停留的熔融时间的增加，高分子链重新缠结并且失去取向，进而导致初级成核密度的降低。

另一个确定缠结对初级成核影响的方法是产生一个各向同性的不缠结熔体。这可以通过收集由冷冻干燥高分子极稀溶液得到的单根或几根链的纳米粒子来实现（Bu 等，1991、1998b）。加热收集到的纳米粒子直至它们的熔点后，就形成了一个不缠结的熔体。如果在熔体状态停留足够长的时间，缠结将会重新发育。在这种情况下，初级成核密度在熔体中随停留的熔融时间的变化可以归结为单纯的不缠结效应，而高分子链取向对初级成核密度的影响在这个实验中将不再存在（Bu 等，1998a）。把这两个实验结合起来研究，我们就可以把这两个效应区分开来。

与传统的液滴实验类似，在一个不相容基底上的准非润湿半晶高分子薄膜也可用来研究小液滴中初级晶核的形成（Reiter 和 Sommer，1998、2000），因为这个方法可以把半晶高分子孤立分隔成微米以下到几微米直径范围的小液滴。最近报道的关于初级成核的好例子是用非润湿性聚环氧乙烷薄膜在亲水的无定形聚苯乙烯基底上形成聚环氧乙烷液滴，并且使用实时原子力显微镜研究了均相初级成核过程对过冷度的依赖性（Massa 等，2003；Massa 和 Dalnoki-Veress，2004）。结果显示，成核速率与结晶液滴的体积成比例关系，表明在这些小液滴本体中实现了均相初级成核。使用这种方法得到的初级成核过程对过冷度的依赖性与从传统的实验和用经典成核理论分析得到的数据有很好地吻合。

这个课题的最新研究结果是从微乳液小液滴内聚乙烯的结晶得到的（Weber 等，2007）。实验显示，即使在较大过冷度下（大于 100 ℃），聚乙烯也会形成尺寸很小的单晶，单晶横向尺寸为 25 nm，厚度为 9 nm，其中结晶部分的厚度为 6.3 nm。这个纳米晶体包括约 14 根链（对应的单根高分子链的分子量约为三百万）。此外，这种纳米单晶清楚地呈现了多面体形态，表明其生长遵循成核控制的机理（Cheng，2007）。

为理解均相成核初始阶段的努力来自亚稳极限分解辅助的初级成核的想法（Olmsted 等，1998）。这个想法的不同版本也被其他研究小组报道（Imai 等，1993；Matsuba 等，2000）。正如在 II.3.4 节中所陈述的，经典的亚稳极限分解过程描述了一个不稳定的系统如何通过小振幅、长波长的密度涨落的自发生长向平衡态的弛豫。这个过程不存在任何能垒，并且单组分体系中的密度涨落以及混合物中的组成涨落被认为是很大的，但强度很小。具有相同化学重复单元和几乎相同长度的高分子链的结晶从根本上来说是单组分体系中的结晶。有人提出，在聚乙烯的情况下，亚稳极限分解可能会导致形成反式和旁式构象的聚集"簇"。然而，反式-旁式构象转换的时间尺度比初级成核速率，如果不是快十个数量级的话，也至少快好几个数量级。这两种过程之间动力学的极大不匹配不可能支持构象聚集"簇"是初级成核前体的想法。不过，这种想法至少反映了为理解过冷液体和高分子结晶起始阶段的结构和动态力学所作的一种尝试。

## IV.1.4　晶体生长前沿附近界面液体的结构

高分子晶体生长是一个表面成核控制的过程，不过，关于过冷熔体中生长前沿附近界面区的结构还没有很明确的理解。最近，Strobl（2000）推测在晶体生长前沿附近的熔体中应该有链茎取向有序的中间相。他提出高分子片晶的形成过程中，首先是粒状晶体的累积排列；然后，这些粒状晶体互相结合，构筑成一个高分子的片晶。图 IV.9 是 Strobl（2000）提出的模型示意，用来阐明这个关于高分子结晶路径的假设。作者给出了一些原子力显微镜的图像以支持这种观点。这个模型和图 IV.6 所示的经典结晶模型之间的差别十分明显。两种假想的结晶路径的存在反映了从结构形态和散射的实验结果两个方面来理解高分子晶体生长机理上的差异（Strobl，2000；Lotz，2000；Cheng 等，2000；Muthukumar，2000）。

图 IV.9　Strobl 提出的高分子结晶的示意模型。（重绘 2000 年 Strobl 的图，承蒙许可）

直接证明高分子结晶过程中的过冷熔体中存在这种中间相在实验上是非常困难的。Strobl 模型涉及两种热力学相转变过程：一种是从过冷的各向同性熔体到中间相，另一种是从中间相到晶体。这个想法不同于从各向同性的熔体到晶体是单一相转变过程的传统看法。为了证明 Strobl 模型的正确性，需要有直接或者间接的实验结果作为证据。首先，如果晶体生长面的前沿有一个中间相，过去四十年中报道的晶体生长速率的数据就应该代表了从过冷液体到晶体的过程中与两种相转变相关的动力学。如果我们可以找到一个有代表性的高分子，它可以从过冷的各向同性熔体直接结晶，同时又可以首先形成某个中间相（例如只具有链取向有序性的低有序性液晶相），然后再从中间相结晶，那么这个高分子就可以用来验证 Strobl 模型。这种高分子必须具有 III.3.3 节所描述的单向性的相转变行为。这是因为晶体的熔点比液晶的各向同性化温度要高，因此只有在这种情况下这个高分子可以分别从过冷的各向同性熔体和从液晶相发育，而它们的结晶动力学才可以直接从实验上监测到。同时，为使这个研究具有直接的、有意义的可比性，从各向同性熔体和从液晶相中形成的晶体结构必须相同。

我们从这种呈现单向性的相转变的高分子中观察到的结果可以看出，在从液晶相到晶体的转变中，初级成核和晶体生长的速率都要比直接在过冷熔体中结晶得到的速率快几倍到一个数量级（Pardey 等，1992、1993、1994；Jing，2002；细节见下面的 V.3 节）。这就表明，高分子从过冷的各向同性熔体和从液晶相（液晶相的高分子具有链茎取向的有序性）结晶的行为是非常不同的。因此，即使在生长面前沿的过冷熔体中可能会有一定程度的链茎取向有序性，这样的有序性至多是一种在很薄的界面层中的短程有序，而不是一个独立的中间相。

在各向异性的、取向的熔体中生长高分子晶体将会是另一个途径。从融化伸展链晶体产生的熔体中生长聚乙烯晶体的研究表明，聚乙烯的线性生长速率依赖于该熔体所经历的停留时间，直至 30 min 之久。随停留熔融时间的增加，线性生长速率降低。这已被归因为在较短停留时间里聚乙烯伸展链晶体的熔体链缠结较低（Psarski 等，2000）。由于缠结的增加会伴随着熔体中链取向的消失，我们可以问这样一个问题：这套数据是否表明链的解取向对线性生长速率也有影响？这个实验至少表明，残留的链取向（也就是链茎取向）极大地影响了晶体的线性生长速率。因此，由于通常在聚乙烯本体结晶中测得的线性生长速率比 Psarski 等（2000）观察到的在各向异性的、取向的熔体中生长聚乙烯晶体的速率要慢得多，所以，在晶体生长前沿界面上的液体必然只有弱而短程的链茎取向有序性。

高分子纺丝过程中的结晶是一个非常著名但又很难下手进行研究的实例。纺丝过程中的结晶被称作"取向诱导的高分子结晶"。当高分子链高度取向时，结晶速率要比从各向同性的熔体中的速率快几个数量级。结晶速率强烈地依赖于链取向的程度。用成核理论来描述这个结晶过程的结果表明，几乎每一个高分子链节都必须是一个成核位点，而实际上这当然是不可能的，因为纤维的结晶度达不到百分之百。尽管这是一个重要而独立的研究课题，我们还是暂且将纺丝过程中的结晶机理放在一边，这些高分子在纺丝过程中结晶的实验结果的含意是，在各向同性的熔体内当高分子处于结晶生长的前沿时，它们的链和链茎的取向至多只具有很小的取向有序性和短程的横向有序性。

在另一个研究前沿，最近用超快冷却和超快加热速率（快于几千度每秒）的芯片量热仪进行的微量热实验结果显示，加热过程中形成的高分子晶体熔融后再重结晶明显比从过冷的各向同性的熔体中生长晶体的过程要快得多（Adamovsky 等，2003；Adamovsky 和 Schick，2004；Minakov，2004、2006）。这些结果是否也意味着，在高分子晶体熔融后的短时间里，总体的链构象离它们完全的无规线团构象还很远，因而重结晶过程变成了一个从保留了一定程度链茎取向有序性的相发生的结晶过程？如果我们可以把这个研究扩展到晶体中具有外消旋螺旋构象的半晶性高分子，那将会是非常有意义的。因为这种高分子链必须遵循手性选择的规律把高分子链砌入晶格。与从各向同性熔体直接淬冷时测得的晶体生长速率相比，这些结果可能会表明，晶体生长前沿附近的界面液态区域中预先存在的链茎取向有序性必然会显著地影响晶体生长的动力学。此外，这也表明在这个液态区域中，链茎的取向很微弱，而且这个区域不会是一个独立的中间相。

## IV.1.5 什么是成核能垒？

在每一个动力学结晶理论中，高分子晶体的生长总是和成核能垒的概念相关联的。正如 IV.1.2 节所描述的，在传统意义上，它仅仅被理解为一种焓效应，源于晶体很小时本体自由能和表面自由能之间的竞争。然而在过去的二十年里，已逐渐了解到成核能垒中熵的贡献，并已可在实验上被检测到，也得到计算机模拟结果的支持。因此，下面我们将分析在不同的长度和时间尺度上的实验观察结果，从焓和熵两个方面阐明成核能垒的起源（Cheng 和 Lotz，2003、2005）。

**受化学结构缺陷影响的能垒**。正是晶体中化学和物理的周期性提供了最短的长度尺度（几分之一个纳米），可用它来探测和认识成核能垒的本质。当高分子含有较大的化学结构缺陷时，这些缺陷必然被排斥在晶体外，而只有具有相似化学结构的较小化学结构缺陷才可能被包容在晶体之中。高分子晶体对缺陷的排斥（Flory，1955）和包容（Sanchez 和 Eby，1973、1975）的热力学描述早已有所提及（Sanchez，1977）。关于高分子链的化学结构缺陷，一个技术上重要的链缺陷实例是用茂金属催化剂合成的带有短支链的聚乙烯，也称为线形低密度聚乙烯。一般说来，当短支链是甲基时，这种缺陷可以被容纳在聚乙烯的正交晶格中。然而，当甲基的含量（以主链碳原子接有支化链的比例来度量）达到大约 18% 时，链将丧失结晶的能力。如果高分子主链上的短支链变大为正丁基、正己基或者正辛基，它们就会被排斥在晶体之外。因此，这些材料的结晶度随支化含量增大而降低的速度比甲基支化的聚乙烯来得更为显著。如图 IV.10 所示，当支化含量达到约 10% 时，它们将丧失其结晶性（Wunderlich，1980），而在短支链浓度更高时，这些材料的行为变得更接近热塑性弹性体。

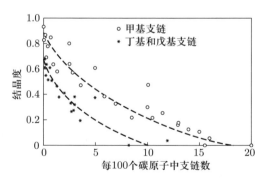

图 IV.10 聚乙烯样品结晶度和短支链的含量之间的关系。

（重绘 1980 年 Wunderlich 的图，承蒙许可）

当前的实验技术还无法实时探测结晶过程中每一个缺陷是被排斥或是被包容，但可得到关于晶体中缺陷平均浓度的信息。由于晶体中任何的链缺陷都会导致晶格的膨胀，而任何沉积到晶体生长前沿的链缺陷也会降低晶体的生长速率，我们可以监测晶体晶格的膨胀和晶体生长速率来获得缺陷被排斥或被包容的信息。例如，含短支链的聚乙烯样品表现出晶体晶格的膨胀，这一晶格的膨胀可以归结为三个因素：片晶折叠表面的界面上支链缺陷的积聚（Chiu 等，2000）、片晶厚度的减小（Davis 等，1974）以及缺陷被包容进晶体之中。在这些因素之中，对缺陷的包容引起的晶格膨胀最大。此外，晶格沿 a 轴的膨胀也比沿 b 轴要大好几倍（Wunderlich，1973；Chiu 等，2000）。另一方面，生长速率的降低是因为晶体生长要求缺陷从晶体生长前沿被移除（被排斥）或在生长表面形成一个非晶态的点缺陷（被包容）。这两种情况都对成核能垒有贡献。我们可以找到几例有关缺陷排斥的报道。在所有的例子中，晶体线性生长速率都随着短支链含量的增加而减小。晶体生长过程中缺陷排斥的一个实例是正辛基支化聚乙烯样品的线性生长速率随支化程度的增加而降低，如图 IV.11a 所示（Wagner 和 Phillips，2001）。

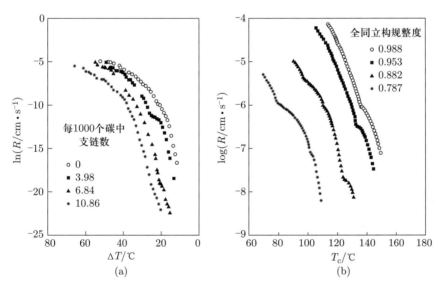

图 IV.11　（a）具有不同支化密度的正辛基支化聚乙烯样品的线性生长速率；（重绘 2001 年 Wagner 和 Phillips 的图，承蒙许可）（b）不同等规度的等规聚丙烯样品的线性生长速率。（重绘 1991 年 Janimak 等的图，承蒙许可）

另一系列有趣的例子是 1-丁烯、1-己烯或 1-辛烯与丙烯共聚形成的含短支链的等规聚丙烯共聚物（Alamo 等，2003；Dai 等，2003；Hosier 等，2003、2004）。缺陷和短支链的存在为这些高分子提供了发育 γ 相的能力，但其总体结晶动力学都取决于缺陷的类型和浓度。

晶体生长过程中缺陷包容的例子包括具有不同等规度的一系列等规聚丙烯高分子，我们称它们为"立构共聚物"（Cheng 等，1991；Janimak 等，1991、

1992）。尽管这些样品中的缺陷在链内和链间不是完全随机分布的，对于这一系列等规聚丙烯，正如图 IV.11b 所示，晶体生长速率具有随等规度减小而明显降低的趋势。结构分析表明，立体结构的缺陷被包容在晶体之中，因此，缺陷的存在极大地影响了生长速率和成核能垒。

另一个报道是关于一系列高度立构规整的等规聚丙烯，它们只包含浓度可控的、rr 立构规整的缺陷。由最初的 α 晶相和后来阶段的 γ 晶相组成的总体结晶速率随着 rr 缺陷浓度的增大和分子量的降低而增大。这个例子清楚地表明，缺陷极大地影响 α 和 γ 晶相的形成以及它们的结晶动力学（De Rosa 等，2005）。

**受链茎构象影响的能垒**。下一个对高分子晶体生长有重要影响的长度尺度是链茎构象的尺度，其长度尺度在几个纳米。例如，乙烯基高分子（vinyl polymer）链在晶体中具有螺旋的链茎构象。这些构象有手性但是外消旋的。所以其螺旋构象可以是右手或是左手的。另外，乙烯基高分子中取代基通常相对于主链的轴向是倾斜的，而不是垂直于该轴。这就定义了螺旋具有"上（up）"和"下（down）"的不同取向。因此，基于单链的旋转异构模型的计算，结晶性乙烯基高分子，如等规聚丙烯，有四个具有相同转动能的 $3_1$ 螺旋构象（Flory，1969）。问题是：具有这四种不同构象的链茎在晶体生长过程中是如何堆积砌入晶格的呢？要注意的是，由于高分子片晶中的链折叠，链的方向包括"上"和"下"构象是可以交替变化的，而螺旋的手性并没有必要一定是如此交替变化的。

通过 X 射线衍射实验确定的具有螺旋链构象的高分子晶体结构表明，螺旋链的堆积要求链茎精确地排列成反手性或同手性的堆积方式。在反手性堆积中，右手螺旋链茎和左手螺旋链茎交替堆积。另一方面，同手性堆积要求在晶体结构中所有的链茎都具有相同的手性。也有一些特例，比如等规聚丙烯 α 相链堆积模型的晶胞晶格是单斜的，如图 IV.12a 所示，链茎手性沿晶胞 b 轴呈片层交替，而不具有相邻链的交替。这个特殊的晶体堆积的配位数是 5。不同甲基基团的"上"和"下"取向的排列导致 α 相的两种变体，$\alpha_1$ 和 $\alpha_2$ 亚相形式（如图 IV.12b 和 IV.12c 所示）。尽管这两种亚相的堆积的手性变化是相同的，$\alpha_1$ 相中甲基具有随机的"上"和"下"排列，而 $\alpha_2$ 相中其排列是严格交替的。这导致了这两种亚相分别归属于不同的空间群 C2/c 和 $P2_1/c$（Turner-Jones 等，1964；Hikosaka 和 Seto，1973；Petraccone 等，1984、1985；De Rosa 等，1984；Napolitano 等，1990；Auriemma，2000）。

当具有错误手性的螺旋链茎的一部分沉积在生长前沿上时，可能发生两个过程。它可以通过一个构象的转变来修正其手性，或者它可以被排斥并回到各向同性的液体中去（Lotz 等，1991；Lotz，2000、2005）。与前述的化学缺陷相

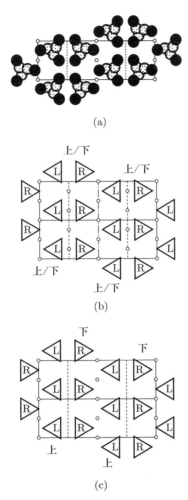

(a)

(b)

(c)

图 IV.12 晶胞尺寸为 $a = 0.666$ nm、$b = 2.078$ nm、$c = 0.646$ nm 和 $\beta = 99.62°$ 的等规聚丙烯 α 相的分子堆积模型。(a) 为简便起见,此图中只显示了"(向)上"的甲基基团;(重绘 1973 年 Wunderlich 的图,承蒙许可)(b) 具有"上"和"下"构象随机排列的 $\alpha_1$ 相;(c) 具有"上"和"下"构象交替排列的 $\alpha_2$ 相。请注意 $\alpha_1$ 和 $\alpha_2$ 相的不同空间群。(重绘 2005 年 Cheng 和 Lotz 的图,承蒙许可)

比,这代表了在不同长度尺度上的另一种选择过程。特别需要指出的是,对于等规聚丙烯而言还存在着第三种可能性,但只适用于横向的 $ac$ 生长面上。这就是该链茎可以旋转 100°(或 80°)以引发 α 相的"片晶支化"或诱导 γ 相的生长(Brückner 和 Meille,1989)。要注意的是,具有错误的"上"或"下"排列的链茎在固态晶体中不可能被修正。因此,在 $\alpha_1$ 和 $\alpha_2$ 相之间不存在一个固-固相转变。由于对"上"或"下"排列的选择和包容需要时间，$\alpha_2$ 相在各向同性熔体中只能在较低过冷度下以较慢的生长速率生长。

当晶体生长在高过冷度下发生时，成核能垒的自由能将不再是支配因素，高分子晶体的生长速率一般比较快。因此，沉积到生长前沿上的、具有错误构象的链茎的一部分可能没有足够的时间来修正其构象或者被排斥出晶格。这种变化导致那些不可避免的"错误"被包容在可以容纳它们的晶体中。尽管单根碳-碳键的构象转变发生在皮秒数量级上，但在固态中通过一系列连续的构象转变来修正手性错误可能要花长得多的时间。当这些连续的转变不能跟上晶体的生长速率时，如在等规聚丙烯的例子中，会在熔体中形成"近晶"（Natta 等，1959）或"塑晶"相（Zannetti 等，1969）。为了修正这些构象上的手性缺陷，这种"近晶"相在室温下需要多达 18 个月的时间以进行必要的协同构象转变来形成 $\alpha$ 相（Miller，1960）。

另一方面，从溶液中生长的等规聚苯乙烯晶体会形成很小的、有序的凝胶簇（Atkins 等，1980；Keller，1995）。计算机模拟显示，手性错误的修正在等规聚丙烯晶体中是可能的，但不会发生在等规聚苯乙烯晶体中，因为等规聚苯乙烯的取代苯基比甲基要大得多（Brückner 等，2002）。等规聚苯乙烯在晶体中进行构象转变的不可能性被认为是晶体生长速率非常缓慢的部分原因（Alemán 等，2001）。通过热处理修正链茎构象已经有了广泛的报道，例如在半晶性高分子中的亚稳晶体的退火、预熔融和（或）重结晶。但是，由于在加热时保持晶体亚稳定性的固有水平而不发生变化是很困难的，所以迄今为止几乎所有报道都只给出定性的讨论。对高分子亚稳晶体的退火和重整过程的逐一定量确认是一个艰难的任务。

关于晶体生长过程中链茎构象选择过程的最令人信服的证据之一来自可生物降解的聚 L-乳酸和聚 D-乳酸的结晶过程。它们螺旋构象的手性是由手性碳原子中心确定的，因而是非外消旋的。当纯净的聚 L-乳酸或聚 D-乳酸单独结晶时，它们都形成相同的正交晶格，具有 $P2_12_12_1$ 空间群以及同手性的堆积方式。它们的单晶形态都是菱形的（Alemán 等，2001；Sasaki 和 Asakura，2003）。但是，聚 L-乳酸和聚 D-乳酸的等比混合物可以形成更稳定的立构复合物。得到的反手性晶体的晶格是三方的，其空间群是等倾线（isocline）螺旋的 $R3c$，或是随机"上""下"取向螺旋的 $R\bar{3}c$（Cartier 等，1997）。而且其单晶的形态是六边形。这个例子清楚地表明，嵌在单晶形态中的信息涉及晶胞的对称性，此对称性是由晶体生长过程中链茎的对称性和手性所决定的。决定晶格堆积方式的链螺旋手性的选择过程是绝对精确的。在链茎沉积过程中产生的任何错误都需要得到修正，而这个修正过程是晶体生长中成核能垒的一部分。

**受片晶厚度和整体构象影响的能垒。** 在十几到几十纳米的数量级上，片层单晶是进一步晶体聚集的构造单元,而片晶厚度是确定晶体稳定性的唯一特征(见下面 IV.2.3 节的详细讨论)。对于半晶高分子而言,片晶厚度已被定量地确定为正比于过冷度的倒数。我们经常会问:为什么片晶厚度会受过冷度控制?这里,我们借用由 Armistead 和 Goldbeck-Wood(1992)给出的模型来解释。结晶动力学理论假设生长前沿的片晶厚度可以有一定范围,而每一个片晶厚度都具有一个相应的生长速率。不过,实验观察到的晶体厚度对应于晶体生长速率最快的厚度,因此该厚度是动力学上的首选。这是此模型最基本的动力学物理起源。如图 IV.13 所示(Armistead 和 Goldbeck-Wood,1992),所有的动力学理论都必须具有两种相互平衡的要素:高分子晶体生长的"驱动力"以及生长的"能垒"。

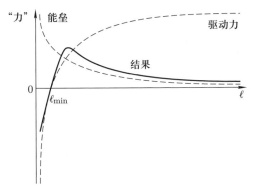

图 IV.13　在固定过冷度下得到的生长速率由"驱动力"和成核能垒项的折中
决定。(重绘 1992 年 Armitstead 和 Goldbeck-Wood 的图,承蒙许可)

　　"驱动力"是由过冷度的大小决定的。在一个给定的过冷度,这个"驱动力"也取决于片晶厚度 $\ell$。当片晶厚度小于必需的最小厚度,即 $\ell<\ell_{min}$ 时,晶体的生长不能发生,因为生长过程中产生的表面自由能超出了晶体生长释放的晶体本体自由能。当片晶厚度大于最小厚度,即 $\ell>\ell_{min}$ 时,本体自由能开始占主导地位,并导致片晶生长变厚。这是因为高分子片晶的折叠表面自由能总是大于相应的横向表面自由能。越厚的片晶就越能提供更强的"驱动力"而加速片晶增厚的过程。因此,如果单独由"驱动力"这个因素决定晶体的生长,最快的晶体生长速率将对应于具有无穷大厚度的晶体。但是,在真实的结晶过程中,这不符合观察得到的实验结果,所以,我们还需要考虑另一个要素。

　　"能垒"必须通过随机热(密度)涨落来克服,以使分子能吸附沉积到晶体生长前沿的晶面上。这个"能垒"随片晶厚度的增加而增加,因而抑制了更厚晶片的形成。事实上,对这个"能垒"起源的认识构成了各种不同动力学理论的出发点(Armistead 和 Goldbeck-Wood,1992)。驱动力和能垒之间的折中平衡决定了晶体的生长速率(图 IV.13)。对应于最快生长速率的厚度应该是略大于最小必需的晶片厚度 $\ell_{min}$，而这个最小的晶片厚度已被实验证实是反比于过冷度。

正烷烃(Ungar 等，1985；Ungar 和 Keller，1987)和聚环氧乙烷低分子量级分(Arlie 等，1965、1966、1967；Kovacs 和 Gonthier，1972；Kovacs 等，1975、1977；Kovacs 和 Straupe，1979、1980)的例子提供了实验的证据来阐明整体分子链构象对结晶动力学的影响。随过冷度的减小，整数次折叠链片晶表现出片晶厚度上量子化的增大。已经知道，正烷烃在低过冷度时会结晶成整数次折叠链晶体(integral-folded chain crystal)。在一个较窄的结晶温度区域内，可以观察到折叠数分别为 $n$ 和 $(n-1)$ 的晶体生长之间的转变(例如，每根高分子链形成两根链茎的一次折叠链($n=1$)和每根高分子链形成一根链茎的伸展链($n-1=0$)之间的转变)。当分子结构式在 $C_{162}H_{326}$ 和 $C_{390}H_{782}$ 之间的正烷烃从熔体和溶液中结晶时，晶体成核和生长的速率都呈现出一个极小值(Ungar 和 Keller，1986、1987；Organ 等，1989、1997；Sutton 等，1996；Boda 等，1997；Morgan 等，1998；Hobbs 等，2001；Ungar 等，2000；Hosier 等，2000；Ungar 和 Zeng，2001；Putra 和 Ungar，2003；Ungar 等，2005)。对于具有甲氧基端基的聚环氧乙烷低分子量级分的单晶生长速率，我们也报道了观察到的一个不太明显的极小值，而这个极小值就处在片晶生长从一次折叠链晶体转变成伸展链晶体的过冷度附近(Cheng 和 Chen，1991)。目前对于这个"速率极小值"的动力学解释是，当一根具有 $n$ 次折叠链构象的高分子链吸附沉积到一个更倾向于生长 $(n-1)$ 次折叠链晶体的晶体生长前沿时，这个位置就会成为一个"毒化"点，它妨碍了 $(n-1)$ 次折叠链晶体的进一步生长。进一步的晶体生长需要通过伸展这根链的折叠构象或者移除这根链来修正这个"错误"。因此，表面成核和生长速率都会降低。这一现象被称作"自毒化"过程，因为这种错误是由高分子链本身的构象错误所造成的(Ungar 和 Keller，1986、1987；Organ 等，1989；Ungar 和 Zeng，2001；Putra 和 Ungar，2003；Ungar 等，2005)。

具有不同分子量的两种正烷烃的共混物的结晶行为显示，较长的正烷烃的晶体生长被较短的分子在生长前沿上的吸附沉积而毒化，也产生了一个生长速率的极小值(Hosier 等，2000；Ungar 和 Zeng，2001)。我们能把这个概念继续延伸，用以描述由两种不同分子量级分组成的均聚物的结晶行为。若其中一个级分的分子量足够低而不能恰好适应晶体生长前沿厚度的要求时，这个具有较低分子量的高分子链在生长前沿的吸附沉积会"毒化"晶体的进一步生长，减缓表面成核和生长速率。这个过程在分子量差异很大的聚环氧乙烷级分的二元混合物的结晶过程中已被观察到(Cheng 和 Wunderlich，1986a、b、1988)。此类"毒化"现象可能不会产生一个可以观察到的宏观的"速率极小值"，不过，晶体生长过程中分子的选择总是存在的。

　　关于含一个可结晶组分的二元相容高分子共混物的结晶行为的实验报道还有很多(Alfonso 和 Russell, 1986; Di Lorenzo, 2003; Mareau 和 Prud'homme, 2003), 在这些体系中也存在着晶体生长中分子的选择过程。它们的相分离是由可结晶组分的结晶所诱导。在任何特定的时刻, 某种组分吸附沉积在生长前沿晶面上的概率取决于该组分的局部浓度。选择过程发生在生长前沿的晶面上, 并且只有可结晶的组分才能参与晶体生长。这个选择过程极大地降低了(有时甚至完全阻止了)晶体的生长。非结晶组分在此正扮演着"毒化"生长前沿的晶面并降低晶体生长速率的角色。类似的情况也可以在同时具有可结晶嵌段和无定形嵌段的两嵌段共聚物在溶液中的结晶中看到。

　　**受物理环境影响的能垒**。在高分子晶体生长中, 尤其是在正烷烃(Dawson, 1952; Khoury, 1963)和聚乙烯(Khoury 和 Padden, 1960; Bassett 和 Keller, 1962)的体系中, 观察到在孪晶(twin crystal)的凹角(reentrant corner)处的晶体生长的生长速率较快(Frank, 1949; Stranski, 1949)。关于聚乙烯孪晶生长的一个全面的研究已由 Wittmann 和 Kovacs(1970)报道, 尽管这些结果当时发表在一个只有有限读者群的小期刊上。当在稀溶液中生长聚乙烯单晶时, 经常发生{110}孪生。如图 IV.14a 所示, 当一个分子量为 100 kg/mol 的样品在 111.8 ℃从十四醇的溶液中结晶时, {110}孪生导致一个 112.6°的凹角。当获得的单晶具有由四个(110)面和两个(200)面所界定的、切去顶端的菱形形状时, 这个凹角由两个(200)面界定。此凹角的形成提高了聚乙烯晶体的生长速率(需要注意的是, 在晶体生长中, 由于(200)面的曲率, 此凹角的角度逐渐增大)(Sadler 等, 1986)。在这里, 晶体生长速率增大的原因是因为这种凹角提供了一个小于 180°的生长前沿, 聚乙烯链在凹角处的沉积结晶降低了晶体的横向表面自由能, 因而提高了生长速率。Colet 等(1986)以及 Toda 和 Kiho(1989)也报道了在孪晶的凹角处聚乙烯晶体生长速率的提高。他们发现, 当单晶形成了只由四个(110)面界定的孪晶时, 其生长速率的提高变得越发显著。此时的晶体生长是沿着[100]方向。这种较快的生长可以归因于两个(110)面之间的 134.8°的凹角。如图 IV.14b 所示(Wittmann 和 Kovacs, 1970; Sadler 等, 1986), 它大于两个(200)面形成的凹角。若采用只考虑晶体的横向表面自由能的 Hoffman-Lauritzen 理论来计算, 横向表面自由能的降低应该使在凹角处的生长速率增大几个数量级。但是, 实验数据显示, 生长速率的提高比理论预测的值要小得多(Sadler 等, 1986)。这一差异可能是由于凹角处有限的空间会对分子运动产生约束, 以及在凹角处对晶格几何匹配的要求。这些研究清楚地表明, 几何因素的限制在晶体生长中也扮演着一个重要的角色。

　　如图 IV.15a 所示(Bassett 等, 1988), 聚乙烯在低过冷度下从熔体中结晶,

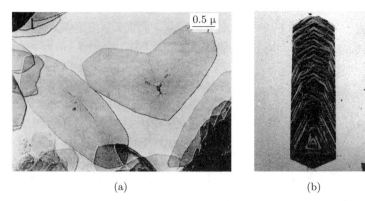

图 IV.14　(a) 111.8 ℃下分子量为 100 kg/mol 的聚乙烯样品从十四醇溶液中结晶时生成的一个由｛110｝孪晶构成的凹角处的晶体生长的亮场透射电镜图像；(从 1986 年 Sadler 等的图复制，承蒙许可) (b) 分子量为 5 kg/mol 的聚乙烯样品，在 92.5 ℃自成核并在 63.5 ℃ (起始结晶温度为 50 ℃)从 0.5% 的十四醇溶液中结晶时形成的一个由｛110｝孪晶构成的凹角处的亮场图像。由于沿 $a$ 轴的生长比沿[110]方向的生长快得多，导致形成了伸长的孪晶形态。(从 1970 年 Wittmann 和 Kovacs 的图复制，承蒙许可)

也可获得单晶。在这张图上，首先发育的是较大的母体单晶，呈现由两个很长的弯曲的(200)生长前沿界定的对称透镜形状。而较小的子体单晶叠层是由基底顶部和底部上的螺旋位错而形成，长在母体晶体基底上。因此，由于基底的限制子体晶体比母体晶体的生长速率更慢。更值得注意的是，这些子体晶体的形状沿两个相对的[200]方向并不对称，表明沿这两个[200]方向的生长速率是不相等的。这是由于单晶中聚乙烯链通常会朝[200]方向倾斜 20°到 35°，甚至有报道称最大倾斜角可达 45°(参见 Lotz 和 Cheng，2005)。这个倾斜角产生了两个生长前沿：相对于基底而言，其中一个的倾角小于 90°(锐角)，另一个则大于 90°(钝角)。由于分子链更容易接近倾角为钝角的生长前沿，沿着该前沿方向的生长速率就要比沿倾角为锐角的[200]方向快(Bassett 等，1988)。晶体生长速率沿[200]方向的不等性也可从聚乙烯在熔体薄膜中形成的不对称单晶的形状清楚地看出来，如图 IV.15b 所示(Keith 等，1989)。在这种情况下，基底限制了倾角为锐角的聚乙烯晶体生长前沿的生长速率。沿两个[200]方向的不对称生长在片晶被修饰以后可以更明显地观察到(详细描述将在 V.4.1 节中给出)。

　　从更广泛的观点上，我们已经介绍了成核能垒的新看法。高分子结晶中发生在不同长度尺度和时间尺度上的多个选择过程影响了晶体生长的动力学。我们已经把这些过程归纳在一起，并将它们统一理解为成核能垒。结构和形态的多层次实验观测结果阐明了这些选择过程对成核能垒的影响。选择过程的规则

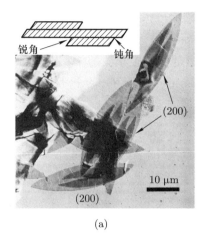
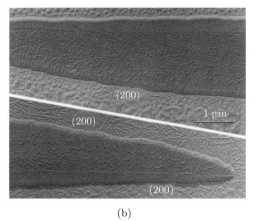

图 IV. 15　（a）熔体中在母体聚乙烯单晶上由螺旋位错形成的聚乙烯单晶沿［200］方向的各向异性的晶体生长。插图阐明了链倾斜对弯曲的（200）面两面的晶体生长的影响；（从 1988 年 Bassett 等的图复制和重绘，承蒙许可）（b）在聚乙烯熔体薄膜中生长的单晶形状的不对称性。（从 1989 年 Keith 等的图复制，承蒙许可）

来源于结晶性高分子的化学结构、分子构象、分子量和形态上的不同。这些参数的区别越大，选择过程对生长速率的影响也会越强烈。这些选择过程的组合构筑成了一个包括焓和熵的共同贡献的成核能垒。定性地来说，传统自由能位垒中焓的贡献总是支配较小长度尺度上的较短程的相互作用，而熵对位垒的贡献应该是体现在较大的长度尺度上。尽管我们对于固态结构和形态的理解已经取得了显著的进步，关于过冷熔体在本体中以及接近界面处的结构和动态力学，以及它们对成核和生长过程的影响的认识还非常有限，许多问题仍然没有很好的答案。

## IV. 2　过热晶体和晶体熔融

### IV. 2. 1　过热晶体

据热力学定义，恒压下当温度高于平衡熔点时，晶体的吉布斯自由能比液体的高，构成了晶体熔融形成各向同性液体的驱动力。但是，如果我们加热晶体至其平衡熔点以上，而这个晶体在一定时间内仍继续存在，此时这个晶体就是过热的晶体。晶体的熔融速率和生长速率在相等数值的过热度或过冷度下一般不是完全相同的。如在 II. 2. 2 节中描述的，当晶体的熔融发生在稍高于平衡熔点时，它以一个表面（异相）熔融过程为开端。在这种情况下，"表面成核"位点一般是在晶体的角落或台阶（ledge）处。当过热度超过某个极限值而使晶体极度过热时，则会发生均相"成核"过程。如果晶体的尺寸为无穷大（无表面的晶体），当过热晶体自发地产生数目足够多的空间上相关的不稳定晶格位点时，熔融过程发生。这些内部的局部晶格不稳定性的积聚和兼并（coalescence）构成了均相"熔融成核"的主要机理。

具有一定过热度的高分子晶体的熔融通常是指亚稳的高分子晶体而不是指处于平衡状态的高分子晶体的熔融；因此，这个过程在实验上更难监测。其原因是高分子折叠链片晶的厚度很小，它们一般在平衡熔点以下即可熔融，而它们的熔融动力学又非常快。此外，我们附加的直至熔融开始时晶体最初的亚稳定性必须保持不变的条件也很苛刻。因此，研究过热的高分子晶体熔融所要求的晶体必须是有相当稳定性的体系。多数实验方法注重于获得较大的单晶（其表面可以忽略不计）或者在较小晶体周围构建固态的受限环境以减弱它们快速熔融的倾向。

我们如何生长厚度在微米尺度上、没有链折叠的高分子晶体呢？一般可以使用两种途径：长链高分子在结晶时形成伸展链晶体或者在聚合的同时进行结晶以避免产生链折叠。第一种途径最著名的例子是在 4.5 kbar 以上的压力和较高温度下形成的聚乙烯伸展链晶体（Wunderlich 和 Arakawa，1964；Geil 等，1964）（见下面的 V.2.2 节）。其他几种高分子在高压或高温退火下也能形成伸展链晶体，例如聚四氟乙烯（Bunn 等，1958；Melillo 和 Wunderlich，1972）、聚三氟氯乙烯（Miyamoto 等，1972）以及反式 - 1，4 - 聚丁二烯（Rastogi 和 Ungar，1992）。它们的伸展链晶体的片晶厚度可以超过一微米。这些高分子的伸展链晶体的形成机理和它们在结晶过程中的相结构密切相关。一般来说，需要在高压或高温下倾向于形成柱状相，这是由于柱状相具有相对完美的长程六方横向的堆积，而沿链方向却只有短程有序性（见图 II.8b）。因此，沿链方向的较大活动性使得折叠片晶发生解折叠并增加片晶的厚度。这个现象的详细讨论将在 V.2.2 节中给出。

第二种途径是在聚合过程中结晶。这要求单体有相对较大的活动性，如在气态或液态之中那样。少数固态中的例子也已有所报道。这些单体以特定的分子取向沉积到晶体的晶格上，然后发生聚合，形成没有折叠的大尺寸晶体（Wunderlich，1968a、b）。最著名的例子是聚丁二炔（Wegner，1969、1972、1979）、聚甲醛（Iguchi 等，1969；Iguchi，1973；Mateva 等，1973）以及聚对二甲苯（Kubo 和 Wunderlich，1971、1972）。近些年来，已有报道一系列芳香聚酯（Liu 等，1996b、1998）、聚对苯二甲酰对苯二胺（Liu 等，1996a）和聚酰亚胺（Liu 等，1994a、b、c）也可在单体熔体聚合时结晶。但是，通过聚合时进行结晶获得的大尺寸完美晶体对于单体浓度以及不同温度和压力下的成核与生长的依赖十分敏感，同时也需要对成核步骤的小心控制以防止无规律的过度生长或多晶态的发展。

但是，多数半晶性高分子不能用上述两种途径中的任何一种形成伸展链晶体。那么问题就变成：我们能否在小晶体尺寸时产生过热的高分子亚稳晶体？我们的答案是这种晶体可以通过提供受限的固态环境以限制这些小晶体在熔点时的体积膨胀来得到。这个途径的第一个实例使用了具有窄分子量分布的聚环氧乙烷低分子量级分的结晶。这些聚环氧乙烷级分在本体中形成整数次折叠链晶体，如在 IV. 1. 5 节中描述的（Arlie 等，1965、1966、1967；Kovacs 和 Gonthier，1972；Kovacs 等，1975、1977；Kovacs 和 Straupe，1979、1980）。对于分子量为 6 kg/mol 的聚环氧乙烷样品进行了一个分为两步的等温晶体生长的实验。该样品首先在较高的过冷度的熔体中结晶，形成具有两次折叠链的单晶（即折叠数目是 2，每个高分子链形成三根链茎）。在第二步中，通过升高结晶温度，降低熔体的过冷度。这样，一次折叠链的单晶会生长在两次折叠链单晶的周围。如图 IV. 16 所示，最后得到的片层单晶由被一次折叠链晶体包围的两次折叠链晶体所构成。这个复合单晶（composite single crystal）的中心比较薄（因而熔点较低）而外围边缘则比较厚（因而熔点较高）。当温度升高到两次折叠链晶体的熔点时，较薄的中心部分不受影响，并不会发生熔融。只有当温度被进一步升高到能够完全熔融一次折叠链晶体时，两次折叠链晶体才会弛豫到各向同性的熔体中。观测熔融时单晶横向尺寸的连续减小已清楚地阐明了这个过程，正如图 IV. 16 显示的那样（Kovacs 等，1977）。

最近一个有关分子量为 4. 25 kg/mol 的聚环氧乙烷级分的报道，描述了云母基底上过热晶体形态演变的详细研究（Zhu 等，2006）。在这个例子中，一个三次折叠链晶体（即折叠数目为 3，每个高分子链形成四根链茎）被两次折叠链晶体在外部团团包围。当温度维持在未受限的三次折叠链晶体的熔点之上时，外围较厚的两次折叠链晶体不会熔融，而较薄的核心在过热的条件下开始增厚（Zhu 等，2006）。

聚乙烯在不同分区（sectors）内片晶厚度的变化早已有报道（Bassett 等，1959；Runt 等，1983）。最近有报道，在溶液中生长的、具有切去顶端的菱形状的聚乙烯单晶，因不同分区内的链倾斜因素，{110} 区的厚度要比 {200} 区的厚度大 1nm 以上。这一厚度差别导致这两个分区之间有大约 1 ℃的熔点差异，这一现象已被实时控温的原子力显微镜实验测得（Hocquet 等，2003）。但是，为了观察过热的晶体，我们需要在较薄的晶体周围构造较厚的晶体。这个设想可以通过由 Point 等（1986）和 Dosière 等（1986）发展的同步修饰的方法来实现。这样就使得较薄的片晶受限于较厚的片晶之内，而原则上它们的熔点的

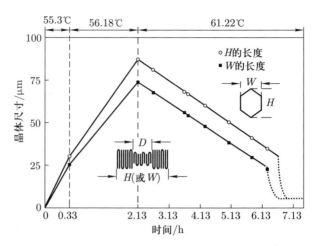

图 IV.16　聚环氧乙烷单晶的横向尺寸在两步结晶和熔融过程中的变化。使用的聚环氧乙烷级分的分子量为 6 kg/mol。第一步是在 55.3 ℃ 形成两次折叠链晶体，第二步则是在 56.18 ℃ 生长一次折叠链晶体。该复合晶体随后被加热到 61.22 ℃。两次折叠链晶体在一次折叠晶体熔融前不受影响。（重绘 1977 年 Kovacs 等的图，承蒙许可）

不同就可以用实验来确定。可惜，这个实验至今还没有人去做。

　　在另一个例子中，从熔体中生长时，间规聚丙烯单晶具有长方形形状的 ｛100｝ 和 ｛010｝ 分区。这种单晶如图 IV.17a 所示（Lotz 等，1988；Lovinger 等，1990、1991、1993；Bu 等，1996；Zhou 等，2000、2003）。这张图显示 ｛100｝ 和 ｛010｝ 两个分区的厚度不同，｛010｝ 区要比 ｛100｝ 区薄几个纳米。其厚度的差别可大至百分之十五到百分之二十（Bu 等，1996；Zhou 等，2000）。当单晶处于略高于较薄的 ｛010｝ 区熔点的温度时，较薄的区开始以相对缓慢的速率熔融。与此同时，在这个区内发生了等温增厚，最后，增厚的片晶会形成一个连续的"坝"（如图 IV.17b 中示意出的边界）。因为晶体的二维面积在"坝"内已被固定，不再允许晶格在横向方向有膨胀，因此剩余的较薄 ｛010｝ 区不能进一步熔融（如图 IV.17b 所示）。即使进一步加热这个晶体到比较薄 ｛010｝ 区的熔点高好几度，这个较薄的部分仍然不会熔融。

　　所有这些实例清楚表明，达到热力学平衡的晶体并不是论证晶体过热行为必需的。当有限厚度的高分子单晶外围被更厚的晶体限制时，这些有限厚度的单晶也可以成为过热的单晶。这些单晶的熔点从任何意义上说都不是热力学平衡熔点。

　　最近，利用量热实验，Toda 等报道了几种通用商品高分子：带有短支链的聚乙烯、等规聚丙烯、聚对苯二甲酸乙二酯以及其他高分子样品，其熔点会随加热速度的提高而上升。他们把这种现象归因于晶体的过热（2002）。在更

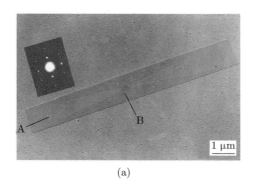 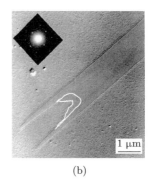

(a)                              (b)

图 IV.17  （a）130 ℃下从薄膜熔体中结晶得到的一个间规聚丙烯单晶。A 代表
|010|区，而 B 代表|100|区；（从 1996 年 Bu 等的图复制，承蒙许可）（b）单
晶的|010|区被部分熔融，但熔融过程被|010|区熔体边缘的晶体增厚所阻止。
图中的白线表明了增厚晶体的边界。（从 2000 年 Zhou 等的图复制，承蒙许可）

为近期的报道中，超快的加热速度可以通过使用一种芯片量热仪进行微量热实
验来获得，从而能研究亚稳高分子片晶中的过热现象（Minakov 等，2007）。冷
却和加热速度可达到 100 k ℃/s。在加热速度范围在 0.01 ℃/s 到 10 k ℃/s 时
观察到的晶体的最终过热度和加热速度之间有一个幂次规律。随着加热速度的
进一步增大，这个幂次规律不再成立而使晶体的过热度达到一个上限。这个过
热度的极限被观察到与退火条件（Minakov 等，2007），或者更准确地说，与晶
体的亚稳定性密切相关。这个最高限度对于某个具有特定亚稳定性的高分子晶
体来说可能是一个从异相熔融到均相熔融的转变温度。这与无穷大的平衡晶体
的过热度极限是常数的情况，形成了鲜明的对照。

　　过热的高分子晶体也可从其他途径得到，但其可控性会很差。从热力学观
点来看，如图 III.9 所示，有应变的各向同性液体的吉布斯自由能曲线会移到
更高温度，因此晶体的熔点会升高。获得这种熔点升高的方法包括用很快的加
热速度去加热处在外加张力（为了固定纤维长度）下的纤维样品以及加热化学
交联后的样品。但是，试图理解高度取向的纤维中的晶体熔融特别困难。这个
困难不仅来源于样品制备的方法不同（拉伸的还是不拉伸的，约束的还是没有
约束的），而且来源于样品的加工历史不同。关于超高分子量聚乙烯纤维
（Kwon 等，2000；Ratner 等，2004）、聚对苯二甲酸乙二酯纤维（Miyagi 和
Wunderlich，1972）、聚酰胺 6（Todoki 和 Kawaguchi，1977a、b）和其他半晶性
高分子的一些重要工作反映了为定量理解过热的晶体熔融行为所做出的努力。

## IV. 2.2  不可逆的高分子晶体熔融

　　尽管平衡晶体熔融的热力学在科学逻辑上的理解是直截了当的，但在几乎

所有的情况下，高分子晶体的熔融不会在热力学平衡下发生。这种晶体在偏离热力学平衡下的熔融被称作不可逆的晶体熔融，以区别于热力学平衡下的熔融。对不可逆的熔融现象的研究比那些平衡晶体熔融的研究要困难得多。倘若高分子晶体熔融过程不处于热力学平衡，对于具有相同化学结构但不同热历史和力学历史的半晶性高分子，实验测得的熔点、熔融热以及其他热力学参数会具有非常不同的数值。

传统上，用非平衡热力学来研究一个不可逆体系需要付出极大的努力。这要求把整个体系划分成很多亚体系来处理，其中每个亚体系连接着相邻的亚体系。但是，如何将体系划分成亚体系将是个关键的问题。亚体系的划分必须使得在每个亚体系内，可以使用（或者近似地使用）平衡热力学来描述其热力学性质。为了连接各个亚体系，也必须要设置一套合适的边界条件。这个划分亚体系和设置边界条件的过程通常只能是近似的，而且非常难实现。但是，一旦这个过程可以实现，那么整个体系的广度热力学性质，如体积和能量，都可以通过对每一个亚体系的这些性质的简单加和来确定。这类复杂的分析手段对很多体系并不适用。

我们也知道，亚稳晶体的熔融是不可逆的。这些亚稳的晶体在加热过程中可以通过等压退火、重组和/或者重结晶变得更加稳定。晶体越不完善，这些退火、重组和重结晶过程就会越有效。所以在加热一个体系时，需要注意这个体系亚稳定性的变化。亚稳定性的变化是由体系熵的变化引起的，这使得体系几乎不可能用平衡热力学去进行分析，即使我们利用前面描述过的复杂的分割亚体系方法也很难办得到。于是，这个时候问题就变成：我们能否找到一个相对简单的方法借用平衡热力学来处理高分子晶体的不可逆熔融过程？进一步来说，我们如何设计我们的实验来使这种借用平衡热力学来处理非平衡的过程成为可能？为了回答这些问题，我们必须找到一个可以与晶体稳定性相关联的结构参数或形态参数。

### IV.2.3　确定晶体的亚稳定性

对一般的结晶材料，约在一百五十年前就已推导出其熔点（稳定性）和晶体尺寸之间的关系；它就是汤姆孙-吉布斯（Thomson-Gibbs）方程：

$$T_x = T_x^0 \left( 1 - \frac{\langle \gamma_x \rangle V_m}{\langle \ell \rangle \Delta h_x} \right) \tag{IV.5}$$

这里，下标 x 代表相变的类型；$T_x$ 是尺寸有限的相的相变温度，而 $T_x^0$ 是具有无穷大尺寸的同一个相的相变温度。平均表面自由能由 $\langle \gamma_x \rangle$ 表示，而 $\Delta h_x$ 是与这个特定转变相关的热。$V_m$ 是摩尔体积，$\langle \ell \rangle$ 是平均晶体尺寸。这个方程表明相变温度确实存在着对相尺寸的依赖性。

　　高分子晶体在形态上是片晶，这就意味着它们表面积较大，相对较薄。已经知道片晶可以有不同的厚度，它们和平衡伸展链晶体相比都是亚稳的。此外，片晶越厚，熔点越高，晶体就越稳定。这样，对于高分子晶体，基于方程 IV. 5，熔点和晶体尺寸之间的相关性可以被简化成如下形式：

$$T_m = T_m^0 \left( 1 - \frac{2\gamma_e}{\ell \Delta h_f} \right) \tag{IV. 6}$$

这里 $T_m$ 代表厚度为 $\ell$ 的晶体的熔点；$T_m^0$ 是无穷大尺寸的晶体的平衡熔点；$\Delta h_f$ 是平衡熔融热；而 $\gamma_e$ 是晶体表面自由能。因此，如果晶体的熔点 $T_m$ 和片晶的厚度 $\ell$ 都可以由实验来确定，我们就可以建立熔点和片晶厚度之间的相关性。然后，可以用熔点对片晶厚度的倒数作图，通过外推片晶厚度的倒数到零（此时晶体是无穷厚的，即晶体具有无穷大的尺寸），就可以得到晶体的平衡熔点，这一处理过程如图 IV. 18 所示。图中熔点降低相对于片晶厚度倒数的斜率是 $-2T_m^0 \gamma_e / \Delta h_f$。

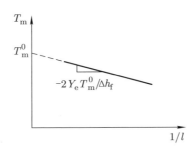

图 IV. 18　对熔点和片晶厚度倒数之间关系进行外推的示意图。当片晶厚度的倒数趋于零（即厚度趋近于无穷大）时，外推得到的熔点是平衡熔点。

　　小角 X 射线散射可用来测定半晶高分子本体样品片晶的厚度，用显微镜技术可测定单晶的厚度，多数情况下，测定可在室温或在不同结晶温度下实时地进行。用量热法测定熔点需要固定的加热速度将晶体加热到更高温度。当晶体被加热到超过它的结晶温度时，不可避免地会发生退火、重组及/或重结晶，从而改变晶体的亚稳定性。这对于具有较低稳定性的较薄的高分子片晶而言尤其如此。我们所关心的问题是当使用汤姆孙-吉布斯方程时亚稳定性的变化所产生的后果。

　　让我们首先采用热力学方法来分析经由退火、重组及/或重结晶导致的亚稳定性（片晶厚度）的变化对汤姆孙-吉布斯方程的影响。图 IV. 19 中的示意图采用了很多年前由 Wunderlich 发表的工作（参见 1980）。图 IV. 19 所示意的是一个只有能量才能越过体系边界的密闭体系。这个体系可以描述例如在差示扫描量热实验中加热或冷却过程中的晶态固体与液体之间的转变。在这个体系中，我们假设两个相（晶体和各向同性熔体）共存，可以把它们处理成一个开放的体系，因为当发生相变时，在质量和能量之间可以彼此交换。根据热力学的定义，这两个相具有各自的单位体积的吉布斯自由能，$g_c$ 和 $g_a$，以及它们各自的质量，$m_c$ 和 $m_a$。假设这个体系足够小，只是描述一个厚度为 $\ell$ 的片晶，折叠表面自由能是不能忽略的，我们用 $\gamma_e$ 来表示。因此，这个体系中片晶的总的吉布斯自由能是：

$$G_c = m_c g_c + \frac{2 m_c \gamma_e}{\rho \ell} \qquad (\text{IV}.7)$$

这里 $\rho$ 是晶体密度。该片晶被完全熔融之后，各向同性熔体的总的吉布斯自由能是：

$$G_a = m_a g_a \qquad (\text{IV}.8)$$

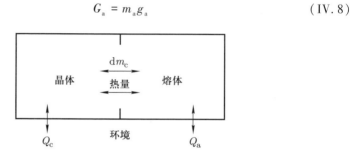

图 IV.19　片晶在一个密闭体系及其环境中的熔融和结晶过程的示意图。
（重绘 2005 年 Wunderlich 的图，承蒙许可）

因此，片晶熔融的驱动力是：

$$\Delta G = G_a - G_c = m_a g_a - m_c g_c - \frac{2 m_c \gamma_e}{\rho \ell} \qquad (\text{IV}.9)$$

片晶和环境之间的热交换是 $Q_c$，各向同性熔体和环境之间的热交换是 $Q_a$。随着片晶熔融，本体吉布斯自由能变化是 $\Delta g_f = g_a - g_c$。在晶体熔融时，体系从环境吸收热量。此外，全部质量是守恒的，所以 $-dm_c = dm_a$。在晶体生长中，环境从体系吸收热量，而质量的变化是 $dm_c = -dm_a$。

在固定温度和压力下的熔融过程中，当时间为 $dt$ 时，与环境热交换所产生的片晶的熵增可以表达为：

$$dS_e = \frac{dQ_c + dQ_a}{T} \qquad (\text{IV}.10)$$

这一项可以通过量热实验测定。另一方面，由于在恒温下所有晶体熔融或结晶引起的焓变将由与环境的热交换所补偿，所以焓的生成为零。因此体系内的熵生成可以通过取方程 IV.9 的一次导数得到：

$$dS_p = \frac{\Delta g_f dm_c}{T} - \frac{2\gamma_e dm_c}{T\rho\ell} + \frac{2m_c\gamma_e d\ell}{T\rho\ell^2} \qquad (IV.11a)$$

要注意的是，产生的熵的量 $dS_p$ 不能直接测量。在方程 IV.11a 中，右边的前两项代表片晶熔融，而第三项描述了片晶厚度的变化，代表了片晶的重组。进一步的假设是温度离熔点不太远，进而可假设本体晶体的驱动力是 $\Delta g_f = \Delta h_f \Delta T / T_m^0$。这样方程 IV.11a 就可以写成：

$$dS_p = \frac{\Delta h_f \Delta T dm_c}{T T_m^0} - \frac{2\gamma_e dm_c}{T\rho\ell} + \frac{2m_c\gamma_e d\ell}{T\rho\ell^2} \qquad (IV.11b)$$

这里 $T_m^0$ 是平衡熔点，$\Delta T$ 是过冷度。根据热力学第二定律，熵生成必然等于或大于零，$dS_p \geq 0$。

现在让我们来详细分析方程 IV.11b。如果片晶非常厚，例如在聚乙烯伸展链晶体的情况下，方程 IV.11b 的第二和第三项趋于零。由于它涉及相当于无穷大尺寸和可以忽略晶体表面积的一个晶体，这个情况只不过是描述了一个平衡晶体加热时的熔融或冷却时的结晶。

$$dS_p = \frac{\Delta g_f dm_c}{T} = \frac{\Delta h_f \Delta T dm_c}{T T_m^0} \geq 0 \qquad (IV.12)$$

如果体系中的熵变是零，它代表平衡晶体的熔融和结晶。如果由于过热晶体在平衡熔点以上熔融，$\Delta T$ 和 $dm_c$ 都小于零，导致正熵的生成。这个在过热下的熔融过程是热力学第二定律所允许的。如果有过冷（$\Delta T = T_m^0 - T_x > 0$），方程 IV.12 中的所有参数都是正的；因此，熵变还是大于零。所以，在过冷下的结晶也是热力学第二定律所准许的。

当晶体片晶厚度较小时，分析的结果就不同了。我们首先分析晶体既不结晶也不熔融时的情况，即 $dm_c = 0$。在方程 IV.11b 中，唯一剩下的项是方程右边的第三项，表明晶体只能发生增厚的变化。很明显重组时厚度的增加导致一个正的变化，即 $d\ell > 0$，所以熵变是正的，因为所有其他参数都大于零。这个结果表明，基于热力学稳定性，片晶只能增加它的厚度，或最多保持其厚度不变，这是与实验观察到的结果相符的。

另一种情况是不发生重组的薄片晶。这个情况对我们来说是最有趣的，因为我们正在处理薄片晶的亚稳定性变化。在这种情况下，方程 IV.11b 右边的第三项是零，因而：

$$dS_p = \left( \frac{\Delta g_f}{T} - \frac{2\gamma_e}{T\rho\ell} \right) dm_c = \left( \frac{\Delta h_f \Delta T}{T T_m^0} - \frac{2\gamma_e}{T\rho\ell} \right) dm_c \geq 0 \qquad (IV.13)$$

方程 IV.13 右边括号中的第二项总是正的。对于结晶，这个方程右边括号中的第一项也是正的。但是，由于对于结晶而言 $dm_c$ 大于零，我们需要有：

$$\frac{\Delta h_f \Delta T}{TT_m^0} > \frac{2\gamma_e}{T\rho\ell} \qquad (\text{IV.14})$$

这里，结晶只能在有足够大的过冷度以满足方程 IV.14 的要求时才能发生。另一方面，对于薄片晶，平衡熔点以下的熔融只在方程 IV.14 成立时才能发生。在这种情况下，熵变是零，亚稳的薄片晶直接转变成各向同性熔体，其亚稳定性也没有什么变化。这个情况进一步表明，当其亚稳定性在加热过程中不变时，一个薄片晶的熔融可以用平衡热力学来描述。因此，它提供了一个有用的分析工具来理解薄片晶熔融并避免对不可逆熔融的体系进行复杂的处理。

方程 IV.14 带来了一个更有用的启示。在薄片晶熔融而亚稳定性不变时的熔点 $T_m$，方程 IV.14 的不等号就变成一个等号。这个方程可以重写为：

$$\Delta T = T_m^0 - T_m = \frac{2\gamma_e T_m^0}{\Delta h_f \rho\ell} \qquad (\text{IV.15})$$

它与方程 IV.6 是等价的。这个分析过程实质上是汤姆孙-吉布斯方程的一个推导。

显然，当我们用汤姆孙-吉布斯方程求得平衡熔点时，如图 IV.18 所示，需要仔细考虑几个问题。亚稳定的片晶在加热过程中必须避免它的退火、重组和重结晶。这些过程导致对薄片晶熔点的过高估计。一个相对较小的问题是因过热引起的对非常厚的片晶熔点的过高估计。所以，此时问题就变成了在加热时如何保持一个晶体的亚稳定性不发生改变。

另一个同样重要的问题是如何用汤姆孙-吉布斯方程来描述具有不同形状的晶体的尺寸和稳定性，例如在一个维度上较大（沿链方向）但横向较小（垂直于链轴的方向）的细长的晶体或者三个维度上都较小的晶体？方程 IV.6 不能直接应用于这两种情况。对细长的和三维尺度上较小的晶体，必须推导汤姆孙-吉布斯方程新的形式。对于二维尺度上较小的细长晶体，方程可以修正为：

$$T_m = T_m^0 \left(1 - \frac{4\gamma}{a\Delta h_f}\right) \qquad (\text{IV.16})$$

这里 $\gamma$ 代表横向表面自由能，而 $a$ 是伸长晶体的横向尺寸。其他变量与方程 IV.6 中的相同。图 IV.20 给出了熔点对横向尺寸 $a$ 的倒数的作图。不同的是，熔点相对于横向尺寸的倒数作图所得到的斜率是 $-4T_m^0\gamma/\Delta h_f$。

对于具有相等的横向尺寸 $a$ 和厚度 $\ell$ 的三个维度上都较小的晶体，汤姆孙-吉布斯可以被修正为：

$$T_m = T_m^0\left[1 - \frac{\left(\dfrac{2\gamma_e}{\ell} + \dfrac{4\gamma}{a}\right)}{\Delta h_f}\right] \qquad (\text{IV.17})$$

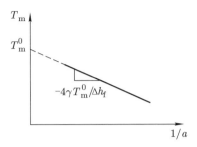

图 IV.20　对熔点和横向尺寸倒数之间关系进行外推的示意图。当横
向尺寸的倒数趋于零时，外推得到的熔点是平衡熔点。

对方程 IV.17 的作图必须是三维的，因为需要同时进行两个外推。如图 IV.21
所示，一个外推是在熔点和晶体厚度倒数之间，而另一个是在熔点和横向尺寸
倒数之间。这两个面的斜率分别是 $-2T_m^0\gamma_e/\Delta h_f$ 和 $-4T_m^0\gamma/\Delta h_f$。该图在三维空间
中的一个面代表了这些外推。保持这些小晶体的亚稳定性是很不容易的。

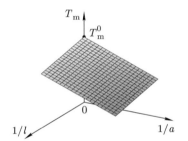

图 IV.21　对熔点和晶体尺寸倒数之间关系进行外推的示意图。当晶体横向
尺寸和厚度的倒数趋于零时，外推得到的熔点是平衡熔点。

　　基于这个分析，很清楚的一点是要使汤姆孙-吉布斯方程能成立，测量的
亚稳晶体的熔点必须代表起始的亚稳态。为了使用这个方程，一定不允许有亚
稳定性的变化。

## IV.2.4　加热时确保恒定的亚稳定性

　　为了在等压加热时确保一个恒定的亚稳定性，如图 III.9 所示，吉布斯自
由能线从起始温度到熔点必须保持固定。吉布斯自由能线的下降代表晶体稳定
性的增强，而这将使汤姆孙-吉布斯分析变得不再成立。同时，加热时吉布斯
自由能的突然上升是热力学上禁止的。

　　在过去的半个世纪里，人们设计和尝试了大量的实验方法来达到防止加热
时晶体亚稳定性变化的目的。Wunderlich 在他的《高分子物理-第三卷-晶体熔

融》(*Macromolecular Physics，Volume III，Crystal Melting*)(1980)一书中总结了在加热小晶体时保持亚稳定性不变的三个不同的方法，非常有效。这些方法包括：非常快速的加热以防止晶体亚稳定性的变化；交联半结晶性样品中的无定形部分以固定晶体而使其受到约束(从而阻止片晶增厚)；化学刻蚀以除去半结晶样品中的无定形部分，这将永久性地把高分子还原成低聚物，使它们无法重组。本章我们将只讨论在 Wunderlich(1980)给出的早期总结以后的一些新的实验观察和发展。

我们知道高分子晶体的熔融有时间依赖性。有两个涉及片晶熔融的重要实验观察。第一，高分子片晶在量热实验中通常使用的加热速度下一般容易发生退火、重组和重结晶。这表明，即使高分子晶体是折叠的长链片晶，只要有空间和材料的充分保证，它们具有改变其亚稳定性的能力。第二，片晶越不稳定(片晶的厚度越薄)，它们改进晶体稳定性的驱动力就越强。

最近，使用非常快的加热速度进行半晶性高分子的实验对片晶如何进行它们自身重组有了新的见解。特别需要指出的是，仪器的发展，例如超快芯片量热仪，已使实验达到最高 100k ℃/s 的极快速的加热为可能。它比传统量热实验中能达到的最快速度要快上好几个数量级(Efremov 等，2002、2003；Adamovsky 等，2003；Adamovsky 和 Schick，2004；Minakov 等，2007)。Schick 的研究组报道了结晶性的聚对苯二甲酸乙二酯在非常快的加热速度时可以发生快速重组的实验结果。这个重要的工程高分子材料在容器、薄膜、纤维和轮胎帘子线中应用广泛。当这个高分子在相对较低的过冷度下结晶而生长较厚的片晶时，晶体的亚稳定性在加热速度达 200 ℃/min 时就可以保持不变。已确定这些较厚片晶的熔点约为 240 ℃，比在 10 ℃/min 的加热速度下测得的熔点低约 10 ℃。如果样品在高过冷度下结晶，如在 130 ℃，恒定的亚稳定性即使在 2700 ℃/s 的加热速度下也不能达到。图 IV.22 给出了聚对苯二甲酸乙二酯样品的一系列量热图。首先使它们在 114 ℃ 到 230 ℃ 的温度范围内的某温度下结晶完全，然后以 2700 ℃/s 的速度把它们加热到各向同性熔体。在所有的量热图中，只能观察到一个主要的吸热峰。随结晶温度的升高，熔融峰随之增加。由此得出的结论是等温结晶的聚对苯二甲酸乙二酯样品熔点会比等温结晶的温度高几度到十几度(Minakov 等，2004)。因此，在极其快速的加热速度下测得的熔点和在传统的量热实验中以缓慢加热速度观察到的熔点之间的差别是由晶体加热时亚稳定性的变化所造成的。

另一个重要的工程高分子尼龙 6 也有类似的结果。首先将尼龙 6 样品等温结晶，然后在 2000 ℃/s 的快速加热速度下，在略高于相应的结晶温度时观察到了"真正"的起始晶体的熔融。这种熔融行为用传统的量热测量不可能会发现。此外，即使 5000 ℃/s 的加热速度也还不够快以完全避免尼龙 6 晶体的重

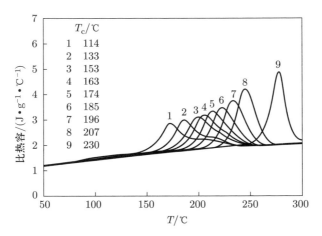

图 IV.22 在 114 ℃ 到 230 ℃ 的温度范围内进行等温结晶后对聚对苯二甲酸乙二酯样品在 2700 ℃/s 的加热速度下的热容测量。(重绘 2004 年 Minakov 等的图,承蒙许可)

组。尼龙 6 晶体的这种快速重组以改进热力学稳定性的行为被推断应该发生在 0.01-0.1 s 的时间尺度上(Tol 等,2006)。这些观察到的现象对很多半晶性高分子似乎是共同的,包括等规聚丙烯(De Santis 等,2006)和等规聚苯乙烯(Minakov 等,2006)。现在很明显,等温结晶的亚稳定晶体的熔点应该只是略高(约 10 ℃)于它的等温结晶温度(Minakov 等,2007)。

没有想到在这么快的速度下高分子晶体还可以熔融和重新结晶。这些观察表明,无论是晶体-晶体或者是晶体-熔体-晶体的转变都具有热力学上的驱动力以快速增加晶体的稳定性。另外,预先存在的亚稳的有序态使得这些转变的能垒有了极大的降低。考虑到与长链分子动态力学相关的时间尺度,可以推测,这些转变可能不会涉及大尺度的分子运动,而只是局部的结构改进。预期这些新实验可能重新激起对于半晶性高分子如何在相变时改进它们稳定性的兴趣。

另一方面,晶体的过热也可能在极快加热速度而晶体相对完美的情况下观察到。正如 IV.2.1 节中描述的,晶体在接近但高于熔点时需要异相(表面)"成核"以实现无序化。同时仪器的滞后也会造成晶体的熔融在高于它预期的熔点时发生。所以,我们需要仔细地将过热现象与仪器滞后区分开来。仪器的热滞后是由样品的不良热传导以及样品的热容而引起的,这些导致仪器响应的延迟。特别地,仪器的热滞后在样品尺寸较大时更容易发生(Wunderlich,2005)。

在半晶性高分子的单组分和多组分体系中,用化学交联以固定晶体和冻结相形态并由此保持相的亚稳定性不变一直是多年来有用的技术。尽管这个技术有很多不同的应用，其原理总是相同的。通过诸如 γ 辐射或高能电子那样的高能束照射，体系中的一个相会发生化学交联反应。这个反应使体系的某一部分变成类似固体的(或不易于活动的)相。比如，为了固定一个高分子晶体的亚稳定性，我们可以把样品中无定形的部分交联起来，防止无定形区域提供晶体重组所需的材料和空间，阻止片晶增厚，从而防止体系增大结晶度。另一方面，化学刻蚀可以除去半晶性高分子片晶表面上的无定形折叠。所以，这个过程会降低高分子的分子量直到最后使之成为低聚物，即其分子量与片晶链茎的长度相当。因此，得到的低聚物的分子量正比于片晶厚度。

　　半晶性高分子的交联和化学刻蚀的大多数研究是在大约三十到五十年前进行的。一般的观察结果是，随辐照和化学刻蚀时间的增加，晶体的熔点和熔融热降低(例子见 Wunderlich，1980)。几篇较新的用交联方法的报道出现在 20 世纪 80 年代以后。在这个时间段里，英国 Bristol 大学 Keller 的研究组报道了关于控制聚乙烯片晶的亚稳定性的系列研究(Ungar 和 Keller，1980；Ungar，1980；Ungar 等，1980；Keller 和 Ungar，1983)。这两个方法(交联和化学刻蚀)都假设交联和化学刻蚀反应始于结晶性高分子样品中的无定形区域内。随剂量和时间的增加，结晶区域也开始受到影响。用这两个方法锁定片晶亚稳定性的主要问题是如何精确地确定辐照的临界时间和辐照的剂量范围，使得这些实验在实现固定或消除无定形区域的同时还不影响晶体区域。

　　关于亚稳态的一个历史性的研究是关于尼龙 6 纤维在进一步拉伸前、拉伸后、退火后以及交联后的报道(Todoki 和 Kawaguchi，1977a、b)。在加工技术的复杂性和对不可逆熔融及多晶态间转变的细节的理解方面，很少有研究比这个报道的结果更加详细和完美的了。这个工作已由 Wunderlich(1980、2005)在他的书中作了详细地介绍。这个研究最重要的发现是，辐照确实有效地防止了这些纤维中的亚稳定性发生变化。纤维中生长出的并用辐照固定了的晶体表现出的熔点在 10 ℃/min 的加热速度下比没有经过辐照的相同样品的熔点最多低了 70 ℃。这个结果明显地指出，加热时晶体的退火和重组在纤维中也同样会发生。

## IV. 2. 5　高压下高分子晶体的熔融

　　尽管高分子晶体熔融的大量研究都在恒压(一般是常压)下进行，很少有在不同压力下研究这个过程的报道，部分原因是因为在高压下实验的操作很困难。已经知道压力对熔点的影响应符合克劳修斯-克拉珀龙方程(方程 III. 1)，当我们将熔点对压力作图时，斜率为正。但是，确有一批有趣的半晶性高分子，它们的晶体密度比它们无定形玻璃态的密度来得低。例如，室温下，与其晶体密度 0.813 g/cm³ 相比，聚(4-甲基-1-戊烯)无定形玻璃态的密度是 0.830 g/cm³(Natta 等，1955；Frank 等，1959；Kusanagi 等，1978)。另一个例子是间规聚对甲基苯乙烯，它的晶相Ⅲ的密度为 0.988 g/cm³，而这个高分子的玻璃态密度是 1.02 g/cm³(De Rosa 等，1995)。对于间规聚苯乙烯的 δ 晶体异形体，在室温下其晶体密度是 0.977 g/cm³，而玻璃态密度是 1.055 g/cm³(De Rosa 等，1997)。这些较低的晶体密度是由相对较大的侧基的特殊空间位阻及/或链内、链间的相互作用降低晶态中分子堆积的密度所引起的。

据报道，聚(4-甲基-1-戊烯)的晶体(在室温下具有四方晶格)在等温下升高压力时在两个较宽温度区域内会失去其晶体的有序性。这种无定形化和结晶是可逆的，这可以在图 IV.23 中看到。这张图是根据量热和 X 射线衍射的结果得到的温度-压力平衡相图(Rastogi 等，1991；Höhne 等，2000)。该图表明的第一个路径是在室温下等温进行的，而这室温离高分子晶体的熔点还很远。随等温下压力的逐渐升高，晶体变回到一个无序的相。在每个压力下，晶体和无序相之间的转变都是可逆的。第二个路径的等温温度选择在刚刚高于常压下晶体的平衡熔点而又略低于报道过的最高压力下的熔点。随压力的升高，高分子晶体转变成熔体。特别是根据高压下量热实验的数据，可以确定一个压力(图 IV.23 中的 $P'$)作为分界线，随着压力的升高，在它之下，高分子的熔点升高，而在它以上，熔点降低。第三个路径在低于转变温度的高温下并等温升高压力。如图 IV.23 所示，这个路径的最高压力达到了中间相的相转变发生时的压力。然后，令压力保持不变而逐渐降温直至室温。令人惊讶的是，经过中间相的四方晶体失去其长程有序性，转变成无序的相(Rastogi 等，1993)。

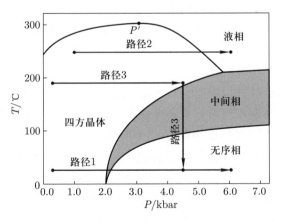

图 IV.23　聚(4-甲基-1-戊烯)的温度-压力平衡相图。(组合及重绘 1991 年 Rastogi 等的图以及 2000 年 Höhne 等的图，承蒙许可)

在图 IV.23 的第三个路径中观察到了降温时的无序化,它与多数半晶性高分子晶体熔融行为正相反。但是,它仍可以用热力学来解释。首先,当晶体和无定形的密度反转时,熔点随压力的升高而降低,如在水和铋的例子中,克劳修斯-克拉珀龙方程的斜率是负的。这导致了等温下压力升高时的无定形化。降温时的无序化表明,晶体的熵比无序的无定形相(或液态)的熵来得高。考虑到聚(4-甲基-1-戊烯)的结构,与它的更密集以及构型上受阻的无定形熔体相比,晶体晶格中存在松散堆积的分子。更高的总体熵可能存在于几何上更有序的相。这就使得在相转变的时候会有熵变符号的反转。在相变时这熵变的反转也可能与相互作用项的变化即焓变产生竞争。要注意这个焓变也可能经历一个符号反转。从热力学的观点来看,Tammann 用"中性线(neutral lines)"给出了一个解释(Rastogi 等,1993;Tammann,1903;也见 III.2.2 节)。尽管这个高分子是一个特殊的例子,但降温时实验观察到的晶体"熔融"却反映了包括高分子在内的物质相变的一般规律。

## IV.2.6　高分子晶体的熔融动力学

在对单组分体系的讨论中,最后的问题是高分子晶体熔融的动力学。这里的动力学描述集中在异相(表面)"成核"的熔融过程。与大量的高分子晶体生长速率的研究相比,这个主题的专题报道极少。在熔融温度时,高分子晶体的熔融非常迅速,使实验观察变得十分困难。主要原因是由于高分子晶体通常很小,并且它们都是亚稳定的,因此它们在平衡熔点以下就会熔融。

正如 II.2.2 节的图 II.10 所示,高分子熔融和结晶动力学在平衡相变温度附近是明显不对称的。为了得到熔融和结晶相同的绝对速率,和熔融时的过热度相比,结晶需要大得多的过冷度。但是,如果在实验上能仔细研究高分子晶体表现出的熔融动力学,我们有可能会揭示出不同的熔融机理。

到目前为止,实验数据已经显示,在每个特定的过热度下晶体的熔融速率是线性的。不过,线性熔融速率与过热度之间的关系对于不同的高分子晶体是不同的。对于聚环氧乙烷低分子量级分而言,伸展链和整数次折叠链单晶的熔融表现为熔融速率和过热度之间是一个指数关系。如 II.2.2 节中描述的,其结论是这些单晶的熔融是受"成核"控制的(Kovacs 等,1975、1977;Kovacs 和 Straupe,1980)。另一方面,聚乙烯伸展链晶体的熔融速率却表现出不同的行为。因为片晶厚度在 1 μm 以上,这个熔融过程很接近于平衡熔融。观察到熔融速率和过热度间的关系是一个线性函数(Wunderlich,1979)。这个实验结果可能代表着另一类高分子晶体的熔融机理。II.2.1 节讨论了在粗糙表面上发生的连续晶体生长速率在低过冷度区域应该和过冷度成正比(方程 II.15)。刚刚描述的熔融动力学的数据也可能暗示着一个"粗糙表面"的熔融过程。另外,我们可能也需要考虑在较厚的聚乙烯伸展链晶体中热扩散控制下的熔融过程。

关于晶体等温熔融实验观察的缺乏使得概括总结高分子晶体熔融的机理变得十分困难。这一点还进一步受到我们通常在亚稳高分子晶体中观察到的熔融行为的妨碍。理解高分子晶体熔融的另一个途径是采用非等温实验。最常用的途径是利用量热的方法来跟踪亚稳晶体的过热行为，进而阐明晶体的熔融动力学。对于异相(表面)"成核"的熔融过程最简单的动力学模型是跟踪结晶度相对于时间的变化，即 $dw(t)/dt$，它依赖于过热度 $\Delta T_{sh}$(Toda 等，2002)：

$$\frac{dw(t)}{dt} = - A(\Delta T_{sh})w(t) \tag{IV.18}$$

这里的 A 是速率系数，

$$A(\Delta T_{sh}) = a(\Delta T_{sh})^x \tag{IV.19}$$

而此处的 $a$ 和 $x$ 是常数。这里的熔融速率和过热度的依赖性是非线性的。在固定加热速度 $\beta$ 下积分方程 IV.18，我们有(Minakov 等，2007)：

$$\ln\left(\frac{w}{w_0}\right) \sim \beta^x t^{x+1} \tag{IV.20}$$

这里 $w_0$ 代表高分子晶体熔融前的起始结晶度。因而，一旦 $\beta^x t^{x+1}$ 在 1 附近，熔融过程就发生。在 $t = \Delta T_{sh}/\beta$ 时，我们有：

$$\Delta T_{sh} \sim \beta^{\frac{1}{x+1}} \tag{IV.21}$$

这个方程清楚地表明，过热度和加热速度间存在幂律关系，这已由 Toda 等(2002)和 Minakov 等(2007)在实验上观察到并在理论上加以阐明。在不同亚稳态的几个半晶性高分子的晶体中，$1/(x+1)$ 的值有所差异。将晶体过热与仪器的热滞后区分开来以后，方程 IV.21 的幂律揭示了一个活化过程，例如 II.2.2 节中描述的"成核"过程。因此，使用方程 IV.21 得到的结果，我们可以估计晶体的熔融动力学，只要假设需一个"成核"事件来启动熔融过程。为了从分子层次理解高分子晶体的熔融动力学，一个最近的尝试聚焦于在晶体表面实现一根高分子链的连续的链段与晶体表面的分离。研究发现与具有拓扑约束的链段相比，分离具有自由链端的链段需要不同的活化能，因此发生在不同的温度。据此，该作者提出了不同的晶体熔融过程(Lippits 等，2006)。

## IV.3 相分离的高分子共混物和共聚物中的亚稳态

### IV.3.1 相分离的高分子共混物中的亚稳态

正如前面的章节中讨论的，高分子能在不同的长度尺度上表现出亚稳定性。我们在 II.3.3 节提到液体中高分子二元共混物、小分子的二元共混物以及二元高分子溶液的热力学原理是非常相似的，不同之处仅是在高分子共混物中使用了体积分数。我们将关注高分子和小分子共混体系之间相形态的差别。图 IV.24a 给出了一个典型的高临界共溶温度的相图。在合适的浓度下随温度的不断降低，可以达到高临界点。在这里，我们将暂时不关注 II.3.3 节中早已讨论过的关于临界点区域内相分离行为的各个基本特点，而集中讨论在更低温度时的相分离行为。在液–液相分离发生后，体系会分成两个截然不同的相，这两个相内单个组分的体积分数（即组分浓度）由两相共存线上连结线的端点决定。其中一相包含更多的高分子 A，而另一相包含更多的高分子 B。进一步降低温度，两相的组成变得愈加不同。如图 IV.24a 所示，对于一个高分子共混体系，我们也可以在热力学上定义两相共存线和亚稳极限线的相边界。在这两条线之间的区域是亚稳区，这里相分离的发生必须克服一个成核能垒。不过，正如 II.3.4 节中描述的，在亚稳极限线界定的区域内，自发的密度涨落会支配无能垒的相分离。在很多的教科书中（例如见 Koningsveld 等，2001）已经讨论了这个问题。

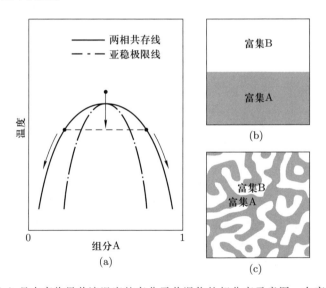

图 IV.24　（a）具有高临界共溶温度的高分子共混物的相分离示意图。在高温时，两个组分是相容的，而在低温时，它们在两相共存线区域内会发生相分离。（b）平衡的相分离形态。（c）亚稳的相分离形态。

　　所有的高分子共混物在相分离后最终的稳定平衡相是相同的，与相分离的机理无关。这个最终的稳定相是双层的：较低密度富集有高分子 B 的相在较高密度富集有高分子 A 的相之上（像油和水那样）。图 IV.24b 是这种相的示意。不过，朝最终稳定的平衡相发育路径上的相分离形态是由相分离机理决定的。

一般来讲，如果呈现小滴状的形态则暗示是成核控制的相分离机理，而双连续的形态则暗示是自发的亚稳极限分解的相分离机理。取决于对这些熟化过程进行观察的时间长度，在两相分离的机理之内形态非常丰富。观察到的相受高分子共混物的序参量（即共混物组分的体积分数）以及温度的显著影响。原因是这些参数决定体系是处于成核分解区域还是亚稳极限分解区域，并且在每个特定的区域内，这些参数将极大影响相分离的瞬时相区的尺寸、形状和分散性。对于成核过程，相区分散性所受到的影响是最显而易见的。当高分子 A 的体积分数较低时，富集 A 的相会形成小滴悬浮于连续的富集高分子 B 的基质内。而当高分子 A 占有的体积分数较高时，相的形态将有一个基质的反转。当高分子 A、B 的体积分数接近时，体系形成双连续的形态。

在这一点上，我们大致（到一级近似）在论及两个截然不同的过程：根据两相的平衡分配律建立起来的两个相分离的高分子液体以及它们的相的演化。体积分数的分配是由热力学相图决定的，如图 IV.24a 所示，而瞬时的相是由相分离机理决定的。显然，两个过程不可能完全相互无关，然而这种相互依赖性至今还没有完全被我们了解，更鲜有人讨论这个问题。不过，那或许是真的，那就是当组分分配已经完成时，相仍然在通过熟化朝着平衡的方向推进，正如 II.3.4 节中所描述的。在其他的一些情况下，这两个过程也会有所交叠。这个讨论引入了对相分离研究的复杂性，因为这不仅要确定起始阶段液-液相分离的类型，而且要研究高分子共混物在相分离后期阶段中相分离的动力学。

和小分子及高分子稀溶液的二元混合物不同，高分子共混物分离后并不会到达最终稳定的状态，即使在经过非常长的熟化过程之后也无法达到（见图 IV.24c）。观察到的相形态的多样性表明在这个长度尺度上的形态有不同程度的亚稳定性。这些亚稳态对于在技术应用上实现协同效应是重要的，而这种协同效应对于特定的应用所要求的材料性能的改进是极其重要的。

阐明控制亚稳定液-液相分离形态的实例是对高分子共混体系的两步淬冷处理，该共混体系组分 A 的密度比另一组分 B 的来得大。图 IV.25a 给出了该体系的热力学相图。在两步淬冷的过程中，先将共混物淬冷并使其在较高温度 $T_1$ 时达到平衡，然后再将共混物淬冷到更低的温度 $T_2$ 并使其再次达到平衡。如果我们很小心地进行这个两步淬冷的实验，并且不用外力来干扰这个共混物体系，那么，如图 IV.25b 所示，其最终的平衡相应该是一个由三个界面组成的四层结构。这种体系平衡的出现是因为在较高温度（$T_1$）时，共混物分离成两层，一层富含 A，而另一层富含 B，富含 B 的层在富含 A 层上面。当体系淬冷至更低温度（$T_2$）时，这两层各自再发生进一步的相分离，分别形成两个亚层。这四个液体层的其中两层中 A 的体积分数相同，而另两层中 B 的体积分数相同。其含量取决于两相共存线上温度 $T_2$ 时连结线的终点。

119

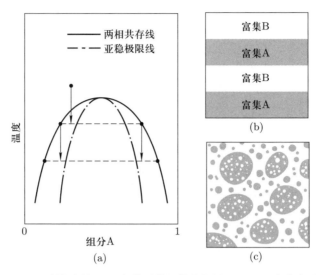

图 IV.25 （a）两步淬冷的 A-B 高分子共混物的相图；（b）两步淬冷形成的具有
不稳定的四层平衡结构的相态；（c）由于没有达到最终平衡的液-液相分离，因
此是处于一个形态上的亚稳态。

这个四层结构的形态并不稳定。如果我们摇晃这个体系，这四层结构将会发生合并，变为与一步淬冷至温度 $T_2$ 情况相同的一个双层体系。所以，要无限期保持这种不稳定的四层结构形态，我们必须要能把这个体系淬冷到其玻璃化温度以下，至少这两层中有一层要成为玻璃态。现在我们考虑 A-B 高分子共混物液-液相分离时不能达到平衡相形态的情况，如图 IV.25b 所示。换句话说，在达到最终的层状形态前，这个相分离的熟化过程被中断。这种中断往往是由于高分子组分的分子量较高及/或在相分离时以及之后进行聚合反应（例如在热固性的固化体系中的聚合反应）。为方便起见，我们只考虑液-液相分离中的成核生长机理。当把共混物淬冷至较高温度 $T_1$ 后，形成小滴形态，其中富集 A 的小滴嵌入富集 B 的基质中。随着第二次淬冷至更低温度 $T_2$，在小滴和基质中发生进一步的相分离。如图 IV.25c 所示，再次在这两相中形成具有不同平均尺寸的小滴形态。第一次淬冷是产生尺寸较大的小滴，第二次淬冷则产生更小尺寸的小滴。此外，更小的小滴分布在第一次淬冷形成的较大的小滴和基质之中。具有多重长度尺寸的小滴形态通过改变复合材料的断裂机理，来提高材料的韧性和冲击强度。

## IV.3.2 高分子共混物中液-液相分离的动力学

原则上，高分子共混物中液-液相分离的动力学应该是和 II.3.4 节中描述的小分子二元混合物的相分离动力学相同的。液-液相分离通常用实时小角散射技术来监测，波数矢量的尺度对应于实空间从纳米到微米范围的尺度。但是，由于与简单小分子相比高分子链具有非常不同的动态力学，并且在高分子二元共混物的两个组分可以具有非常不同的自扩散系数，这些因素都使得高分子二元共混物中的情况更为复杂。

让我们来考察一个比较简单的高分子二元共混物的例子，它包含动态力学上对称的无定形的高分子，聚丁二烯和聚异戊二烯，其中聚丁二烯被氘代以能用小角中子散射实验来跟踪相分离的过程。两个高分子的玻璃化温度都比室温低得多，而且这个共混物具有低临界共溶温度。图 IV.26 是这个相图的示意图（Hashimoto，2004）。在这张图上，实验从一个平衡的混合相开始，然后体系被快速地"临界加热"（对应于在高临界共溶温度体系中的临界淬冷）到 40 ℃，这时体系处在亚稳极限线以内，因此混合相在热力学上是不稳定的，会发生亚稳极限分解。液-液相分离后，这个共混物的最终平衡应该是两个相分离的层，一个是富集氘代聚丁二烯的（图 IV.26 中点 1 处），而另一个是富集聚异戊二烯的（图 IV.26 中点 2 处）。

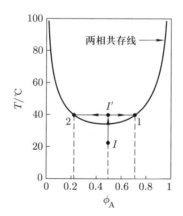

图 IV.26    氘代聚丁二烯和聚异戊二烯的共混物的低临界共溶温度相图的示意图。两相共存线是根据 Flory-Huggins 理论计算得到的。组分 A 是氘代聚丁二烯，而组分 B 是聚异戊二烯。（重绘 2004 年 Hashimoto 的图，承蒙许可）

用 II.3.4 节中描述的标度理论，有可能作出约化结构因子和约化散射矢量之间的关系图。如图 IV.27 所示，实验数据可以用来构建一条对时间 $t$ 普适的通用散射曲线。因此，在亚稳极限分解过程的后期，形态的形状不变，但相的尺寸增大。与图 II.15b 相比，小分子液体二元混合物中的时间尺度以及淬冷深度明显与这个高分子共混物中的很不相同，约差三个数量级。如果不考虑这些差别，两个体系都可用 II.3.4 节中针对二元混合物提出的普适方程来很好地描述。

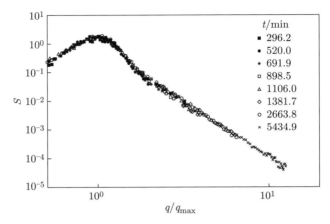

图 IV.27　氘代聚丁二烯和聚异戊二烯体积组成为 47% 和 53% 的共混物的约化结构因子 $S$ 和约化散射矢量 $q/q_{max}$ 之间的关系图。实验的温度为 40 ℃，比临界温度高 3.9 ℃。（重绘 2004 年 Hashimoto 的图，承蒙许可）

　　在高分子二元共混物中，已经发现有几个体系表现出早期阶段的亚稳极限分解。它们的相分离特征符合基于平均场构想的 Cahn 线性化理论的描述。这些行为包括，当约化时间 $\tau$ 小于 1 时，$q_{max}(t)$ 在一个长时间尺度或约化时间尺度上与时间无关。图 IV.28 显示了一个早期阶段相分离的著名例子，研究者使用小角中子散射的方法来监测体积比为 50∶50 的氘代聚碳酸酯和聚甲基丙烯酸甲酯共混物（Motowoka 等，1993）。因为体积比是 50∶50，这是一个临界淬火。图 IV.28a 显示的是时间小于 45 min，亚稳极限分解的那个非常早期的阶段。通过结构因子在不变散射矢量峰位置处的强度可以确定，组分的涨落支配了散射实验的观察结果。从 45 min 到 208 min 的这段时间，体系处于亚稳极限分解的早期阶段。到 208 min 后，如图 IV.28b 所示，亚稳极限分解进入了中期阶段。在这个阶段的特征是，由于时间演化过程中的非线性引起的模式偶合效应，$q_{max}(t)$ 值会降低。当时间大于 270 min，亚稳极限分解处于粗化（coarsening）相结构的后期阶段。

　　具有不同分子量（分子的长度）的两个高分子可以构成动态力学上不对称的高分子二元共混物。它们的动态力学性能与应力扩散偶合及黏弹效应极其相关。理论上，研究高分子共混物中相分离的成核控制机理是可能的，但实验上很难。绝大多数关于高分子共混物液-液相分离的实验报道只关注理解亚稳极限分解机理。基于简化的阐述，如 II.3.4 节所述，液-液相分离的成核控制过程是从由亚稳极限线和两相共存线界定的区域内的亚稳态的弛豫，而亚稳极限

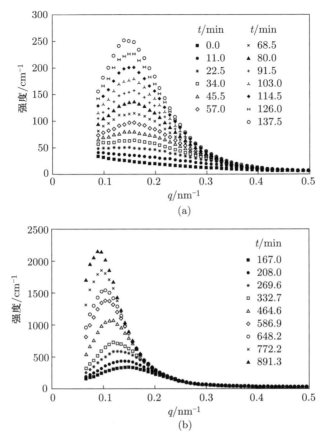

图 IV.28 体积比为 50∶50 的氘代聚碳酸酯和聚甲基丙烯酸甲酯的共混物的实时小角中子散射结果。淬冷后最后的温度是 70 ℃。(a) 亚稳极限分解的非常早期和早期阶段，时间少于 137 min，而亚稳极限分解的中期阶段在 208 min 后开始。(b) 后期阶段在时间长于 270 min 时开始。(重绘 2004 年 Hashimoto 的图，承蒙许可)

分解过程是从由亚稳极限线界定的不稳定状态的弛豫。但是，最近一个试图确定相分离高分子共混物中临界长度尺度及亚稳定性极限的实验研究表明，亚稳极限线不是一条明显的边界线，而是由涨落引起的一个区域 ( Lefebvre 等，2002)。Wang( 2002) 也在理论上论述和解释了这个实验观察到的一些结果。

## IV.3.3  相分离的嵌段共聚物中的亚稳态

嵌段共聚物和高分子共混物的差别是，尽管在一个共聚物中两个化学上截然不同的嵌段之间是不相容的，但是在嵌段共聚物中它们通过化学键被连接了起来。因此，在高分子共混物中观察到的宏观相分离的现象在嵌段共聚物中是不可能得到的。柔性的两嵌段共聚物的微相分离在过去四十年中已经得到广泛的讨论和研究。众所周知，增大 Flory-Huggins 相互作用参数 $\chi$（相当于降低温度）及增大分子量（相当于损失一些平动和构象熵）有利于嵌段之间的微相分离（Bates 和 Fredrickson，1990）。高温时，两嵌段共聚物处于一个无序状态。当它们被冷却到强相分离区域时，可以观察到多种热力学平衡相形态，而不是亚稳形态。冷却后的这些形态的形成是在纳米尺度上的液-液微相分离。

人们已经发现由嵌段微相分离导致的不同形态取决于共聚物中嵌段的体积分数。当两种嵌段的组分几乎对称即具有近似相等的体积分数时，微相分离导致层状相。增大其中一个嵌段的体积分数（也就意味着同时减小另一个嵌段的体积分数）使相变成六方柱形态，进一步增大一个嵌段的体积分数则导致产生体心立方的球形态。图 IV.29 显示了不同体积分数的聚苯乙烯-b-聚异戊二烯体系的相态的变化（Khandpur 等，1995）。纵轴是 Flory-Huggins 相互作用参数

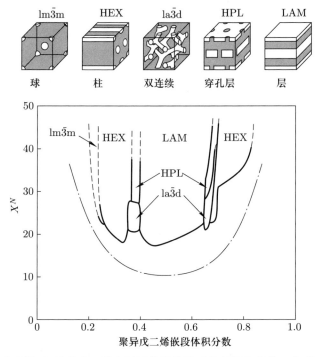

图 IV.29 聚苯乙烯-b-聚异戊二烯在不同体积分数时的相图和结构。点虚线是基于平均场理论的预测。显示在上面的相结构是依次从 20% 直到 50% 聚异戊二烯嵌段体积分数。在 50% 以上时，随着聚异戊二烯嵌段体积分数的进一步增加，相结构的形成与图中所示的成镜面对称。另外，双连续相和穿孔层状结构出现在几乎相同的体积分数，但是是在不同的温度。（重绘 1995 年 Khandpur 等的图，承蒙许可）

和聚合度的乘积；它和温度成反比。横轴是聚异戊二烯的体积分数。这张图上的点虚线代表平均场理论的预测。理论预测和实验数据之间的差异是由浓度涨落引起的。

为什么在不同嵌段体积分数时会出现不同的形态呢？我们已经认识到相态变化和相分离嵌段之间的界面极其相关。若两嵌段共聚物是对称的，嵌段相互分离到界面相对的两个面上。由于它们的体积分数是相同的，界面两面的链感受到相同的压力，因而导致产生一个平的界面和一个聚集的层状形态。不对称两嵌段共聚物的嵌段体积不同。因此，支撑界面两边的嵌段占有不同的体积。为了达到最低的自由能，界面开始弯曲以平衡所得到的压力差。随着两个嵌段之间不对称性的增大，微相分离形成六方柱，然后是体心立方形态。在这个研究领域，这一界面行为有时也被称为"材料间分界表面（inter-material dividing surfaces）"（例子见 Allen 和 Thomas，1999）。

从分子的观点来看，我们可以用拴定的链分子的概念来定量地解释两嵌段共聚物的界面曲率。当一种嵌段连接到与另一种不相容嵌段形成的界面时，假设连接的共价键位于界面上，可以由此定义一个拴定点密度（$\sigma$），它和每个嵌段在界面上所占据的单位面积（$S$）成反比。

$$\sigma = 1/S \qquad (IV.22)$$

在两嵌段共聚物中，在界面每一面的嵌段的拴定点密度是相同的，和不同的相态无关。为了定量地解释两嵌段共聚物中平的和弯曲的相界面，我们定义一个约化栓定点密度 $\Sigma$ 如下：

$$\Sigma = \sigma \pi R_g^2 \qquad (IV.23)$$

这里 $R_g$ 是界面上拴定的嵌段的均方回转半径（Kent，2000），即对应于 $\theta$ 溶剂的 $R_g$。由于在界面的一边上只有一种嵌段存在，而在另一边是另一种嵌段，它们各自相当于熔体中的均聚物。这个约化拴定点密度与熔体中嵌段的分子量无关（Chen 等，2004a、b；Zheng 等，2006）。因此，约化拴定点密度量化了嵌段在界面每一面上感受到的拥挤程度或压力。在物理概念上，这个密度代表了每个嵌段在界面上的投影面积 $A$ 之内有多少根链（$A = \pi R_g^2$）。

显然，对于不对称的两嵌段共聚物，因为两个嵌段占据的体积不等，两个嵌段的约化拴定点密度是不同的，因此它们的方均回转半径也就不同。由此导致的在界面两边的压力差产生了一个不平衡的表面应力。界面就用弯曲的方式来松弛掉界面某一边的额外压力，使体系形成了一个自由能的最低值。最近的实验显示，在一个平整的固体基底上，在约化拴定点密度为 3.7 时，拴定的链开始感受到拥挤，而从约化拴定点密度为 14.3 开始的区域，高度挤压造成拴定链的构象成为各向异性伸展，如图 IV.30 所示（Chen 等，2004a、b；Zheng 等，2006）。因此，在一个不对称的两嵌段共聚物中，当界面一个面上的约化拴定点密度大于 3.7 而另一个面上的密度小于 3.7 时，界面可能开始感受到一个压力差。进一步增大约化拴定点密度将产生一个严重的自由能损失，引起相界面的弯曲而造成相的变化。一个相的上稳定性极限可能就在 14.3 的约化拴定点密度附近。这个认识在原则上也可以用来解释如 II.3.6 节中描述的胶束中的相态变化(Bhargava 等，2006、2007)。

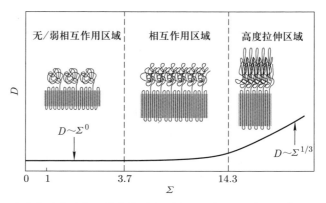

图 IV.30　溶液中平的基底上拴定的链的厚度($D$)与 $\Sigma$ 的关系示意图。要注意拴定的链在 $\Sigma \sim 3.7$ 时开始被它们的邻居挤压，这也就是拴定的链过度拥挤的开始。高度拉伸区域的开始是在 $\Sigma \sim 14.3$ 处。

在高温区域，两嵌段共聚物的体系存在着一个较窄的体积分数区域，一个双连续、双螺旋二十四面体(double gyroid)相会由两种相互穿插的组分形成。该相在每个连接点具有三重节点。这个相的对称性属于 $Ia\bar{3}d$ 空间群(Schultz 等，1994；Hajduk 等，1994)。理论计算已经预示，在从弱到中等相分离极限中，双螺旋二十四面体相是一个平衡的相结构(Matsen 和 Schick，1994；Matsen 和 Bates，1997)。

在低温区域，一些两嵌段共聚物/均聚物的共混物以及两嵌段共聚物会呈现出一个六方穿孔的层状相(Thomas 等，1988；Spontak 等，1993；Disko 等，1993；Almdal 等，1992；Hamley 等，1993；Förster 等，1994；Vigild 等，1998；Ahn 和 Zin，2000；Zhu 等，2001b、2002、2003)。开始时认为这个相是一个层状悬链曲面结构，其中两个组分是三维连接的(Thomas 等，1988)。最新的实验结果告诉我们这个六方穿孔的层状相具有两种堆积序列方式：$ABCABC$(三方结构 $R\bar{3}m$)或 $ABAB$(六方结构 $P6_3/mmc$)的层排列。聚苯乙烯-$b$-聚环氧乙烷两嵌段共聚物的小角 X 射线衍射和透射电镜实验结果表明，这个剪切诱导的六方穿孔层状相包含了一个三方孪晶(约占 80%)和一个六方(约占 20%)结构的混合物。两种结构具有相同的取向和面内晶胞参数($a$ 和 $\alpha$)，但不同的面外($c$ 轴)尺寸,因为三方结构是由三层($ABC$)构建的,而六方结构是由两层($AB$)构建的。其形成机理被归因为由大振幅机械剪切下的"塑性变形"形成的几种刃型位错缺陷。图 IV. 31 显示了从这个六方穿孔层状结构得到的小角 X 射线衍射结果(Zhu 等,2001b、2002、2003)。

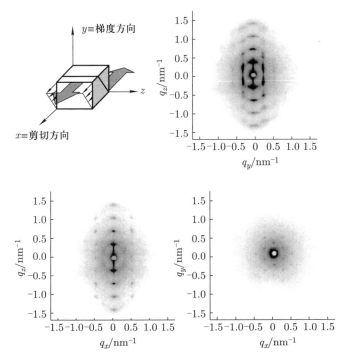

图 IV. 31　聚苯乙烯-$b$-聚环氧乙烷样品受剪切诱导形成的六方穿孔层状相沿三个方向的小角 X 射线衍射图。这些衍射图由两个交叠的三方孪晶和六方结构得到,也包括了剪切的几何关系。(从 2002 年 Zhu 等的图复制,承蒙许可)

使用包括面心和体心立方结构、六方密堆积、三方结构和其他较宽范围的对称性进行的理论计算预测了六方穿孔层状相的亚稳特征(Laradji 等,1997;Qi 和 Wang,1997;Olmsted 和 Milner,1998)。实验结果表明,六方穿孔层状相是由机械剪切诱导产生的。因此,它是一个能长期存在的亚稳相(Vigild 等,1998;Ahn 和 Zin,2000;Hajduk 等,1997;Zhu 等,2001b、2003)。在聚苯乙烯-$b$-聚环氧乙烷两嵌段共聚物中,低频率剪切流变研究指出,当温度超过 160 ℃时,六方穿孔层状相会转变成一个更稳定的双螺旋二十四面体相。在试样再次经历大振幅机械剪切后六方穿孔层状结构会重新呈现。与此同时,也研究了从六方穿孔层状相到双螺旋二十四面体相的转变。人们发现六方结构中的穿孔首先会进行本身的重整,随后是三方穿孔的重整(Zhu 等,2001b、2003)。

所以，可以做出的结论是，机械剪切促进了向六方穿孔层状结构的转变。只要这个能垒的高度变得比双螺旋二十四面体相的形成能垒来得低，就会形成六方穿孔层状结构，尽管双螺旋二十四面体相是热力学上的平衡形态。这个结构可以作为关于两嵌段共聚物中相态转变的奥斯特瓦尔德阶段规则（1897）的一个例证。

一些最近的报道表明，在两嵌段共聚物中发现了新的相结构，包括聚苯乙烯-b-聚己基异氰酸酯的刚-柔两嵌段共聚物中的箭头状形态（Chen 等，1995、1996）、聚苯乙烯-b-聚 L 乳酸中的螺旋柱状形态（Ho 等，2004）以及刚-柔聚苯乙烯-b-聚[2，5-二（对甲氧基苯甲酰氧基）苯乙烯]两嵌段共聚物中的四方穿孔层状结构（Tenneti 等，2005）。我们还不了解这些新相的热力学稳定性。它们应该与晶体中的多晶态情况相似，在较弱的到中等的相分离极限下这些相结构及它们之间转变的存在，可能会对在有序嵌段共聚物中理解亚稳态所扮演的角色方面提供有趣的新见解。此外，对于含液晶相和其他中间相的嵌段共聚物的平衡相和亚稳相的行为，还没有一个系统的研究和理解。特别是如果共聚物中的一个嵌段形成的不仅是一个有序相，而且是具有单向性相行为的多晶态，那么我们可能有机会根据这些相态发展过程中的自由能路径来研究受限于纳米相分离环境中的亚稳相的行为。

从一个更为宽广的角度来看，含有一个可结晶嵌段的两嵌段共聚物，它可能在稀溶液中结晶形成片层单晶。根据定义，这些折叠链单晶是亚稳定的。与在稀溶液中生长的均聚物单晶不同，这些嵌段共聚物单晶形成类似三明治的结构：无定形嵌段拴定依附在由可结晶嵌段在中心形成的晶体的两个折叠表面上。我们现在需要考虑拴定的无定形嵌段对于总体自由能的熵效应，以获得这些亚稳态的最低自由能（DiMarzio 等，1980；Chen 等，2004a、b；Zheng 等，2006）。此外，已知在溶液中当发生嵌段分离时，嵌段共聚物会形成胶束。这些胶束的形成是由热力学支配的。由胶束形成的不同相态对应于在固定条件下的最低自由能状态。很大程度上我们也不了解在这些转变过程中它们的自由能演变的路径图。研究和理解这些转变的尝试还只是刚刚开始（Bhargava 等，2006、2007）。

## IV.3.4 在以两嵌段共聚物作为模板的纳米受限环境中的高分子结晶

正如在 IV.2.2 节中所描述的，晶体越小，它离平衡稳定态就越远；因此，其亚稳定性的程度越大。有人可能会问：这个晶体的稳定性极限是什么呢？于是这个问题就引出了一个更基本的问题：能定义为一个相的尺度究竟可以是多小？对于这个问题的定量回答目前还不存在。让我们假设我们可以造出一个能够改变和控制直径的纳米管。如果这个纳米管只能容纳一根构象伸展的高分子链，这根高分子链当然不能形成一个相。但是，如果我们把这个纳米管的直径放大以容纳两根、三根、四根或更多根高分子链，从逻辑上，我们可以问，需要多少分子就能形成一个物理相态。从另一个角度看，我们可以问，比如说，对于一个处于无定形玻璃态的高分子，这个能呈现出固态性能的相尺寸下限是多大？

这些问题可以在实验上来研究和获得答案。关键问题是如何精确地控制纳米相的尺寸以及均匀地将高分子放进纳米空间中去。在过去的十年中，研究者已经尝试了很多不同的方法来获得一个可控的纳米相尺寸。经常被用来作为模板以构建纳米受限环境的几个方法包括使用多孔无机材料，例如黏土、陶瓷、硅酸盐凝胶、分子筛和沸石（例子参见 Ogata 等，1997；Giannelis 等，1999；Park 和 McKenna，2000）。在实际应用中这些方法在控制相尺寸上是有用的，但还不够精确以满足在受限几何形状中研究高分子相转变、结构变化和相稳定性的定量要求。

正如本节前部分中描述的，在较强的和中等强度的相分离极限区域，在几十纳米的长度尺度上可以存在多种如层状、双螺旋二十四面体、六方柱和体心立方球那样的有序相形态。这些相分离形态通过均衡界面的能量和链构象的形变同时维持固定的材料密度而将体系的自由能减到最低（Bates 和 Fredrickson，1990）。现在，如果我们用相分离的结晶性嵌段-无定形嵌段的两嵌段共聚物来形成这些相态，由于可结晶的嵌段在相分离区域内能够结晶，它们因此在原子长度尺度上具有另一层有序结构。形成这些结构的过程和三种热量事件相关：两嵌段共聚物的自组织、无定形嵌段的玻璃化以及可结晶嵌段的结晶。尽管这三个过程具有不同的热力学和动力学源由，三个温度参数都可以被用来描述这些事件：即有序-无序转变温度（$T_{OD}$）、无定形嵌段的玻璃化温度（$T_g$）以及可结晶嵌段的结晶温度（$T_x$）（总是低于结晶性嵌段的熔点）（Zhu 等，1999）。在不同的温度和压力下，在形成最终的形态时这些过程可能相互竞争或压制。

这三个转变温度遵循着这样一个次序：有序-无序转变温度最高、其次是玻璃化温度、最后才是结晶温度时（$T_{OD} > T_g > T_x$），可结晶嵌段的结晶在两嵌段共聚物的有序相形态内发生，并且结晶还受限于玻璃态的无定形嵌段。这类结晶的实例在聚四氢呋喃-$b$-聚甲基丙烯酸甲酯（Liu 等，1996；Liu 和 Chu，1999）以及含聚乙烯的两嵌段共聚物（Cohen 等，1990；Douzinas 和 Cohen，1992；Cohen 等，1994；Hamely 等，1996a、b；Hamely 等，1998）均有发现。最近，有人研究了聚 $\varepsilon$-己内酯-$b$-聚苯乙烯两嵌段共聚物，将聚苯乙烯嵌段的玻璃化和聚 $\varepsilon$-己内酯嵌段在纳米球内的结晶相关联（Loo 等，2000）。作为嵌段共聚物反转六方柱状相形态中基体的可结晶嵌段的研究也已有报道（Loo 等，

2000；Park 等，2000；Huang 等，2007）。另一种途径是交联聚 ε-己内酯-b-聚丁二烯两嵌段共聚物的聚丁二烯嵌段（Chen 等，2001）。聚丁二烯嵌段交联后变得类似于固体；这样聚 ε-己内酯嵌段的结晶只能在受限的相形态中发生。结果，相态的记忆就会被保留下来。

所以，两嵌段共聚物已用作准确构建一维和二维纳米受限环境的模板。我们用一系列含可结晶的聚环氧乙烷嵌段和在无定形相中的无定形聚苯乙烯嵌段的两嵌段共聚物来研究受限的高分子的相转变。为了保证一个"固态"的限制环境，聚苯乙烯嵌段的玻璃化需要高于聚环氧乙烷嵌段晶体的熔点。此外，这系列共聚物的有序-无序转变温度比聚苯乙烯嵌段的玻璃化温度和聚环氧乙烷嵌段晶体的熔点都要高得多。通过调节这两个组分的组成，当无定形聚苯乙烯玻璃相为基体时，我们可以得到层状（一维）和六方柱（二维）的限制。限制的相尺寸可以通过改变有序形态区域内嵌段共聚物的分子量来控制。

在含 8.7 kg/mol 的聚环氧乙烷嵌段和 11.0 kg/mol 的聚苯乙烯嵌段的两嵌段共聚物的层状相形态的例子中，聚环氧乙烷嵌段在厚度为 8.8 nm 的一维受限的层状空间内结晶。最近我们使用广角和小角 X 射线散射研究了这个体系（Zhu 等，2000）。该样品首先在低频下使用大振幅的机械剪切进行处理，随后在不同的温度等温结晶。然后，通过小角和广角 X 射线散射实验的组合来研究聚环氧乙烷嵌段晶体的 $c$ 轴取向所代表的晶体在这些纳米尺度受限的片层内的取向。在聚环氧乙烷嵌段晶体中 $c$ 轴的取向被观察到随着结晶温度而变化。当用液氮快速淬冷样品时，聚环氧乙烷嵌段晶体的 $c$ 轴是随机取向的。当结晶温度在-50 ℃和-10 ℃之间时，晶体的 $c$ 轴在垂直于片层的法线方向优先取向。结晶温度从-50 ℃升高到-10 ℃，可以观察到晶体的取向情况逐渐得到改善。当结晶温度在-5 ℃和30 ℃之间时，聚环氧乙烷嵌段晶体的 $c$ 轴从与片层的法线垂直出发，优先朝片层的法线方向靠拢。随结晶温度的升高，$c$ 轴相对于片层法线的倾角逐渐减小。最后，在结晶温度等于或超过 35 ℃时，聚环氧乙烷嵌段晶体的 $c$ 轴取向变成平行于片层的法线方向。

图 IV.32 总结了在不同结晶温度下的小角和广角 X 射线散射数据，并示意了在实空间中晶体取向的变化。详细的结晶学分析表明，在每个结晶温度下的 $c$ 轴取向是唯一的，而不是不同晶体取向的一个组合（Zhu 等，2000）。此外，这个一维受限环境所造成的晶体取向极其依赖于受限的相尺寸的大小（Huang 等，2004）。

我们也研究了可以形成六方柱的含 8.8 kg/mol 分子量的聚环氧乙烷嵌段和 24.5 kg/mol 分子量的聚苯乙烯嵌段的聚环氧乙烷-b-聚苯乙烯样品，以确定晶体在二维受限环境中的取向。在这个体系中，聚环氧乙烷嵌段的体积分数是 0.26。小角 X 射线散射数据显示，聚环氧乙烷嵌段在一个 $a = 25.1$ nm 的

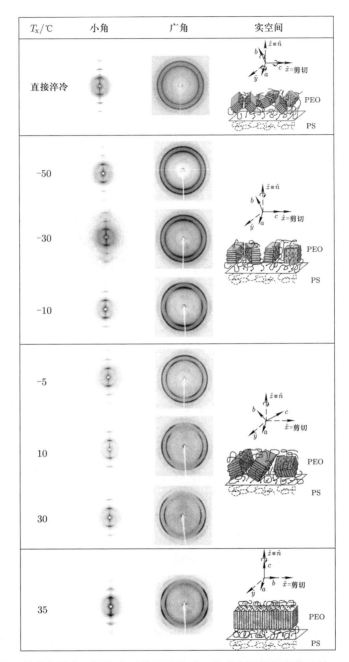

图 IV.32　样品被机械剪切并在不同温度下等温结晶后，形成片层的聚环氧乙烷
-b-聚苯乙烯两嵌段共聚物的小角和广角 X 射线散射结果。所有的二维图案都是
沿样品 x 方向取得的，也显示了样品的机械几何关系。示意图代表了在不同结晶
温度 $T_x$ 下实空间中晶体取向的变化。（从 2000 年 Zhu 等的图复制，承蒙许可）

六方晶格中形成直径为 13.3 nm 的柱结构。我们发现晶体的取向也随着结晶温度而发生变化。在低结晶温度（< -30 ℃）时，聚环氧乙烷晶体在限制的柱内是随机取向的。从结晶温度-30 ℃时开始，晶体取向变成相对于柱轴倾斜。相对于柱轴的倾角随结晶温度的升高连续增大，最后当结晶温度达到 2 ℃时该倾角达到 90°。晶体学分析也表明，晶体 c 轴在每个结晶温度时的取向是始终如一的（Huang 等，2006）。这些结果与在聚环氧乙烷-b-聚苯乙烯与均聚聚苯乙烯的共混物体系中得到的结果完全相同（Huang 等，2001）。图 IV.33 给出了在这个体系中不同的等温结晶温度时的小角和广角 X 射线散射图以及相对应的实空间的示意图来表述聚环氧乙烷嵌段晶体取向随温度的变化。

对于在三维受限环境中的高分子结晶，需要嵌段共聚物的相形成离散的球。在理想情况下，要求本体基体在它的玻璃化温度以下，以保持基体一直处在坚硬的固态。在由 Loo 等（2000）进行的一个研究中，两嵌段共聚物由聚乙烯嵌段和苯乙烯-乙烯-丁烯无规三组分的共聚物嵌段组成。在这个共聚物中，聚乙烯嵌段比较短，体积分数为 14.3%，在有序-无序转变温度以下，它们形成球堆积并砌入一个立方晶格中。无定形三组分共聚物嵌段的玻璃化温度为 25 ℃。尽管聚乙烯嵌段的结晶温度高于三元共聚物嵌段基体的玻璃化温度，由于嵌段间强的相分离，结晶后仍保持立方晶格的相态。预计在球中没有特定的晶体取向，因为原则上需要每个独立的聚乙烯嵌段小球作为一个初级核来发育晶体。发现每个球内等温结晶过程中的均相成核遵循一级动力学，与半晶高分子在本体结晶时通常表现出的动力学不同（Loo 等，2000）。

另一个有趣的例子是聚环氧乙烷嵌段在聚环氧乙烷-b-聚苯乙烯高分子形成的六方穿孔层状相结构中的结晶。受限的聚环氧乙烷晶体的取向同时反映了层状和柱状的相态对晶体取向的影响（Zhu 等，2000；Huang 等，2001、2006）。不过，更重要的是，在这个情况中亚稳定的晶体是受限于亚稳的六方穿孔层状相结构，因此，它们形成了在两种不同长度尺度上的亚稳态。

关键问题是：在这些纳米受限环境中引起晶体取向的支配因素是什么？为了回答这个问题，我们需要同时在实验上和理论上进行讨论，以理解高分子结晶成核与生长以及在过冷的熔体中各向异性的热涨落如何影响晶体取向的变化。

为了在实验上确定究竟是初级成核还是晶体生长决定了在这些纳米受限环境中晶体的取向，我们用二维广角和小角 X 射线散射来跟踪结晶过程，并特别设计了自成核的结晶实验。采用的样品还是前述的具有层状相的聚环氧乙烷-b-聚苯乙烯两嵌段共聚物。得到的结果表明，初级核（自身核）的取向不影响最后聚环氧乙烷嵌段晶体的取向。我们发现在纳米受限的层中最终晶体取向的发展是为了发育体系中的结晶以达到最大结晶度。对在不同晶体取向时沿聚环

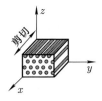

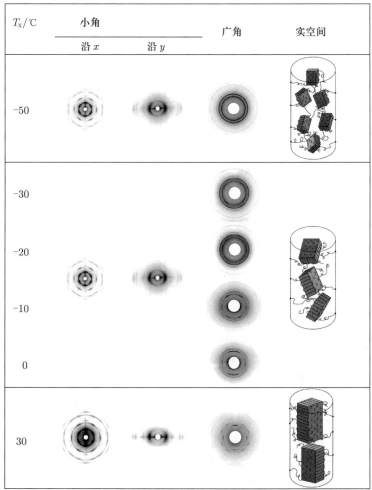

图 IV.33 形成柱状相的聚环氧乙烷-b-聚苯乙烯两嵌段共聚物在被机械剪切后在不同温度下等温结晶后的二维小角和广角 X 射线散射结果。小角 X 射线散射图案是沿样品的 x 和 y 方向取得的。广角 X 射线衍射图案是沿样品 y 方向取得的。示意图代表了在不同结晶温度 $T_x$ 下实空间中的晶体取向。( 从 2001 年 Huang 等的图复制，承蒙许可)

氧乙烷嵌段晶体｛120｝法线方向的相关长度(表观晶粒尺寸)的研究指出，随着结晶温度的升高，在纳米受限的层状环境中形成的晶体经历了一个从一维生长到二维生长的变化(Zhu 等，2001a)。

从理论研究出发，我们需要仔细考虑过冷的熔体在受限环境中各向异性的热涨落。当各向同性熔体的尺寸在一维或二维上是在纳米尺度上时，这个尺度小于熔体中热涨落的波长。因此，受固体限制的几何关系开始影响热涨落。造成的结果是，热涨落在这些纳米受限环境中是各向异性的。正如 IV.1.5 节中已经指出的，热(密度)涨落是克服高分子结晶中(或者甚至更一般地，在任何一个一级相变中)成核能垒所必需的。所以，各向异性的热涨落很可能会影响初级成核的取向的优先选择。不过，沿着这些线索的详细研究还需要进一步积极地进行。一些数值模拟计算表明，在纳米层状和柱状的受限环境中不同的结晶温度会使得晶体取向发生变化(Hu 和 Frenkel，2005；Wang 等，2006)。

# 参 考 文 献 及 更 多 读 物

Adamovsky, S.; Schick, C. 2004. *Ultra-fast isothermal calorimetry using thin film sensors.* Thermochimica Acta **415**, 1-7.

Adamovsky, S. A.; Minakov, A. A.; Schick, C. 2003. *Scanning microcalorimetry at high cooling rate.* Thermochimica Acta **403**, 55-63.

Ahn, J. -H.; Zin, W. -C. 2000. *Structure of shear-induced perforated layer phase in styrene-isoprene diblock copolymer melts.* Macromolecules **33**, 641-644.

Alamo, R. G.; Blanco, J. A.; Agarwal, P. K.; Randall, J. C. 2003. *Crystallization rates of matched fractions of MgCl₂-supported Ziegler Natta and metallocene isotactic poly (propylene)s. 1. The role of chain microstructure.* Macromolecules **36**, 1559-1571.

Alcazar, D.; Thierry, A.; Schultz, P.; Kawaguchi, A.; Cheng, S. Z. D.; Lotz, B. 2006. *Determination of the extent of lateral spread and density of second nucleation density in polymer single crystal growth.* Macromolecules **39**, 9120-9131.

Alemán, C.; Lotz, B.; Puiggali, J. 2001. *Crystal structure of the α-form of poly(L-lactide).* Macromolecules **34**, 4795-4801.

Alfonso, G. C.; Russell, T. P. 1986. *Kinetics of crystallization in semicrystalline/amorphous polymer mixtures.* Macromolecules **19**, 1143-1152.

Allen, S. M.; Thomas, E. L. 1999. *The Structure of Materials.* John Wiley & Sons: New York.

Almdal, K.; Koppi, K. A.; Bates, F. S.; Mortensen, K. 1992. *Multiple ordered phases in a block copolymer melt.* Macromolecules **25**, 1743-1751.

Angell, C. A. 1985. *Strong and fragile liquids.* In *Relaxation in Complex Systems.* Ngai, K. L.;

Wright, G. B., Eds. Chapter 1; National Technical Information Series. U. S. Department of Commerce: Springfield.

Arlie, J. -P.; Spegt, P.; Skoulios A. 1965. *Variation discontinue du nombre de repliement des chaînes d'un polyoxyéthylène crystallize en masse.* Comptes Rendus Hebdomadaires des Séances de l'Académie des Sciences **260**, 5774-5777.

Arlie, J. P.; Spegt, P. A.; Skoulios, A. E. 1966. *Etude de la cristallisation des polymères. I. Structure lamellaire de polyoxyéthylhes de faible masse moléculaire.* Die Makromolekulare Chemie **99**, 160-174.

Arlie, J. P.; Spegt, P. A.; Skoulious, A. E. 1967. *Etude de la cristallisation des polymères. II. Structure lamellaire et repliement des chaines du polyoxyéthylène.* Die Makromolekulare Chemie **104**, 212-229.

Armistead, J. P.; Hoffman, J. D. 2002. *Direct evidence of regimes I, II, and III in linear polyethylene fractions as revealed by spherulite growth rates.* Macromolecules **35**, 3895-3913.

Armitstead, K.; Goldbeck-Wood, G. 1992. *Polymer crystallization theories.* Advances in Polymer Science **100**, 219-312.

Atkins, E. D. T.; Isaac, D. H.; Keller, A. 1980. *Conformation of polystyrene with special emphasis to the near all-trans extended-chain model relevant in polystyrene gels.* Journal of Polymer Science, Polymer Physics Edition **18**, 71-82.

Auriemma, F.; de Ballesteros, O. R.; De Rosa, C.; Corradini, P. 2000. *Structural disorder in the α form of isotactic polypropylene.* Macromolecules **33**, 8764-8774.

Bakai, A. S.; Fischer, E. W. 2004. *Nature of long-range correlations of density fluctuations in glass-forming liquids.* Journal of Chemical Physics **120**, 5235-5252.

Bassett, D. C. 1981. *Principles of Polymer Morphology.* Cambridge University Press: Cambridge.

Bassett, D. C.; Keller, A. 1962. *The habits of polyethylene crystals.* Philosophical Magazine **7**, 1553-1584.

Bassett, D. C.; Frank, F. C.; Keller, A. 1959. *Evidence for distinct sectors in polymer single crystals.* Nature **184**, 810-811.

Bassett, D. C.; Olley, R. H.; Al Raheil, A. M. 1988. *On isolated lamellae of melt-crystallized polyethylene.* Polymer **29**, 1539-1543.

Bates, F.; Fredrickson G. H. 1990. *Block copolymer thermodynamics: Theory and experiment.* Annual Review of Physical Chemistry **41**, 525-557.

Bhargava, P.; Tu, Y.; Zheng, J. X.; Xiong, H.; Quirk, R. P.; Cheng, S. Z. D. 2007. *Temperature-induced reversible micelle morphological changes of polystyrene-block-poly (ethylene oxide) micelles in solution.* Journal of the American Chemical Society **129**, 1113-1121.

Bhargava, P.; Zheng, J. X.; Li, P.; Quirk, R. P.; Harris, F. W.; Cheng, S. Z. D.

2006. *Self-assembled polystyrene-block-poly ( ethylene oxide ) micelle morphologies in solutions.* Macromolecules **39**, 4880-4888.

Boda, E.; Ungar, G.; Brooke, G. M.; Burnett, S.; Mohammed, S.; Proctor, D.; Whiting, M. C. 1997. *Crystallization rate minima in a series of n-alkanes from $C_{194}H_{390}$ to $C_{294}H_{590}$.* Macromolecules **30**, 4674-4678.

Brückner, S.; Allegra, G.; Corradini, P. 2002. *Helix inversions in polypropylene and polystyrene.* Macromolecules **35**, 3928-3936.

Brückner, S.; Meille, S. V. 1989. *Non-parallel chains in crystalline γ-isotactic polypropylene.* Nature **340**, 455-457.

Bu, H. S.; Gu, F.; Bao, L.; Chen, M. 1998a. *Influence of entanglements on crystallization of macromolecules.* Macromolecules **31**, 7108-7110.

Bu, H. S.; Cao, J.; Zhang, Z. S.; Zhang, Z.; Festag, R.; Joy, D. C.; Kwon, Y. K; Wunderlich, B. 1998b. *Structure of single-molecule single crystals of isotactic polystyrene and their radiation resistance.* Journal of Polymer Science, Polymer Physics Edition **36**, 105-112.

Bu, H. S.; Pang, Y. W.; Song, D. D.; Yu, T. Y.; Voll, T. M.; Czornyj. G.; Wunderlich, B. 1991. *Single-molecule single crystals.* Journal of Polymer Science, Polymer Physics Edition **29**, 139-152.

Bu, Z.; Yoon, Y.; Ho, R. -M.; Zhou, W.; Jangchud, I.; Eby, R. K.; Cheng, S. Z. D.; Hsieh, E. T.; Johnson, T. W.; Geerts, R. G.; Palackal, S. J.; Hawley, G. R.; Welch, M. B. 1996. *Crystallization, melting, and morphology of syndiotactic polypropylene fractions. 3. Lamellar single crystals and chain folding.* Macromolecules **29**, 6575-6581.

Bunn, C. W.; Cobbold, A. J.; Palmer, R. P. 1958. *The fine structure of polytetrafluoro-ethylene.* Journal of Polymer Science **28**, 363-376.

Cartier, L.; Okihara, T.; Lotz, B. 1997. *Triangular polymer single crystals: Stereocomplexes, twins, and frustrated structures.* Macromolecules **30**, 6313-6322.

Chen, H. -L.; Hsiao, S. -C.; Lin, T. -L.; Yamauchi, K.; Hasegawa, H.; Hashimoto, T. 2001. *Microdomain-tailored crystallization kinetics of block copolymers.* Macromolecules **34**, 671-674.

Chen, J. T.; Thomas, E. L.; Ober, C. K.; Hwang, S. S. 1995. *Zigzag morphology of a poly(styrene-b-hexyl isocyanate) rod-coil block copolymer.* Macromolecules **28**, 1688-1697.

Chen, J. T.; Thomas, E. L.; Ober, C. K.; Mao, G. -P. 1996. *Self-assembled smectic phases in rod-coil block copolymers.* Science **273**, 343-346.

Chen, W. Y.; Li, C. Y.; Zheng, J. X.; Huang, P.; Zhu, L.; Ge, Q.; Quirk, R. P.; Lotz, B.; Deng, L.; Wu, C.; Thomas, E. L.; Cheng, S. Z. D. 2004a. *"Chemically shielded" poly(ethylene oxide) single crystal growth and construction of channel-wire arrays with chemical and geometric recognitions on a submicrometer scale.* Macromolecules **37**,

5292-5299.

Chen, W. Y.; Zheng, J. X.; Cheng, S. Z. D.; Li, C. Y.; Huang, P.; Zhu, L.; Xiong, H.; Ge, Q.; Guo, Y.; Quirk, R. P.; Lotz, B.; Deng, L.; Wu, C.; Thomas, E. L. 2004b. *Onset of tethered chain overcrowding*. Physical Review Letters **93**, 028301.

Cheng, S. Z. D. 2007. *Materials science: Polymer crystals downsized*. Nature **448**, 1006-1007.

Cheng, S. Z. D.; Chen, J. H. 1991. *Nonintegral and integral folding crystal growth in low-molecular mass poly(ethylene oxide) fractions. III. Linear crystal growth rates and crystal morphology*. Journal of Polymer Science, Polymer Physics Edition **29**, 311-327.

Cheng, S. Z. D.; Li, C. Y. 2002. *Structure and formation of polymer single crystal textures*. Materials Science Forum **408**, 25-37.

Cheng, S. Z. D.; Lotz, B. 2003. *Nucleation control in polymer crystallization: structural and morphological probes in different length- and time-scales for selection processes*. Philosophical Transactions: Mathematical, Physical and Engineering Sciences **361**, 517-537.

Cheng, S. Z. D.; Lotz, B. 2005. *Enthalpic and entropic origins of nucleation barriers during polymer crystallization: The Hoffman-Lauritzen theory and beyond*. Polymer **46**, 8662-8681.

Cheng, S. Z. D.; Wunderlich, B. 1986a. *Molecular segregation and nucleation of poly (ethylene oxide) crystallized from the melt. I. Calorimetric study*. Journal of Polymer Science, Polymer Physics Edition **24**, 577-594.

Cheng, S. Z. D.; Wunderlich, B. 1986b. *Molecular segregation and nucleation of poly (ethylene oxide) crystallized from the melt. II. Kinetic study*. Journal of Polymer Science, Polymer Physics Edition **24**, 595-617.

Cheng, S. Z. D.; Bu, H. S.; Wunderlich, B. 1988. *Molecular segregation and nucleation of poly(ethylene oxide) crystallized from the melt. III. Morphological study*. Journal of Polymer Science, Polymer Physics Edition **26**, 1947-1964.

Cheng, S. Z. D.; Chen, J.; Heberer, D. P. 1992. *Extended chain crystals-growth of low-molecular mass poly(ethylene oxide) and $\alpha$, $\omega$-methoxy poly(ethylene oxide) fractions near their melting temperatures*. Polymer **33**, 1429-1436.

Cheng, S. Z. D.; Li, C. Y.; Zhu, L. 2000. *Commentary on polymer crystallization: Selection rules in different length scales of a nucleation process*. European Physical Journal E: Soft Matter **3**, 195-197.

Cheng, S. Z. D.; Janimak, J. J.; Zhang, A.; Hsien, E. T. 1991. *Isotacticity effect on crystallization and melting in polypropylene fractions. I. Crystalline structures and thermodynamic property changes*. Polymer **32**, 648-655.

Chiu, F. -C.; Wang, Q.; Fu, Q.; Honigfort, P.; Cheng, S. Z. D.; Hsiao, B. S.; Yeh, F. J.; Keating, M. Y.; Hsieh, E. T,.; Tso, C. C. 2000. *Structural and morphological inhomogeneity of short-chain branched polyethylenes in multiple-step crystallization*. Journal of Macromolecular Science, Part B: Physics **39**, 317-331.

Cicerone, M. T.; Ediger, M. D. 1995. *Relaxation of spatially heterogeneous dynamics in supercooled ortho-terphenyl*. Journal of Chemical Physics **103**, 5684-5692.

Cohen, R. E.; Bellare, A.; Drzewinski, M. A. 1994. *Spatial organization of polymer chains in a crystallizable diblock copolymer of polyethylene and polystyrene*. Macromolecules **27**, 2321-2323.

Cohen, R. E.; Cheng, P. L.; Douzinas, K.; Kofinas, P.; Berney, C. V. 1990. *Path-dependent morphologies of a diblock copolymer of polystyrene/hydrogenated polybutadiene*. Macromolecules **23**, 324-327.

Colet, M. Ch.; Point, J. J.; Dosiere, M. 1986. *Nucleation-controlled growth. observations on* (*110*) *twinned polyethylene crystals*. Journal of Polymer Science, Polymer Physics Edition **24**, 1183-1206.

Dai, P. S.; Cebe, P.; Capel, M.; Alamo, R. G.; Mandelkern, L. 2003. *In situ wide- and small-angle X-ray scattering study of melting kinetics of isotactic poly (propylene)*. Macromolecules **36**, 4042-4050.

Davis, G. T.; Weeks, J. J.; Martin, G. M.; Eby, R. K. 1974. *Cell dimensions of hydrocarbon crystals. Surface effects*. Journal of Applied Physics **45**, 4175-4181.

Dawson, I. M. 1952. *The study of crystal growth with the electron microscope. II. The observation of growth steps in the paraffin n-hectane*. Proceedings of the Royal Society of London A: Mathematical and Physical Sciences **214**, 72-79.

De Rosa, C.; Auriemma, F.; Resconi, L. 2005. *Influence of chain microstructure on the crystallization kinetics of metallocene-made isotactic polypropylene*. Macromolecules **38**, 10080-10088.

De Rosa, C.; Guerra, G.; Napolitano, R.; Petraccone, V.; Pirozzi, B. 1984. *Conditions for the $\alpha_1 - \alpha_2$ transition in isotactic polypropylene samples*. European Polymer Journal **20**, 937-941.

De Rosa, C.; Guerra, G.; Pirozzi, B. 1997. *Crystal structure of the emptied clathrate form* ($\delta_e$ *form*) *of syndiotactic polystyrene*. Macromolecules **30**, 4147-4152.

De Rosa, C.; Petraccone, V.; Dal Poggetto, F.; Guerra, G.; Pirozzi, B.; Di Lorenzo, M. L.; Corradini, P. 1995. *Crystal-structure of form-III of syndiotactic poly (p-methylstyrene)*. Macromolecules **28**, 5507-5511.

De Santis, F.; Adamovsky, S.; Titomanlio, G.; Schick, C. 2006. *Scanning nanocalorimetry at high cooling rate of isotactic polypropylene*. Macromolecules **39**, 2562-2567.

Debye, P.; Bueche, A. M. 1949. *Scattering by an inhomogeneous solid*. Journal of Applied Physics **20**, 518-525.

DiMarzio, E. A.; Guttman, C. M.; Hoffman, J. D. 1980. *Calculation of lamellar thickness in a diblock copolymer, One of whose components is crystalline*. Macromolecules **13**, 1194-1198.

Di Lorenzo, M. L. 2003. *Spherulite growth rates in binary polymer blends*. Progress in Polymer Science **28**, 663-689.

Disko, M. M.; Liang, K. S.; Behal, S. K.; Roe, R. J.; Jeon, K. J. 1993. *Catenoid-lamellar phase in blends of styrene-butadiene diblock copolymer and homopolymer*. Macromolecules **26**, 2983-2986.

Dosière, M.; Colet, M. -Ch.; Point, J. J. 1986. *An isochronous decoration method for measuring linear growth rates in polymer crystals*. Journal of Polymer Science, Polymer Physics Edition **24**, 345-356.

Douzinas, K. C.; Cohen, R. E. 1992. *Chain folding in EBEE semicrystalline diblock copolymers*. Macromolecules **25**, 5030-5035.

Efremov, M. Y.; Warren, J. T.; Olson, E. A.; Zhang, M.; Kwan, A. T.; Allen, L. H. 2002. *Thin-film differential scanning calorimetry: A new probe for assignment of the glass transition of ultrathin polymer films*. Macromolecules **35**, 1481-1483.

Efremov, M. Y.; Olson, E. A.; Zhang, M.; Zhang, Z.; Allen, L. H. 2003. *Glass transition in ultrathin polymer films: calorimetric study*. Physical Review Letters **91**, 085703.

Ergoz, E.; Fatou, J. G.; Mandelkern, L. 1972. *Molecular weight dependence of the crystallization kinetics of linear polyethylene. I. Experimental results*. Macromolecules **5**, 147-157.

Faraday Discussions of the Chemical Society 1979. *Organization of macromolecules in the condensed phase*. The Royal Society of Chemistry: Norwich.

Fischer, E. W. 1957. *Stufen-und spiralförmiges Kristallwachstum bei Hochpolymeren*. Zeitschrift für Naturforschung A: Astrophisik, Physik und Physikalische Chemie **12**, 753-754.

Fischer, E. W. 1993. *Light scattering and dielectric studies on glass forming liquids*. Physica A: Statistical mechanics and its applications **201**, 183-206.

Fischer, E. W.; Bakai, A.; Patkowski, A.; Steffen, W.; Reinhardt, L. 2002. *Heterophase fluctuations in supercooled liquid and polymers*. Journal of Non-Crystalline Solids **307-310**, 584-601.

Flory, P. J. 1955. *Theory of crystallization in copolymers*. Transactions of the Faraday Society **51**, 848-857.

Flory, P. J. 1969. *Statistical Mechanics of Chain Molecules*. Wiley-Interscience: New York.

Förster, S.; Khandpur, A. K.; Zhao, J.; Bates, F. S.; Hamley, I. W.; Ryan, A. J.; Bras, W. 1994. *Complex phase behavior of polyisoprene-polystyrene diblock copolymers near the order-disorder transition*. Macromolecules **27**, 6922-6935.

Fourkas, J. T.; Kivelson, D.; Mohanty, U.; Nekson, K. A., Eds. 1997. *Supercooled Liquids: Advances and Novel Applications*. ACS: Washington DC.

Frank, F. C. 1949. *The influence of dislocations on crystal growth*. Discussions of the Faraday Society **5**, 48-54.

Frank, F. C. 1974. *Nucleation-controlled growth on a one dimensional growth of finite length.* Journal of Crystal Growth **22**, 233-236.

Frank, F. C.; Tosi, M. 1961. *The theory of polymer crystallization.* Proceedings of the Royal Society of London A: Mathematical and Physical Sciences **263**, 323-339.

Frank, F. C.; Keller, A.; O'Connor, A. 1959. *Single crystals of an isotactic polyolefin: Morphology and chain packing in poly( 4-methyl-pentene-1).* Philosophical Magazine **4**, 200-214.

Geil, P. H. 1963. *Polymer Reviews. Volume 5. Polymer Single Crystals.* Wiley-Interscience: New York.

Geil, P. H. 2000. *Some " overlooked problems " in polymer crystallization.* Polymer **41**, 8983-9001.

Geil, P. H.; Anderson, F. R.; Wunderlich, B.; Arakawa, T. 1964. *Morphology of polyethylene crystallized from the melt under pressure.* Journal of Polymer Science, Part A **2**, 3707-3720.

Geil, P. H.; Yang, J.; Williams, R. A.; Petersen, K. L.; Long, T. -C.; Xu, P. 2005. *Effect of molecular weight and melt time and temperature on the morphology of poly ( tetrafluorethylene).* Advances in Polymer Science **180**, 89-159.

Giannelis, E. P.; Krishnamoorti, R.; Manias, E. 1999. *Polymer-silicate nanocomposites: Model systems for confined polymers and polymer brushes.* Advances in Polymer Science **138**, 107-147.

Hajduk, D. A.; Harper, P. E.; Gruner, S. M.; Honeker, C. C.; Kim, G.; Thomas, E. L.; Fetters, L. J. 1994. *The gyroid: A new equilibrium morphology in weakly segregated diblock copolymers.* Macromolecules **27**, 4063-4075.

Hajduk, D. A.; Takenouchi, H.; Hillmyer, M. A.; Bates, F. S.; Vigild, M. E.; Almdal, K. 1997. *Stability of the perforated layer ( PL) phase in diblock copolymer melts.* Macromolecules **30**, 3788-3795.

Hamley, I. W.; Fairclough, J. P. A.; Bates, F. S.; Ryan, A. J. 1998. *Crystallization thermodynamics and kinetics in semicrystalline diblock copolymers.* Polymer **39**, 1429-1437.

Hamley, I. W.; Fairclough, J. P. A.; Ryan, A. J.; Bates, F. S.; Towns-Andrews, E. 1996a. *Crystallization of nanoscale-confined diblock copolymer chains.* Polymer **37**, 4425-4429.

Hamley, I. W.; Koppi, K. A.; Rosedale, J. H.; Bates, F. S.; Almdal, K.; Mortensen, K. 1993. *Hexagonal mesophases between lamellae and cylinders in a diblock copolymer melt.* Macromolecules **26**, 5959-5970.

Hamley, I. W.; Fairclough, J. P. A.; Terrill, N. J.; Ryan, A. J.; Lipic, P. M.; Bates, F. S.; Towns-Andrews, E. 1996b. *Crystallization in oriented semicrystalline diblock copolymers.* Macromolecules **29**, 8835-8843.

Hashimoto, T. 2004. *Small-angle neutrin scattering studies of dynamics and hierarchical pattern formation in binary mixtures of polymers and small molecules.* Journal of Polymer Science, Polymer Physics Edition **42**, 3027-3062.

Hikosaka, M. 1987. *Unified theory of nucleation of folded-chain crystals and extended-chain crystals of linear-chain polymers.* Polymer **28**, 1257-1264.

Hikosaka, M. 1990. *Unified theory of nucleation of folded-chain crystals (FCCS) and extended-chain crystals (ECCS) of linear-chain polymers. 2. Origin of FCC and ECC.* Polymer **31**, 458-468.

Hikosaka M.; Seto T. 1973. *The order of the molecular chains in isotactic polypropylene crystals.* Polymer Journal (Japan) **5**, 111-127.

Ho, R. -M.; Chiang, Y. -W.; Tsai, C. -C.; Lin, C. -C.; Chung, B. -T.; Huang, B. -H. 2004. *Three-dimensionally packed nanohelical phase in chiral block copolymers.* Journal of the American Chemical Society **126**, 2704-2705.

Hobbs, J. K.; Hill, M. J.; Barham, P. J. 2001. *Crystallization and isothermal thickening of single crystals of $C_{246}H_{494}$ in dilute solution.* Polymer **42**, 2167-2176.

Hocquet, S.; Dosière, M.; Thierry, A.; Lotz, B.; Koch, M. H. J.; Dubreuil, N.; Ivanov, D. A. 2003. *Morphology and melting of truncated single crystals of linear polyethylene.* Macromolecules **36**, 8376-8384.

Hoffman, J. D. 1982. *Role of reptation in the rate of crystallization of polyethylene fractions from the melt.* Polymer **23**, 656-670.

Hoffman, J. D. 1983. *Regime III crystallization in melt-crystallized polymers: The variable cluster model of chain folding.* Polymer **24**, 3-26.

Hoffman, J. D. 1985a. *The kinetic substrate length in nucleation-controlled crystallization in polyethylene fractions.* Polymer **26**, 803-810.

Hoffman, J. D. 1985b. *Theory of the substrate length in polymer crystallization: Surface roughening as an inhibitor for substrate completion.* Polymer **26**, 1763-1778.

Hoffman, J. D. 1991. *Transition from extended-chain to once-folded behavior in pure n-paraffins crystallized from the melt.* Polymer **32**, 2828-2841.

Hoffman, J. D. 1992. *The relationship of $C_{\infty}$ to the lateral surface free energy $\sigma$: Estimation of $C_{\infty}$ for the melt from rate of crystallization data.* Polymer **33**, 2643-2644.

Hoffman, J. D.; Lauritzen, J. I. Jr. 1961. *Crystallization of bulk polymers with chain folding: theory of growth of lamellar spherulites.* Journal of Research of the National Bureau of Standards, Section A: Physics and Chemistry **65**, 297-336.

Hoffman, J. D.; Miller, R. L. 1989. *Response to criticism of nucleation theory as applied to crystallization of lamellar polymers.* Macromolecules **22**, 3502-3505.

Hoffman, J. D.; Miller, R. L. 1997. *Kinetics of crystallization from the melt and chain folding in polyethylene fractions revisited: theory and experiment.* Polymer **38**, 3151-3212.

Hoffman, J. D.; Guttman, C. M.; DiMarzio, E. A. 1979. *On the problem of crystallization of polymers from the melt with chain folding.* Faraday Discussions of the Chemical Society **68**,

177-197.

Hoffman, J. D.; Davis, G. T.; Lauritzen, J. I. Jr. 1976. *The rate of crystallization of linear polymers with chain folding.* In *Treatise on Solid State Chemistry. Volume 3. Crystalline and Noncrystalline Solids.* Hannay, N. B., Ed. Chapter 7; Plenum Press; New York.

Hoffman, J. D.; Frolen, L. J.; Gaylon, S. R.; Lauritzen, J. I. Jr. 1975. *On the growth rate of spherulites and axialites from the melt in polyethylene fractions; regime I and regime II crystallization.* Journal of Research of the National Bureau of Standards, Section A; Physics and Chemistry **79**, 671-699.

Hoffman, J. D.; Miller, R. L.; Marand, H.; Roitman, D. B. 1992. *Relationship between the lateral surface free energy σ and the chain structure of melt-crystallized polymers.* Macromolecules **25**, 2221-2229.

Hoffman, J. D.; Lauritzen, J. I. Jr.; Passaglia, E.; Ross, G. S.; Frolen, L. J.; Weeks, J. J. 1969. *Kinetics of polymer crystallization from solution and the melt.* Kolloid-Zeitschrift & Zeitschrift für Polymere **231**, 564-592.

Höhne, G. W. H.; Rastogi, S.; Wunderlich, B. 2000. *High pressure differential scanning caloremitry of poly(4-methyl-pentene-1).* Polymer **41**, 8869-8878.

Hosier, I. L.; Alamo, R. G.; Lin, J. S. 2004. *Lamellar morphology of random metallocene propylene copolymers studied by atomic force microscopy.* Polymer **45**, 3441-3455.

Hosier, I. L,; Bassett, D. C.; Vaughan, A. S. 2000. *Spherulitic growth and cellulation in dilute blends of monodisperse long n-alkanes.* Macromolecules **33**, 8781-8790.

Hosier, I. L.; Alamo, R. G.; Esteso, P.; Isasi, J. R.; Mandelkern, L. 2003. *Formation of the α and γ polymorphs in random metallocene-propylene copolymers. Effect of concentration and type of comonomer.* Macromolecules **36**, 5623-5636.

Hu, W. B.; Frenkel, D. 2005. *Oriented primary crystal nucleation in lamellar diblock copolymer systems.* Faraday Discussions **128**, 253-260.

Huang, P.; Guo, Y.; Quirk, R. P.; Ruan, J.; Lotz, B.; Thomas, E. L.; Hsiao, B. S.; Avila-Orta, C. A.; Sics, I.; Cheng, S. Z. D. 2006. *Comparison of poly(ethylene oxide) crystal orientations and crystallization behaviors in nano-confined cylinders constructed by a poly(ethylene oxide)-b-polystyrene diblock copolymer and a blend of poly(ethylene oxide)-b-polystyrene and polystyrene.* Polymer **47**, 5457-5466.

Huang, P.; Zhu, L.; Cheng, S. Z. D.; Ge, Q.; Qiurk, R. P.; Thomas, E. L.; Lotz, B.; Hsiao, B. S.; Liu, L.; Yeh, F. 2001. *Crystal orientation changes in two-dimensionally confined nanocylinders in a poly(ethylene oxide)-b-polystyrene/polystyrene blend.* Macromolecules **34**, 6649-6657.

Huang, P.; Zhu, L.; Guo, Y.; Ge, Q.; Jing, A. J.; Chen, W. Y.; Quirk, R. P.; Cheng, S. Z. D.; Thomas, E. L.; Lotz, B.; Hsiao, B. S.; Avila-Orta, C. A.; Sics, I. 2004. *Confinement size effect on crystal orientation changes of poly(ethylene oxide) blocks in poly(ethylene oxide)-b-polystyrene diblock copolymers.* Macromolecules **37**, 3689-3698.

Huang, P.; Zheng, J. X.; Leng, S.; Van Horn, R.; Hsiao, M. -S.; Jeong, K. -U.; Guo, Y.; Quirk, R. P.; Cheng, S. Z. D.; Lotz, B.; Thomas, E. L.; Hsiao, B. 2007. *Poly(ethylene oxide) crystal orientation changes in an inversed cylindrical morphology constructed by a poly(ethylene oxide)-block-polystyrene diblock copolymer.* Macromolecules **40**, 526-534.

Iguchi, M. 1973. *Growth of needle-like crystals of polyoxymethyene during polymerization.* British Polymer Journal **5**, 195-198.

Iguchi, M.; Kanetsuna, H.; Kawai, T. 1969. *Growth of polyoxymethylene crystals in the course of polymerization of trioxane in solution.* Die Makromolekulare Chemie **128**, 63-82.

Imai, M.; Kaji, K.; Kanaya, T. 1993. *Orientation fluctuations of poly(ethylene terephthalate) during the induction period of crystallization.* Physical Review Letters **71**, 4162-4165.

Jaccodine, R. 1955. *Observations of spiral growth steps in ethylene polymer.* Nature **176**, 305-306.

Janimak, J. J.; Cheng, S. Z. D.; Zhang, A. 1992. *Isotacticity effect on crystallization and melting in polypropylene fractions. 3. Overall crystallization and melting behavior.* Polymer **33**, 728-735.

Janimak, J. J.; Cheng, S. Z. D.; Giusti, P. A.; Hsieh, E. T. 1991. *Isotacticity effect on crystallization and melting in poly(propylene) fractions. 2. Linear crystal growth rate and morphology study.* Macromolecules **24**, 2253-2260.

Jing, A. J.; Taikum, O.; Li, C. Y.; Harris, F. W.; Cheng, S. Z. D. 2002. *Phase identifications and monotropic transition behaviors in a thermotropic main-chain liquid crystalline polyether.* Polymer **43**, 3431-34340.

Keith, H. D.; Padden, F. J. Jr. 1964a. *Spherulitic crystallization from the melt. I. Fractionation and impurity segregation and their influence on crystalline morphology.* Journal of Applied Physics **35**, 1270-1285.

Keith, H. D.; Padden, F. J. Jr. 1964b. *Spherulitic crystallization from the melt. II. Influence of fractionation and impurity segregation on the kinetics of crystallization.* Journal of Applied Physics **35**, 1286-1296.

Keith, H. D.; Padden, F. J. Jr.; Vadimsky, R. G. 1965. *Intercrystalline links in bulk polyethylene* Science **150**, 1026-1027.

Keith, H. D.; Padden, F. J. Jr.; Vadimsky, R. G. 1966a. *Intercrystalline links in polyethylene crystallized from the melt.* Journal of Polymer Science, Part A-2 **4**, 267-281.

Keith, H. D.; Padden, F. J. Jr.; Vadimsky, R. G. 1966b. *Further studies of intercrystalline links in polyethylene.* Journal of Applied Physics **37**, 4027-4034.

Keith, H. D.; Padden, F. J. Jr.; Vadimsky, R. G. 1971. *Intercrystalline links: Critical evaluation.* Journal of Applied Physics **42**, 4585-4592.

Keith, H. D.; Padden, F. J. Jr.; Lotz, B.; Wittmann, J. C. 1989. *Asymmtries of habit in polyethylene crystals grown from the melt*. Macromolecules **22**, 2230-2238.

Keller, A. 1957. *A note on single crystals in polymers: Evidence of a folded-chain configuration*. Philosophical Magazine **2**, 1171-1175.

Keller, A. 1968. *Polymer crystals*. Reports on Progress in Physics **31**, 623-704.

Keller, A. 1995. *Aspects of polymer gels*. Faraday Discussions **101**, 1-49.

Keller, A.; Ungar, G. 1983. *Radiation effects and crystallinity in polyethylene*. Radiation Physics and Chemistry **22**, 155-181.

Kent, M. S. 2000. *A quantitative study of tethered chains in various solution conditions using Langmuir diblock copolymer monolayers*. Macromolecular Rapid Communications **21**, 243-270.

Khandpur, A. K.; Forster, S.; Bates, F. S.; Hamlet, I. W.; Ryan, A. J.; Bras, W.; Almdal, K.; Mortensen, K. 1995. *Polyisoprene-polystyrene diblock copolymer phase diagram near the order-disorder transition*. Macromolecules **28**, 8796-8806.

Khoury, F. 1963. *Crystal habits and morphology of n-tetranonacontane ($n$-$C_{94}H_{190}$)*. Journal of Applied Physics **34**, 73-79.

Khoury, F.; Padden, F. J. Jr. 1960. *Growth habits of twinned crystals of polyethylene*. Journal of Polymer Science **47**, 455-468.

Khoury, F.; Passaglia, E. 1976. *The morphology of crystalline synthetic polymers*. In *Treatise on Solid State Chemistry. Volume 3. Crystalline and Noncrystalline Solids*. Hannay, N. B., Ed. Chapter 6; Plenum Press: New York.

Kim, I.; Krimm, S. 1996. *Raman longitudinal acoustic mode studies of a poly(ethylene oxide) fraction during isothermal crystallization from the melt*. Macromolecules **29**, 7186-7192.

Koningsveld, R.; Stockmayer, W. H.; Nies, E. 2001. *Polymer Phase Diagrams, A Textbook*. University Press: Oxford.

Kovacs, A. J.; Gonthier, A. 1972. *Crystallization and fusion of self-seeded polymers. II. Growth rate, morphology, and isothermal thickening of single crystals of low-molecular-weight poly(ethylene oxide) fractions*. Kolloid-Zeitschrift & Zeitschrift für Polymere **250**, 530-551.

Kovacs, A. J.; Gonthier, A.; Straupe, C. 1975. *Isothermal growth, thickening, and melting of poly(ethylene oxide) single crystals in the bulk*. Journal of Polymer Science, Polymer Symposia **50**, 283-325.

Kovacs, A. J.; Straupe, C.; Gonthier, A. 1977. *Isothermal growth, thickening, and melting of poly(ethylene oxide) single crystals in the bulk. II*. Journal of Polymer Science, Polymer Symposia **59**, 31-54.

Kovacs, A. J.; Straupe, C. 1979. *Isothermal growth, thickening, and melting of poly(ethylene oxide) single crystals in the bulk. Part 4. Dependence of pathological crystal habits on temperature and thermal history*. Faraday Discussions of the Chemical Society **68**, 225-238.

Kovacs, A. J.; Straupe, C. 1980. *Isothermal growth, thickening and melting of polyethylene*

144

*oxide single crystals in the bulk. III. Bilayer crystals and the effect of chain ends.* Journal of Crystal Growth **48**, 210-226.

Kusanagi, H.; Takase, M.; Chatani, Y.; Tadokoro, H. 1978. *Crystal structure of isotactic poly ( 4-methyl-1-pentene )*. Journal of Polymer Science, Polymer Physics Edition **16**, 131-142.

Kubo, S.; Wunderlich, B. 1971. *Morphology of poly-p-xylylene crystallized from polymerization.* Journal of Appllied Physics **42**, 4558-4565.

Kubo, S.; Wunderlich, B. 1972. *Crystallization during polymerization of poly-p-xylylene.* Journal of Polymer Science, Part A-2 **10**, 1949-1966.

Kwon, Y. K.; Boller, A.; Pyda, M.; Wunderlich, B. 2000. *Melting and heat capacity of gel-spun, ultra-high molar mass polyethylene fibers.* Polymer **41**, 6237-6249.

Laradji, M.; Shi, A. C.; Desai, R. C.; Noolandi, J. 1997. *Stability of ordered phases in weakly segregated diblock copolymer systems.* Physical Review Letters **78**, 2577-2580.

Lauritzen, J. I. Jr.; Hoffman, J. D. 1960. *Theory of formation of polymer crystals with chain-folded chains in dilute solution.* Journal of Research of the National Bureau of Standards, Section A: Physics and Chemistry **64**, 73-102.

Lauritzen, J. I. Jr.; Hoffman, J. D. 1973. *Extension of theory of growth of chain-folded polymer crystals to large undercoolings.* Journal of Applied Physics **44**, 4340-4352.

Lauritzen, J. I. Jr.; Passaglia, E. 1967. *Kinetics of crystallization in multicomponent systems. II. Chain-folded polymer crystals.* Journal of Research of the National Bureau of Standards, Section A: Physics and Chemistry **71**, 261-275.

Lefebvre, A. A.; Lee, J. H.; Balsara, N. P.; Vaidyanathan, C. 2002. *Determination of critical length scales and the limit of metastability in phase separating polymer blends.* Journal of Chemical Physics **117**, 9063-9073.

Leung, W. M; Manley, R. St. J.; Panaras, A. R. 1985. *Isothermal growth of low molecular weight polyethylene single crystals from solution. 3. Kinetic studies.* Macromolecules **18**, 760-771.

Lippits, D. R.; Rastogi, S.; Höhne. G. W. H. 2006. *Melting kinetics in polymers.* Physical Review Letters **96**, 218303.

Liu, J.; Cheng, S. Z. D.; Geil, P. H. 1996a. *Morphology and crystal structure in single crystals of poly( p-phenylene terephthalamide) prepared by melt polymerization.* Polymer **37**, 1413-1430.

Liu, J.; Rybnikar, F.; Geil, P. H. 1996b. *Morphology of solution- and melt-polymerized poly ( p-oxybenzoate/2, 6-naphthoate) copolymers: Single crystals, disclination domains, and superlattices.* Journal of Macromolecular Science, Part B: Physics **35**, 375-410.

Liu, J.; Kim, D.; Harris, F. W.; Cheng, S. Z. D. 1994a. *Crystal structure, morphology, and phase transitions in aromatic polyimide oligomers. 2. Poly( 1, 4-phenylene-oxy-1, 4-phenylene pyromellitimide ).* Polymer **35**, 4048-4056.

Liu, J.; Kim, D.; Harris, F. W.; Cheng, S. Z. D. 1994b. *Crystal-structure, morphology, and phase-transitions in aromatic polyimide oligomers. 3. Poly(1, 4-phenyleneoxy-1, 3-phenylene pyromellitimide)*. Journal of Polymer Science, Polymer Physics Edition **32**, 2705-2713.

Liu, J.; Cheng, S. Z. D.; Harris, F. W.; Hsiao, B. S,; Gardner, K. H. 1994c. *Crystal-structure, morphology, and phase-transitions in aromatic polyimide oligomers. I. Poly(4, 4'-oxydiphenylene pyromellitimide)*. Macromolecules **27**, 989-996.

Liu, J.; Sidoti, G.; Hommema, J. A.; Geil, P. H.; Kim, J. C.; Cakmak, M. 1998. *Crystal structures and morphology of thin-film, melt-crystallized, and polymerized poly(ethylene naphthalate)*. Journal of Macromolecular Science, Part B: Physics **37**, 567-586.

Liu, L.; Muthukumar, M. 1998. *Langevin dynamics simulations of early-stage polymer nucleation and crystallization*. Journal of Chemical Physics **109**, 2536-2542.

Liu, L. -Z.; Chu, B. 1999. *Crystalline structure and morphology of microphases in compatible mixtures of poly(tetrahydrofuran-methyl methacrylate) diblock copolymer and polytetrahydrofuran*. Journal of Polymer Science, Polymer Physics Edition **37**, 779-792.

Liu, L. -Z.; Yeh, F.; Chu, B. 1996. *Synchrotron SAXS study of crystallization and microphase separation in compatible mixtures of tetrahydrofuran-methyl methacrylate diblock copolymer and poly(tetrahydrofuran)*. Macromolecules **29**, 5336-5345.

Loo, Y. L.; Register, R. A.; Ryan, A. J. 2000. *Polymer crystallization in 25-nm spheres*. Physical Review Letters **84**, 4120-4123.

Lotz, B. 2000. *What can polymer crystal structure tell about polymer crystallization processes?* European Physical Journal E: Soft Matter **3**, 185-194.

Lotz, B. 2005. *Analysis and observation of polymer crystal structures at the individual stem level*. Advances in Polymer Science **180**, 17-44.

Lotz, B.; Cheng, S. Z. D. 2005. *A critical assessment of unbalanced surface stress as the mechanical origin of twisting and scrolling of polymer crystals*. Polymer **46**, 577-610.

Lotz, B.; Graff, S.; Straupe, C.; Wittmann, J. C. 1991. *Single crystals of phase isotactic polypropylene: Combined diffraction and morphological support for a structure with nonparallel chains*. Polymer **32**, 2902-2910.

Lotz, B.; Lovinger, A. J.; Cais, R. E. 1988. *Crystal-structure and morphology of syndiotactic polypropylene single-crystals*. Macromolecules **21**, 2375-2382.

Lovinger, A. J.; Davis, D. D.; Padden, F. J. Jr. 1985. *Kinetic analysis of the crystallization of poly(p-phenylene sulfide)*. Polymer **26**, 1595-1604..

Lovinger, A. J.; Davis, D. D.; Lotz, B. 1991. *Temperature-dependence of structure and morphology of syndiotactic polypropylene and epitactic relationship with isotactic polypropylene*. Macromolecules **24**, 552-560.

Lovinger, A. J.; Lotz, B.; Davis, D. D. 1990. *Interchain packing and unit-cell of*

146

syndiotactic polypropylene. Polymer **31**, 2253-2259.

Lovinger, A. J.; Lotz, B.; Davis, D. D.; Padden, F. J. Jr. 1993. *Structure and defects in fully syndiotactic polypropylene*. Macromolecules **26**, 3494-3503.

Magill, J. H. 1964. *Crystallization of poly ( tetramethyl-p-silphenylene ) siloxane [ TMPS ] polymers*. Journal of Applied Physics **35**, 3249-3259.

Magill, J. H. 1967. *Crystallization of poly ( tetramethyl-p-silphenylene )-siloxane polymers. II.* Journal of Polymer Science, Part A-2 **5**, 89-99.

Magill, J. H. 1969. *Spherulitic crystallization studies of poly ( tetramethyl-p-silphenylene ) -siloxane ( TMPS ). III.* Journal of Polymer Science, Part A-2 **7**, 1187-1195.

Mansfield, M. L. 1988. *Solution of the growth equations of a sector of a polymer crystal including consideration of the changing size of the crystal*. Polymer **29**, 1755-1760.

Mareau, V. H.; Prud'homme, R. E. 2003. *Growth rates and morphologies of miscible PCL/PVC blend thin and thick films*. Macromolecules **36**, 675-684.

Massa, M. V.; Dalnoki-Veress, K. 2004. *Homogeneous crystallization of poly( ethylene oxide) confined to droplets: The dependence of the crystal nucleation rate on length scale and temperature*. Physical Review Letters **92**, 255509.

Massa, M. V.; Carvalho, J. L.; Dalnoki-Veress, K. 2003. *Direct visualisation of homogeneous and heterogeneous crystallisation in an ensemble of confined domains of poly ( ethylene oxide)*. European Physical Journal E: Soft Matter **12**, 111-117.

Mateva, R. Wegner, G.; Lieser, G. 1973. *Growth of polyoxymethylene crystals during cationic polymerization of trioxane in nitrobenzene*. Journal of Polymer Science, Polymer Letters Edition **11**, 369-376.

Matsen, M. W.; Bates, F. S. 1997. *Block copolymer microstructures in the intermediate-segregation regime*. Journal of Chemical Physics **106**, 2436-2448.

Matsen, M. W.; Schick, M. 1994. *Stable and unstable phases of a linear multiblock copolymer melt*. Macromolecules **27**, 7157-7163.

Matsuba, G.; Kanaya, T.; Saito, M.; Kaji, K.; Nishida, K. 2000. *Further evidence of spinodal decomposition during the induction period of polymer crystallization: Time-resolved small-angle X-ray scattering prior to crystallization of poly( ethylene naphthalate)*. Physical Review E **62**, R1497-R1500.

Melillo, L.; Wunderlich, B. 1972. *Extended chain crystals. VIII. Morphology of poly ( tetra-fluoroethylene)*. Kolloid-Zeitschrift & Zeitschrift für Polymere **250**, 417-425.

Miller, R. L. 1960. *Existence of near-range order in isotactic polypropylenes*. Polymer **1**, 135-143.

Miller, R. L.; Hoffman, J. D. 1991. *Nucleation theory applied to polymer crystals with curved edges*. Polymer **32**, 963-978.

Minakov, A. A.; Mordvintsev, D. A.; Schick, C. 2004. *Melting and reorganization of poly ( ethylene terephthalate) on fast heating ( 1000 K/s)*. Polymer **45**, 3755-3763.

Minakov, A. A.; Wurm, A.; Schick, C. 2007. *Superheating in linear polymers studied by ultrafast nanocalorimetry.* European Physical Journal E: Soft Matter **23**, 43-53.

Minakov, A. A.; Mordvintsev, D. A.; Tol, R.; Schick, C. 2006. *Melting and reorganization of the crystalline fraction and relaxation of the rigid amorphous fraction of isotactic polystyrene on fast heating* (30, 000 $K/min$). Thermochemica Acta **442**, 25-30.

Miyagi, A.; Wunderlich, B. 1972. *Superheating and reorganization on melting of poly* (*ethylene terephthalate*). Journal of Polymer Science, Part A-2 **10**, 1401-1405.

Miyamoto, Y.; Nakafuku, C.; Takemura, T. 1972. *Crystallization of poly* (*chlorotrifluoro-ethylene*). Polymer Journal (Japan) **3**, 120-128.

Morgan, R. L,; Barham, P. J.; Hill, M. J.; Keller, A,; Organ, S. J. 1998. *The crystallization of the n-alkane $C_{294}H_{590}$ from solution: Inversion of crystallization rates, crystal thickening, and effects of supersaturation.* Journal of Macromolecular Science, Part B: Physics **37**, 319-338.

Motowoka, M.; Jinnai, H.; Hashimoto, T.; Qiu, Y.; Han, C. C. 1993. *Phase separation in deuterated polycarbonate/poly* (*methyl methacrylate*) *blend near glass transition temperature.* Journal of Chemical Physics **99**, 2095-2100.

Murry, R. L.; Fourkas, J. T.; Li, W. -X.; Keyes, T. 1999. *Mechanisms of light scattering in supercooled liquids.* Physical Review Letters **83**, 3550-3553.

Muthukumar, M. 2000. *Commentary on theories of polymer crystallization.* European Physical Journal E: Soft Matter **3**, 199-202.

Muthukumar, M. 2003. *Molecular modelling of nucleation in polymers.* Philosophical Transactions: Mathematical, Physical and Engineering Sciences **361**, 539-556.

Napolitano, R.; Pirozzi, B.; Varriale, V. 1990. *Temperature dependence of the thermodynamic stability of the two crystalline α forms of isotactic polypropylene.* Journal of Polymer Science, Polymer Physics Edition **28**, 139-147.

NATO Advanced Science Institutes Series C: Mathematical and Physical Science 1993. *Crystallization of Polymers.* Dosière, M., Ed.; Kluwer Academic: Dordrecht.

Natta, G.; Corradini, P. Bassi, I. W. 1955. *The crystalline structure of several isotactic polymers of α-olefins.* Atti della Accademia nazionale dei Lincei. Rendiconti della Classe di scienze fisiche, matematiche e naturali **19**, 404-411.

Natta, G.; Peraldo, M.; Corradini, P. 1959. *Modificazione mesomorpha smettica del polipropilene isotattico.* Atti della Accademia nazionale dei Lincei. Rendiconti della Classe di scienze fisiche, matematiche e naturali **26**, 14-17.

Ogata, N.; Kawakage, S.; Ogihara, T. 1997. *Structure and thermal/mechanical properties of poly* (*ethylene oxide*) *-clay mineral blends.* Polymer **38**, 5115-5118.

Olmsted, P. D.; Milner, S. T. 1989. *Strong segregation theory of bicontinuous phases in block copolymers.* Macromolecules **31**, 4011-4022.

Olmsted, P. D.; Poon, W. C. K.; McLeish, T. C. B.; Terrill, N. J.; Ryan, A. J. 1998.

*Spinodal-assisted crystallization in polymer melts.* Physical Review Letters **81**, 373-376.

Organ, S. J.; Ungar, G.; Keller, A. 1989. *Rate minimum in solution crystallization of long paraffins?* Macromolecules **22**, 1995-2000.

Organ, S. J.; Barham, P. J.; Hill, M. J.; Keller, A.; Morgan, R. L. 1997. *A study of the crystallization of the n-alkane $C_{246}H_{494}$ from solution: Further manifestations of the inversion of crystallization rates with temperature.* Journal of Polymer Science, Polymer Physics Edition **35**, 1775-1791.

Ostwald, W. 1897. *Studien über die Bildung und Umwandlung fester Körper.* Zeitschrift für Physikalische Chemie, Stöchiometrie und Verwandschaftslehre **22**, 289-300.

Pardey, R.; Zhang, A. Q.; Gabori, P. A.; Harris, F. W.; Cheng, S. Z. D.; Adduci, J.; Facinnelli, J. V.; Lenz, R. W. 1992. *Monotropic liquid crystal behavior in two poly (ester imides) with even and odd flexible spacers.* Macromolecules **25**, 5060-5068.

Pardey, R.; Shen, D. X.; Gabori, P. A. Harris, F. W.; Cheng, S. Z. D.; Adduci, J.; Facinnelli, J. V.; Lenz, R. W. 1993. *Ordered structures in a series of liquid crystalline poly(ester imiders).* Macromolecules **26**, 3687-3697.

Pardey, R.; Wu, S. S.; Chen, J. H.; Harris, F. W.; Cheng, S. Z. D.; Keller, A.; Adduci, J.; Facinnelli, J. V.; Lenz, R. W. 1994. *Liquid crystal transition and crystallization kinetics in poly(ester imide)s.* Macromolecules **27**, 5794-5802.

Park, C.; De Rosa, C.; Fetters, L. J.; Thomas, E. L. 2000. *Influence of an oriented glassy cylindrical microdomain structure on the morphology of crystallizing lamellae in a semicrystalline block terpolymer.* Macromolecules **33**, 7931-7938.

Park, J. -Y.; McKenna, G. B. 2000. *Size and confinement effects on the glass transition behavior of polystyrene/o-terphenyl polymer solutions.* Physical Review B **61**, 6667-6676.

Passaglia, E.; Khoury, F. 1984. *Crystal growth kinetics and the lateral habits of polyethylene crystals.* Polymer **25**, 631-644.

Pérez, E.; Bello, A.; Fatuo, J. G. 1984. *Effect of molecular weight and temperature on the isothermal crystallization of poly(oxetane).* Colloid and Polymer Science **262**, 605-610.

Petraccone, V.; De Rosa, C.; Guerra, G.; Tuzi, A. 1984. *On the double peak shape of melting endotherms of isothermally crystallized isotactic polypropylene samples.* Die Makromolekulare Chemie, Rapid Communications **5**, 631-634.

Petraccone, V.; Guerra, G.; De Rosa, C.; Tuzi, A. 1985. *Extrapolation to the equilibrium melting temperature for isotactic polypropylene.* Macromolecules **18**, 813-814.

Phillips, P. J. 1990. *Polymer crystals.* Reports on Progress in Physics **53**, 549-604.

Phillips, P. J. 2003. *Polymer morphology and crystallization.* Materials Science and Technology **19**, 1153-1160.

Point, J. J. 1979a. *Reconsideration of kinetic theories of polymer crystal growth with chain folding.* Faraday Discussions of the Chemical Society **68**, 167-176.

Point, J. J. 1979b. *A new theoretical approach to the secondary nucleation at high supercooling.*

Macromolecules **12**, 770-775.

Point, J. J.; Colet, M. C.; Dosiěre, M. 1986. *Experimental criterion for the crystallization regime in polymer crystals grown from dilute solution: Possible limitation due to fractionation.* Journal of Polymer Science, Polymer Physics Edition **24**, 357-388.

Psarski, M.; Piorkowska, E.; Galeski, A. 2000. *Crystallization of polyethylene from melt with lowered chain entanglements.* Macromolecules **33**, 916-932.

Putra, E. G. R.; Ungar, G. 2003. *In situ solution crystallization study of n-C$_{246}$H$_{494}$: Self-poisoning and morphology of polymethylene crystals.* Macromolecules **36**, 5214-5225.

Qi, S.; Wang, Z. G. 1997. *On the nature of the perforated layer phase in undiluted diblock copolymers.* Macromolecules **30**, 4491-4497.

Rastogi, S.; Ungar, G. 1992, *Hexagonal columnar phase in 1, 4-trans-polybutadiene: Morphology, chain extension, and isothermal phase reversal.* Macromolecules **25**, 1445-1452.

Rastogi, S.; Newman, M.; Keller, A. 1991. *Pressure-induced amorphization and disordering on cooling in a crystalline polymer.* Nature **353**, 55-57.

Rastogi, S.; Newman, M.; Keller, A. 1993. *Unusual pressure-induced phase behavior in crystalline poly-4-methly-pentene-1.* Journal of Polymer Science, Polymer Physics Edition **31**, 125-139.

Ratner, S.; Weinberg, A., Wachtel, E.; Mona Moret, P.; Marom, G. 2004. *Phase transitions in UHMWPE fiber compacts studied by in situ synchrotron microbeam WAXS.* Macromolecular Rapid Communications **25**, 1150-1154.

Reiter, G.; Sommer, J. -U. 1998. *Crystallization of adsorbed polymer monolayers.* Physical Review Letters **80**, 3771-3774.

Reiter, G.; Sommer, J. -U. 2000. *Polymer crystallization in quasi-two dimensions. I. Experimental results.* Journal of Chemical Physics **112**, 4376-4383.

Runt, J.; Harrison, I. R.; Varnell, W. D.; Wang, J. I.; 1983. *An examination of the longitudinal acoustic mode of polyethylene crystals.* Journal of Macromolecular Science, Part B: Physics **22**, 197-212.

Sadler, D. M. 1986. *When is a nucleation theory not a nucleation theory?* Polymer Communications **27**, 140-145.

Sadler, D. M. 1987a. *New explanation for chain folding in polymers.* Nature **326**, 174-177.

Sadler, D. M. 1987b. *On the growth of two-dimensional crystals 1. Fluctuations and the relation of step free energies to morphology.* Journal of Chemical Physics **87**, 1771-1784.

Sadler, D. M. 1987c. *On the growth of two-dimensional crystals 2. Assessment of kinetic theories of crystallization of polymers.* Polymer **28**, 1440-1454.

Sadler, D. M. 1987d. *Preferred fold lengths in polymer crystals: Predications of minima in growth rates.* Polymer Communications **28**, 242-246.

Sadler, D. M.; Gilmer, G. H. 1984. *A model for chain folding in polymer crystals: Rough growth faces are consistent with the observed growth rates.* Polymer **25**, 1446-1452.

Sadler, D. M.; Gilmer, G. H. 1986. *Rate theory model of polymer crystallization.* Physical Review Letters **56**, 2708-2711.

Sadler, D. M.; Gilmer, G. H. 1988. *Selection of lamellar thickness in polymer crystal growth: A rate-theory model.* Physical Review B **38**, 5684-5693.

Sadler, D. M.; Barber, M.; Lark, G.; Hill, M. J. 1986. *Twin morphology: 2. Measurements of the enhancement in growth due to re-entrant corners.* Polymer **27**, 25-33.

Sanchez, I. C. 1977. *Problems and theories of polymer crystallization.* Journal of Polymer Science, Polymer Symposia **59**, 109-120.

Sanchez I. C.; DiMarzio, E. A. 1972. *Dilute solution theory of polymer crystal growth: Fractionation effects.* Journal of Research of the National Bureau of Standards, Section A: Physics and Chemistry **76**, 213-223.

Sanchez, I. C.; Eby, R. K. 1973. *Crystallization of random copolymers.* Journal of Research of the National Bureau of Standards, Section A: Physics and Chemistry **77**, 353-358.

Sanchez, I. C.; Eby, R. K. 1975. *Thermodynamics and crystallization of random copolymers.* Macromolecules **8**, 638-641.

Sasaki, S.; Asakura, T. 2003. *Helix distortion and crystal structure of the $\alpha$-form of poly(L-lactide).* Macromolecules **36**, 8385-8390.

Schmidt-Rohr, K.; Spiess, H. W. 1991. *Nature of nonexponential loss of correlation above the glass transition investigated by multidimensional NMR.* Physical Review Letters **66**, 3020-3023.

Schulz, M. F.; Bates, F. S.; Almdal, K.; Mortensen, K. 1994. *Epitaxial relationship for hexagonal-to-cubic phase transition in a block copolymer mixture.* Physical Review Letters **73**, 86-89.

Spontak, R. J.; Smith, S. D.; Ashraf, A. 1993. *Dependence of the OBDD morphology in diblock copolymer molecular weight in coplolymer/homopolymer blends.* Macromolecules **26**, 956-962.

Stranski, I. 1949. *Forms of equilibrium of crystals.* Discussions of the Faraday Society **5**, 13-21.

Strobl, G. 2000. *From the melt via mesomorphic and granular crystalline layers to lamellar crystallites: A major route followed in polymer crystallization?* European Physical Journal E: Soft Matter **3**, 165-183.

Sutton, S. J.; Vaughan, A. S.; Bassett, D. C. 1996. *On the morphology and crystallization kinetics of monodisperse polyethylene oligomers crystallized from the melt.* Polymer **37**, 5735-5738.

Tammann, G. 1903. *Kristallisieren und Schmelzen.* Verlag Johann Ambrosius Barth: Leipzig.

Tenneti, K. K.; Chen, X.; Li, C. Y.; Tu, Y.; Wan, X.; Zhou, Q. -F.; Sics, I.; Hsiao, B. S. 2005. *Perforated layer structures in liquid crystalline rod-coil block copolymers.* Journal of the American Chemical Society **127**, 15481-15490.

Thomas, E. L.; Anderson, D. M.; Henkee, C. S.; Hoffman, D. 1988. *Periodic area-minimizing surfaces in block copolymers*. Nature **334**, 598-601.

Till, P. H. Jr. 1957. *The growth of single crystals of linear polyethylene*. Journal of Polymer Science **24**, 301-306.

Toda, A. 1991. *Rounded lateral habits of polyethylene single crystals*. Polymer **32**, 771-780.

Toda, A. 1992. *Growth of polyethylene single crystals from the melt: Change in lateral habit and regime I-II transition*. Colloid and Polymer Science **270**, 667-681.

Toda, A. 1993. *Growth mode and curved lateral habits of polyethylene single crystals*. Faraday Discussions **95**, 129-143.

Toda, A.; Keller, A. 1993. *Growth of polyethylene single crystals from the melt: Morphology*. Colloid and Polymer Science **271**, 328-342.

Toda, A.; Kiho, H. 1989. *Crystal growth of polyethylene from dilute solution: Growth kinetic of {110} twins and diffusion-limited growth of single crystals*. Journal of Polymer Science, Polymer Physics Edition **27**, 53-70.

Toda, A.; Hikosaka, M.; Yamada, K. 2002. *Superheating of the melting kinetics in polymer crystals: A possible nucleation mechanism*. Polymer **43**, 1667-1679.

Todoki M.; Kawaguchi, T. 1977a. *Origin of double melting peaks in drawn nylon 6 yarns*. Journal of Polymer Science, Polymer Physics Edition **15**, 1067-1075.

Todoki, M.; Kawaguchi, T. 1977b. *Melting of constrained drawn nylon 6 yarns*. Journal of Polymer Science, Polymer Physics Edition **15**, 1507-1520.

Tol, R. T.; Minakov, A. A.; Adamovsky, S. A.; Mathot, V. B. F.; Schick, C. 2006. *Metastability of polymer crystallites formed at low temperature studied by ultra fast calorimetry: Polyamide 6 confined in sub-micrometer droplets vs. bulk PA6*. Polymer **47**, 2172-2178.

Tracht, U.; Wilhelm, M.; Heuer, A.; Feng, H. Schmidt-Rohr, K.; Spiess, H. W. 1998. *Length scale of dynamic heterogeneities at the glass transition determined by multidimensional nuclear magnetic resonance*. Physical Review Letters **81**, 2727-2730.

Turnbull, D.; Fisher, J. C. 1949. *Rate of nucleation in condensed systems*. Journal of Chemical Physics **17**, 71-73.

Turner-Jones, A.; Aizlewood, J. M.; Beckett, D. R. 1964. *Crystalline forms of isotactic polypropylene*. Die Makromolekulare Chemie **75**, 134-158.

Umemoto, S.; Okui, N. 2005. *Power law and scaling for molecular weight dependence of crystal growth rate in polymeric materials*. Polymer **46**, 8790-8795.

Ungar, G. 1980. *Effect of radiation on the crystals of polyethylene and paraffins. 2. Phase separation in γ-irradiated paraffins*. Polymer **21**, 1278-1283.

Ungar, G.; Keller, A. 1980. *Effect of radiation on the crystals of polyethylene and paraffins. 1. Formation of the hexagonal lattice and the destruction of crystallinity in polyethylene*. Polymer **21**, 1273-1277.

Ungar, G.; Keller, A. 1986. *Time-resolved synchrotron X-ray study of chain-folded crystallization of long paraffins.* Polymer **27**, 1835-1844.

Ungar, G.; Keller, A. 1987. *Inversion of the temperature dependence of crystallization rates due to onset of chain folding.* Polymer **28**, 1899-1907.

Ungar, G.; Zeng, X. 2001. *Learning polymer crystallization with the aid of linear, branched and cyclic model compounds.* Chemical Reviews **101**, 4157-4188.

Ungar, G.; Grubb, D. T.; Keller, A. 1980. *Effect of radiation on the crystals of polyethylene and paraffins. 3. Irradiation in the electron microscope.* Polymer **21**, 1284-1291.

Ungar, G.; Putra, E. G. R.; de Silva, D. S. M.; Shcherbina, M. A.; Waddon, A. J. 2005. *The effect of self-poisoning on crystal morphology and growth rates.* Advances of Polymer Science **180**, 45-87.

Ungar, G.; Stejny, J.; Keller, A.; Bidd, I.; Whiting, M. C. 1985. *The crystallization of ultralong normal paraffins: The onset of chain folding.* Science **229**, 386-389.

Ungar, G.; Mandal, P.; Higgs, P. G.; de Silva, D. S. M.; Boda, E.; Chen, C. M. 2000. *Dilution wave and negative-order crystallization kinetics of chain molecules.* Physical Review Letters **85**, 4397-4400.

Vasanthakumari, R.; Pennings, A. J. 1983. *Crystallization kinetics of poly(L-lactic acid).* Polymer **24**, 175-178.

Vigild, M. E. Almdal, K.; Mortensen, K.; Hamley, I. W.; Fairclough, J. P. A.; Ryan, A. J. 1998. *Transformations to and from the gyroid phase in a diblock copolymer.* Macromolecules **31**, 5702-5716.

Vonnegut, B. 1948. *Variation with temperature of the nucleation rate of supercooled liquid tin and water drops.* Journal of Colloid Science **3**, 563-569.

Wagner, J.; Phillips, P. J. 2001. *The mechanism of crystallization of linear polyethylene, and its copolymers with octene, over a wide range of supercoolings.* Polymer **42**, 8999-9013.

Wang, M.; Hu, W.; Ma, Y.; Ma, Y. -Q. 2006. *Confined crystallization of cylindrical diblock copolymers studied by dynamic Monte Carlo simulations.* Journal of Chemical Physics **124**, 244901.

Wang, Z. -G. 2002. *Concentration fluctuation in binary polymer blends: χ parameter, spinodal and Ginzburg criterion.* Journal of Chemical Physics **117**, 481-500.

Weber, C. H. M.; Chiche, A.; Krausch, G.; Rosenfeldt, S.; Ballauff, M.; Harnau, L.; Göttker-Schnetmann, I.; Tong, Q.; Mecking, S. 2007. *Single lamella nanoparticles of polyethylene.* Nano Letters **7**, 2024-2029.

Wegner, G. 1969. *Topochemical reactions of monomers with conjugated triple bonds. I. Polymerization of derivatives of 2, 4-hexadiyne-1, 6-diols in the crystalline state.* Zeitschrift für Naturforschung. Teil B. Anorganische Chemie, Organische Chemie, Biochemie, Biophysik, Biologie **24**, 824-832.

Wegner, G. 1972. *Topochemical polymerization of monomers with conjugated triple bonds.* Die

Makromolekulare Chemie **154**, 35-48.

Wegner, G. 1979. *Introductory lecture: Solid-state polymerization.* Faraday Discussions of the Chemical Society **68**, 494-508.

Wittmann, L. C.; Kovacs, A. J. 1970. *Vielartige zwillinge in polyäthylen einkristallen.* Berichte der Bunsen-Gesellschaft **74**, 901-904.

Wunderlich, B. 1968a. *Crystallization during polymerization.* Angewandte Chemie, International Edition in English **7**, 912-919.

Wunderlich, B. 1968b. *Crystallization during polymerization.* Fortschritte der Hochpolymeren-Forschung **5**, 568-619.

Wunderlich B. 1973. *Macromolecular Physics. Volume I. Crystal Structure, Morphology, Defects.* Academy Press: New York.

Wunderlich B. 1976. *Macromolecular Physics. Volume II. Crystal Nucleation, Growth, Annealing.* Academy Press: New York.

Wunderlich B. 1979. *Molecular nucleation and segregation.* Faraday Discussions of the Chemical Society **68**, 239-243.

Wunderlich B. 1980. *Macromolecular Physics. Volume III. Crystal Melting.* Academic Press: New York.

Wunderlich, B. 2005. *Thermal Analysis of Polymeric Materials.* Springer: Berlin.

Wunderlich, B.; Arakawa, T. 1964. *Polyethylene crystallized from the melt under elevated pressure.* Journal of Polymer Science, Part A **2**, 6397-6706.

Yamazaki, S.; Hikosaka, M.; Toda, A.; Wataoka, I.; Gu, F. 2002. *Role of entanglement in nucleation and 'melt relaxation' of polyethylene.* Polymer **43**, 6585-6593.

Yamazaki, S.; Gu, F.; Watanabe, K.; Okada, K.; Toda, A.; Hikosaka, M. 2006. *Two-step formation of entanglement from disentangled polymer melt detected by using nucleation rate.* Polymer **47**, 6422-6428.

Zannetti, R.; Celotti, G.; Fichera, A.; Francesconi, R. 1969. *The structural effects of annealing time and temperature on the paracrystal-crystal transition in isotactic polypropylene.* Die Makromolekulare Chemie **128**, 137-142.

Zheng, J. X.; Xiong, H.; Chen, W. Y.; Lee, K.; Van Horn, R. M.; Quirk, R. P.; Lotz, B.; Thomas, E. L.; Shi, A. -C.; Cheng, S. Z. D. 2006. *Onsets of tethered chain overcrowding and highly stretched brush regime via crystalline-amorphous diblock copolymers.* Macromolecules **39**, 641-650.

Zhou, W.; Cheng, S. Z. D.; Putthanarat, S.; Eby, R. K.; Reneker D. H.; Lotz, B.; Magonov, S.; Hsieh, E. T.; Geerts, R. G.; Palackal, S. J.; Hawley, G. R.; Welch, M. B. 2000. *Crystallization, melting and morphology of syndiotactic polypropylene fractions. 4. In situ lamellar single crystal growth and melting in different sectors.* Macromolecules **33**, 6861-6868.

Zhou, W. W.; Weng, X.; Jin, S.; Rastogi, S.; Lovinger, A. J.; Lotz, B.; Cheng, S.

Z. D. 2003. *Chain orientation and defects in lamellar single crystals of syndiotactic polypropylene fractions.* Macromolecules **36**, 9485-9491.

Zhu, D. -S.; Liu, Y. -X.; Shi, A. -C.; Chen, E. -Q. 2006. *Morphology evolution in superheated crystal monolayer of low molecular weight poly(ethylene oxide) on mica surface.* Polymer **47**, 5239-5242.

Zhu, D. -S.; Liu, Y. -X.; Chen, E. -Q.; Li, M.; Chen, C.; Sun, Y. -H.; Shi, A. -C.; Van Horn, R. M.; Cheng, S. Z. D. 2007. *Crystal growth mechanism changes in pseudo-dewetted poly(ethylene oxide) thin layers.* Macromolecules **40**, 1570-1578.

Zhu, L.; Chen, Y.; Zhang, A.; Calhoun, B. H.; Chun, M.; Quirk, R. P.; Cheng, S. Z. D.; Hsiao, B. S.; Yeh, F.; Hashimoto, T. 1999. *Phase structures and morphologies determined by competitions among self-organization, crystallization, and vitrification in a disordered poly(ethylene oxide)-b-polystyrene diblock copolymer.* Physical Review B **60**, 10022-10031.

Zhu, L.; Cheng, S. Z. D.; Calhoun, B. H.; Ge, Q.; Quirk, R. P.; Thomas, E. L.; Hsiao, B. S.; Yeh, F.; Lotz, B. 2000. *Crystallization temperature-dependent crystal orientations within nanoscale confined lamellae of a self-assembled crystalline-amorphous diblock copolymer.* Journal of the American Chemical Society **122**, 5957-5967.

Zhu, L.; Calhoun, B. H.; Ge, Q.; Quirk, R. P.; Cheng, S. Z. D.; Thomas, E. L.; Hsiao, B. S.; Yeh, F.; Liu, L.; Lotz, B. 2001a. *Initial-stage growth controlled crystal orientations in nanoconfined lamellae of a self-assembled crystalline-amorphous diblock copolymer.* Macromolecules **34**, 1244-1251.

Zhu, L.; Huang, P.; Cheng, S. Z. D.; Ge, Q.; Quirk, R. P.; Thomas, E. L.; Lotz, B.; Wittmann, J. -C.; Hsiao, B. S.; Yeh, F.; Liu, L. 2001b. *Dislocation-controlled perforated layer phase in a PEO-b-PS diblock copolymer.* Physical Review Letters **86**, 6030-6033.

Zhu, L; Huang, P.; Chen, W. Y.; Ge, Q.; Quirk, R. P.; Cheng, S. Z. D.; Thomas, E. L.; *Lotzed crystalline morphology in confined hexagonally perforated layers of a self-assembled PS-b-PEO diblock copolymer.* Macromolecules **35**, 3553-3562.

Zhu, L.; Huang, P.; Chen, W. Y.; Weng, X.; Cheng, S. Z. D.; Ge, Q.; Quirk, R. P.; Senador, T.; Shaw, M. T.; Thomas, E. L.; Lotz, B.; Hsiao, B. S.; Yeh, F.; Liu, L. 2003. *"Plastic deformation" mechanism and phase transformation in a shear-induced metastable hexagonally perforated layer phase of a polystyrene-b-poly(ethylene oxide) diblock copolymer.* Macromolecules **36**, 3180-3188.

# 第五章

# 高分子中因相转变动力学而观察到的亚稳态

　　本章着重阐述因存在多条自由能路径走向平衡相致使在动力学上产生竞争而出现的亚稳态。能在实验上观测这些亚稳态的决定因素是它们的生长速率。本章就从指认几个有趣的实验观察开始：（ⅰ）因成核能垒的不同，导致沿不同晶面极其不同的结晶生长速率；（ⅱ）在均一（或近似均一）的低聚物结晶中整数次折叠链晶体形成之前因其较快的生长速率而观测到的起始瞬时非整数次折叠链晶体（non-integral-folded chain crystal）；（ⅲ）受整体链构象影响的成核能垒与生长速率。我们也将主要关注在不同温度、压力和外场下由于动力学原因而出现的晶体多晶态。在亚稳相转变温度低于晶体熔融温度的单向相行为的例子中，可以更清楚地阐述这一动力学竞争的原则。表面诱导形成的亚稳态也已被频繁报道，这可以通过表面物理和/或化学的修饰以及这些相的硬或软外延生长得到。硬外延生长要求亚稳的晶体和基体的晶格相匹配，而软外延生长只需存在取向有序。在晶体形态的更大尺度上，带状球晶中的一些弯曲的、卷曲的甚至是扭曲螺旋的单晶是因为在片晶的相对的两个折叠表面上存在着不平衡的表面应力而导致的亚稳态。这些类型的晶体中的链堆积偏离通常的平行方式，尽管它们的晶体结构与相应的平行链堆积的晶体相同。

## V.1　基于晶体成核能垒而出现的亚稳态

### V.1.1　沿不同生长面的晶体生长速率

现在我们集中注意力来回顾半晶高分子单晶生长的历史及研究的主要成果。在 20 世纪 50 年代，光学显微镜和透射电镜在稀溶液实验中观察到了具有晶体学上定义的、多面形状的高分子单晶（Jaccodine，1955；Keller，1957；Till，1957；Fischer，1957）。片晶在熔体中作为球晶的结构单元也得到了证实（Fischer，1957；Kobayashi，1962）。这些早期的观测结果预示着晶体生长是一个成核控制的过程。图 V.1 是一张稀溶液中生长的聚乙烯单晶的透射电镜亮场图像。电子衍射提供了长链分子如何在片状晶体中排列的直接实验证据。链折叠的概念当时由 Keller（1957）提出，而这个概念的起源可以追溯到 Storks 的工作（1938）。尽管在链如何折叠等一些具体细节上还有一些争议，这个概念在今天已经被广泛接受。在同一时期，熔体中的高分子球晶（Point，1955；Keith 和 Padden，1959a、b；Keller，1959；Price，1959）及溶液中的树枝状晶（Wunderlich 和 Sullivan，1962；Fischer 和 Lorenz，1963；Wunderlich 等，1964；Khoury，1966）的观测结果也有了详细的报道。这些晶体形态和小分子中的晶体聚集体比较类似。所有这些实验观测结果也揭示片层单晶是这些高分子晶体聚集体的基本结构单元。

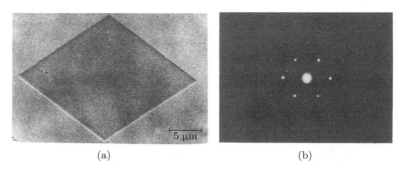

(a)　　　　　　　　　　　　　　(b)

图 V.1　稀溶液中长出的聚乙烯单晶(a)及其电子衍射(b)。

(感谢 S. J. Organ 和 A. Keller)

随着大量的片层单晶被观察到以及它们的晶体晶胞尺寸和对称群的确定，实验结果告诉我们在熔体及溶液中的高分子单晶具有从伸长的带状（动力学上各向异性）到正方或六方形状（动力学上各向同性）等多种形态（Geil，1963；Keller，1968；Wunderlich，1973；Khoury 和 Passaglia，1976；Bassett，1981；Cheng 和 Li，2002）。各向异性单晶形态的形成暗示着晶体沿某一特殊晶体学方向的生长速率快于其他方向。因此，高分子在不同晶面上结晶的成核能垒应该是不同的。而各向同性的单晶形态则是由于沿所有生长前沿的生长速率都相等而产生的，这是因为它们属于同一套{hkl}面并具有相同的成核能垒。总体而言，沿 c 轴旋转对称性较低的晶胞会产生各向异性的单晶形态，而旋转对称性较高的晶胞则形成各向同性的单晶形态（Wunderlich，1973；Cheng 和 Li，2002）。我们可以发现许多例子，包括在溶液中（Khoury，1979；Khoury 和 Bolz，1980、1985；Organ 和 Keller，1985a、b、c）及熔体中（Bassett 等 1988；Keith 等，1989；Toda，1992、1993；Toda 和 Keller，1993）（如图 V.2a 所示）生长的聚乙烯正交相单晶、溶液中生长的等规聚丙烯的单斜 α 相（Sauer 等，1965；Wittmann 和 Lotz，1985；Lotz 等，1991）（如图 V.2b 所示）、在熔体中生长的间规聚丙烯高温正交相（如图 IV.17a 所示）（Lotz 等，1988；Lovinger 等，1990、1991、1993；Bu 等，1996；Zhou 等，2000、2003）、在熔体中的聚偏氟乙烯正交 α 相（Briber 和 Khoury，1993；Toda 等，2001）、在熔体中的聚 ε 己内脂正交相（Beekmans 和 Vancso，2000；Mareau 和 Prud'homme，2005）等等。在这些例子中的晶胞都具有绕 c 轴的 $2_1$ 旋转对称性，因此都表现为伸长的带状单晶形态。另一方面，如图 V.3a 所示的聚乙烯在高压六方相的单晶（Bassett 和 Turner，1972；DiCorleto 和 Bassett，1990）、在溶液中生长的三方相聚甲醛（Geil 等，1959；Khoury 和 Barnes，1974a）、如图 V.3b 所示的在熔体中生长的三方相等规聚苯乙烯（Keith，1964；Keith 和 Padden，1987）、在熔体和溶液中的四方相聚（4-甲基-1-戊烯）（Frank 等，1959；Bassett，1964；Bassett 等，

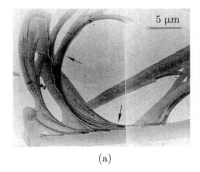
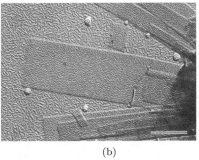

(a)　　　　　　　　　　　　　　(b)

图 V.2　（a）从薄膜熔体结晶、具有正交晶格的聚乙烯伸长的单晶；（从 1989 年 Keith 等的图复制，承蒙许可）（b）从溶液中结晶、具有单斜晶格（α 相）的等规聚丙烯单晶，聚乙烯修饰在单晶基面上来说明链折叠方向（见以下 V.4.1 节）。比例尺代表 1 μm。（从 1985 年 Wittmann 和 Lotz 的图复制，承蒙许可）

1964；Khoury 和 Barnes，1972；Patel 和 Bassett，1994）以及其他例子都具有一个共同的特征，即它们绕 $c$ 轴具有更高的晶胞对称性（$3_1$、$4_1$ 或 $6_1$），并表现出常规的多边形片晶形态。

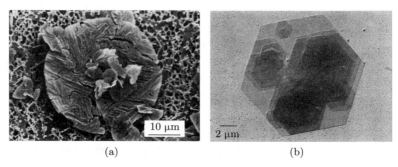

(a)　　　　　　　　　　　　　　　(b)

图 V.3　（a）在高温高压下结晶具有六方晶格的聚乙烯各向同性单晶形态；（从 1990 年 Di Corleto 和 Bassett 的图复制，承蒙许可）（b）从薄膜熔体中结晶、具有三方晶格的等规聚丙烯单晶。（从 1987 年 Keith 和 Padden 的图复制，承蒙许可）

　　高分子单晶形态由生长最慢的晶面所决定，因为生长较快的晶面在晶体生长过程中最先耗尽。我们对这些各向异性单晶形态的形成尤感兴趣。图 V.4 显示了 120 ℃时薄膜熔体中生长的间规聚丙烯单晶的一系列实时原子力显微镜图像。这些单晶具有伸长的带状形态。基于电子衍射实验，这个单晶长的生长前沿是（100）面，而短的生长前沿是（010）面，如图 IV.17a 所示（Bu 等，1996）。显然，沿 [010] 方向的生长速率比沿 [100] 方向的快得多。结晶温度为 120 ℃时的定量数据表明，沿单晶长轴（[010] 方向）的线性生长速率是 0.18 μm/min，而沿单晶短轴（[100] 方向）的速率为 0.018 μm/min（Zhou 等，2000）。这一差别预示沿这两个生长前沿，在各向同性薄膜中（010）面生长的成核能垒要比（100）面的低得多。此外，还需要指出的是，如 IV.2.1 节中描述的，尽管这两个区结合在一起形成一个单晶，但这两个区的片晶厚度却是不同的（Bu 等，1996；Zhou 等，2000）。这一观测结果并非间规聚丙烯所独有。在聚乙烯单晶中，在不同区内也观察到不同的厚度。但是，这种片晶厚度的差别可能还不是生长速率差异的决定因素。如图 V.4 所示，间规聚丙烯较薄的 {010} 区生长更快，而在聚乙烯的情况中，较厚的 {110} 区在熔体中生长更快。所以沿某一晶面的生长速率是由成核能垒决定的，而如 IV.1.5 节所描述的，成核能垒包括焓和熵两个部分。动力学是决定亚稳晶体外形的唯一要素，而不是它们的稳定性。

　　可惜，对于大多数半晶性高分子，只有球晶径向生长速率是现成的。它们对应于组成辐射片晶所固有的最快生长方向，但是球晶形态并不能给出其他不在辐射方向的晶面的生长速率信息。各向异性晶体生长速率只能通过单晶生长

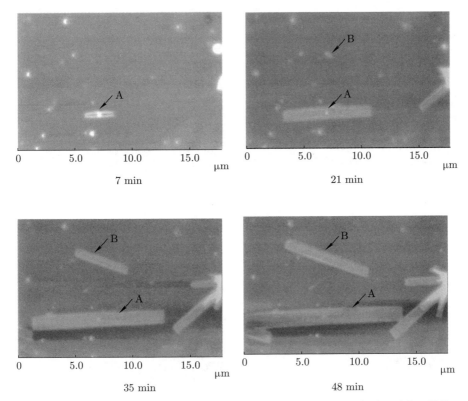

图 V.4　120 ℃时从薄膜熔体中不同时间生长的间规聚丙烯的一组实时原子力显微镜
图像。由此可以监测线性生长速率。（从 2000 年 Zhou 等的图复制，承蒙许可）

速率的研究来确定。

　　在这个话题上，和横向片晶生长速率相关的一个有趣问题是在有些情况下，沿两个不同晶面的生长速率在一定的结晶温度范围里可能会发生反转。一个例子是在溶液中（Khoury，1979；Khoury 和 Bolz，1980、1985；Organ 和 Keller，1985a、b、c）或在各向同性熔体中（Toda，1992、1993；Toda 和 Keller，1993）生长的聚乙烯单晶。图 V.5 显示了首次由 Khoury 和 Bolz（1980、1985）观察到的从不同结晶温度及不同溶剂的稀溶液中生长的一组聚乙烯单晶。已知在二甲苯中低结晶温度时结晶的聚乙烯单晶形态的边界只由四个（110）晶面构成（图 V.1a）。在乙酸庚脂中随温度的升高，（200）面开始能被观察到，从而在晶体形态上产生两个新的边界，如图 V.5a、b、c 所示。当这种情况发生时，单晶形态从菱形变成切去顶端的菱形。当聚乙烯在更为不良的溶剂十二醇中时，长宽比（定义为沿 $a$、$b$ 轴的长度之比）随结晶温度的升高而增大。这时切去顶端的菱形状就变为差不多是透镜的形态（图 V.5d、e、f）。在这张图

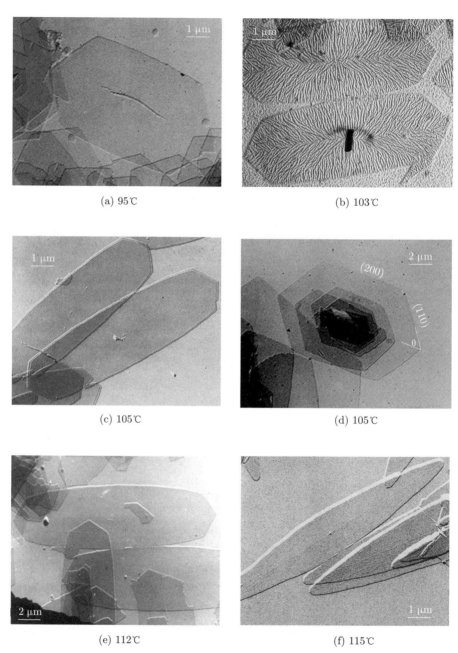

(a) 95℃

(b) 103℃

(c) 105℃

(d) 105℃

(e) 112℃

(f) 115℃

图 V.5　在不同结晶温度下从两种溶剂的稀溶液中生长的一组聚乙烯单晶。聚乙烯级分的数均分子量是 11.4 kg/mol，多分散性是 1.19。图(a)到(c)是乙酸庚脂(一个更好的溶剂)中得到的单晶形态，而(d)到(f)是在十二醇(一个更不良溶剂)中得到的。晶体形态的变化可以由沿 a 和 b 轴长度之间的长宽比来代表。在图(b)中，在单晶表面上的聚乙烯修饰被用来指明链折叠方向(见下面 V.4.1 节中)。(感谢 F. Khoury)

中，角 $\theta$ 定义为(110)面和 $b$ 轴(生长的长轴)之间的夹角。这样，通过实验测量沿 $b$ 轴的尺寸随时间的增加就可推算出沿(110)面法线方向的生长速率。对于从熔体中生长的聚乙烯单晶，如图 V.6 所示(Toda，1992、1993；Toda 和 Keller，1993)，随结晶温度的升高，单晶形态长宽比持续增大，从切去顶端的菱形变成透镜状。对于熔体中生长的单晶，菱形状的单晶甚至在很低的结晶温度下也不能生长。要注意在这里 $\theta$ 角是随晶体形态而变化的。

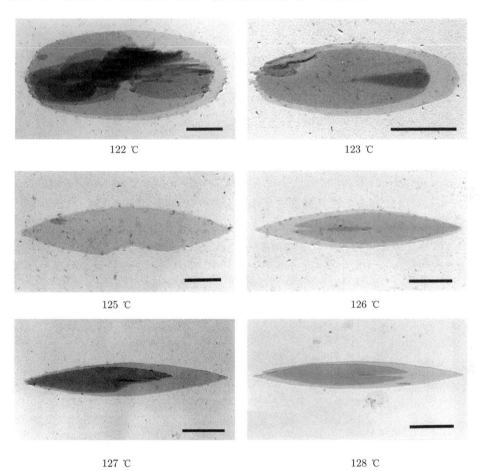

图 V.6　在不同结晶温度(从 122 ℃到 128 ℃)下从熔体中生长的一组聚乙烯单晶。聚乙烯级分的数均分子量为 11 kg/mol，多分散性为 1.16。随着温度的升高，晶体形态从切去顶端的菱形变成透镜形状。标尺代表 1 μm。(从 1993 年 Toda 的图复制，承蒙许可)

聚乙烯的这些单晶形态变化源自沿(200)和(110)法线的生长速率随结晶温度变化率的不同(Passaglia 和 Khoury，1984)。在低结晶温度时，沿(200)法线的生长速率比沿(110)法线的生长速率快，这样，只有(110)面会形成单晶的边界，使它们成为菱形状。随温度的升高，沿(200)法线的生长速率慢了下来，变得与沿(110)法线的生长速率基本相等。因此，单晶同时由(110)和(200)面所界定，结果，它们就呈现出切去顶端的菱形状(图 V.5)。温度进一步升高，沿(200)法线的生长速率比沿(110)法线的生长速率降低得更快。要注意沿单晶中 $b$ 轴的生长速率是以沿(110)法线的生长速率和 $\sin\theta$ 的比值表示的，这里 $\theta$ 定义为(110)面和 $b$ 轴之间的夹角，如图 V.5 所示(Passaglia 和 Khoury，1984)。体系逐渐进入沿(110)法线和 $b$ 轴的生长速率大大快于沿(200)法线速率的状态。单晶形状变为透镜状(图 V.6)。然而，晶体生长的尖端仍然是(110)面，而单晶的其他部位则由锯齿状的细微(200)面组成的弯曲面所界定。

　　基于这些实验观察的结果，我们推断在这两个面上的晶体生长成核能垒对过冷度的依赖性是不同的。对平均分子量为 11 kg/mol、多分散性为 1.16 的聚乙烯级分在正辛烷中浓度为 $10^{-4}$(wt)% 时的详细的生长速率测定表明，稀溶液中单晶形态会因 (110)和(200)面之间的生长速率反转而发生变化，如图 V.7 所示(Toda 等，1986)。对于这个聚乙烯级分，观察到它的速率反转温度大约为 92 ℃。要注意的是反转温度也有浓度依赖性。这种速率反转现象预期也可以发生在本体熔体中生长的单晶中，尽管因为熔体中单晶的生长只限于高结晶温度区域，熔体中的生长速率反转还不能被实验直接观察到(图 V.6)。这种生长速率的反转预计发生在(或者略低于)119 ℃时(Toda，1993)。这种速率反转再次暗示，沿这两个生长方向成核能垒的高度也存在着一个反转。

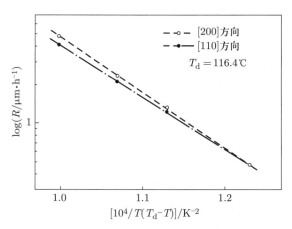

図 V.7　不同结晶温度下聚乙烯沿(110)和(200)法线的线性单晶生长速率。样品数均分子量为 11 kg/mol、多分散性为 1.16，在正辛烷中浓度为 $10^{-4}$(wt)%。

(重绘 1986 年 Toda 等的图，承蒙许可)

聚环氧乙烷低分子量级分的单晶，在形成一次折叠和伸展链晶体的低过冷度区域也能观察到沿不同晶面生长速率的差异。与本体熔体及溶液中的聚乙烯单晶相比，这个转变看起来没有那么明显。聚环氧乙烷这些级分的单晶是由四个(120)面和两个(100)晶面界定的(Shcherbina 和 Ungar，2007)。图 V.8 是数均分子量为 3 kg/mol 的聚环氧乙烷级分在不同结晶温度下从熔体中生长的一系列单晶的图像。这些形态是单晶自修饰后在偏光显微镜下观察到的(Cheng 和 Chen，1991)。这样我们可以用长宽比这个参数，即单晶沿 b 轴(垂直方向)和 a 轴(水平方向)的尺寸之比，来表征生长的各向异性。图 V.9 阐明了这个长宽比随结晶温度的变化。很明显，在 47 ℃ 时长宽比是各向同性生长的 1。50 ℃ 时这个长宽比会增加到 1.28，表明单晶沿 b 轴的生长速率比沿 a 轴的快。但是，当结晶温度为 51 ℃ 时，长宽比突然降回到 1，然后逐渐降低直至 55 ℃ 以上时的 0.8(Cheng 和 Chen，1991)。这一降低暗示着沿(120)和(100)法线生长速率的反转；因此，成核能垒具有晶面特异性。(120)和(100)晶面的成核能垒具有各自的过冷度依赖性。假设沿这两个方向生长的两个不同类型单晶分区的亚稳定性是相同的，那么这就再一次说明生长速率应是由成核能垒决定的，而非它们的稳定性。

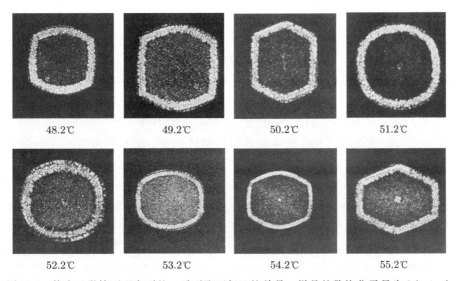

| | | | |
|---|---|---|---|
| 48.2℃ | 49.2℃ | 50.2℃ | 51.2℃ |
| 52.2℃ | 53.2℃ | 54.2℃ | 55.2℃ |

图 V.8　偏光显微镜下观察到的一系列聚环氧乙烷单晶。样品的数均分子量为 3 kg/mol，多分散性为 1.02，在不同温度下从熔体中结晶。单晶尺寸约为 100 μm。(从 1991 年 Cheng 和 Chen 的图复制，承蒙许可)

在各向异性生长中最有趣的例子是分子量及浓度都相同的聚 L-乳酸和聚 D-乳酸的共混物，如 IV.1.5 节所描述。这一共混物形成一个立构复合晶体

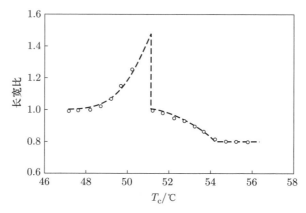

图 V.9　图 V.8 中单晶长宽比随结晶温度的变化。
（重绘 1991 年 Cheng 和 Chen 的图，承蒙许可）

（stereo-complex crystal），具有 $R3c$（或 $\overline{R3c}$）对称性的三方晶胞，它是一个受挫的晶格（Cartier 等，1996）。这个立构复合晶体的熔融温度比相应的对映体聚 L-乳酸或聚 D-乳酸晶体的约高 50 ℃。这些立构复合晶体最显著的地方是它们的三角形状（Okihara 等，1988；Okihara 等，1991；Brizzolara 等，1996），如图 V.10 所示。已经公认这些三角形单晶必然和立构复合晶体中具有 $3_2$ 左手螺旋构象的聚 L-乳酸 和 $3_1$ 右手螺旋构象的聚 D-乳酸这两种不同种类分子的共结晶相关。问题是：这两种不同种类分子是如何通过竞争的生长过程来形成这类三角形单晶的？

　　为了研究三角形单晶的形成机理，Cartier 等设计了一个实验来产生一个特别的环境，使这个立构复合晶体从具有相同分子量，但具有浓度梯度的聚 L-乳酸和聚 D-乳酸中生长（1997）。他们观察到了如图 V.10 所示的三角形单晶。为了研究这种立构复合单晶在分子水平上的生长机理，图 V.11 表示这两种类型的链螺旋在晶体中的排列，而晶体是沿{110}系列的晶面生长的。在前沿的(110)表面，右手的聚 D-乳酸链堆积在一个凹口中，而左手的聚 L-乳酸链则堆积在平的生长表面上。在这个(110)面的对面，堆积位置正好相反，即左手螺旋的聚 L-乳酸链堆积在凹口中，而右手的聚 D-乳酸链堆积在平的生长表面上。因此，从分子的观点来看，三角形单晶的生长有四个堆积速率（Cartier 等，1997）。由于存在着一个浓度梯度，在{110}面的相对的两个面上产生组分的局部不平衡，而这个组分的不平衡决定了堆积的四个速率。当相对速率开始从一个面偏离至另一个面且超过一个特定的比例，就形成了均一的三角形单晶。这一偏离的发生是因为在相对的{110}生长表面上最慢的堆积速率决定了单晶形态，而一个特定单晶形态的形成是因为浓度梯度造成了局部的组成不平衡。

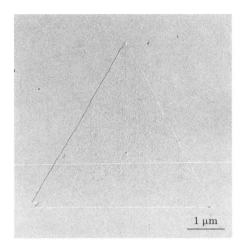

图 V.10 相同数均分子量 7 kg/mol 的聚 L-乳酸和聚 D-乳酸立构复合物的一个三角形单晶。纯聚 L-乳酸先溶液浇铸在一块玻璃片上，然后等物质的量的共混物浇铸在另一块玻璃片上。溶剂挥发后，两块玻璃片压在一起，并升温至 250 ℃。随后，冷却到 200 ℃ 结晶 3 小时。(从 1997 年 Cartier 等的图复制，承蒙许可)

正是这种不平衡极大地影响四个堆积速率中每一个的成核能垒，进而产生了竞争的生长速率(IV.1.5 节所述的"毒化"效应)。和前一例子的唯一差别在于这个例子中成核能垒的高度是由实验中的生长环境来控制的，而非它们特有的过冷度依赖性。

## V.1.2 高分子结晶中的起始瞬时状态

以下我们来关注另一组例子，这一类亚稳态的呈现是由于在相转变的竞争过程中具有最快的相转变速率。在这些例子中，最引人注目的实验观察是一些模型体系结晶动力学会受到在(或靠近)晶体生长前沿分子链不同构象的影响。这些高分子结晶模型体系是链长不等、但严格均一的低聚物。这些体系原则上使我们能够把短链分子的结晶和高分子量聚合物的结晶联系起来。而在这个研究中，它的中心问题是：一条分子链在多长时链可以开始折叠，以及这一从伸展链到折叠链晶体的转变是如何发生的？这样的研究显然是研究高分子结晶的起始点，但实际上在三十年前由于缺乏合适的低聚物，这方面的研究一直受到限制。那时，具有均一尺寸的分子链长不足以使链实现折叠，而那些可以生长折叠链晶体的分子链又太长且又是高度多分散的。经过多年的努力，终于合成出了合适的含足够长链的单分散正烷烃(Bidd 和 Whiting，1985；Bidd 等，1987；Lee 和 Wegner，1985)。具有窄分子量分布的聚环氧乙烷低分子量级分也能从阴离子合成中得到。

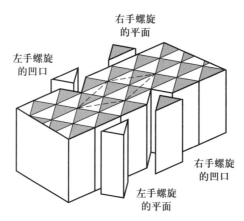

图 V. 11 两种类型的链螺旋，右手的（阴影的）和左手的（无阴影的），排列进具有 $R3c$（或 $\overline{R3c}$）对称性的立构复合单晶的图解。这样就产生了相对于螺旋链茎手性的晶体极性。（重绘 1997 年 Cartier 等的图，承蒙许可）

正如 IV. 1. 5 和 IV. 2. 1 两节所描述的，正烷烃和聚环氧乙烷可以结晶形成整数次折叠链晶体，片晶厚度要么和相当的低聚物的分子链长度相同，或者片晶厚度近似于链长度（$L$）的整数分之一。伸展链晶体厚度为 $L$，而一次折叠晶体厚度为 $L/2$，两次折叠晶体厚度为 $L/3$，三次折叠晶体厚度为 $L/4$。正烷烃晶体形成整数次折叠链晶体，已由小角 X 射线散射及拉曼光谱的纵向声学模式实验而得到（Ungar 等，1985）。对于聚环氧乙烷，整数次折叠链晶体是由 Arlie 等首次报道的（1965、1966、1967）。后来，Kovacs 及其合作者用一套窄分子量分布的低分子量聚环氧乙烷，不仅基于小角 X 射线散射实验，而且还有单晶形态变化和它们的结晶动力学，取得了一系列重要的发现（1972、1975、1977、1979、1980）。

这些聚环氧乙烷低分子量级分整数次折叠链晶体的最初报道引起了它们是如何形成的思考。一种意见认为，由于聚环氧乙烷链有两个羟端基，它们可以和相邻的链端基形成氢键而产生整数次折叠链晶体。但是，后来发现含不同端基的聚环氧乙烷也能生长出整数次折叠链晶体（Cheng 等，1993）。在正烷烃方面的工作也清楚地指出，寻找整数次折叠晶体的形成机理应该集中在链构象上，而不是在末端的化学基团上。因此，问题就成为：是否是链状分子在结晶之前首先在熔体中形成了整数次折叠的链构象，还是它们对其他链的存在"视而不见"直到它们的近邻链段已经结晶了。如果第一种情况是对的，整数次折叠链晶体可以直接从各向同性熔体中形成，而后一种情况则预示着整数次折叠链晶体只能在结晶开始后通过在晶体中链构象的重排和重整来形成。如是，在结晶过程中，必定存在着一种起始的瞬时状态：非整数次折叠链晶体。

同步辐射实时小角 X 射线散射技术的发展导致了关于正烷烃在各向同性熔体中结晶的新发现。当结晶在中等至高过冷度区域发生时，在伸展链晶体形成的结晶温度以下，观察到起始片晶厚度并不符合链长的任何整数分之一，表明整数次折叠链晶体并不是一开始就形成的。相反，是链状分子首先结晶形成非整数次折叠链晶体。随后这些非整数次折叠链晶体通过等温增厚或变薄转变成整数次折叠链晶体（Ungar 和 Keller，1986、1987）。从那以后，更多的观测结果已经被不断报道，发现非整数次折叠链晶体是正烷烃结晶中的起始瞬时状态（Ungar 等，1998；Zeng 和 Ungar，1998；Ungar 和 Zeng，2001；Tracz 和 Ungar，2005；Zeng 等，2005）。图 V.12 是同步辐射实时小角 X 射线散射实验监测末端氘代的 $C_{12}D_{25}C_{192}H_{384}C_{12}HD_{24}$ 样品在等温结晶时片晶厚度变化的一个实例。在这张图上，片晶周期为 18 nm 的强衍射峰很快形成。这一个周期长度是在结晶起始阶段时晶体的厚度，而它并不对应于链长度的整数分之一。这个衍射峰的强度随等温结晶时间的增加而变弱且最后消失，表明非整数次折叠链晶体重排形成厚度为 11.8 nm 的晶体。这个晶体是变薄过程中形成的一次折叠链和伸展链晶体的混合物。这个混合晶体也已由小角中子散射实验所确认（Zeng 等，2005）。最近，详细的小角 X 射线散射分析表明，正烷烃的非整数次折叠链晶体由折叠的及不折叠的链状分子的混合物构成。

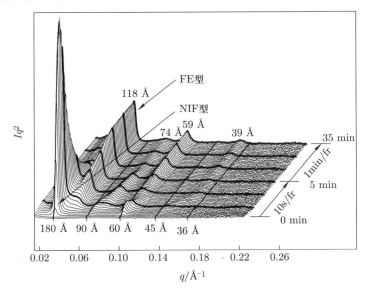

图 V.12　一个末端氘代的 $C_{12}D_{25}C_{192}H_{384}C_{12}HD_{24}$ 样品在 115 ℃ 等温结晶时收集的原位小角 X 射线散射结果。散射矢量 $q$ 定义为 $4\pi\sin\theta/\lambda$，其中 $\lambda$ 是 X 射线的波长。

（感谢 G. Ungar）

同步辐射实时小角 X 射线散射实验也显示了低分子量聚环氧乙烷中非整数次折叠链晶体的存在。在较宽的过冷度范围内，非整数次折叠链晶体首先形成，之后转化为整数次折叠链晶体（Cheng 和 Chen，1991；Cheng 等，1991b、c、d；Cheng 等，1992a、b；Cheng 等，1993）。图 V.13 显示了在 43 ℃结晶时数均分子量为 3 kg/mol 的聚环氧乙烷非整数次折叠链晶体的形成。观察到非整数次折叠链晶体首先出现，片晶厚度为 13.6 nm，这个值是介于伸展链晶体（19.3 nm）和一次折叠链晶体（10 nm）的厚度之间。总体结晶在 3.5 min 时间内就完成了。但是，从非整数次折叠链晶体到整数次折叠链晶体的转化会继续进行下去，如图 V.13 所示。在这张图上，向一次折叠链晶体的等温变薄的过程非常明显。只有在更长时间之后伸展链晶体才开始发育，意味着一个等温变厚的过程。尽管非整数次折叠链晶体在热力学上是最不稳定的，但是它在动力学上生长最快。

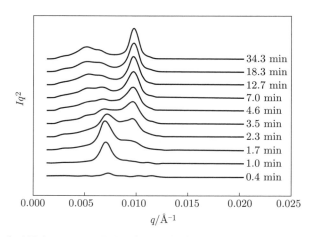

图 V.13　分子量为 3 kg/mol 的聚环氧乙烷低分子量级分在 43 ℃结晶时的一系列 Lorentz 修正后的实时小角 X 射线散射数据。（重绘 1993 年 Cheng 等的图，承蒙许可）

尽管同样的聚环氧乙烷级分在不同温度下结晶发现片晶厚度有相似的台阶式的变化，最初形成的非整数次折叠链晶体的厚度也发现有结晶温度依赖性，如图 V.14 所示。结果是由实时小角 X 射线散射和透射电镜实验得到的（Cheng 等，1992a）。此外，无论是朝向一次折叠链的等温变薄，还是朝向伸展链晶体的晶体变厚都在每一个结晶温度观察到了。非整数次折叠链晶体的存在以及它们的等温转变成整数次折叠链晶体也已由纵向声学模式拉曼光谱独立地证实（Song 和 Krimm，1989、1990a、b；Kim 和 Krimm，1996）。

我们知道片晶厚度和晶体的热力学稳定性密切相关，这一点已经在 Ⅳ.2.3 节作了详细的描述。正因如此，片晶增厚的过程在热力学上是合理的，

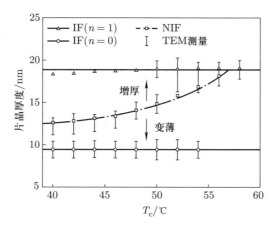

图 V.14 数均分子量为 3 kg/mol 的低分子量聚环氧乙烷在不同结晶温度下的一系列
非整数次折叠链和整数次折叠链晶体的片晶厚度。厚度是由小角 X 射线散射和透射
电镜两个实验测定的。(重绘 1992 年 Cheng 等(a)的图,承蒙许可)

因为晶体退火会生成更厚的晶片来达到更稳定的形式。但是,片晶变薄的过程
则成为一个有疑问的问题,需要我们进一步地讨论。当我们考虑这两种过程的
热力学和形态学判据时,可以预计这些晶体的吉布斯自由能遵循:

$$G(\text{NIF}) > G(\text{IF}, \ n = i + 1) > G(\text{IF}, \ n = i) \qquad (\text{V}.1)$$

而它们的片晶厚度有:

$$\ell(\text{IF}, \ n = i) > \ell(\text{NIF}) > \ell(\text{IF}, \ n = i + 1) \qquad (\text{V}.2)$$

这里 NIF 和 IF 代表非整数次和整数次折叠链晶体。在恒温和恒压下,增厚和
变薄的过程都可能发生。例如在 $i = 0$ 和 1 的情况下,它们分别代表了伸展链
($\text{IF}(n = 0)$)以及一次折叠链($\text{IF}(n = 1)$)晶体。另一方面,当热力学和形态学
判据变成:

$$G(\text{IF}, \ n = i + 1) > G(\text{NIF}) > G(\text{IF}, \ n = i) \qquad (\text{V}.3)$$

和

$$\ell(\text{IF}, \ n = i) > \ell(\text{NIF}) > \ell(\text{IF}, \ n = i + 1) \qquad (\text{V}.4)$$

我们回到高分子片晶的通常情况,即变薄的过程是禁止的。方程 V.1 中非整
数次折叠链晶体具有更高的吉布斯自由能可以解释为晶体中包含的链端基缺陷
以及部分链端基团及邻近尚未结晶的分子链段引起的粗糙折叠表面和它们对于
晶体的熵效应。这两种因素都使晶体变得更不稳定,从而增加体系的吉布斯自
由能。因此,尽管它们比一次折叠晶体要厚,非整数次折叠链晶体在这三种状
态中是最不稳定的(Cheng 等,1992a)。正因为这样,我们可以理解为形成非
整数次折叠链晶体的自由能位垒必然是这三种晶体中最低的;因此,链分子在

克服这个能垒后在一定的时间范围内被滞留在这个亚稳态。当非整数次折叠链晶体弛豫到更低的自由能状态时存在着两种自由能路径。一种路径是到一次折叠晶体，另一种路径是到伸展链晶体。伸展链晶体是这些晶体中最终的稳定态。此外，非整数次折叠链晶体也可以在折叠次数大于一的情况中发现（Cheng等，1992b）。所以，在这些低聚物和低分子量级分中观察到的随过冷度降低时片晶的台阶式的变化来源于增厚及/或变薄的过程，它们取决于从非整数次到整数次折叠链晶体转变的热力学驱动力以及沿晶体学 $c$ 轴的足够大的链活动性。

随分子量的增大，这些晶体的片晶厚度台阶式的变化越来越小。因此折叠次数随链长的增大而变大，两个相邻整数次折叠链晶体的厚度差变得微乎其微，而非整数次折叠链晶体的厚度又处于这两个相邻的厚度之间。因而支配从非整数次到整数次折叠链晶体转变的驱动力变得很小。随着折叠次数的增大，沿着 $c$ 轴的链活动性也变得越来越小。当在高分子量的情况下片晶的变薄和增厚过程都减得足够小，非整数次折叠链晶体就会变成永久的晶体形态。这个过程至少可以为高分子晶体的片晶厚度随过冷度降低而连续增大作一个定性的解释（Cheng等，1992a）。

### V.1.3　受链构象影响的成核与生长速率

当结晶温度接近平衡熔点时，正烷烃及低分子量聚环氧乙烷结晶成一次折叠或伸展链晶体。在非常接近生长前沿的表面，非整数次折叠的构象迅速调整成整数次折叠的构象。在这两种整数次折叠链晶体中，一次折叠链晶体相对于伸展链晶体是亚稳的。因此，一次折叠链晶体的熔点比伸展链晶体的低。由于 III.3 节图 III.8 中介绍的亚稳相和稳定相之间竞争的生长速率的概念，这些生长速率之间的关系将是非常有趣的。

说明这个概念的第一个例子涉及一个数均分子量为 6 kg/mol 的聚环氧乙烷级分。图 V.15 显示了这个级分在低过冷度区域的晶体生长速率数据（Kovacs等，1977）。一次折叠链晶体的熔点是 60.3 ℃，而伸展链晶体的是 63.7 ℃。如这张图所示，有两个生长速率分支。低温的那支是一次折叠链晶体的，而高温的那支是伸展链晶体的。在 59.4 ℃时，这两种生长速率相等，而高于此温度，伸展链晶体生长得更快（Kovacs等，1975）。这个温度就是图 III.8 中交叉点的温度。这种交叉不是因为晶体有不同的形式，而是因为它们有两种截然不同的构象而具有不同的片晶厚度。

在 59.4 ℃和 60.3 ℃之间，这是一个结晶温度略高于交叉温度的较窄过冷度范围，一次折叠和伸展链晶体都能生长，但是一次折叠链晶体的生长速率比伸展链晶体的慢。这一数据预示，在交叉温度（59.4 ℃）以下，一次折叠链晶

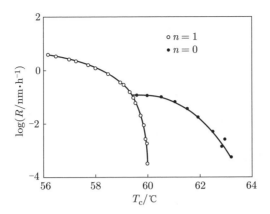

图 V.15　一个数均分子量为 6 kg/mol 的聚环氧乙烷级分一次折叠（$n=1$）和伸展链（$n=0$）晶体的线性生长速率。一次折叠链晶体的熔点是 60.3 ℃，而伸展链晶体的是 63.7 ℃。这两种速率相等时的交叉温度是 59.4 ℃。（重绘 1977 年 Kovacs 等的图，承蒙许可）

体的表面成核能垒比伸展链晶体的低。但是，这个能垒在交叉温度以上迅速增大至超过伸展链晶体的表面成核能垒。正如 IV.1.5 节简述过的，尽管这两个分支似乎是独立的，在（或接近）交叉温度处观察不到生长速率的极小值。

如图 V.16 所示，一个数均分子量为 3 kg/mol、多分散性为 1.02、含甲氧端基的聚环氧乙烷级分在熔体中的单晶生长速率在交叉过冷度附近有一个不太明显的极小值，该处的生长从一次折叠晶体变成伸展链晶体（Cheng 和 Chen，1991）。在含两个羟端基的聚环氧乙烷级分中没有观察到速率极小值的原因可

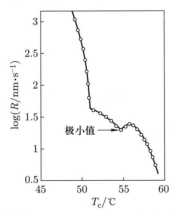

图 V.16　一个数均分子量为 3 kg/mol、多分散性为 1.02、含甲氧端基的聚环氧乙烷级分一次折叠（$n=1$）和伸展（$n=0$）链体的线性生长速率。（重绘 1991 年 Cheng 和 Chen 的图，承蒙许可）

能是由于两个端基在固态和液态都能形成氢键（Cheng 等，1991a）。因此，在这种情况下，折叠的和伸展的构象是难于区分的。而这种分析不适用于含甲氧端基的聚环氧乙烷级分，因为它们的端基之间不存在氢键（Cheng 和 Chen，1991）。

第一个被报道并且最明显的速率极小值现象是在正烷烃的情况中观察到的。最初的报道显示，在过冷的熔体和溶液中，单分散的 $C_{198}H_{398}$ 和 $C_{246}H_{494}$ 在一次折叠和伸展链晶体的过冷区域结晶时成核和生长速率呈现出极小值（Ungar 和 Keller，1986、1987；Organ 等，1989、1997）。对应于每个折叠数目的生长速率都描绘在图 V.17 中。正如 IV.1.5 节所描述的，速率极小值是由于"自毒化"效应。当一根一次折叠构象的正烷烃链堆积在伸展链晶体的生长前沿时，这个位置"被毒化了"，从而阻碍伸展链晶体的进一步生长。通过将这根链从这个"毒化了的"位点移除或者通过伸展折叠的构象对这个"错误"进行修正对于进一步的生长是必要的。因此，成核和生长速率都变慢了。自最初报道后，开展了更完善的生长速率的直接测定以证明这种速率极小值现象的存在（Putra 和 Ungar，2003；Ungar 等，2005）。此外，对于正烷烃及它们的共混物的研究为这种"自毒化"效应提供了进一步的证据（Sutton 等，1996；Boda 等，1997；Morgan 等，1998；Hobbs 等，2001；Ungar 等，2000；Hosier 等，2000；Ungar 和 Zeng，2001；Putra 和 Ungar，2003；Ungar 等，2005）。

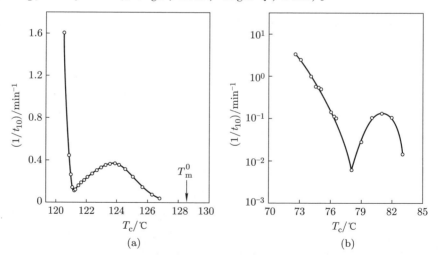

图 V.17　从熔体中结晶的 $C_{246}H_{494}$（a）及从溶液中结晶的 $C_{198}H_{398}$（b）一次折叠（$n=1$）和伸展（$n=0$）链晶体的结晶速率。在一次折叠（$n=1$）和伸展（$n=0$）链晶体之间的转变处可以很明显地观察到速率极小值。（重绘 1987 年 Ungar 和 Keller 以及 1989 年 Organ 等的图，承蒙许可）

这些实验观测结果告诉我们，由于特定分子量样品晶体厚度的差异，结构相同但构象不同（这里，一次折叠相对于伸展链）的晶体也可能构成不同的亚稳态。最快的生长速率并不对应于最终的热力学平衡态，而是依赖于动力学路径的能垒高度。观察到的速率极小值现象表明，堆积在生长前沿有缺陷的链构象降低晶体的生长速率。这种情况是竞争的动力学导致具有不同链构象晶体生成的另一个生动例子。

## V.2 多晶态和竞争的生成动力学

### V.2.1 大气压下多晶态中的相稳定性变化

现在我们来研究一个稍稍复杂的情况：在高分子中存在着多晶态并且它们有相互竞争的生成动力学。尽管在一个特定的压力和温度下，只有一种热力学的平衡相，而其余的相都是亚稳的（如 III.3 节所描述的）。在实验上已经观察到了这些不同的有序多晶态是共存的。不止一种有序态的出现是因为在相转变的路径上有不止一个能垒的存在（不止一条路径）而导致的动力学上竞争的过程。由于克服能垒的能力依赖于热（密度）涨落，能垒最低就最早被克服。我们再次强调，如果克服最低能垒后形成的相不是最终平衡态，它就是一个亚稳态。正如 III.1 节所阐述的，从这个亚稳态再要花多少时间才能到达平衡态依赖于这两种状态之间的能垒。因此，亚稳态的出现通常是由动力学支配的。

首先让我们回顾高分子晶体多晶态的情况。很多半晶高分子表现出多晶态的行为。例子包括等规聚丙烯的单斜 α 相、三方受挫的 β 相及正交 γ 相（Natta 和 Corradini，1959；Turner-Jones 等，1964；Lotz 和 Wittmann，1986；Lotz 等，1986；Brückner 和 Meille，1989；Lotz 等，1991、1996；Dorset 等，1998；Stocker 等，1998），等规聚（1-丁烯）的三方相 I、三方相 II 及正交相 III（Natta 等，1960a；Petraccone 等，1976；Cojazzi 等，1976；Dorset 等，1994），间规聚苯乙烯除了溶剂诱导的 γ 和 δ 相之外的三方 α 相、正交 β 相及它们在熔体中有限的有序异形体（Guerra 等，1990、1991；Pradere 和 Thomas，1990；De Rosa 等，1992；De Rosa，1996；Cartier 等，1998；Tosaka 等，1999），聚偏氟乙烯在晶体晶胞中具有不同链构象和/或堆积方式的正交 α 相、正交极性 β 相、单斜 γ 相及正交 δ 相（Hasegawa 等，1972a、b；Davis 等，1978；Weinhold 等，1979、1980；Lovinger，1981a、b、1982）以及聚醚酮酮具有不同晶胞参数的高温和低温正交相（Blundell 和 Newton，1991；Avakian 等，1990；Gardner 等，1992、1994；Ho 等，1994a、b、1995a、b）。多晶态也经常见于一些聚氧化物，如聚甲醛和聚三亚甲基醚，很多脂肪族聚酰胺，如聚 L-氨基丙酸和尼

龙等等。所有这些晶体的结构和对称性都已由 X 射线和电子衍射方法所确定（例子见 Geil，1963；Wunderlich，1973；Tadokoro，1979；Dorset，1995）。

一个有趣的领域是高分子晶体中溶剂诱导的多晶态。一类溶剂诱导的晶体通过高分子-溶剂复合而形成，例如间规聚苯乙烯中的 γ 和 δ 相。另一类不形成复合物，例如在聚(4-甲基-1-戊烯)的情况。这个高分子从熔体和溶液中生长的晶体都具有含 $7_2$ 螺旋链构象的四方晶胞（Frank 等，1959；Bassett，1964；Bassett 等，1964；Khoury 和 Barnes，1972；Patel 和 Bassett，1994），通常称作异形体 I。不过，依据结晶条件和步骤，它还有另外三种晶型。异形体 II 从二甲苯稀溶液中（Tanda 等，1966）及高过冷度下从四甲基锡和四乙基锡中获得（Charlet 和 Delmas，1984），它具有含 $4_1$ 螺旋链构象的四方晶胞。异形体 III 具有相同的晶胞晶格及螺旋链构象，但略微不同的晶胞尺寸，它已经从烷烃和环烷烃溶剂的溶液中生长出来。异形体 IV 是将初始的四方晶体在 200 ℃和 4.5 kbar 的高压下退火得到的，它的结构是含 $4_1$ 螺旋链构象的六方晶胞（Hasegawa 等，1970）。此外，另一种聚(4-甲基-1-戊烯)的异形体出现在一种环己烷凝胶中（Charlet 和 Delmas，1984）。

当我们研究高分子中多晶态的生成动力学时，如 V.1.2 节中描述的晶胞对称性和晶体形态的相关性要求我们回答下面的问题：当半晶高分子从一种晶体结构转变成另一种具有不同晶格和对称性的晶体时，单晶形态是否会发生变化？答案依赖于转化究竟是以固-固转变还是以固-液-固转变的形式发生。例如，当高压下生长的聚乙烯六方相在压力和温度降低时转变成正交聚乙烯晶相，这是固-固的相变。通过这个转变，在聚乙烯六方相形态上会产生相隔 120°的三个等价取向的孪晶对称性（Di Corleto 和 Bassett，1990），如图 V.3a 所示。在这个固-固转变中仍保持着高晶胞对称性的单晶形态。相反地，在常压下形成的聚乙烯球晶总是以正交晶格的 b 轴以径向的方式生长，不能观察到孪晶对称性（Point，1955；Keith 和 Padden，1959a、b；Keller，1959；Price，1959）。

从构象的观点来看，需要更多关注的是两种相之间的固-固晶体转变。在有些固-固晶体转变中，两种晶相具有相同的链构象。因此转变只需要链从起始相中位置到最终相中位置的位移。这类转变可以在这些例子中观察到：聚乙烯在全反式构象的正交和单斜相之间（Seto 等，1968；Wittmann 和 Lotz，1989），乙烯——氧化碳共聚物在 α 和 β 相之间（Klop 等，1995）以及聚偏氟乙烯在 α 和 β 相之间（tgtg⁻螺旋构象，Lovinger，1982）的转变。对于另外一些例子，它们的链构象在固-固晶体转变的起始和最终的相会不一样。例子包括等规聚(1-丁烯)中从含 $11_3$ 螺旋构象的相 II 到含 $3_1$ 螺旋构象的相 I 的转变（Holland 和 Miller，1964；Lotz 等，1998b）以及间规聚丙烯中从含全反式构象的低温正交相到含螺旋链构象的高温相的转变（De Rosa 等，1998；Chatani 等，1991；Lotz 等，1998b）。

另一方面，如果链位置和构象必须在相对较大的尺度上发生改变，那么要完成转变，固-液-固转变是必需的。在这种情况下，初始单晶形态的记忆在向液态的转变中消失。只有最新晶体所具有的结构和对称性决定新形成单晶的形态。

第一个有趣的同质多晶现象例子是等规聚（1-丁烯）。这一高分子在溶液结晶中表现出三种晶型（Holland 和 Miller，1964；Luciani 等，1988）：具有 $3_1$ 螺旋构象和三方晶胞的相 I 是从相 II 通过固-固晶体转变形成的（Natta 等，1960a）（同时，存在一个直接从溶液中结晶出来的相 I′，它有与相 I 相同的晶体结构但稳定性更低）；具有 $11_3$ 螺旋构象和四方晶胞的相 II（Petraccone 等，1976）以及具有 $4_1$ 螺旋构象和 $P2_12_12_1$ 空间群的正交晶胞的相 III（Cojazzi 等，1976；Dorset 等，1994）。这些多晶态在室温和它们熔点之间的温度范围内具有不同的稳定性。要注意具有相等构象能量的左手和右手螺旋都存在，这和其他乙烯基聚合物一样，聚（1-丁烯）有一个手性中心，但是以外消旋的形式存在。在等规聚（1-丁烯）的三方相 I 和四方相 II 中，晶体要求反手性链堆积，其中右手螺旋必须被左手螺旋包围，反之亦然。但是，在相 III 中，所有的螺旋链都具有相同的手性，导致同手性堆积。特别有趣的是相 III 能形成卷曲的单晶（Holland 和 Miller，1964；Lotz 和 Cheng，2006）。

已有大量的研究关注到等规聚（1-丁烯）中这些多晶态之间的转变。例如，室温下相 II 能通过固-固晶体转变自发地转化成相 I（Holland 和 Miller，1964；Luciani 等，1988；Chau 等，1986；Kopp 等，1994a；Lotz 等，1998b；Tosaka 等，2000）。另一方面，相 I′ 和 III 可以通过在它们的熔点（~ 90 ℃）以下退火转变成相 II，这可能是通过熔融-重结晶过程（Geacintov 等，1963；Armeniades 和 Baer，1967；Woodwardhe Morrow，1968）。在等规聚（1-丁烯）从各向同性熔体中结晶，通常形成亚稳的相 II，这是因为其有利的动力学，而非其热力学稳定性。在室温下长时间退火后，相 II 的晶体可以转变成相 I。在最近关于薄膜外延生长结晶的实验中，使用合适的基底所有这三个相都能产生（Kopp 等，1994b、c；Mathieu 等，2001）。也发展了一种从熔体中生成大量相 III 的溶剂辅助法（Lotz 和 Thierry，2003）。图 V.18 显示了使用这种新方法结晶的等规聚（1-丁烯）的光学显微镜图像。在这张图的中心，显示弱双折射的区域是相 III 球晶，而周围的球晶处于相 II（或者它们可能已转变成相 I）。相 III 的球晶具有周期为 5 μm 的同心消光环，暗示着协同的片晶扭曲。在图 V.19 中，亮场透射电镜图像明显地揭示了球晶中相 III 片晶的协同扭曲（Lotz 和 Thierry，2003）。

在图 V.18 中所用的结晶温度下，小的相 I 球晶被相 III 的前进生长前沿和

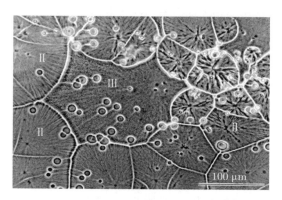

图 V.18　利用新发展的溶剂辅助法从熔体中结晶的等规聚(1-丁烯)的光学显微镜图像。中心的球晶是相 III,有消光环,周围的球晶是相 II。包覆的小球晶是相 I。(感谢 B. Lotz)

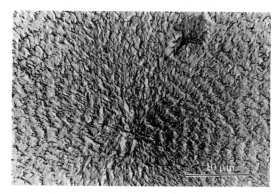

图 V.19　使用一种溶剂辅助法从熔体结晶的等规聚(1-丁烯)的亮场透射电镜图像。相 III 球晶具有周期为 5 μm 的同心消光环,暗示片晶的协同扭曲。(从 2003 年 Lotz 和 Thierry 的图复制,承蒙许可)

相 II 球晶的生长所包埋。最近的结果显示相 II 和相 I′的生长速率之比要大于两个数量级(Yamashita 等,2007)。这个实验证据进一步暗示相 II 四方相的出现不是由它的最终相稳定性决定的,而是由成核能垒的高度所决定。

除了多晶态结构方面的信息,也可以对这些多晶态形成的详细生长动力学进行分析。聚醚酮酮可以用来阐述这一概念。它具有两种不同的正交晶相(相 I 和相 II)。两种晶胞都含有两根链,并有相同的对称性($Pbcn-D_{2h}^{14}$)。相 I 晶体($a = 0.786$ nm,$b = 0.575$ nm,$c = 1.016$ nm)(Avakian 等,1990;Gardner 等,1992、1994)在热力学上比相 II 晶体($a = 0.417$ nm,$b = 1.134$ nm,$c = 1.008$ nm)(Blundell 和 Newton,1991;Ho 等,1994a、1995b)更稳定。除了它们的

[001] 带的电子衍射图及在 *ab* 面内的分子堆积外，图 V.20 也显示了从这两个相熔体中生长的单晶。衍射结果给出了决定性的证据，表明两个正交相都是由两根链构成的晶胞，其中一根链在晶胞的中心，但它们有非常不同的晶胞尺寸（如图 V.20c 所示）。

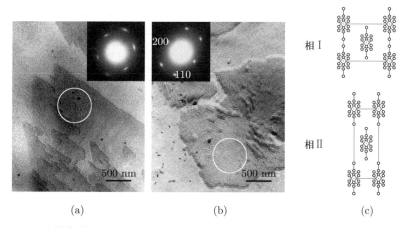

图 V.20　从熔体中生长的聚醚酮酮相 I(a)和相 II(b)单晶的透射电镜亮场图像及它们相应的[001]带的电子衍射图。这两相晶胞 *ab* 面的链堆积的示意图(c)。(从 1995 年 Ho 等(b)的图复制，承蒙许可)

　　这两个相倾向于在不同的温度区域内生长。图 V.21 显示了在不同结晶温度下形成的这两个相的两组广角 X 射线衍射花样。要注意在 $2\theta = 15.7°$（晶面间距为 0.565 nm）的衍射被确认是相 II 晶体的 (020)。图 V.21a 对应于从各向同性液体的结晶，而图 V.21b 代表从淬冷的无定形玻璃的结晶。很明显相 I 在高温生长更快，而相 II 在低温生长更快。这些观测结果反映了聚醚酮酮中这两相成核能垒的高度具有截然不同的过冷度依赖性。也就是说，结晶温度高时相 I 的能垒高度比相 II 的低，结晶温度低时情形反转。

　　另一个有趣的例子是间规聚苯乙烯。已有大量有关其复杂多晶态相行为的研究工作被报道（Guerra 等，1990、1991；Pradere 和 Thomas，1990；De Rosa 等，1992；De Rosa，1996；Cartier 等，1998；Tosaka 等，1999）。聚焦在熔体中多晶态的形成，三方 α 相已被确认为超分子受挫形式（Cartier 等，1998），而正交 β 相比 α 相更稳定。广角 X 射线衍射和红外光谱观测结果表明，当间规聚苯乙烯样品在 300 ℃以下熔融时，等温结晶只形成变型的三方 α′相，它比 α 相有序度低但晶胞晶格保持相同。当样品在 340 ℃以上熔融时，生长出了变型的正交 β′相。当样品在这两个温度之间熔融时，生成 α′和 β′晶体的混合物。要注意所有这些等温结晶实验都在 235 ℃和 250 ℃之间的温度下进行。图

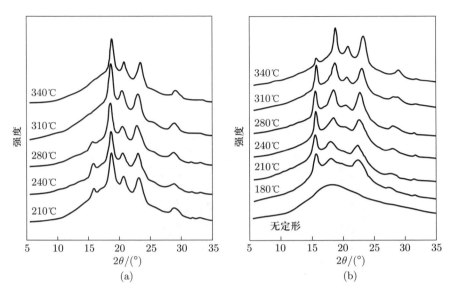

图 V.21　从各向同性熔体(a)和从无定形玻璃态(b)结晶的聚醚酮酮的两组一维广角 X 射线衍射粉末花样。在 $2\theta = 15.7°$ 处的（020）衍射峰是相 II 晶体代表性的峰。

（重绘 1994 年 Ho 等(a)的图，承蒙许可）

V.22a 显示了两个广角 X 射线衍射粉末花样。一个是熔体被保持在 290 ℃；另一个是熔体被保持在 340 ℃。但两者都在 250 ℃ 等温结晶。图 V.22b 是两个相应的红外光谱图，可以用来区分 α′ 和 β′ 相(Ho 等，2000)。

这些实验观测结果预示，这些多晶态的成核能垒依赖于熔体的停留温度。但是，当样品从熔体淬冷到 300 ℃ 以下时，首先生长的是 α′ 相，并在等温结晶温度长时间退火后逐渐转化成 β′ 相(Ho 等，2000、2001)。这一转化反映了通过相转变的亚稳性变化。此外，当样品从熔体淬冷到 300 ℃ 以下或 340 ℃ 以上时，它们的等温结晶行为具有不同的 Avrami 指数以及其他动力学参数(Woo 等，2001)。更有趣的是，这两相的单晶形态也是不同的。三方 α′ 相有六方形状的单晶，而正交 β′ 相有切去顶端的菱形单晶(Ho 等，2001)。剩下的问题是理解比较不稳定的 α′ 相怎样转化成更稳定的 β′ 相，特别是 α′ 相的片晶增厚是否触发了这个到更稳定 β′ 相的转化。如果片晶增厚触发了这个固–固相变，在形成 β′ 相之后，六方形状的单晶应该至少被部分地保留。进一步的研究明显是必需的。最近的研究也已有报道，通过溶剂的挥发，溶液生长的 δ 相可以转化成 γ 相，暗示了这两相之间的稳定性差异(Yashioka 和 Tashiro，2003)。

对于高分子同质多晶现象，最著名且技术上最重要的一个例子是聚偏氟乙烯。这个高分子呈现出四种多晶态。其中，α 和 γ 相通常是从各向同性熔体中

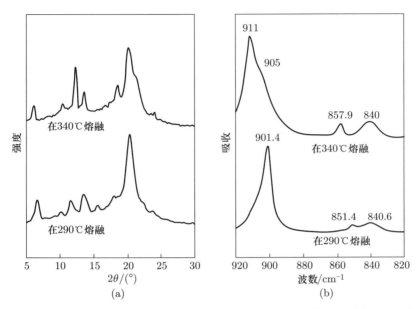

图 V.22　间规聚苯乙烯分别从 290 ℃ 和 340 ℃ 淬冷后在 250 ℃ 结晶得到的 α′和 β′相的一套广角 X 射线衍射粉末花样(a)及相同结晶条件下得到的这两相对应的红外光谱(b)。(重绘 2000 年 Ho 等的图，承蒙许可)

发生结晶时观察到的。α 相具有正交晶胞，其 $a = 0.966$ nm，$b = 0.496$ nm 及 $c = 0.464$ nm(Lando 等，1966)。γ 相具有单斜晶胞，其 $a = 0.496$ nm，$b = 0.967$ nm，$c = 0.920$ nm 及 $\beta = 93°$(Lovinger，1981b)。这两相生长出具有不同织构的球晶聚集体。α 相球晶具有高双折射及绷紧的片晶弯曲，而 γ 相球晶的双折射比较低(Lovinger，1982)。尽管这两相的生长速率因高分子中头-头和尾-尾组成的差异而不同，这两相生长速率的一般趋势见图 V.23(Lovinger，1980)。这张图显示了两种不同聚偏氟乙烯样品的球晶生长速率。

　　一般而言，在低结晶温度区域内 γ 相的生长速率要比 α 相生长慢几倍。不过，在高结晶温度，生长速率是反转的，γ 相生长得更快。这一生长速率的反转预示，这两相的成核能垒高度是反转的。尽管能垒依赖于过冷度，这两个生长速率在交叉温度以上随着结晶温度升高而出现的进一步的不同意味着这两个成核能垒的高度必然受到除过冷度之外其他因素的影响。

　　具有四个不同晶型的等规聚丙烯(Natta 等，1959；Turner-Jones 等，1964；Lotz 和 Wittmann，1986；Lotz 等，1986；Brückner 和 Meille，1989；Lotz 等，1991、1996；Dorset 等，1998；Stocker 等，1998)已经成为最有代表性的例子来说明相变中亚稳态所扮演的角色。在这个高分子的多晶态中，γ 相的成分可

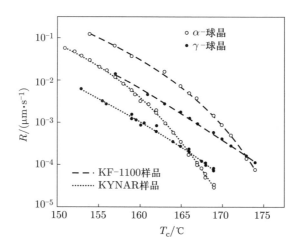

图 V.23　两个聚偏氟乙烯样品在不同温度下从熔体中结晶的 α 相和 β 相球晶的线性生长速率。这两个样品（KF-1100 和 KYNAR）具有不同的头-头和尾-尾组成。在两种情况中都能观察到生长速率的反转。（重绘 1980 年 Lovinger 的图，承蒙许可）

以通过以下几种方法而得到增强：在高压下结晶（Pae 等，1966；Campbell 等 1993）；使用低分子量聚丙烯（Addink 和 Beintema，1961；Morrow 和 Newman，1968）；在 α 相上外延生长（Lotz 等，1986、1991）；链缺陷或不同化学成分的存在（Turner-Jones，1971；Alamo 等，1999）和在链中包含乙烯共聚单体单元（Morrow 和 Newman，1968；Zimmermann，1993；Mezghani 和 Phillips，1995、1998；Laihonen 等，1997；De Rosa 等，2002；Alamo 等，2003）。

　　常压下 α（单斜）和 β（三方）相都能在较宽的结晶温度范围内生长。这两相中的链构象都是三重螺旋。因此，这两相结构上的发育完全由链茎堆积方式决定，正如 IV.1.5 节所描述的。图 V.24 显示了这两相之间结构上的关系。在 α 相中，链茎的手性以层到层的方式交替变化，沿 b 轴（α 相的（040）面）形成反手性堆积。此外，三角形螺旋的顶点（或三角形螺旋的平面）指向相邻两个三角形螺旋（或互相面对），如这张图中所示。β 相具有一种受挫的堆积（Lotz 等，1994）。这个相沿{110}面生长，形成同手性堆积，但是螺旋的顶点的取向是上、下、下（如图 V.24 中）。在这两相中，和 α 相相比，β 相是热力学上亚稳的相。

　　等规聚丙烯中 α 和 β 相的形成都由成核过程决定。这两相的球晶形态截然不同。由于它们交叉嵌入的片晶生长，α 相球晶一般表现出弱的双折射（Lotz 和 Wittmann，1986）；而 β 相的球晶则在偏光显微镜下具有较强的双折射。图 V.25 中透射电镜亮场图像上可以观察到根本的形态特点。在双折射较低的 α 相球晶中，可以很清楚地看出片晶的交叉嵌入，并且由于自外延生长，

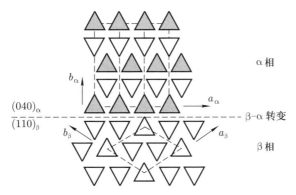

图 V.24　等规聚丙烯中 α 和 β 相之间结构上关系的示意图。α 相最密集的堆积在垂直于 $b$ 轴的(040)面，而 β 相则在(110)面。（重绘 1998 年 Lotz 的图，承蒙许可）

片晶沿球晶的径向和切线方向取向。在双折射高的 β 相球晶中，只能看到一种均一取向的片晶群体（在此图中，它们是平躺类型的片晶）（Fillon 等，1993）。

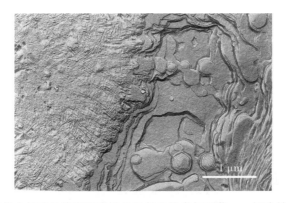

图 V.25　熔体中结晶的等规聚丙烯的透射电镜亮场图像。α 相球晶的交叉嵌入片晶(左)和 β 相球晶的平躺均一片晶(右)都能被确认。（从 1993 年 Fillon 等的图复制，承蒙许可）

等规聚丙烯中每一相的生长速率都可以用偏光显微镜在实验上测定。在过去的三十多年中已收集并报道了大量的生长速率数据（Lovinger 等，1977；Varga，1989；Fillon 等，1993；Lotz，1998）。使用定向固化方法在温度梯度中（Lovinger *et al.* 1977）或采用特殊的成核剂（Varga 1989，Fillon *et al.* 1993，Lotz 1998）结晶，等规聚丙烯的 β 相成分几乎可以达到 100%。在静止的结晶中，尽管 β 相是亚稳的，在较宽的结晶温度范围内它的生长速率比 α 相的能快到 70%。图 V.26 图解了不同温度下测量的 α 和 β 相实验生长速率数据

（Lotz，1998）。当结晶温度超过 141 ℃，生长速率反转，α 相的生长速率再次变得比 β 相的快。非常有趣的是，在 100 ℃ 和 105 ℃ 之间的更低结晶温度下，生长速率再次反转，α 相的生长变得比 β 相的快。在 100 ℃ 和 141 ℃ 之间，β 相的生长速率更快。这两个生长速率反转导致一种"生长速率的重入"，亦即一种"相的重入"，这与 II.1.4 节中描述的液晶中的情况类似。在这种情况下，两个相的生长速率都可以在实验上观察到，暗示形成这两相的成核能垒高度不会差得很远，可是，这两个能垒会有"能垒高度的重入"。因此，亚稳态的出现完全依赖于成核能垒，它们可能极其依赖于这两相中链的堆积形式。

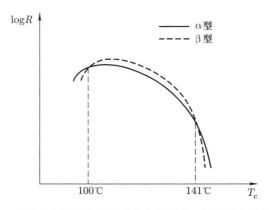

图 V.26 α 和 β 多晶态在不同温度的晶体生长速率。很明显在约 100 ℃ 和 141 ℃ 在这两相之间有两个交叉生长速率，这可以作为生长速率反转的例子。（重绘 1998 年 Lotz 的图，承蒙许可）

## V.2.2 在高压高温下多晶态中的相稳定性变化

相的稳定性也可以通过等温时改变压力来进行研究。最著名的例子是高压下出现的聚乙烯多晶态。厚度在微米级的聚乙烯六方堆积伸展链晶体最早是在高压下从熔体中生长出来的（Wunderlich 和 Arakawa，1964；Geil 等，1964；Wunderlich 和 Melillo，1968；Prime 和 Wunderlich，1969；Wunderlich 和 Davidson，1969；Rees 和 Bassett，1968、1971）。图 V.27 是聚乙烯伸展链晶体的透射电镜亮场照片。这张照片中片晶厚度的不同可能是由于多分散性为 18、分子量为 150 kg/mol 的样品在结晶时的分子水平上的分级所引起的（Prime 和 Wunderlich，1969）。

实验显示聚乙烯伸展链晶体的形成机理和高压下形成的六方相有关。这一六方相最早由 Bassett 和 Turner（1972、1974a、b）以及 Yasuniwa 等（1973、1976）在实验上观察到。图 V.28 为聚乙烯的温度–压力相图（Bassett 和 Turner，

图 V. 27 聚乙烯伸展链片晶的透射电镜亮场照片。样品在 4.8 kbar 的压力和 220 ℃
下从熔体中等温结晶 20 h。标尺代表 2 μm。(从 1969 年 Prime 和 Wunderlich 的
图复制，承蒙许可)

1974a、b)。在此相图中，聚乙烯能以两种有序的多晶态，即正交和六方相存
在。为了现在讨论的方便，这一相图忽略了机械或外延生长诱导的单斜多晶
态。在正交结构中，聚乙烯链形成一个常规的晶体，而六方结构是一个沿链的
方向有较大分子活动性的柱状相。此图中三相点 Q 表示正交、六方和各向同
性熔体三个相的共存。

在高压下利用广角 X 射线衍射进行的一项详细的结构研究表明，在转变
温度和压力下这一六方相的形成包括正交晶体晶胞 $a$ 轴的一个不连续的 0.1 nm
膨胀而达到 0.84 nm，而 $c$ 轴沿链方向收缩，这暗示了全反式聚乙烯构象的无
序化(Bassett 和 Turner，1974a、b；Yasuniwa 等，1976；Yamamoto 等，1977)。
图 V. 29 显示在压力约为 5 kbar 和温度约为 240 ℃时 $a$ 轴和 $c$ 轴的不连续变化，
揭示了一个一级相变。

作为多晶态中这一区别的结果，正交相具有聚乙烯链折叠晶体的结构，而
六方相是伸展链晶体。在前一种情况，晶体在特定的过冷度下只有横向生长，
具有确定的片晶厚度，而在后一种情况，晶体在厚度方向通过沿链的滑移运动
也继续生长，只有在碰到邻近的晶体时才会终止(Wunderlich 和 Melillo，1968；
Hikosaka 等，1992)。如图 V. 28 所示，这一六方相的生长从全部三个相共享的
Q 点开始。图 V. 28 给出了这三个相中每一个的相边界。非常明显，在它们的

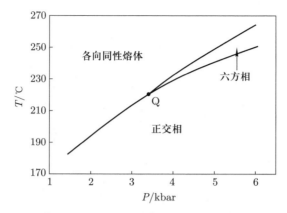

图 V.28　聚乙烯的温度-压力相图。此图中有三种相态：正交相、六方相和各向同性熔体。三相点由 Q 表示。（重绘 1974 年 Bassett 和 Turner(b) 的图，承蒙许可）

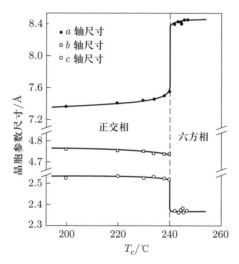

图 V.29　由广角 X 射线衍射确定的在 5 kbar 和 240 ℃时聚乙烯 $a$ 轴和 $c$ 轴的不连续尺寸变化。（重绘 1976 年 Yasuniwa 等的图，承蒙许可）

稳定温度-压力区域之外，这些相变成亚稳的。所以，在压力低和温度低时正交相是稳定的，而在压力高和温度高时，六方相是稳定的。

　　聚乙烯并不是唯一的例子。另一重要例子是聚偏氟乙烯。据报道这个聚合物在足够高的压力和温度下可以生长 γ 相（Hasegawa 等，1970；Hasegawa 等，1972a、b；Kobayashi 等，1975）。但是，进一步的实验结果发现聚偏氟乙烯的高压相是 β 相（Matsushige 和 Takemura，1978、1980），这个相因其特有的压电及热电性质而具有技术上的重要性。伸展链晶体被观察到具有 150 到 200 nm 的片晶厚度。后来，高压高温下的广角 X 射线衍射结果表明，聚偏氟乙烯中伸展链晶体的形成也是由于 0.3 kbar 和 300 ℃ 以上一个六方相的存在（Hattori 等，1996、1997）。

　　另一种形式的伸展链晶体发生在常压下的高温退火。高温六方多晶态的存在可以在聚四氟乙烯中观察到。已知聚四氟乙烯有四种不同的晶相多晶态；它们是具有 $13_6$ 螺旋链构象的三斜相 II、具有 $15_7$ 螺旋链构象的三方相 IV、具有不规则螺旋的六方相 I 以及具有 $2_1$ 平面锯齿链构象、只在高压下出现的正交相 III（Clarck 和 Muus，1962；Clark，1967；Flack，1972；Corradini 和 Guerra，1977）。六方相 I 也是一个沿链方向有较大分子活性的柱状相。图 V.30 是这四个相的温度-压力相图。常压下，相 II 在最低温度区域是稳定的，它在 19 ℃ 时转变成相 IV。相 IV 在约 33 ℃ 时转变成相 I。因此，相 IV 只在很窄的温度和压力区域是稳定的。另一方面，相 I 在很宽的温度和压力范围内是稳定的（Wunderlich，1980；Starkweather 等，1982；Wunderlich 等，1988）。

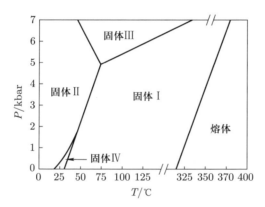

图 V.30　具有四个不同多晶态的聚四氟乙烯的温度-压力相图。
（重绘 1988 年 Wunderlich 等的图，承蒙许可）

　　在六方相的温度区域内，高温时聚四氟乙烯伸展链晶体的生长在常压下也能用显微镜实验观察到（Melillo 和 Wunderlich，1972）。图 V.31 显示了分子量为 500 kg/mol 的这个高分子从相 I 转变温度缓慢冷却后得到的伸展链晶体。如图 V.30 所示，这个相图中有两个三相点。在这两个三相点时，三个相共存。尽管聚四氟乙烯是一个很好的候选体系以研究亚稳态在这些多晶态之间相变中的角色，在这个领域很少有更进一步的工作。具有这种形成机理的伸展链晶体的另一些例子包括聚三氟氯乙烯（Miyamoto 等，1972）及反式-1，4-聚丁二烯（Natta 和 Corradini，1960；Suehiro 和 Takayanagi，1970；Finter 和 Wegner，

1981；Rastogi 和 Ungar，1992）。

图 V.31　聚四氟乙烯伸展链片晶的透射电镜亮场图像。样品从最高的相 I 转
变温度以 4.6 ℃/h 的速度缓慢降温。标尺代表 0.5 μm。（从 1972 年 Melillo
和 Wunderlich 的图复制，承蒙许可）

　　这些实验观测提出了一个问题：在高压及/或高温下六方相的存在能否通
常和脂肪族半晶高分子中伸展链片晶的生长相关联？Wunderlich 等（1988）和
Ungar（1993）曾经努力尝试过回答这个问题。从结构的观点来看，六方相的这
个子集应该被归类为一种柱状相，如 II.1.4 节中所描述的。所有能在高压及/
或高温下生长伸展链晶体的高分子都从六方相生长，因为这个子集总是包含有
构象的无序度，具有若干分子转动和平动活动性。这一无序度及活动性已经由
光谱实验方法检测到，如核磁共振（例子见 Bovey，1988；Tonelli，1989；
Brown 和 Spiess，2001）以及红外和拉曼振动光谱（例子见 Wunderlich 等，1988；
Colthup 等，1990）。这些六方相的一个特点是它们的动态剪切模量接近甚至低
于它们相应熔体的值（Nagata 等，1980）。图 V.32 显示在聚四氟乙烯中，六方
相中的最低剪切应力出现在约 270 ℃（Starkweather，1979）。进入各向同性熔
体后，剪切应力反而增大。这些高分子中的六方相在研究相稳定性以及亚稳态
的尺寸效应对相转变的影响上扮演着重要的角色（见 VI.1 节）。一个类似的黏
度最低值后来也在聚乙烯中被观察到（Waddon 和 Keller，1990、1992；Kolnaar
和 Keller，1994、1995）。
　　还有另一类能在高压高温下生长伸展链晶体的高分子。最近报道聚对苯二
甲酸乙二酯可以形成非常厚的片晶。厚片晶的形成被确定为伴随着酯交换化学

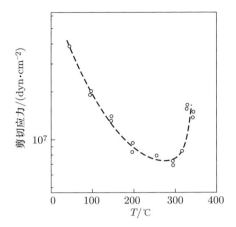

图 V.32　聚四氟乙烯在它的六方相中剪切应力的温度依赖性。数据通过使用直径
为 1.111 mm、长 19.0 mm 的毛细管黏度计得到。表观剪切速率为 8.9 s$^{-1}$。
（重绘 1979 年 Starkweather 的图，承蒙许可）

反应（Lu 等，2006）。没有报道显示这一厚片晶由六方相生长。几个其他的高分子也表现出类似的行为。

一个关于相稳定性的压力依赖性最近的研究工作涉及间规聚丙烯。这个高分子有丰富的多晶态。现在我们知道在常压下最稳定的晶相是相 I，它具有正交晶胞，其中 $a = 1.450$ nm，$b = 1.120$ nm 以及 $c = 0.740$ nm，属于 *Ibca* 对称群，具有反手性链堆积（Lotz 等，1988；Lovinger 等，1990、1991、1993；De Rosa 等，1997）。相 II 是亚稳定的，它具有正交晶胞，其中 $a = 1.450$ nm，$b = 0.560$ nm 以及 $c = 0.740$ nm，属于 *C222*$_1$ 对称群，具有同手性链堆积（Natta 等，1960b；Corradini 等，1967；De Rosa 等，1998）。两相中的链都具有 s（2/1）2 ttgg 螺旋构象。晶体尺寸相同时，这一同手性堆积的相 II 的熔点总是低于反手性堆积的相 I 的熔点。相 II 通常是由立构规整性低的（或高的）样品用单轴变形而得到（De Rosa 和 Corradini，1993；Auriemma 等，1995；De Rosa 等，1998；Lotz 等，1998b）。图 V.33 示意阐明了这两种相中正交晶胞的链分子堆积方式以及它们相应的 [001] 电子衍射图。很明显相 II 中 b 轴尺寸只是相 I 中的一半。它们的 [001] 电子衍射图因不同的晶格对称性而差别很大。这种结构上的差异可以作为高压下用广角 X 射线衍射实验确定这两种多晶态的一个参考。

不同压力和温度下的实时广角 X 射线衍射实验表明，尽管间规聚丙烯的反手性堆积的相 I 通常可以在常压到约 1.5 kbar 下从各向同性熔体冷却得到，同手性堆积的相 II 却可以在 1.5 kbar 以上从各向同性熔体冷却得到。另外，

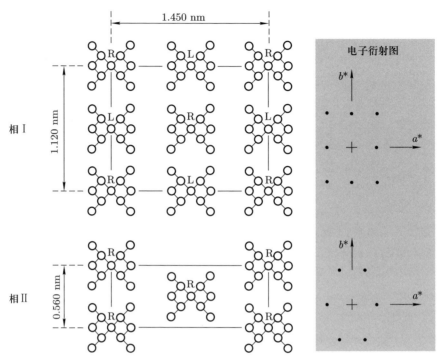

图 V.33 常压下间规聚丙烯的稳定相 I 和亚稳相 II 的链分子堆积方式。也包括了相应的
[001]电子衍射图的示意图。(重绘 1991 年 Lovinger 等的图,承蒙许可)

这一同手性堆积的相 II 的熔点在这个压力范围内比反手性堆积的相 I 的高,表明了在这两个相之间存在一个相稳定性的反转。这些发现预示,对于同手性堆积的相 II,在压力-温度相图中的高压高温下有一个热力学稳定的区域,如图 V.34 所示意的。问题就变成:高压实验如何引起这个相稳定性的反转?第一个可能的原因是密度的反转。要注意这两个相的密度几乎相同,因为两个相 II 的晶胞的体积和一个单个相 I 的晶胞的体积相当,如图 V.33 所示。但是,在高压下(约 3.2 kbar),相 I 的晶胞发生变形并伴有体积膨胀,而基于广角 X 射线衍射结果,相 II 的晶胞尺寸几乎保持不变(Rastogi 等,2001)。因此和反手性堆积的相 I 相比,同手性堆积的螺旋构象的相 II 在高压下似乎是热力学上占优的相。在这个研究工作中,只考虑了实验观察到的熔点,而链折叠片晶本身是亚稳的相,尽管它们是在高压和高温下生长的。所以,严格地说来,图 V.34 并不是定量的热力学平衡相图,而只是一个定性的图解(Rastogi 等,2001)。如果我们用动力学的术语来描述这一相稳定性反转,在大于 1.5 kbar 的高压,形成相 II 的能垒变得比形成相 I 的低,而低于那个压力,相对的能垒高度发生一个反转。

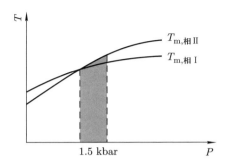

图 V.34　根据广角 X 射线衍射实验结果得到的压力-温度相图的示意图。在约
1.5 kbar 以下，反手性堆积的相 I 是热力学上最稳定的；而在此压力以上，同手
性堆积的相 II 变成最稳定的，表现为明显的随压力变化引起的相稳定性反转。
（重绘 2001 年 Rastogi 等的图，承蒙许可）

### V.2.3　外场诱导的多晶态

如以上所讨论的，我们已经证明多晶态的相稳定性会受到温度和压力的影响。这一节关注熔体中的拉伸和剪切流动以及在固体中的力学形变，这些外场的作用也会诱导新的相并引发相转变。

在取向液体中的高分子结晶可以通过使用一个移动的温度梯度来实现。高分子的片晶被发现具有与固化方向平行的取向。因此，尽管高分子样品结晶后保持它们的起始形态，它们是高度各向异性的（Lovinger 和 Gryte，1976a、b；Lovinger 等，1977；Lovinger，1978a、b）。用熔体中的取向结晶已经研究了好几个高分子，其中有些具有多晶态，如等规聚丙烯（Lovinger，1977）和聚偏氟乙烯（Lovinger 和 Wang，1979；Lovinger，1982）。这些亚稳的高分子状态的形成动力学受到取向熔体的影响，暗示了移动的温度梯度是影响结构形成能垒高度的支配因素。

对于在温度梯度中结晶的等规聚丙烯，α 相的取向球晶通过成核生长，而 β 相却不会明显发育。但是，通过转化以及沿 α 相取向的前沿生长可以很容易引发 β 相的生长。此外，由于在这个温度范围内 β 相比 α 相结晶速率要快，α 相转化成 β 相的位点遍布在整个样品中，妨碍取向的 α 相的生长。这种相转变是取向熔体诱导亚稳 β 相的一个很好实例（Lovinger 等，1977）。

最近已经报道在等规聚丙烯的情况中，机械剪切会诱导不同的同质多晶现象，如图 V.35 所示（Huo 等，2004）。广角 X 射线衍射实验显示当剪切速率增大至 $10 \ s^{-1}$（倒秒）时，亚稳的 β 相所占组分迅速增加，并在剪切速率为 $20 \ s^{-1}$ 时达到一个较宽的最大值。随后所占组分逐渐减少。另一方面，当剪切速率增大至 10 s$^{-1}$ 时稳定的 α 相所占组分相应地减少，并在剪切速率为 20 s$^{-1}$ 时达到一个较宽的最小值。剪切速率进一步增大时，α 相所占组分逐渐增加，并在剪切速率为 55 s$^{-1}$ 时，和 β 相所占组分经历一个反转。它们暗示在等规聚丙烯中 α 和 β 相的成核能垒对机械剪切的响应是不同的。

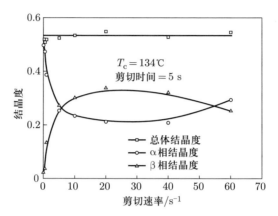

图 V.35　在等规聚丙烯样品中总体以及 α 和 β 相结晶度的剪切速率依赖性。样品的总体结晶度几乎不变；但是 α 和 β 相的组分对于剪切速率是敏感的。（重绘 2004 年 Huo 等的图，承蒙许可）

　　在结晶高分子中，很常见的事是固态形变会导致通常在本体结晶时观察不到的新相的形成。通过固态形变得到纯亚稳相的最重要的一个例子是聚偏氟乙烯的 β 相。这个相的结构已经在 V.2.1 节中介绍过了。在工业生产中，此相是通过熔体结晶薄膜的机械形变而得到。在形变过程中，聚偏氟乙烯的其他相态，如 α 和 γ 相，很容易转变成 β 相（Lovinger，1982），说明这些相到 β 相转变的能垒相对比较低，容易克服。

　　其他这样的例子包括如间规聚丙烯那样的高分子。如 V.2.2 节描述的那样，最稳定的相是具有反手性堆积的正交相 I。但是，当高分子经历机械形变时，具有同手性堆积的亚稳正交相 II 主要可以通过退火来消除应力从这个高分子中含有全反式平面构象的相 III 转变而得到。进一步高温退火，含有相 II 或相 III 间规聚丙烯晶体的拉伸纤维样品会进一步转变成含混合相 I 和相 II 晶体的纤维（De Rosa 等，1998）。这个例子暗示有了机械形变，从相 III 到亚稳相 II 的形成能垒比从相 III 到相 I 的低，尽管相 I 是热力学上最稳定的。它也是阐明奥斯特瓦尔德阶段规则的一个典型例子。

　　另一个例子是聚对苯二甲酸丁二酯，它呈现出两种异形体，α 和 β 相。这两个相都是三斜晶格（Yokouchi 等，1976）。在单轴机械形变下，α 相经可逆的转变而形成 β 相（Gomez 等，1988）。如果没有形变的话，α 相是热力学上最稳定的。这个例子再次表明机械形变有助于亚稳 β 相的稳定，并迫使稳定的 α 相向亚稳的 β 相转化。

## V.3 高分子中的单向相变

### V.3.1 由预有序的中间相增强的结晶动力学

如果我们考虑两个有序相，其中一个是晶相，另一个是液晶相，如 III.3 节所描述的，当液晶相是单变性的，就可以很清楚地理解这两个相形成之间的竞争。在这种情况下，液晶-各向同性熔体的转变温度一定要比晶体-各向同性熔体的转变温度来得低，所以只有足够快的降温速率从而绕过需要过冷度的结晶时才能检测到液晶相。这类相变行为允许我们来研究从各向同性熔体或从液晶相中形成晶体的过程。特别是如图 III.8 所示，单向相行为的一个有趣之处是，在稍低于液晶-各向同性熔体转变温度，即交叉温度附近的温度区域 II，晶体可以从各向同性熔体或从液晶相中生长，因为这两个过程的能垒高度是相当的。由此，我们有可能研究从这两个截然不同的初始状态开始的竞争的晶体生长。这一总体主题也属于 III.3 节中指出的更广的多晶态概念（Keller 等，1990；Percec 和 Keller，1990；Keller 和 Cheng，1998；Cheng 和 Keller，1998）。

这类相变行为的例子已被广泛地研究和报道。一个例子是 1-（4-羟基苯基）-2-（2-甲基-4-羟基苯基）乙烷与 α，ω-二溴烷烃偶合而成的化合物及其衍生物合成得到的一系列高分子（Percec 和 Yourd，1989a、b；Ungar 等，1990；Cheng 等，1992；Yandrasits 等，1992；Jing 等，2002）。在这些系列的聚醚中，实验上也观察到了单向液晶相行为。图 V.36 显示了这系列中一个代表性高分子的热行为及其化学结构。在这张图里，降温过程（图中线 a）中的差示扫描量热结果显示在聚醚开始结晶前，观察到有一个在温度（$T_d$）上的放热过程，代表着各向同性熔体向液晶相的转变。第二个放热过程是液晶相的结晶。随后的升温过程（图 V.36 中图中线 b 所示）显示，在高于在降温过程中看到的各向同性熔体-液晶相转变温度（$T_d$）时只能观察到一个吸热过程，即晶体熔融温度（$T_m$）（Yandrasits 等，1992）。

为了证明在亚稳的液晶相和稳定的晶相之间确实有一个转变，我们特别设计了这样一个实验：先将样品冷却到这两个放热峰之间的温度，然后在这个温度上等温退火不同的时间。随后，不进一步降温，样品升温至它的熔融温度以上，如图 V.37 所示。没有退火的升温图谱在液晶-各向同性熔体转变温度（$T_d$）时几乎全部恢复了液晶相的熔变。只经过 6 min 的退火，液晶相的熔变就

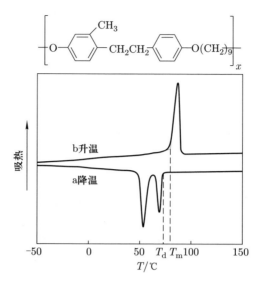

图 V.36 从偶合 1-(4-羟基苯基)-2-(2-甲基-4-羟基苯基)乙烷和含九个亚甲
基单元的 α, ω-二溴烷烃合成的一个聚醚在以 10 ℃/min 的速率降温(线 a)及随
后以相同速率升温(线 b)时实验上观察到的单向液晶相。(重绘 1992 年 Yandrasits
等的图,承蒙许可)

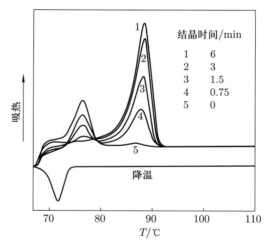

图 V.37 特别设计的差示扫描量热实验:将图 V.36 中相同的样品以 10 ℃/min 的速
率冷却至 67 ℃,这个温度恰好在图 V.36a 中所示第一个放热峰结束的位置;然后,
保持不同的时间(0 至 6 min),随之样品以 10 ℃/min 的速率升温至熔融温度以上。

(重绘 1992 年 Yandrasits 等的图,承蒙许可)

消失了，而在晶体-各向同性转变温度时晶体的熔融占主导地位(Yandrasits 等，1992)。这些结果表明在较短退火时间下体系从亚稳的液晶相转变成稳定的晶相。样品中剩余的液晶相(因为高分子很少能达到 100%的结晶度)并不经历图 V.36 所示的各向同性化，这可能是因为新形成晶体的限制作用，得到一个过热的液晶相。广角 X 射线衍射实验也表明了单向向列相液晶相和晶相的存在(Yandrasits 等，1992;Jing 等，2002)。这系列聚醚中由于通过这些相变而引起的分子活动性的变化由碳 13 固态核磁共振监测到(Cheng 等，1992)。

另一个例子是由 N-[4-(氯甲酰基)-苯基]-4-(氯甲酰基)邻苯二甲酰亚胺和具有不同亚甲基单元的二醇合成的一系列聚酯酰亚胺(Kricheldorf 等，1991a、b;Pardey 等，1992、1993)。它的化学结构如在 V.38 图中所示。所有这些高分子都形成晶相。这些晶相的一个特殊结构特征是晶体还有很强的超分子层状有序性，被称作"晶态近晶状态(crystalline smectic state)"(Kricheldorf 等，1991a、b)。后来在这系列聚酯酰亚胺中发现了单向近晶液晶相(Pardey 等，1992、1993)。我们尤其感兴趣的是晶相的转变动力学。这个系列的优点是我们可以在从玻璃化温度到熔点之间的整个温度范围内研究相变的动力学。图 V.38a、b 是这些单向聚酯酰亚胺中含 11 个和 7 个亚甲基单元的两个在不同等温温度下的总体结晶速率。基于广角 X 射线衍射的结果，这系列含奇数个亚甲基单元的高分子在高于和低于液晶相变温度时形成的晶体的结构是相同的(Pardey 等，1994)。

很明显，从各向同性熔体和液晶相中晶体生长的总体结晶速率对等温结晶温度的作图都显示有对称铃形曲线的关系，如图 V.38a、b 所示。但是，与从相应的各向同性熔体结晶相比，至少具有长程链荃取向有序性的液晶相的存在显著地加快了高分子的总体结晶速率。在图 V.38a 中，含 11 个亚甲基单元的高分子在 97 ℃有一个单向的液晶相变温度，比玻璃化温度($T_g$ =49 ℃)高 48 ℃。从各向同性液体和液晶相的总体结晶动力学在整个温度范围里都是可以被监测到的。这张图显示从液晶相结晶的最快速率大约比从各向同性熔体生长时快 7 倍。另一方面，对于含 7 个亚甲基的聚酯酰亚胺，图 V.38b 显示这个高分子的液晶转变温度仅比其 77 ℃的玻璃化温度高 15 ℃。在这个转变温度以下液晶相一形成，总体的结晶速率就会变快。最快速率比从各向同性熔体的约快 4 倍。在这种情况下，铃形速率曲线被压缩到只有 15 ℃的温度范围。要注意玻璃化时，大尺度的平移运动终止了，结晶过程也就终止了(Pardey 等，1994)。

下一个出现的问题是这个液晶相的形成对速率的增加究竟是因为初级成核速率加速了还是晶体的生长速率(表面成核)增大了，或两者都是。最近从 1-(4-羟基苯基)-2-(2-甲基-4-羟基苯基)乙烷和含九个亚甲基单元的 α，ω-二溴烷烃合成的聚醚的研究报道了总体结晶(图 V.39a)和晶体生长速率(图

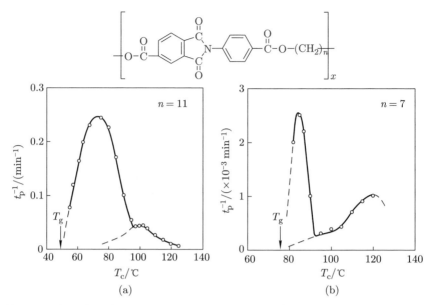

图 V.38　由 $N$-[4-(氯甲酰基)-苯基]-4-(氯甲酰基)邻苯二甲酰亚胺和具有 11 个 (a)及 7 个(b)亚甲基单元的二醇合成的聚酯酰亚胺的总体结晶速率。(重绘 1994 年 Pardey 等的图，承蒙许可)

V.39b)都得到了增大的观察结果。液晶-各向同性熔体的转变温度在 75.5 ℃ (Jing 等，2002)。如该图所示，略低于这个转变温度的预有序状态中成核和生长速率都有所增大说明，因为引入了低有序度液晶相中的链茎取向有序性，成核能垒的高度减小。这一速率的增大也表明，各向同性熔体的晶体生长过程中，接近或在生长前沿处的链并不存在具有长程或准长程取向有序性的预有序中间相。

　　如果我们仔细检查图 V.39b，在生长速率出现突然增大的 73 ℃ 和 75.5 ℃ 之间可以观察到两个生长速率。这个例子暗示在单一温度时共存有两个生长速率(见图 V.39b 中的空心三角形和实心圆圈)。在这个温度区域，液晶相的生长速率仍然比晶体生长速率略低(见图 III.8 中的区域 II)。可以推测其中的一个晶体生长速率必然可以归结为从液晶相的生长，而另一个生长速率则可能代表从各向同性熔体的直接生长(Jing 等，2002)。但是，最有趣的问题是：我们能否找到如图 III.8 所示的区域 II 的交叉温度，在该处液晶形成的速率等于晶体生长速率？除非从液晶相生长的晶体的相结构和/或形态不同于从各向同性熔体生长的晶体，这个交叉温度将很难确定。由于至少在一种情况下这样的确定是可能的，我们将在下一节讨论这个交叉温度。

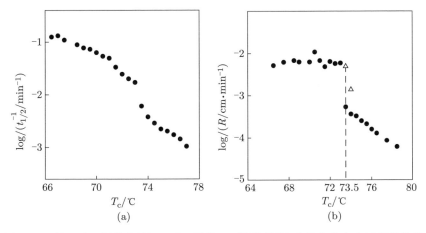

图 V.39　从 1-(4-羟基苯基)-2-(2-甲基-4-羟基苯基)乙烷和含九个亚甲基单元
的 α，ω-二溴烷烃合成的一个聚醚在不同结晶温度下的总体结晶速率(a)和生长速
率(b)。(重绘 2002 年 Jing 等的图，承蒙许可)

## V.3.2　预有序状态的存在引起的相变顺序变化

更复杂的一种情况是当单向液晶相诱导一个与直接从各向同性熔体生长的
晶体结构不同的晶相。这种行为的一个例子来自由 $N$-[4-(氯甲酰基)-苯基]-
4-(氯甲酰基)邻苯二甲酰亚胺和含偶数个亚甲基单元的二醇合成的一系列聚
酯酰亚胺(Kricheldorf 等，1991a、b；Pardey 等，1992、1993)。我们来关注含
8 个、10 个和 12 个亚甲基单元的聚酯酰亚胺的相结构和转变行为。报道发现
在液晶-各向同性熔体转变以上，直接从各向同性熔体中生长的晶体是单斜
的。但是，当在这个转变温度以下发生结晶时，有序相具有六方结构(Pardey
等，1994)。

图 V.40 中显示了含 12 个亚甲基单元的聚酯酰亚胺的广角 X 射线衍射结
果。图 V.40a 是这个高分子在 130 ℃ 和 140 ℃ 两个不同温度(在此图中的图谱
2 和 3)等温结晶的广角 X 射线衍射，这两个温度都高于液晶-各向同性熔体转
变温度 124 ℃。它们表现为单斜晶体有序性。另一方面，图 V.40b 包含高分子
在 100 ℃ 等温结晶的实时广角 X 射线衍射图谱。刚淬冷到 100 ℃ 时(在 0 分钟
时)，X 射线图谱具有近晶相液晶的特点，即有层状结构及短程横向堆积有序
性。随时间的增加，在 $2\theta = 20.0°$ 处发育了一个强度显著增大的单个衍射峰，
表明六方结构的形成。在低角度区域，在 $2\theta = 3.05°$ 处的衍射峰代表近晶相的
层间距。如果我们仔细检查图 V.40a 中(图谱 1)在 122 ℃(比液晶-各向同性熔
体转变温度低 2 ℃)等温结晶温度下得到的衍射图谱，这个图谱实际上是单斜

和六方结构的混合。低角度 X 射线区域的衍射则由这两种结构共同贡献
（Pardey 等，1994）。

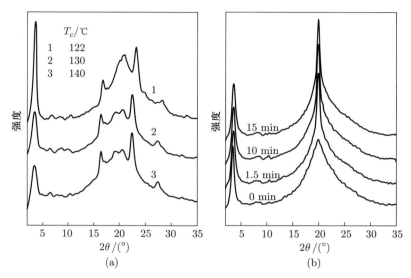

图 V.40　在高于(a)和低于(b)液晶–各向同性熔体转变温度 124 ℃的不同温度下等
温结晶的含 12 个亚甲基单元的聚酯酰亚胺的系列广角 X 射线衍射粉末图谱。要注意
在(a)中，等温结晶温度 122 ℃比液晶–各向同性熔体转变温度低 2 ℃，而在(b)中，
等温结晶温度在 100 ℃。（重绘 1994 年 Pardey 等的图，承蒙许可）

　　问题是：我们如何解释这些实验观测结果？更低的熔融温度表明图 V.40b
中的六方相相对于单斜相是亚稳的。不过六方相仍然比液晶相更稳定；因此，
这个相是由液晶相的形成而诱导的。这样，这个六方相的稳定性处于单斜相和
液晶相的稳定性之间。这一稳定性之间的关系可以通过吉布斯自由能对温度的
关系图来加以阐述，如图 V.41 所示。在这张图中，给出的四个吉布斯自由能
对温度的关系分别对应于下列相态：单斜、各向同性熔体、液晶和六方。为了
在我们的讨论中简便起见，我们暂时忽略和相尺寸如片晶厚度有关的稳定性。
这样，很明显，在这四个相中，液晶和六方相在研究的整个温度范围内都是亚
稳的。相对于单斜晶相，它们都是单向的相态，而相对于六方相，液晶相也是
单向的相态。这些观测结果是奥斯特瓦尔德阶段规则（1897）的完美例证，但
现在我们要经过两个亚稳定的阶段才能到达最终的稳定单斜相。这两个单向、
亚稳相的出现极其依赖于实验条件。
　　形成单斜相所能达到的最深熔体过冷度正位于液晶–各向同性熔体转变温
度。这个过冷度的下限是估计的，因为六方相的形成也需要某个过冷度，并且
六方相–各向同性熔体转变温度与液晶–各向同性熔体转变温度非常接近。这

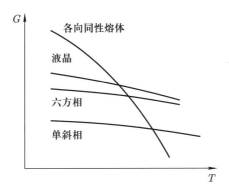

图 V.41　单斜相、各向同性熔体、液晶相和六方相的四个吉布斯自由能和温度
之间关系的示意图。在所有这四个相中，液晶和六方相是亚稳的和单向的。

两个转变温度的相近就不能提供足够的过冷度来形成六方相。结果就是，只有
液晶相在(及低于)液晶-各向同性熔体转变温度而存在时，这个预有序的液晶
相才能诱导六方相的形成。这个转变的观测不仅是因为六方相的自由能线刚好
在液晶相的之下，也是因为液晶和六方相之间转变的能垒比液晶和单斜相之间
的低。现在的问题是：我们究竟能否达到最稳定的单斜相？答案依赖于六方相
中的链活动性、立方和单斜相之间转变能垒的高度以及可用的实验时间长短。
要注意这个六方相不是一种柱状相，因为它具有长程有序的层状结构。所以，
我们可能需要很长的时间才能使吉布斯自由能从六方相的降低到单斜相的，或
因动力学而非热力学的原因可能永久是六方相。

　　液晶诱导的亚稳晶相的另一个例子可以再次从 1-(4-羟基苯基)-2-(2-甲
基-4-羟基苯基)乙烷和含九个亚甲基单元的 α，ω-二溴烷烃合成的聚醚的情
况中找到，如图 V.39 所示。实际上，这高分子也具有多种晶相。当晶体直接
从各向同性熔体中生长时，它形成一个正交相。在 48 ℃ 和 72 ℃ 之间等温结晶
时，则形成一个三斜相。它们可以通过广角 X 射线衍射而确认。与正交相比
较，正如其更低的熔融温度所暗示的，三斜相是亚稳的(Jing 等，2002)。因
此，用图 V.41 中阐述的亚稳液晶和三斜相的吉布斯自由能对温度的关系可以
给出类似的解释。

　　问题是为什么晶体结构的变化不发生在液晶-各向同性熔体的转变温度
(75.5 ℃)，而是在 72 ℃。为了研究这一点，我们发现了一个区分这两个相的
方法。在这两个不同温度区域生长的球晶形态具有不同的双折射和织构，如图
V.42 所示。图 V.42a 是在 77.5 ℃ 从各向同性熔体中生长的球晶。这类正交相
球晶形态一直到 72 ℃ 还能观察到。而在图 V.42b 中，在 69.5 ℃ 从液晶相生长
的球晶具有三斜结构。这一形态向上直到 72 ℃ 都能观察到。推测形成正交相

的速率和形成液晶相的速率相等的交叉温度是 72 ℃ 附近。高于 72 ℃，先形成正交相晶核。液晶相只是促进正交相结构的进一步生长，加快晶体生长动力学。这种加速的发生是因为在这个温度区域结晶速率仍然比液晶形成速率略快（见图 III.8）。但是，低于 72 ℃，先形成液晶相，并且三斜相是从液晶相中生长，表明如果液晶相是初始态，这个三斜相在其中发育的能垒比正交相要低。由于很难从三斜相转变到正交相，亚稳的三斜相因此有可能成为永久的相（Jing 等，2002）。

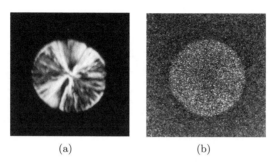

(a)　　　　　　　　(b)

图 V.42　从 1-（4-羟基苯基）-2-（2-甲基-4-羟基苯基）乙烷和含九个亚甲基单元的 α，ω-二溴烷烃合成的一个聚醚在偏光显微镜下的两种球晶形态。在结晶温度为 77.5 ℃ 时生长出正交相（a），而 69.5 ℃ 时生长出三斜相（b）。晶体大约在 30 μm。（从 2002 年 Jing 等的图复制，承蒙许可）

## V.4　表面及界面诱导的亚稳相

### V.4.1　表面诱导的亚稳定多晶态

正如 IV.2.3 节所讨论的，高分子片晶是亚稳的；因此，随着厚度的减小，它们的熔点降低。当相尺寸收缩时，表面积对体积的比例会增长，在相表面的原子及分子的相互作用都会和它们在本体状态中的不同。不同数量的表面和本体相互作用可能导致吉布斯自由能极小值位置的变化，因而导致转变温度的变化，或者甚至导致分子排列和堆积的变化，这有时会导致出现新的相。

在小分子中，表面诱导相的一个著名例子是表面稳定的铁电液晶相（Clark 和 Lagerwall，1980）。铁电性最早是由 Meyer 等（1975）从理论上预测的，定义为具有非零极化分量而且其方向可以由电场引起反转的一类材料（Goodby 等，1994）。在手性近晶 C 相中，有一个与层面平行而垂直于分子倾斜方向的 $C_2$ 二重轴，每一近晶层具有一个沿着 $C_2$ 轴的极化向量的非零分量。但是，因为在一个单畴区内这个手性近晶 C 相的螺旋结构不允许这个极化向量的非零分量具有单一方向的取向，每层的净极化分量不能叠加而且相互抵消。因此，手性近晶 C 相在本体中不存在铁电性。为了呈现出铁电性，手性近晶 C 相必须置于一个厚度在 0.5—2 μm 之间的液晶池中。由于池的厚度比手性近晶 C 相螺旋的螺距小，螺旋就被解开，分子被迫躺倒在平行于池子的表面，使液晶具有铁电性质。通过改变电场的方向，液晶可以在两种同样稳定的状态之间转化（Sirota 等，1987；Tweet 等，1990；Galerne 和 Liebert，1991）。

一般说来，由于表面原子和分子相互作用数目的减少，在近乎二维的体系如薄膜中，熔点比本体的要低（例子见 Faraday，1860；Dosch，1992）。但是，在短链正烷烃和醇的情况中，可能存在一种表面冻结现象，即在本体熔点之上材料表面上有一个有序的单层（Wu 等，1993；Ocko 等，1997；Gang 等，1998）。当短链正烷烃接枝到高分子主链上，这些短烷基链也会聚集到表面形成有序的单层。在本体熔点以中的实验上检测到了这些单层中明显的有序-无序转变（Gautam 和 Dhinojwala，2002；Gautam 等，2003；Prasad 等，2005）。相对于本体相态，稳定性的变化反映了这些近乎二维的体系中相互作用的变化。最近的一个报道也表明正烷烃，如正十九烷在直径为 5 μm 的微胶囊中受限结晶时，在本体结晶前可以形成冻结的表面单层。这一单层诱导了亚稳的旋转体相（Xie 等，2006）。

在高分子中，几个具有不同热力学稳定性的独特的表面诱导相结构的例子已被报道。一个例子是发生在 1-(4-羟基-4′-联苯基)-2-(4-羟基-苯基)丙烷和 α，ω-二溴烷烃合成的聚醚系列中。含奇数个亚甲基单元的这系列高分子的平衡相图见图 V.43（Yoon 等，1996a、b）。此图中每个相都是通过广角 X 射线和电子衍射确定的。形态的确定涉及偏光显微镜和透射电镜。有些近晶相液晶和近晶相晶体只在较窄的温度区域内是稳定的。这个相图中没有给出亚稳态，所有这些相在每个它们本身的温度区域内是热力学上稳定的。

亚稳定性的概念可以用来解释在不同化学与不同物理环境的表面上含 7 个亚甲基单元的高分子薄膜的相态和相变行为。如图 V.43 所示，本体高分子显示三种液晶相：向列相、高度有序的近晶 F 相以及近晶 G 相。后两个相具有六方的横向堆积（Yoon 等，1996a）。具有正交横向堆积晶格的近晶 H 相只有在含大于 9 的奇数个亚甲基单元的这系列的成员中才能观察到，而在有 7 个亚甲基单元的高分子本体中就找不到。从图 V.43，可以推测含 7 个亚甲基单元的本体高分子中近晶 H 相必然低于其玻璃化温度，这一温度设定了分子有足够活动性而形成稳定近晶 G 相的温度下限。

但是，在薄膜厚度介于 10—100 nm 之间的情况，限定的环境在玻璃化温度以上可能为近晶 H 相提供额外的稳定性；因此，有可能在薄膜里观察得到

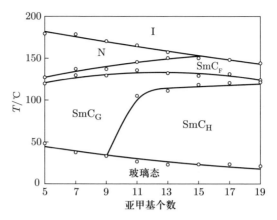

图 V.43 由 1-(4-羟基-4′-联苯基)-2-(4-羟基-苯基)丙烷和含奇数个亚甲基单元的 α，ω-二溴烷烃合成的聚醚系列的相图。在这张图中，缩写 I、N、SmC$_F$、SmC$_G$、SmC$_H$ 代表如 I.1.2 节图 I.3 中定义的各向同性熔体、向列相、近晶相晶体 F、近晶相晶体 G 和近晶相晶体 H。(重绘 1996 年 Yoon 等(a)的图，承蒙许可)

这近晶 H 相。通过电子衍射和透射电镜对薄膜中含 7 个亚甲基单元的高分子的详细结构和形态进行了研究；研究在三种基底上进行：硅烷接枝的、无定形碳喷涂的以及洁净的玻璃表面。液晶单畴区中垂直分子排列的形成是采用硅烷接枝的和无定形碳喷涂的表面实现的。这两种表面可以诱导这个高分子中的近晶 H 结构有序性的出现，形成正交横向堆积，这是在这个高分子的本体和纤维样品中观察不到的，但是当亚甲基单元数目超过 9 时，这个近晶 H 相能在这系列高分子本体中找到。同时研究也发现具有垂直分子排列的高度有序近晶相晶体的单畴区形态强烈地依赖于结构的对称性。这些结果都显示于图 V.44 中。具有六方横向堆积的近晶 G 相单畴区表现为圆形的形态，而近晶 H 相的正交堆积则表现出一种伸长椭圆形的形态(Ho 等，1996)。这个例子说明亚稳定性可以被拓展来理解尺寸和维度对高分子体系的约束。由于薄膜厚度非常小，薄膜的表面在决定整个体系的热力学稳定性上变得越来越重要。但是，如何用表面来稳定本体中的亚稳相的详细和定量的机理还需要作进一步的研究。

在半晶高分子中诱导新相和相变的一个更熟悉的方法是使用外延法在特别生成的、明确的晶体表面来使高分子结晶。在晶体的外延生长中，关键问题是新发育的晶体必须具有与结晶基底的表面晶格平面能相匹配的晶体生长面。与此同时，除了这两部分原本具有的对称性外，外延生长要加上新的对称性元素。这类晶体表面通常是使用小分子或不同的高分子产生的，表面具有特殊的 (hkl) 晶面。几乎所有的实验证据表明，通过外延生长稳定的亚稳态的驱动力是来源于外延生长的高分子晶体和基底晶体沿两个晶格周期的相互匹配和相互

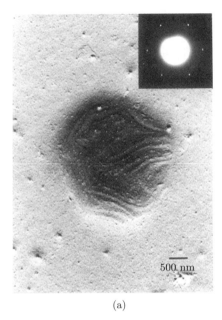 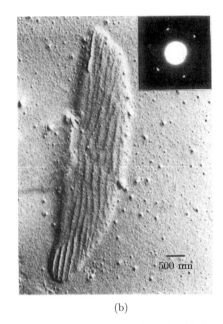

(a)　　　　　　　　　　　　　(b)

图 V.44　从 1-(4-羟基-4′-联苯基)-2-(4-羟基-苯基)丙烷和含 7 个亚甲基单元
的 α，β-二溴烷烃合成的一个聚醚的单畴区形态及电子衍射图案(嵌入的小图)。
在这张图中，(a)是在近晶 G 相中的六方堆积，而(b)是表面诱导近晶 H 相的正交
堆积。(从 1996 年 Ho 等的图复制，承蒙许可)

作用，尽管这种晶相在本体相中生长时在热力学上不是最稳定的。从这个意义
上讲，基于晶体学上的晶格匹配，外延生长技术可以生长表面诱导和稳定的亚
稳相。也就是说，外延生长降低了成核能垒，增快亚稳态的生长动力学，从而
允许它能在实验中被观察到。另一方面，我们可以预期这个由外延生长诱导的
亚稳态可能会变回到稳定态。亚稳态能存在多长时间依赖于这个亚稳态有多么
稳定以及它转变成稳定态的难度。在有些情况中，亚稳相只能在薄膜中发育，
然后在薄膜厚度增加时转变成稳定态，在其他情况下，亚稳态可以生长至本体
之中并长时间存在，这再次依赖于从亚稳到稳定状态的转变能垒的高低。

　　在过去的半个世纪中，报道了很多半晶高分子的例子，利用在小分子和高
分子表面的外延生长方法来稳定亚稳相。高分子晶体中外延生长最著名的报道
也许应该是关于等规聚丙烯的。我们知道等规聚丙烯的 β 相对于 α 相是亚稳
的，虽然如 V.2.1 节所描述的，在 100 ℃ 到 141 ℃ 的温度范围内，β 相的生长
速率比 α 相的快。β 相的观测是在 1959 年首次报道的(Keith 等)，而其晶体结
构则是三十五年后才被正确地解出(Meille 等，1994；Lotz 等，1994)。这个延
迟的原因之一是因为 α 和 β 相在这个温度区域共存，通过静止结晶得到纯的 β

相是相当困难的。但是，亚稳的 β 相可以在两个特殊的小分子，γ-喹吖啶酮（γ-quinacridone）和二环己基对苯二甲酰胺的晶体上外延生长，形成产生双轴取向的 β 相的薄膜，如图 V.45 所示。较大的 β 相长方形单晶可以在透射电镜下的亮场图像中观察到。图 V.45 所示的电子衍射图案属于在完全溶解和除去二环己基对苯二甲酰胺后得到的等规聚丙烯 β 相。这张图中显示的三方(hkl)指标表明，β 相的(110)面是这个外延生长中的接触面。此外，(013)和(003)衍射点的相对强度揭示了，在电子衍射图纵轴上较弱的(003)衍射来源于晶胞中两个螺旋的 $c/6$ 位移，造成了以(003)面为界的相的对立。这是受挫结构的一个特征(Lotz 等，1994；Cartier 等，1996)。图 V.46a、b 显示了两张高分辨率原子力显微镜的图像以及一个链堆积模型来阐述在(110)接触面上 1.9 nm 的横向螺旋堆积周期。这个 1.9 nm 的长度对应于和横向堆积垂直的三根链之间的距离，如图 V.46c 所示。这个周期来源于链的不同方位角位置，是等规聚丙烯 β 相中螺旋受挫堆积结构的一个标志。纯 β 相能够在二环己基对苯二甲酰胺上外延生长的原因是，β 相中沿 $c$ 轴的晶格匹配(0.65 nm)与二环己基对苯二甲酰胺一个显著与其匹配的周期以及接触面的直角几何关系(Stocker 等，1998)。在这个例子中，二环己基对苯二甲酰胺可以作为 β 相生长的成核剂，而等规聚丙烯的 β 相可以在很长时间内存在。类似的分析也可以在 γ-喹吖啶酮的情况下推断出来。形变拉伸后 β 相的微孔形态在技术应用中非常重要。

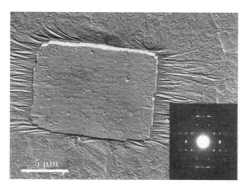 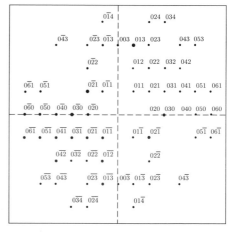

图 V.45　在二环己基对苯二甲酰胺晶体基底上生长的等规聚丙烯 β 相晶体的亮场图像。等规聚丙烯薄膜被熔融和重结晶。在等规聚丙烯薄膜上面的二环己基对苯二甲酰胺晶体被重新溶解，然后样品用 Pt/C 造阴影。电子衍射图是从图中所示的单晶得到的，指标是通过使用 Molecular Simulations 的 Cerius[2] 程序得到的。（从 1998 年 Stocker 等的图复制，承蒙许可）

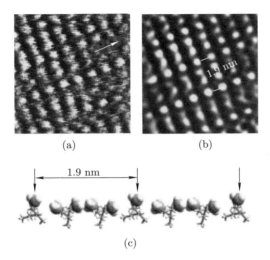

图 V.46  图 V.45 中所示 β 相的高分辨率原子力显微镜图像：（a）未过滤的和（b）傅里叶过滤的图像。链方向由箭头标出。1.9 nm 的周期对应于两根相邻链之间的距离，链朝上。这发生在沿（110）面每第三根链的堆积。在（c）中链的方向是和打印纸垂直的。（从 1998 年 Stocker 等的图复制，承蒙许可）

另一个通过外延生长分离和稳定的亚稳相的例子是等规聚（1-丁烯）的实例。聚（1-丁烯）的所有三个相可以通过在适当的基底上外延生长来分离。其中，如 V.2.1 节所描述的，与相 I 相比较，相 II 和 III 是亚稳态。这三个晶相的区别在于它们的螺旋构象和晶胞参数，它们可以通过外延生长在合适的有机（特别是芳香酸或盐）基底上的结晶来分离。相 III 的外延生长主要依赖于匹配链轴周期，而相 II 是不合理（irrational）螺旋外延生长的一个例子，其中回旋间距（interturn distance）起着主要作用（Kopp 等，1994b）。根据复合电子衍射图案，已确立了相 III 和 II 之间的外延生长关系。不过，从相 II 分离出相 III 还不成功，而得到纯相 III 的最好方法是通过如 V.2.1 节中描述的溶剂辅助法（Lotz 和 Thierry，2003）。另外，热力学上最稳定的六方相 I'（和相 I 的结构相同，但从熔体中直接生长，熔点更低，大概是由于重组能力的减弱）也能在 4-溴苯甲酸、4-氯苯甲酸以及它们的钾盐上外延生长结晶。在所有这些外延生长情况中接触面都是（110）面。在相 I' 中，连续的（110）面只能包含一种螺旋（或是完全左手或是完全右手螺旋）。因此，观察到的外延生长可以通过和基底作用的螺旋的手性来区分。这种情况，外延生长是由一维周期匹配来支配的，这涉及回旋间距，即相邻的外部螺旋路径之间的距离（Kopp 等，1994c）。根据电子衍射和原子力显微镜的观测，取决于结晶温度，所有三个相都能在 3-氟苯甲酸基底上被诱导。这个例子在高分子外延生长结晶的可变通性方面也不多见（Mathieu 等，2001）。

　　在另一个例子中，除稳定的正交 α 晶体异形体之外，在六甲苯晶体基底上可以外延生长出聚 L-乳酸以及聚 L-乳酸/聚 D-乳酸的外消旋物的新晶体异构体（Zwiers 等，1983）。在这个外延生长研究中，根据聚 D-乳酸的 $10_3$ 螺旋构象或聚 L-乳酸的 $10_7$ 螺旋构象，光学活性高分子的 α 晶体异形体可以在样品接近 155 ℃结晶时得到。但是，在略微低的温度约 140 ℃时，通过外延生长结晶可以产生一种新的晶体异构体。这一新异构体的晶体结构是由电子衍射和堆积密度分析确定的。两根反平行的螺旋堆积在一个参数为 $a = 0.995$ nm、$b = 0.625$ nm 及 $c = 0.88$ nm 的正交晶胞中（Cartier 等，2000）。似乎这种异构体对于 α 晶体异形体是亚稳的。聚 L-乳酸和聚 D-乳酸的外消旋物在六甲苯基底上也能在接近 165 ℃时外延生长结晶（Cartier 等，2000）。

　　聚乙烯在碱金属卤化物和几种其他有机物的基底上，可以外延生长出单斜相（Wittmann 和 Lotz，1989）。聚乙烯中的单斜相和它的正交相相比是亚稳的。人们通常明白这一点，即单斜相可以通过施加应力而得到。在这个研究工作中，实验结果发现，在进行生长的层厚度不超过约 10 nm 时单斜相是占优的。这揭示了在仅仅约 20 个生长分子层以后，聚乙烯单斜相就变回到正交相，可能是通过一种晶体生长转变。这一转变发生在正交相的（010）面和单斜相的（210）面之间的边界面。因此，外延生长诱导的聚乙烯单斜相只被稳定了一个很短的距离（Wittmann 和 Lotz，1989）。

　　常压下间规聚丙烯有稳定的（相 I）和亚稳的（相 II）相，正如 V.2.2 节所描述的。在低结晶温度区，亚稳的、同手性链堆积的相 II 可以在 2-羟基喹喔啉基底上被外延生长诱导（Zhang 等，2001）。相 II 的（110）面和 2-羟基喹喔啉基底的（001）面相接触。但是，相 II 的厚度只能长到约 50 nm。超过这个厚度，会发生一个到无序的、反手性链堆积相 I 的转变。换句话说，在本体中不能使用这种小分子作为成核剂来诱导纯的相 II。这个观察结果和 V.2.2 节中描述的间规聚丙烯的高压结晶不同；那种情况中，相 II 在高压下有稳定性反转，因此，纯的相 II 可以在本体中生长（Rastogi 等，2001）。由于高分子晶体和基底的晶格匹配使通常不能分离得到的亚稳晶体的生长得以实现，晶格匹配必然能显著降低生长亚稳晶体的成核垒。

　　另一类外延生长是高分子晶体在它们自身或另一个高分子晶体表面上生长而得到。一个特殊的例子是等规聚丙烯的单斜 α 相中片晶的交叉嵌入，其中两个片晶以 80°或 100°的固定角度相互交叉生长（Khoury，1966）。这种片晶交叉嵌入的机理归结为这样一个事实，即通过两个外延接触表面的甲基基团的良好交错结合，外延生长的一个片晶出现在另一个片晶侧向的（010）晶面上。实现这个外延需要一个条件：即等规聚丙烯的单斜 α 相晶胞中的 $a$ 和 $c$ 轴有几乎相同的尺寸。从分子的观点来看，为开始这种外延生长而沉积在(010)面上的链和(010)面上的链有相同的手性，但是具有 80°或 100°的链取向角度，以得到螺旋上甲基基团的有利的相互作用(Lotz 和 Wittmann，1986)。

高分子晶体在它们自身晶体表面生长的著名例子是串晶(shish-kebab)结构。这种结构的系统研究是由 Pennings 和 Keil 开始的(1965)。当搅拌高分子溶液，如在 104 ℃ 及 510 转/min 的搅拌速度下在 5% 聚乙烯的对二甲苯溶液中，形成如图 V.47 所示的串晶结构(Pennings 等，1970)。这个结构明显有两个组分：串晶结构由沿着串上单晶的链方向生长的亚稳片晶构成，因此，形成在其本身的伸展链晶体上外延生长的链折叠高分子(Keller 和 Kolnaar，1997)。

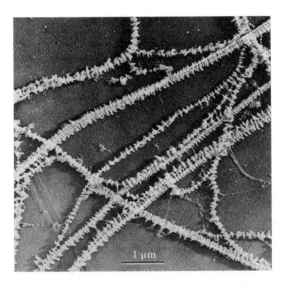

图 V.47　5%聚乙烯的对二甲苯溶液中串晶结构的亮场透射电镜图像。这种结构是通过在 104.5 ℃ 和 510 转/min 的搅拌速度下搅拌结晶得到的。(从1970 年 Pennings 等的图复制，承蒙许可)

最近，在剪切场诱导的结晶中观察到了微串晶结构。对聚乙烯和等规聚丙烯串晶结构的系统研究，即关于它们如何受链拉伸、动力学及临界取向分子量的影响等已有报道(Hsiao 等，2005；Somani 等，2005)。结果表明，串的结构是由被拉伸的链构成，而串上的晶体结构由未被拉伸的链结晶形成。在超高分子量聚乙烯中，微观的串晶结构中可以观察到多个微串的形态，如图 V.48 所示(Hsiao 等，2005)。

高分子晶体也可以外延生长在其他有序的高分子表面。例如，等规聚丙烯的 α 相可以外延生长在取向的聚四氟乙烯薄膜表面(Yan 等，2000)，多种半结晶高分子可以生长在碳纳米管上形成异相串晶结构(Li 等，2005；Li 等，

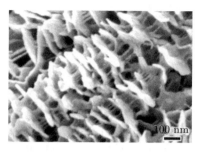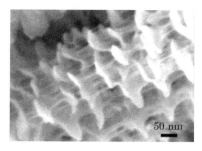

图 V.48　由一个超高分子量聚乙烯和一个低分子量无定形乙烯共聚物组成的共混物的多个微串晶结构在两个不同放大倍数下的场发射扫描电镜图像。这些结构在机械剪切样品后得到。（从 2005 年 Hsiao 等的图复制，承蒙许可）

2006）。半结晶高分子也可以生长在无机表面上，这也可以看做是一种形态上的外延生长（Wittmann 和 Lotz，1990）。但是，少有利用这类外延生长稳定亚稳相的报道。

已经发展了一种软外延生长技术，通过这种技术，外延生长仅依赖于表面材料的分子取向有序度。这就是片晶修饰（lamellar decoration）技术（Wittmann 和 Lotz，1982、1985）。这技术的历史重要性在于它首次揭示了片晶表面链如何折叠以及提供了高分子晶体中的链折叠的直接实验证据。详细的实验步骤包括在真空条件下把线形聚乙烯加热到降解。降解的聚乙烯分子的分子量大约为 1 kg/mol。然后把这些分子蒸发并沉积在链折叠晶体的表面并结晶。如果链折叠沿着（hkl）面取向，棒状聚乙烯晶体取向时其 $c$ 轴平行于链折叠方向（沿 {hkl} 面）。图 V.49 是降解了的聚乙烯链如何沿聚乙烯单晶链折叠方向排列的机理示意图。在这个图中，当它们修饰在没有链折叠的正烷烃单晶上时，棒状聚乙烯晶体没有特定的取向。如图 V.50 所示，通过在溶液生长聚乙烯单晶上的降解聚乙烯链确认，亮场图像表明有四个分区；棒状聚乙烯晶体的长轴垂直于生长面中的（110）面排列。因此，聚乙烯分子是沿着（110）面折叠而在稀溶液中生长其单晶的（Wittmann 和 Lotz，1982、1985）。

这种片晶修饰方法也已被用于其他的一些高分子晶体上，如等规聚丙烯（Wittmann 和 Lotz，1985）、聚环氧乙烷（Chen 等，1995）、一系列手性非外消旋聚酯（Li 等，1999a、b、2000）等等。这种片晶修饰技术能灵敏地检测深至约 1 nm 以下的表面拓扑结构（Wittmann 和 Lotz，1985）。对用于液晶配向的高分子摩擦定向膜，近期该技术也已用于探测其中的分子取向程度（Ge 等，2001）。这个技术也已被拓展到用来确定在柱状及其他超分子相态中的分子取向（Xue 等，2004）。

软外延生长的机理并不是晶格匹配，而是依赖于表面拓扑结构的约束。在

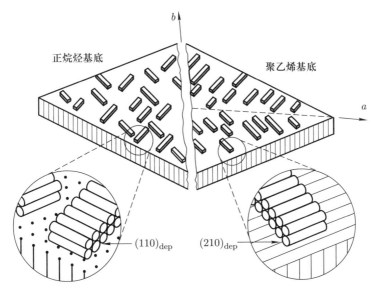

图 V.49 片晶修饰方法机理的示意图。右半边代表了链折叠聚乙烯单晶的修饰。左半边是正烷烃单晶链末端表面的修饰。（重绘 1985 年 Wittmann 和 Lotz 的图，承蒙许可）

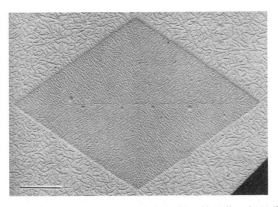

图 V.50 溶液生长聚乙烯单晶修饰的亮场透射电镜图像。标尺代表 1 μm。（从 1985 年 Wittmann 和 Lotz 的图复制，承蒙许可）

大多数情况下，表面束缚与拓扑取向相关，如链折叠和分子形状，它们为修饰材料提供了稳定的成核位点。因此，用这种技术所探测到的长度范围比晶格尺度大，通常在一到几个纳米范围内。

## V.4.2　由链折叠所导致的不平衡表面应力引起的亚稳态

高分子晶体中还有另一种在形态尺度上而非结构上或晶格尺度上的亚稳态。实验观测结果显示高分子片晶不总是平的。片晶的卷曲经常能在小分子中观察到，如在温石棉中。根据温石棉的晶体结构可解释这种卷曲。温石棉晶体由两个不同的薄片构成。一个是联结的 $SiO_4$ 四面体区（$SiO_5$）的网络；另一薄片是水镁石类型的八面体层。这两个薄片通过共价键连接。在水镁石层底部的三分之二的氢氧根离子被在 Si-O 四面体连接的顶点的氧取代。这时水镁石和 $SiO_4$ 四面体连接在层平面内就具有不同的尺寸，导致一个在里面"更紧的"薄片而形成整个分子层的卷曲，以释放表面应力（Monkman，1979）。

和小分子中的卷曲（scrolled）晶体不同，高分子片晶形成源自分子链的连接性以及链的折叠。位于晶体表面的非结晶的链折叠把高分子单晶从小分子单晶中区分出来，并且它们在决定高分子单晶形态上也扮演着重要的角色。例如，如果在两个相对的片晶表面上链折叠占据的体积不同，就产生不平衡的表面应力。这种应力可能导致弯曲的（curved）或卷曲的单晶。

弯曲的高分子片晶早已在高分子稀溶液中被观察到。这些观测结果可以追溯到 1970 年代初期，在聚（4-甲基-1-戊烯）（Khoury 和 Barnes，1972）、聚甲醛（Khoury 和 Barnes，1974a）和聚三氟氯乙烯（Khoury 和 Barnes，1974b）中。特别要指出的是当结晶温度降低时，弯曲更加显著（它们具有更小的曲率半径）。一般认为单个折叠区域是非平面的。一个简单的四个或六个区的晶体实际上在总体形状上是略带锥形的。因此，这就成为高分子中弯曲晶体起源的一个假想模型。

也已经观察到卷曲的单晶了。一个例子是等规聚（1-丁烯）的相 III（正交）晶体（Holland 和 Miller，1964；Lotz 和 Cheng，2006）。图 V.51a 显示了在 50 ℃ 从乙酸戊酯稀溶液生长的相 III 中一个卷曲单晶的透射电镜亮场图像。由于在制备透射电镜样品时单晶被干燥，它们坍塌在碳喷涂的表面上（Lotz 和 Cheng，2006）。在这张图上附上的卷曲单晶的电子衍射图案表明，首先，卷曲晶体具有相 III 的晶胞，并且 $c$ 轴垂直于基部平面。第二，卷曲轴大致是沿着[110]方向。这些结论可以由图 V.51b 中起初发育的卷曲晶体的形态得到进一步的支持。在这张图上，卷曲还没有完全发育；而这个卷曲是因为在两个相对的链折叠表面，分子链进出晶体的位置具有不对称的方位角而引起不同折叠的"阻碍"所产生的不平衡表面应力（Lotz 和 Cheng，2005、2006）。但是，当结晶温度增加到 55 ℃，只能观察到等规聚（1-丁烯）相 III 的平的单晶。所以，单晶有一个稳定性问题：究竟是卷曲的还是平的单晶更稳定呢？

另一个更引人注目的例子是尼龙 66 的卷曲单晶。尼龙 66 卷曲单晶的第一

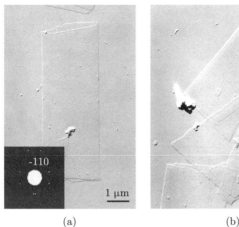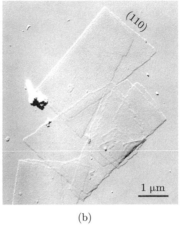

(a)                              (b)

图 V.51　一个卷曲的聚(1-丁烯)相 III 单晶在倒塌在碳膜上后的亮场图像
(a)；生长到卷曲起始阶段的聚(1-丁烯)相 III 单晶(b)。(从 2006 年 Lotz 和
Cheng 的图复制，承蒙许可)

次报道出现在几乎半个世纪之前(Geil，1960)。基于两种不同折叠类型的存
在，这个观察结果可以得到合理的解释。我们知道聚酰胺能形成密集的含氢键
薄片，发生折叠最可能位于重复单元中比较柔顺的脂肪族部分。对于尼龙 66，
存在着两种可能性。折叠可能发生在重复单元的酸或氨基部分，因此折叠可以
分别由四个或六个碳原子构成。两种潜在折叠的存在引入了折叠应力差异的可
能性。

　　最近，关于自成核后从溶液中产生的尼龙 66 单晶产生了一批意想不到的
结果。自成核的温度升高了，而尼龙 66 的结晶温度仍保持在 172 ℃。当自成
核温度是 202 ℃而结晶温度在 172 ℃时，产生的尼龙 66 片晶是平的。当自成
核温度升高到 206 ℃时，所有的片层单晶变成卷曲的。进一步升高自成核温度
到 208 ℃时，片晶再次变成平的(Cai 等，2004)。图 V.52 显示了一批尼龙 66
的单晶形态以说明"平面-卷曲-平面"的形态变化顺序。

　　已知当使用自成核技术时，片层单晶的厚度由晶核的厚度控制。自成核温
度升高时，晶核的厚度增加。在较低和较高的自成核温度 202 ℃和 208 ℃时，
两种折叠表面可能是酸或氨基折叠，片晶厚度会有一整个重复单元的差别，而
这个重复单元是由一个二酸和一个二胺所组成的。每个酸折叠包含 4 个亚甲基
单元，而胺基折叠包含 6 个亚甲基单元(图 V.52a、c)。但是，在 206 ℃自成
核时，晶核的厚度只差了大约半个重复单元的长度(酸部分或胺基部分)。在
那种情况下，酸和胺基部分必然都涉及在折叠之中(图 V.52b)。由于晶体中氢
键的形成，这两种不同的折叠必须聚集到片晶的两个相对的表面；因此，它们

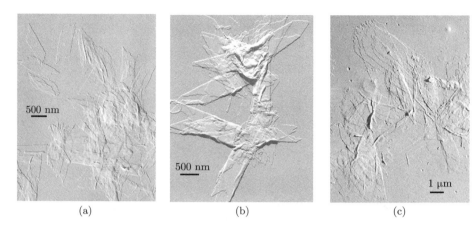

(a)　　　　　　　　　　(b)　　　　　　　　　　(c)

图 V.52　自成核温度在(a)202 ℃、(b)206 ℃及(c)208 ℃时在稀溶液中 172 ℃生长的尼龙 66 单晶的透射电镜亮场图像。这批图像说明了平面–卷曲–平面的顺序。(从 2004 年 Cai 等的图复制，承蒙许可)

将引入折叠表面应力的差别。在片晶中观察到的"平面–卷曲–平面"的形态变化顺序，如图 V.52 所示，强烈支持因相对片晶表面上折叠感受到不同压力而引起的不平衡表面应力的机理(Cai 等，2004)。

尽管对于尼龙 66 单晶并非所有的细节(如卷曲轴取向的起源)都已被搞清楚，这样的分析看来也适用于聚酰胺的本体结晶。几种聚酰胺在结晶温度变化时显示出奇怪的球晶双折射顺序。特别地，观察到球晶中双折射从正到负的变换。由于氢键的方向是目前为止发现的最快的生长方向，如果在特别的结晶条件下，片晶变为卷曲的，双折射的变化就好理解：最快的生长方向对于"平面的"片晶是径向，而垂直或接近垂直于卷曲片晶的半径(Lotz 和 Cheng，2005)。

卷曲的晶体也能从熔体结晶中观察到。第一个例子是聚偏氟乙烯片晶，尽管它们不是严格意义上的单晶。在 γ 相中聚偏氟乙烯球晶内的片晶结构具有一种新颖的构造，其中片晶采取一种高度弯曲的、"类似卷曲的"形态，卷曲轴平行于球晶半径，如图 V.53a、b 所示(Vaughan，1993)。已经推测这种类似卷曲的形态也来自和 γ 相片晶中相对折叠表面上折叠组成的不平衡相关的应力。这样的不平衡反映了极性以及晶体外部折叠构象上的空间约束，这可能使片晶形变。Lotz 等(1998a)提议，这些卷曲的片晶是由于链茎的反倾斜(向相反方向倾斜)或等倾斜(向相同方向倾斜)排列导致的 $t_3gt_3g^-$ 曲柄轴构象所致，致使极性折叠处于反向的两个表面上。它们的极性行为是这样的：在片晶的一个折叠表面，每个折叠以 $CH_2$ 基团开始和结束，而在相对的折叠表面上，每个折叠以 $CF_2$ 基团开始和结束。结果，在两侧的折叠链节中包含着奇数个碳原子。在折叠表面的一侧，它们有 5 个 $CH_2$ 和 4 个 $CF_2$ 基团；而在另一侧是 4 个 $CH_2$ 和 5 个 $CF_2$ 基团。这两类折叠的这种组成上的不同导致折叠体积上的差异（$1\ nm^3$），因此影响折叠直径，如图 V.53c 所示，从而引起卷曲片晶形态（Lotz 等，1998a）。

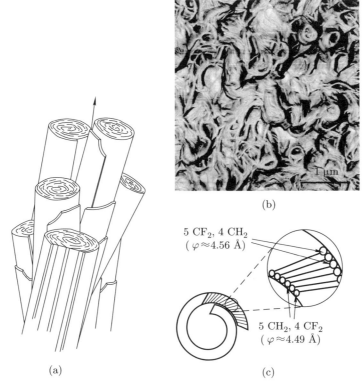

图 V.53　（a）聚偏氟乙烯 γ 相球晶中卷曲片晶的示意图；（重绘 1993 年 Vaughan 的图）（b）聚偏氟乙烯 γ 相球晶沿球晶半径观察到的原子力显微镜图像；（c）相对折叠表面上具有不同折叠体积的 γ 相片晶中链茎展开的示意图。（从 2005 年 Lotz 和 Cheng 的图重绘和复制，承蒙许可）

不平衡的表面应力概念已被认为是所有观察到的弯曲和卷曲单晶的一个主要原因。众所周知，弯曲的片层单晶会引入一个弯曲能叠加在正的自由能上。这种弯曲是由于晶格在一侧膨胀而在另一侧收缩而引起的（Keith 和 Padden，1984）。因此，卷曲一个单晶必然使晶体不稳定。和具有相同厚度的平面单晶相比，这些弯曲的或卷曲的单晶是亚稳的。不过，能唯一观察到这些弯曲的或卷曲的单晶暗示，在特定的结晶条件下形成这些晶体的能垒比形成相应的平面晶体的低。

　　特别地，在尼龙 66 的情况中，分子在固定的结晶温度倾向于生长卷曲的单晶，而不是略微增加片晶厚度形成平面片晶。这种情况表明弯曲能必然比增加由晶核厚度约束的片晶厚度所要求的新的表面自由能小。在聚偏氟乙烯中 γ 相的情况中，不平衡表面应力起源于 $CF_2$ 和 $CH_2$ 基团在折叠的九个碳原子中的分配。分子选择形成卷曲的晶体，而不是通过再多一个碳原子以增加无定形折叠的尺寸。因此，降低聚偏氟乙烯中 γ 相的最大结晶度会比引入弯曲能形成卷曲的晶体消耗更多的自由能。

　　高分子晶体也能形成扭曲。关于片晶扭曲最简单的物理模型是由 Keith 和 Padden (1984)提议的，如图 V.54 所示。这个模型的本质在于一个单个的片晶是由相反方向卷曲的两个一半片晶所组成的。在一半片晶中扭曲的原因是由折叠表面结构的差异引起的不平衡表面应力。因为当这两个一半片晶连接形成一整个片晶，片晶扭曲形成以便释放表面应力。

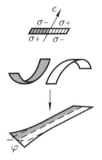

图 V.54　片晶扭曲起源的示意图。在上面，可见沿生长方向有链倾斜排列的片晶。这种不对称性在片晶的相对折叠表面上产生不同的折叠应力。如果沿着晶体生长方向的中线把这个片晶一分为二，片晶的曲率在这两个一半片晶上具有相反的方向，引入了不平衡表面应力。在下面的图，由于这两个一半片晶是连在一起的，它们产生一种沿整个片晶的扭曲以释放表面应力。（从 1984 年 Keith 和 Padden 的图复制，承蒙许可）

　　最有名的例子是聚乙烯球晶中的协同片晶扭曲，如图 V.55a 所示。同时给出的一个简单的插图 V.55b，用这个图来表示协同片晶扭曲的模型以提供带状球晶的形态构造（Barham 和 Keller，1977）（最近的综述见 Lotz 和 Cheng，2005）。众所周知，在从熔体中生长的聚乙烯球晶中，径向生长方向是沿着 *b* 轴。晶体中的链茎在 *ac* 平面内相对于片晶法线倾斜。倾斜角在 18° 到 35° 的范围内。在高结晶温度的某些情况中，倾斜角可以达到 45°。折叠表面因此不是(001)面，而是(101)、(201)或者当倾斜角是 45° 时甚至是(301)面。聚乙烯球晶一般表现出带状织构，暗示片晶采取一种沿 *b* 轴的扭曲方式（Point，1955；

Keith 和 Padden，1959a、b；Keller，1959；Price，1959）。扭曲被确定为"右手的"或"左手的"（Lustiger 等，1989）。

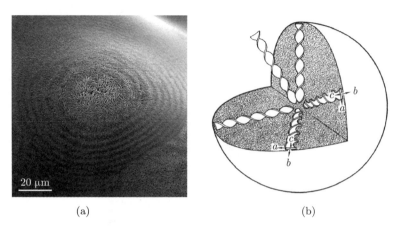

(a)                                        (b)

图 V.55 （a）当扭曲片晶到达表面（球晶的中心在表面下）时，聚乙烯球晶表面的扫描电镜图像。同心圆表明扭曲是协同的、同位相的，并对应于片晶看来近乎平躺的区域。当从球晶中心向外看时，在这些圆之间的片晶的轮廓是 C 形的或（在目前的这个例子中）反向 C 形的。这些轮廓对应于扭曲片晶和球晶表面的交点。使用的聚乙烯样品（Sclair）已知有较低的成核密度，使之适于阐明目前的效应。同心带之间的平均距离是 4 μm。（从 1989 年 Lustiger 等的图复制，承蒙许可）（b）聚乙烯球晶中的片晶扭曲示意图。（从 1977 年 Barham 和 Keller 的图复制，承蒙许可）

经过了很长时间才验证了聚乙烯中扭曲片晶的存在。Kunz 等报道，当它们研究超高分子量聚乙烯在十氢萘中物理凝胶的晶体形态时，观察到了聚乙烯扭曲片层单晶，如图 V.56 所示（1995）。

不过，最引人入胜的关于扭曲片层单晶的例子是从由（R）-（-）-4′-{ω-［2-（对羟基邻硝基苯氧基）-1-丙氧基］-1-壬氧基}-4-连苯基羧酸合成的一系列非外消旋的手性聚酯得到的。这系列聚酯具有一个连接到脂肪族二醇的原子手性中心，有 7 到 11 个不同数目的亚甲基单元。这一化学结构也已包括在图 V.57 中。单晶可以是"卷平的（curved flat）"或扭曲的。经电子衍射确定，这两种片晶具有相同的晶体结构。在"卷平的"单晶中，使用暗场透射电镜确定曲率是沿着单晶的短轴（Li 等，2000）。根据我们特殊设计的暗场透射电镜方法观察，在扭曲的单晶中扭曲螺旋单晶中的链茎是双重扭曲的（Li 等，1999a、b、2000）。基于 V.4.1 节中描述的片晶修饰方法的实验，在卷平的和螺旋片晶中高分子的链折叠方向也都是相同的，并且总是沿着片晶的长轴。图 V.57 显示了在亮场透射电镜中观察到的具有右手手性中心及 9 个亚甲基单元的一个聚酯的"卷平的"和扭曲的单晶（Li 等，1999a、b、2000）。这个高分子

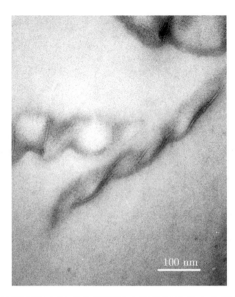

图 V.56　在十氢萘溶液中超高分子量聚乙烯的扭曲单个片晶的透射电镜亮场
图像。用甲基丙烯酸酯代替十氢萘并聚合，得到聚乙烯晶体埋入在固体聚甲
基丙烯酸酯的基体中的晶体，而其原始形态被保留。样品切片后用四氧化钌
染色。（从 1995 年 Kunz 等的图复制，承蒙许可）

的所有扭曲螺旋单晶都具有相同的手性。

　　当手性中心从右手变成左手时，扭曲螺旋单晶的手性相应地变化。最引人
注目的观测结果是，具有相同手性的手性中心但不同亚甲基数目的这些聚酯表
现出右手的或左手的螺旋晶体。特别是当聚酯有奇数个亚甲基单元时，螺旋单
晶具有右手的扭曲，而那些含偶数个亚甲基单元的单晶则具有左手扭曲。这个
意想不到的实验结果已经总结在标题为"左或右，这只取决于一个亚甲基单元
(Left or right, it is a matter of one methylene unit)"的论文中(Li 等，2001)。这
些结果表明，呈现在片晶中的手性是存在于不同尺度一连串手性的终极结果，
这些手性包括：手性中心(手性原子连接的化学键)、构象手性(螺旋手性)、
螺旋片层单晶(或单畴区)以及物体手性(晶体的团簇或聚集的畴区)。从一个
尺度到另一个尺度的手性传递既不是自动的，也不是必然的。将手性传递到更
大的尺度严重依赖于扭曲的螺旋构造单元的堆积方式(Li 等，2002)。由于这
些双重扭曲的螺旋单晶的机理必然和这些传递过程相关联，对于机理的透彻理
解还有待于研究。

　　一个特别有趣的观测结果是位于"卷平的"片层单晶相对两面的链折叠表
现不同，导致聚乙烯修饰的不同表面形态(Weng 等，2002)。一般的理解是需

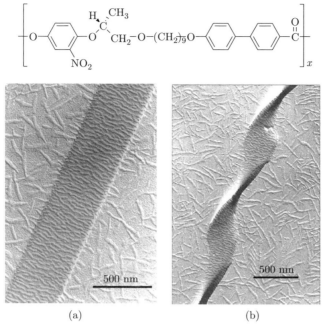

图 V.57　由（R）-（-）-4′-{ω-[2-（对羟基邻硝基苯氧基）-1-丙氧基]-1-壬氧基}-4-连苯基羧酸合成的具有右手手性中心及 9 个亚甲基单元的一个聚酯平的（a）和扭曲螺旋单晶（b）的透射电镜亮场图像。晶体在 145 ℃ 从本体中近晶 A 相生长。修饰在晶体表面的聚乙烯片晶表明了单晶的链折叠方向。（从 1999 年（a、b）及 2000 年 Li 等的图复制，承蒙许可）

要弯曲能来产生这类"卷平的"单晶（图 V.57a）。另一方面，对于扭曲的单晶，片晶两面的链折叠是相同的，正如片晶两个折叠表面相同的聚乙烯修饰的表面所证明的（图 V.57b）。根据实验的观测，大多数观察到的始终是螺旋晶体，而观察到"卷平的"单晶终究是少数。这个证据说明，当堆砌进这些晶体中时，链倾向于扭曲而不是弯曲，和最终的稳定性无关。使用动力学语言，成核能垒的决定性因素有利于螺旋晶体的生长。这个观测结果的定量解释需要与微观的分子堆积和相互作用以及生长环境相结合来讨论。

# 参 考 文 献 及 更 多 读 物

Addink, E. J.; Beintema, J. 1961. *Polymorphism of crystalline polypropylene*. Polymer **2**, 185-193.

Alamo, R. G.; Blanco, J. A.; Agarwal, P. K.; Randall, J. C. 2003. *Crystallization rates of* matched fractions of MgCl$_2$-supported Ziegler Natta and metallocene isotactic poly (propylene)s. 1. The role of chain microstructure. Macromolecules **36**, 1559-1571.

Alamo, R. G.; Kim, M. H.; Galante, M. J.; Isasi, J. R.; Mandelken, L. 1999. Structural and kinetic factors governing the formation of the γ polymorph of isotactic polypropylene. Macromolecules **32**, 4050-4064.

Arlie, J. -P.; Spegt, P.; Skoulios A. 1965. Variation discontinue du nombre de repliement des chaînes d'un polyoxyéthylène crystallize en masse. Comptes Rendus Hebdomadaires des Séances de l'Académie des Sciences **260**, 5774-5777.

Arlie, J. P.; Spegt, P. A,; Skoulios, A. 1966. Etude de la cristallisation des polymères. I. Structure lamellaire de polyoxyéthylène de faible masse moléculaire. Die Makromolekulare Chemie **99**, 160-174.

Arlie, J. P.; Spegt, P. A.; Skoulios, A. 1967. Etude de la cristallisation des polymères II. Structure lamellaire et repliement des chaines du polyoxyéthylène. Die Makromolekulare Chemie **104**, 212-229.

Armeniades, C. D.; Baer, E. 1967. Effect of pressure on the polymorphism of melt crystallized poly-1-butene. Journal of Macromolecular Science, Part B: Physics **1**, 309-334.

Auriemma, F.; Lewis, R. H.; Spiess, H. W.; De Rosa, C. 1995. Phase transition from a C-centered to a B-centered orthorhombic crystalline form of syndiotactic poly (propylene). Macromolecular Chemistry and Physics **196**, 4011-4024.

Avakian, P.; Gardner, K. H.; Matheson, R. P. Jr. 1990. A comment on crystallization in PEEK and PEEK resins. Journal of Polymer Science, Polymer Letter Edition **28**, 243-246.

Barham, P. J.; Keller, A. 1977. The problem of thermal expansion in polyethylene spherulites. Journal of Materials Science **12**, 2141-2148.

Bassett, D. C. 1964. Moire patterns in the electron microscopy of polymer crystals. Philosophical Magazine **10**, 595-615.

Bassett, D. C. 1981. Principles of Polymer Morphology. Cambridge University Press: Cambridge.

Bassett, D. C.; Turner, B. 1972. New high-pressure phase in chain-extended crystallization of polyethylene. Nature **240**, 146-148.

Bassett, D. C.; Turner, B. 1974a. On chain-extended and chainfolded crystallization of polyethylene. Philosophical Magazine **29**, 285-307.

Bassett, D. C.; Turner, B. 1974b. On the phenomenology of chain-extended crystallization in polyethylene. Philosophical Magazine **29**, 925-955.

Bassett, D. C.; Dammont, F. R.; Salovey, R. 1964. On the morphology of polymer crystals. Polymer **5**, 579-588.

Bassett, D. C.; Olley, R. H.; Al Raheil, I. A. M. 1988. On isolated lamellae of melt-crystallized polyethylene. Polymer **29**, 1539-1543.

Beekmans, L. G. M.; Vancso, G. J. 2000. Real-time crystallization study of poly (ε-

*caprolactone*) *by hot-stage atomic force microscopy.* Polymer **41**, 8975-8981.

Bidd, I.; Whiting, M. C. 1985. *The synthesis of pure n-paraffins with chain-lengths between one and four hundred.* Journal of the Chemical Society, Chemical Communications 543-544.

Bidd, I.; Holdup, D. W.; Whiting, M. C. 1987. *Studies on the synthesis of linear aliphatic-compounds. Part 3. The synthesis of paraffins with very long chains.* Journal of the Chemical Society, Perkin Transactions 1: Organic and Bio-Organic Chemistry **11**, 2455-2463.

Blundell, D. J.; Newton, A. B. 1991, *Variations in the crystal lattice of PEEK and related para-substituted aromatic polymers. 2. Effect of sequence and proportion of ether and ketone links.* Polymer **32**, 308-313.

Boda, E.; Ungar, G.; Brooke, G. M.; Burnett, S.; Mohammed, S.; Proctor, D.; Whiting, M. C. 1997. *Crystallization rate minima in a series of n-alkanes from $C_{194}H_{390}$ to $C_{294}H_{590}$.* Macromolecules **30**, 4674-4678.

Bovey, F. A.; Mirau, P. A.; Gutowsky, H. S., Eds. 1988. *Nuclear Magnetic Resonance Spectroscopy (2nd Edition).* Academic Press: San Diego.

Briber, R. M.; Khoury, F. A. 1993. *The morphology of poly(vinylidene fluoride) crystallized from blends of poly(vinylidene fluoride) and poly(ethyl acrylate).* Journal of Polymer Science, Polymer Physics Edition **31**, 1253-1272.

Brizzolara, D.; Cantow, H. -J.; Diederichs, K.; Keller, E.; Domb, A. J. 1996. *Mechanism of the stereocomplex formation between enantiomeric poly(lactide)s.* Macromolecules **29**, 191-197.

Brown, S. P.; Spiess, H. W. 2001. *Advanced solid-state NMR methods for the elucidation of structure and dynamics of molecular, macromolecular, and supramolecular systems.* Chemical Reviews **101**, 4125-4155.

Brückner, S.; Meille, S. V. 1989. *Non-parallel chains in crystalline γ-isotactic polypropylene.* Nature **340**, 455-457.

Bu, Z.; Yoon, Y.; Ho, R. -M.; Zhou, W.; Jangchud, I.; Eby, R. K.; Cheng, S. Z. D.; Hsieh, E. T.; Johnson, T. W.; Geerts, R. G.; Palackal, S. J.; Hawley, G. R.; Welch, M. B. 1996. *Crystallization, melting, and morphology of syndiotactic polypropylene fractions. 3. Lamellar single crystals and chain folding.* Macromolecules **29**, 6575-6581.

Cai, W.; Li, C. Y.; Li, L.; Lotz, B.; Keating, M.; Marks, D. 2004. *Submicrometer scroll/tubular lamellar crystals of nylon 66.* Advanced Materials **16**, 600-605.

Campbell, R. A.; Phillips, P. J.; Lin, J. S. 1993. *The gamma phase of high-molecular-weight polypropylene: 1. Morphological aspects.* Polymer **34**, 4809-4816.

Cartier, L.; Okihara, T.; Lotz, B. 1997. *Triangular polymer single crystals: Stereocomplexes, twins, and frustrated structures.* Macromolecules **30**, 6313-6322.

Cartier, L.; Okihara, T.; Lotz, B. 1998. *The α″ "superstructure" of syndiotactic polystyrene:*

*A frustrated structure.* Macromolecules **31**, 3303-3310.

Cartier, L.; Spassky, N.; Lotz, B. 1996. *Frustrated structures of chiral polymers.* Comptes Rendus de l'Académie des Sciences, Serie II B: Mécanique, Physique, Chimie, Astronomie **322**, 429-435.

Cartier, L.; Okihara, T.; Ikada, Y.; Tsuji, H.; Puiggali, J.; Lotz, B. 2000. *Epitaxial crystallization and crystalline polymorphism of polylactides.* Polymer **41**, 8909-8919.

Charlet, G.; Delmas, G. 1984. *Effect of solvent on the polymorphism of poly(4-methylpentene-1). 2. Crystallization in semi-dilute solutions.* Polymer **25**, 1619-1625.

Chatani, Y.; Maruyama, H.; Asanuma, T.; Shiomura, T. 1991. *Structure of a new crystalline phase of syndiotactic polypropylene.* Journal of Polymer Science, Polymer Physics Edition **29**, 1649-1652.

Chau, K. W.; Yang, Y. C.; Geil, P. H. 1986. *Tetragonal → twinned hexagonal crystal phase transformation in polybutene-1.* Journal of Materials Science **21**, 3002-3014.

Chen, J. H.; Cheng, S. Z. D.; Wu, S. S.; Lotz, B.; Wittmann, J. -C. 1995. *Polymer decoration study in chain folding behavior of solution-grown poly(ethylene oxide) crystals.* Journal of Polymer Science, Polymer Physics Edition **33**, 1851-1855.

Cheng, J.; Jin, Y.; Wunderlich, B.; Cheng, S. Z. D.; Yandrasits, M. A.; Zhang, A.; Percec, V. 1992. *Solid-state $^{13}C$ NMR studies of molecular motion in MBPE-9 and MBPE-5.* Macromolecules **25**, 5991-5999.

Cheng, S. Z. D.; Chen, J. H. 1991. *Nonintegral and integral folding crystal growth in low-molecular mass poly(ethylene oxide) fractions. III. Linear crystal growth rates and crystal morphology.* Journal of Polymer Science, Polymer Physics Edition **29**, 311-327.

Cheng, S. Z. D.; Keller, A. 1998. *The role of metastable states in polymer phase transitions: Concepts, principles, and experimental observations.* Annual Review of Materials Science **28**, 533-562.

Cheng, S. Z. D.; Li, C. Y. 2002. *Structure and formation of polymer single crystal textures.* Materials Science Forum **408**, 25-37.

Cheng, S. Z. D.; Barley, J. S.; Von Meerwall, E. D. 1991a. *Self-diffusion of poly(ethylene oxide) fractions and its influence on the crystalline texture.* Journal of Polymer Science, Polymer Physics Edition **29**, 515-525.

Cheng, S. Z. D.; Chen, J. H.; Zhang, A. Q.; Heberer, D. P. 1991b. *Nonintegral and integral folding crystal growth in low-molecular mass poly(ethylene oxide) fractions. II. End-group effect: α, ω-methoxy-poly(ethylene oxide).* Journal of Polymer Science, Polymer Physics Edition **29**, 299-310.

Cheng, S. Z. D.; Zhang, A. Q.; Chen, J. H.; Heberer, D. P. 1991c. *Nonintegral and integral folding crystal growth in low-molecular-mass poly(ethylene oxide) fractions. I. Isothermal lamellar thickening and thinning.* Journal of Polymer Science, Polymer Physics Edition **29**, 287-297.

Cheng, S. Z. D.; Zhang, A.; Barley, J. S.; Chen, J.; Habenschuss, A.; Zschack, P. R. 1991d. *Isothermal thickening and thinning processes in low molecular weight poly (ethylene oxide) fractions. 1. From nonintegral-folding to integral-folding chain crystal transitions.* Macromolecules **24**, 3937-3944.

Cheng, S. Z. D.; Chen, J.; Barley, J. S.; Zhang, A.; Habenschuss, A.; Zschack, P. R. 1992a. *Isothermal thickening and thinning processes in low molecular weight poly (ethyleneoxide) fractions crystallized from the melt. 3. Molecular weight dependence.* Macromolecules **25**, 1453-1460.

Cheng, S. Z. D.; Chen, J. H.; Zhang, A. Q.; Barley, J. S.; Habenschuss, A.; Zschack, P. R. 1992b. *Isothermal thickening and thinning processes in low molecular weight poly(ethylene oxide) fractions crystallized from the melt. 2. Crystals involving more than one fold.* Polymer **33**, 1140-1149.

Cheng, S. Z. D.; Wu, S. S.; Chen, J.; Zhuo, Q.; Quirk, R. P.; von Meerwall, E. D.; Hsiao, B. S.; Habenschuss, A.; Zschack, P. R. 1993. *Isothermal thickening and thinning processes in low molecular weight poly (ethylene oxide) fractions crystallized from the melt. 4. End-group dependence.* Macromolecules **26**, 5105-5117.

Clark, E. S. 1967. *Molecular motion in poly (tetrafluoroethylene) at cryogenic temperatures.* Journal of Macromolecular Science, Part B: Physics **1**, 795-800.

Clark, E. S.; Muus, L. T. 1962. *Partial disordering and crystal transition in polytetrafluoroethylene.* Zeitschrift für Kristallographie **117**, 119-127.

Clark, N. A.; Lagerwall, S. T. 1980. *Submicrosecond bistable electro-optic switching in liquid crystals.* Applied Physics Letters **36**, 899-901.

Cojazzi, G.; Malta, V.; Celotti, G.; Zannetti, R. 1976. *Crystal structure of form III of isotactic poly-1-butene.* Die Makromolekulare Chemie **177**, 915-926.

Colthup, N. B.; Daly, L. H.; Wiberley, S. E. 1990. *Introduction to Infrared and Raman Spectroscopy (3rd Edition).* Acadamic Press: San Diego.

Corradini, P.; Guerra, G. 1977. *The chain conformation of poly (tetrafluoroethylene) in the crystalline modification above 30 ℃.* Macromolecules **10**, 1410-1413.

Corradini, P.; Natta, G.; Ganis, P.; Temussi, P. A. 1967. *Crystal structure of syndiotactic polypropylene.* Journal of Polymer Science, Polymer Symposia **16**, 2477-2484.

Davis, G. T.; McKinney, J. E.; Broadhurst, M. G.; Roth, S. C. 1978. *Electric-field-induced phase changes in poly (vinylidene fluoride).* Journal of Applied Physics **49**, 4998-5002.

De Rosa, C. 1996. *Crystal structure of the trigonal modification (α-form) of syndiotactic polystyrene.* Macromolecules **29**, 8460-8465.

De Rosa, C.; Corradini, P. 1993. *Crystal structure of syndiotactic polypropylene.* Macromolecules **26**, 5711-5718.

De Rosa, C.; Auriemma, F.; Vinti, V. 1997. *Disordered polymorphic modifications of form I of syndiotactic polypropylene*. Macromolecules **30**, 4137-4146.

De Rosa, C.; Auriemma, F.; Vinti, V. 1998. *On the form II of syndiotactic polypropylene*. Macromolecules **31**, 7430-7435.

De Rosa, C.; Auriemma, F.; Circelli, T.; Waymouth, R. M. 2002. *Crystallization of the α and γ forms of isotactic polypropylene as a tool to test the degree of segregation of defects in the polymer chains*. Macromolecules **35**, 3622-3629.

De Rosa, C.; Rapacciuolo, M.; Guerra, G.; Petraccone, V.; Corradini, P. 1992. *On the crystal structure of the orthorhombic form of syndiotactic polystyrene*. Polymer **33**, 1423-1428.

DiCorleto, J. A.; Bassett, D. C. 1990. *On circular crystals of polyethylene*. Polymer **31**, 1971-1977.

Dorset, D. L. 1995. *Structural Electron Crystallography*. Plenum Press: New York.

Dorset, D. L.; McCourt, M. P.; Kopp, S.; Wittmann, J. C.; Lotz, B. 1994. *Direct determination of polymer crystal structures by electron crystallography-isotactic poly ( 1-butene ), form ( III )*. Acta Crystallographica Section B: Structural Science **50**, 201-208.

Dorset, D. L.; McCourt, M. P.; Kopp, S.; Schumacher, M.; Okihara, T.; Lotz, B. 1998. *Isotactic polypropylene, β-phase: A study in frustration*. Polymer **39**, 6331-6337.

Dosch, H. 1992. *Critical Phenomena at Surfaces and Interfaces: Evanescent X-Ray and Neutron Scattering*. Chapter 5; Springer-Verlag: Berlin.

Faraday, M. 1860. *Note on regelation*. Proceedings of the Royal Society of London **10**, 440-450.

Fillon, B.; Thierry, A.; Wittmann, J. C.; Lotz, B. 1993. *Self-nucleation and recrystallization of polymers. Isotactic polypropylene, β phase: β-α conversion and β-α growth transitions*. Journal of Polymer Science, Polymer Physics Edition **31**, 1407-1424.

Finter, J.; Wegner, G. 1981. *Relation between phase transition and crystallization behavior of 1, 4-trans-poly( butadiene )*. Die Makromolekular Chemie **182**, 1859-1874.

Fischer, E. W. 1957. *Stufen- und spiralförmiges Kristallwachstum bei Hochpolymeren*. Zeitschrift für Naturforschung A: Astrophisik, Physik und Physikalische Chemie **12**, 753-754.

Fischer, E. W.; Lorenz, R. 1963. *Über fehlordnungen in polyäthylen-einkristallen*. Kolloid-Zeitschrift & Zeitschrift für Polymere **189**, 97-110.

Flack H. D. 1972. *High-pressure phase of polytetrafluoroethylene*. Journal of Polymer Science, Polymer Physics Edition **10**, 1799-1809.

Frank, F. C.; Keller, A.; O'Connor, A. 1959. *Observations on single crystals of an isotactic polyolefin. Morphology and chain packing in poly-4-methyl-pentene-1*. Philosophical Magazine **4**, 200-214.

Galerne, Y.; Liebert, L. 1991. *Antiferroelectric chiral smectic-O* liquid crystal*. Physical Review Letters **66**, 2891-2894.

Gang, O.; Wu, X. Z.; Ocko, B. M.; Sirota, E. B.; Deutsch, M. 1998. *Surface freezing in chain molecules. II. Neat and hydrated alcohols.* Physical Review E **58**, 6086-6100.

Gardner, K. H.; Hsiao, B. S. Faron, K. L. 1994. *Polymorphism in poly(aryl ether ketone)s.* Polymer **35**, 2290-2295.

Gardner, K. C. H.; Hsiao, B. S.; Matheson, R. R. Jr.; Wood, B. A. 1992. *Structure, crystallization and morphology of poly(aryl ether ketone ketone).* Polymer **33**, 2483-2495.

Gautam, K. S.; Dhinojwala, A. 2002. *Melting at alkyl side chain comb polymer interfaces.* Physical Review Letters **88**, 145501. 1-145501. 4.

Gautam, K. S.; Kumar, S.; Wermeille, D.; Robinson, D.; Dhinojwala, A. 2003. *Observation of novel liquid-crystalline phase above the bulk-melting temperature.* Physical Review Letters **90**, 215501. 1-215501. 4.

Ge, J. J.; Li, C. Y.; Xue, G.; Mann, I. K.; Zhang, D.; Wang, S. -Y.; Harris, F. W.; Cheng, S. Z. D.; Hong, S. -C.; Zhuang, X.; Shen, Y. R. 2001. *Rubbing-induced molecular reorientation on an alignment surface of an aromatic polyimide containing cyanobiphenyl side chains.* Journal of the American Chemical Society **123**, 5768-5776.

Geacintov, C.; Schotland, R. S.; Miles, R. B. 1963. *Phase transition of crystalline poly-1-butene in form III.* Journal of Polymer Science, Polymer Letter Edition **1**, 587-591.

Geil, P. H. Jr. 1960. *Nylon single crystals.* Journal of Polymer Science **44**, 449-458.

Geil, P. H. 1963. *Polymer Single Crystals.* Wiley-Interscience: New York.

Geil, P. H. Jr.; Symons, N. K. J.; Scott, R. G. 1959. *Solution grown crystals of an acetal resin.* Journal of Applied Physics **30**, 1516-1517.

Geil, P. H.; Anderson, F. R.; Wunderlich, B.; Arakawa, T. 1964. *Morphology of polyethylene crystallized from the melt under pressure.* Journal of Polymer Science, Part A **2**, 3707-3720.

Gomez, M. A.; Cozine, M. H.; Tonelli, A. E. 1988. *High-resolution solid-state 13CNMR study of the α and β crystalline forms of poly(butylene terephthalte).* Macromolecules **21**, 388-392.

Goodby, J. W.; Slaney, A. J.; Booth, C. J.; Nishiyama, I.; Vuijk, J. D.; Styring, P.; Toyne, K. J. 1994. *Chirality and frustration in ordered fluids.* Molecular Crystals and Liquid Crystals **243**, 231-298.

Guerra, G.; Vitagliano, V. M.; De Rosa, C.; Petraccone, V.; Corradini, P. 1990. *Polymorphism in melt crystallized syndiotactic polystyrene samples.* Macromolecules **23**, 1539-1544.

Guerra, G.; De Rosa, C.; Vitagliano, V. M.; Petraccone, V.; Corradini, P. 1991. *Effects of blending on the polymorphic behavior of melt-crystallized syndiotactic polystyrene.* Journal of Polymer Science, Polymer Physics Edition **29**, 265-271.

Hasegawa, R.; Kobayashi, M.; Tadokoro, H. 1972a. *Molecular conformation and packing of poly(vinylidene fluoride). Stability of three crystalline forms and the effect of high pressure.* Polymer Journal (Japan) **3**, 591-599.

223

Hasegawa, R.; Takahashi, Y.; Chatani, Y.; Tadokoro, H. 1972b. *Crystal structures of three crystalline forms of poly(vinylidene fluoride)*. Polymer Journal (Japan) **3**, 600-610.

Hasegawa, R.; Tanabe, Y.; Kobayashi, M.; Tadokoro, H. Sawaoka, A.; Hawai, N. 1970. *Structural studies of pressure-crystallized polymers. I. Heat treatment of oriented polymers under high pressure*. Journal of Polymer Science, Polymer Physics Edition **8**, 1073-1087.

Hattori, T.; Hikosaka, M.; Ohigashi, H. 1996. *The crystallization behavior and phase diagram of extended-chain crystals of poly(vinylidene fluoride) under high pressure*. Polymer **37**, 85-91.

Hattori, T.; Watanabe, T.; Akama, S.; Hikosaka, M.; Ohigashi, H. 1997. *The high-pressure crystallization behaviors and piezoelectricity of extended chain lamellar crystals of vinylidene fluoride trifluoroethylene copolymers with high molar content of vinylidene fluoride*. Polymer **38**, 3505-3511.

Hikosaka, M.; Rastogi, S.; Keller, A.; Kawabata, H. 1992. *Investigations on the crystallization of polyethylene under high pressure: Role of mobile phases, lamellar thickening growth, phase transformations, and morphology*. Journal of Macromolecular Science, Part B: Physics, **31**, 87-131.

Ho, R. -M.; Cheng, S. Z. D.; Hsiao, B. S.; Gardner, K. H. 1994a. *Crystal morphology and phase identification in poly(aryl ether ketone)s and their copolymers. 1. Polymorphism in PEKK*. Macromolecules **27**, 2136-2140.

Ho, R. -M.; Cheng, S. Z. D.; Fisher, H. P.; Eby, R. K.; Hsiao, B. S.; Gardner, K. H. 1994b. *Crystal morphology and phase identification in poly(aryl ether ketone)s and their copolymers. 2. Poly(oxy-1, 4-phenylenecarbonyl-1, 3-phenylenecarbonyl-1, 4-phenylene)*. Macromolecules **27**, 5787-5793.

Ho, R. -M.; Cheng, S. Z. D.; Hsiao, B. S.; Gardner, K. H. 1995a. *Crystal morphology and phase identification in poly(aryl ether ketone)s and their copolymers. 3. Polymorphism in a polymer containing alternated terephthalic acid and isophthalic acid isomers*. Macromolecules **28**, 1938-1945.

Ho, R. -M.; Cheng, S. Z. D.; Hsiao, B. S.; Gardner, K. H. 1995b. *Crystal morphology and phase identification in poly(aryl ether ketone)s and their copolymers. 4. Morphological observations in PEKK with all p-phenylene linkages*. Macromolecules **28**, 8855-8861.

Ho, R. -M.; Lin, C. -P.; Tsai, H. -Y.; Woo, E. -M. 2000. *Metastability studies of syndiotactic polystyrene polymorphism*. Macromolecules **33**, 6517-6526.

Ho, R. -M.; Lin, C. -P.; Hseih, P. -Y.; Chung, T. -M.; Tsai, H. -Y. 2001. *Isothermal crystallization-induced phase transition of syndiotactic polystyrene polymorphism*. Macromolecules **34**, 6727-6736.

Ho, R. -M.; Yoon, Y.; Leland, M.; Cheng, S. Z. D.; Yang, D.; Percec, V.; Chu, P. 1996. *Phase identification in a series of liquid crystalline TPP polyethers and copolyethers having highly ordered mesophase structures. 3. Thin film surface-induced ordering structure and morphology in TPP* ( $n = 7$ ). Macromolecules **29**, 4528-4535.

Hobbs, J. K.; Hill, M. J.; Barham, P. J. 2001. *Crystallization and isothermal thickening of single crystals of $C_{246}H_{494}$ in dilute solution.* Polymer **42**, 2167-2176.

Hosier, I. L.; Bassett, D. C.; Vaughan, A. S. 2000. *Spherulitic growth and cellulation in dilute blends of monodisperse long n-alkanes.* Macromolecules **33**, 8781-8790.

Holland, V. F.; Miller, R. L. 1964. *Isotactic polybutene-1 single crystals: Morphology.* Journal of Applied Physics **35**, 3241-3248.

Hsiao, B. S.; Yang, L.; Somani, R. H.; Avila-Orta, C. A.; Zhu, L. 2005. *Unexpected shish-kebab structure in a sheared polyethylene melt.* Physical Review Letters **94**, 117-802.

Huo H.; Jiang S.; An, L.; Feng, J. 2004. *Influence of shear on crystallization behavior of the β phase in isotactic polypropylene with β-nucleating agent.* Macromolecules **37**, 2478-2483.

Jaccodine, R. 1955. *Observations of spiral growth steps in ethylene polymer.* Nature **176**, 305-306.

Jing, A. J.; Taikum. O.; Li, C. Y.; Harris, F. W.; Cheng, S. Z. D. 2002. *Phase identification and monotropic transition behaviors in a thermotropic main-chain liquid crystalline polyether.* Polymer **43**, 3431-3440.

Keith, H. D. 1964. *On the relation between different morphological forms in high polymers.* Journal of Polymer Science, Part A **2**, 4339-4360.

Keith, H. D.; Padden, F. J. Jr. 1959a. *The optical behavior of spherulites in crystalline polymers. Part I. Calculation of theoretical extinction patterns in spherulites with twisting crystalline orientation.* Journal of Polymer Science **39**, 101-122.

Keith, H. D.; Padden, F. J. Jr. 1959b. *The optical behavior of spherulites in crystalline polymers. Part II. The growth and structure of the spherulites.* Journal of Polymer Science **39**, 123-138.

Keith, H. D.; Padden, F. J. Jr. 1984. *Twisting orientation and the role of transient states in polymer crystallization.* Polymer **25**, 28-42.

Keith, H. D.; Padden, F. J. Jr. 1987. *Spherulitic morphology in polyethylene and isotactic polystyrene: Influence of diffusion of segregated species.* Journal of Polymer Science, Polymer Physics Edition **25**, 2371-2392.

Keith, H. D.; Padden, F. J. Jr.; Lotz, B.; Wittmann, J. C. 1989. *Asymmetries of habit in polyethylene crystals grown from the melt.* Macromolecules **22**, 2230-2238.

Keith, H. D.; Padden, F. J. Jr.; Walter, N. W.; Wyckoff, H. W. 1959. *Evidence for a second crystal form of polypropylene.* Journal of Applied Physics **30**, 1485-1488.

Keller, A. 1957. *A note on single crystals in polymers: Evidence of a folded-chain configuration.* Philosophical Magazine **2**, 1171-1175.

Keller, A. 1959. *Investigations on banded spherulites.* Journal of Polymer Science **39**, 151-173.

Keller, A. 1968. *Polymer crystals.* Reports on Progress in Physics **31**, 623-704.

Keller, A.; Cheng, S. Z. D. 1998. *The role of metastability in polymer phase transitions.* Polymer **39**, 4461-4487.

Keller, A.; Kolnaar, H. W. H. 1997. *Flow-induced orientation and structure formation.* In *Processing of Polymers*. Meijer, H. E. H., Ed. Chapter 4; VCH: Weinheim.

Keller, A.; Ungar, G.; Percec, V. 1990. *Liquid-crystalline polymers. A unifying thermodynamics-based scheme.* American Chemical Society Symposium Series **435**, 308-334.

Khoury, F. 1966. *The spherulitic crystallization of isotactic polypropylene from solution: Evolution of monoclinic spherulites from dendritic chain-folded crystal precursors.* Journal of Research of the National Bureau of Standards, Section A: Physics and Chemistry **70**, 29-61.

Khoury, F. 1979. *Organization of macromolecules in the condensed phase: General discussion.* Faraday Discussions of the Chemical Society **68**, 404-405.

Khoury, F.; Barnes, J. D. 1972. *Formation of curved polymer crystals. Poly ( 4-methyl-1-pentene).* Journal of Research of the National Bureau of Standards, Section A: Physics and Chemistry **76**, 225-252.

Khoury, F.; Barnes, J. D. 1974a. *Formation of curved polymer crystals. Poly ( oxymethylene).* Journal of Research of the National Bureau of Standards, Section A: Physics and Chemistry **78**, 95-128.

Khoury, F.; Barnes, J. D. 1974b. *Formation of curved polymer crystals. Poly ( chlorotrifluoro-ethylene).* Journal of Research of the National Bureau of Standards, Section A: Physics and Chemistry **78**, 363-373.

Khoury, F.; Bolz, L. H. 1980. *Scanning transmission electron microscopy of polyethylene crystals.* Proceedings-Annual Meeting, Electron Microscopy Society of American **38**, 242-245.

Khoury, F.; Bolz, L. 1985. *The lateral growth habits and sectored character of polyethylene crystals.* Bulletin of the American Physical Society **30**, 493.

Khoury, F.; Passaglia, E. 1976. *The morphology of crystalline synthetic polymers.* In *Treatise on Solid State Chemistry. Volume 3. Crystalline and Noncrystalline Solids*. Hannay, N. B., Ed. Chapter 6; Plenum Press: New York.

Kim, I.; Krimm, S. 1996. *Raman longitudinal acoustic mode studies of a poly ( ethylene oxide) fraction during isothermal crystallization from the melt.* Macromolecules **29**, 7186-7192.

Klop, E. A.; Lommerts, B. J.; Veurink, J.; Aerts, J.; van Puijenbroek, R. R. 1995. *Polymorphism in alternating polyketones studied by X-ray diffraction and calorimetry.* Journal of Polymer Science, Polymer Physics Edition **33**, 315-326.

Kobayashi, K. 1962. *Koubunsi no Densikenbikyou Niyoru Kouzoukennkyuu ( Transmission electron microscopy studies on the structure of polymers).* In *Kobunshi no Bussei ( Properties of polymers)*. Nakajima, A.; Tadokoro, H.; Tsuruta, T.; Yuki, H.; Ohtsu, T.,

Eds. Chapter 11; Kagakudojin; Kyoto.

Kobayashi, M.; Tashiro, K.; Tadokoro, H. 1975. *Molecular vibrations of three crystal forms of poly(vinylidene fluoride)*. Macromolecules **8**, 158-171.

Kolnaar, J. W. H.; Keller, A. 1994. *A temperature window of reduced flow resistance in polyethylene with implications for melt flow rheology. 1. The basic effect and principle parameters*. Polymer, 35, 3863-3874.

Kolnaar, J. W. H.; Keller, A. 1995. *A temperature window of reduced flow resistance in polyethylene with implications for melt flow rheology. 2. Rheological investigations in the extrusion window*. Polymer **36**, 821-836.

Kopp. S.; Wittmann, J. C.; Lotz, B. 1994a. *Phase II to phase I crystal transformation in polybutene-1 single crystals; A reinvestigation*. Journal of Materials Science **29**, 6159-6166.

Kopp, S.; Wittmann, J. C.; Lotz, B. 1994b. *Epitaxial crystallization and crystalline polymorphism of poly(1-butene): Forms II and III*. Polymer **35**, 908-915.

Kopp, S.; Wittmann, J. C.; Lotz, B. 1994c. *Epitaxial crystallization and crystalline polymorphism of poly(1-butene): Form I'*. Polymer **35**, 916-924.

Kovacs, A. J.; Gonthier, A. 1972. *Crystallization and fusion of self-seeded polymers. II. Growth rate, morphology, and isothermal thickening of single crystals of low molecular weight poly(ethylene oxide) fractions*. Kolloid-Zeitschrift & Zeitschrift für Polymere **250**, 530-551.

Kovacs, A. J.; Gonthier, A.; Straupe, C. 1975. *Isothermal growth, thickening, and melting of poly(ethylene oxide) single crystals in the bulk*. Journal of Polymer Science, Polymer Symposia **50**, 283-325.

Kovacs, A. J.; Straupe, C.; Gonthier, A. 1977. *Isothermal growth, thickening, and melting of poly(ethylene oxide) single crystals in the bulk. II.* Journal of Polymer Science; Polymer Symposia **59**, 31-54.

Kovacs, A. J.; Straupe, C. 1979. *Isothermal growth, thickening, and melting of poly(ethylene oxide) single crystals in the bulk. Part 4. Dependence of pathological crystal habits on temperature and thermal history*. Faraday Discussions of the Chemical Society **68**, 225-238.

Kovacs, A. J.; Straupe, C. 1980. *Isothermal growth, thickening, and melting of poly(ethylene oxide) single crystals in the bulk. III. Bilayer crystals and the effect of chain ends*. Journal of Crystal Growth **48**, 210-226.

Kricheldorf, H. R.; Domschke, A.; Schwarz, G. 1991a. *Liquid-crystalline polyimides. 3. Fully aromatic liquid-crystalline poly(ester imide)s derived from N-(4-carboxyphenyl)-trimellitimide and substituted hydroquinones*. Macromolecules **24**, 1011-1016.

Kricheldorf, H. R.; Schwarz, G.; de Abajo, J.; de la Campa, J. G. 1991b. *LC-polyimides. 5. Poly(ester imides) derived from N-(4-carboxyphenyl)trimellitimide and $\alpha$, $\omega$-dihydroxy-alkanes*. Polymer **32**, 942-949.

Kunz, M.; Drechsler, M.; Möller, M. 1995. *On the structure of ultra-high molecular weight*

227

*polyethylene gels*. Polymer **36**, 1331-1339.

Laihonen, S.; Gedde, U. W.; Werner, P. -E.; Martinez-Salazar, J. 1997. *Crystallization kinetics and morphology of poly*(*propylene-stat-ethylene*) *fractions*. Polymer **38**, 361-369.

Lando, J. B.; Olf, H. G.; Peterlin, A. 1966. *Nuclear magnetic resonance and X-ray determination of the structure of poly*(*vinylidene fluoride*). Journal of Polymer Science, Polymer Chemistry Edition **4**, 941-951.

Lee, K. S. Wegner, G. 1985. *Linear and cyclic alkanes* ( $C_n H_{2n+2}$, $C_n H_{2n}$ ) *with n > 100. Synthesis and evidence for chain-folding*. Die Makromolekulare Chemie, Rapid Communications **6**, 203-208.

Li, C. Y.; Li, L.; Cai, W.; Kodjie, S. L.; Tenneti, K. K. 2005. *Nanohybrid shish-kebab: Periodically functionalized carbon nanotubes*. Advanced Materials **17**, 1198-1202.

Li, C. Y.; Yan, D.; Cheng, S. Z. D.; Bai, F.; He, T.; Chien, L. -C.; Harris, F. W.; Lotz, B. 1999a. *Double-twisted helical lamellar crystals in a synthetic main-chain chiral polyester similar to biological polymers*. Macromolecules **32**, 524-527.

Li, C. Y.; Cheng, S. Z. D.; Ge, J. J.; Bai, F.; Zhang, J. Z.; Mann, I. K.; Harris, F. W.; Chien, L. -C.; Yan, D.; He, T.; Lotz, B. 1999b. *Double twist in helical polymer "soft" crystals*. Physical Review Letters **83**, 4558-4561.

Li, C. Y.; Cheng, S. Z. D.; Ge, J. J.; Bai, F.; Zhang, J. Z.; Mann, I. K.; Chien, L. -C.; Harris, F. W.; Lotz, B. 2000. *Molecular orientations in flat-elongated and helical lamellar crystals of a main-chain nonracemic chiral polyester*. Journal of the American Chemical Society **122**, 72-79.

Li, C. Y.; Cheng, S. Z. D.; Weng, X.; Ge, J. J.; Bai, F.; Zhang, J. Z.; Calhoun, B. H.; Harris, F. W.; Chien, L. -C.; Lotz, B. 2001. *Left or right, it is a matter of one methylene unit*. Journal of the American Chemical Society **123**, 2462-2463.

Li, C. Y.; Jin, S.; Weng, X.; Ge, J. J. Zhang, D.; Bai, F.; Harris, F. W.; Cheng, S. Z. D.; Yan, D.; He, T.; Lotz, B.; Chien, L. -C. 2002. *Liquid crystalline phases, microtwining in crystals and helical chirality transformations in a main-chain chiral polyester*. Macromolecules **35**, 5475-5482.

Li, L.; Li, C. Y.; Ni, C. 2006. *Polymer crystallization-driven, periodic patterning on carbon nanotubes*. Journal of the American Chemical Society **128**, 1692-1699.

Lotz, B. 1998. *α and β phases of isotactic polypropylene: A case of growth kinetics 'phase reentrency' in polymer crystallization*. Polymer **39**, 4561-4567.

Lotz, B.; Cheng, S. Z. D. 2005. *A critical assessment of unbalanced surface stress as the mechanical origin of twisting and scrolling of polymer crystals*. Polymer **46**, 577-610.

Lotz, B.; Cheng, S. Z. D. 2006. *Comments on: 'A critical assessment of unbalanced surface stresses: Some complementary considerations', by DC Bassett*. Polymer **47**, 3267-3270.

Lotz, B.; Thierry, A. 2003. *Spherulite morphology of form III isotactic poly*(*1-butene*). Macromolecules **36**, 286-290.

Lotz, B.; Wittmann, J. C. 1986. *The molecular origin of lamellar branching in the α (monoclinic) form of isotactic polypropylene*. Journal of Polymer Science, Polymer Physics Edition **24**, 1541-1558.

Lotz, B.; Graff, S.; Wittmann, J. C. 1986. *Crystal morphology of the γ (triclinic) phase of isotactic polypropylene and its relation to the α-phase*. Journal of Polymer Science, Polymer Physics Edition **24**, 2017-2032.

Lotz, B.; Kopp, S.; Dorset, D. 1994. *Original crystal structure of polymers with ternary helices*. Comptes Rendus de l'Académie des Sciences, Serie II B: Mécanique, Physique, Chimie, Astronomie **319**, 187-192.

Lotz, B.; Lovinger, A. J.; Cais, R. E. 1988. *Crystal structure and morphology of syndiotactic polypropylene single crystals*. Macromolecules **21**, 2375-2382.

Lotz, B.; Wittmann, J. C.; Lovinger, A. J. 1996. *Structure and morphology of poly (propylene)s: A molecular analysis*. Polymer **37**, 4979-4992.

Lotz, B.; Graff, S.; Straupe, C.; Wittmann, J. C. 1991. *Single crystals of γ phase isotactic polypropylene: Combined diffraction and morphological support for a structure with nonparallel chains*. Polymer **32**, 2902-2910.

Lotz, B.; Thierry, A.; Schneider, S. 1998a. *Molecular origin of the scroll-like morphology of lamellae in γ-PVDF spherulites*. Comptes Rendus de l'Academie des Sciences, Serie II C: Chimie **1**, 609-614.

Lotz. B.; Mathieu, C.; Thierry, A.; Lovinger, A. J.; De Rosa, C.; de Ballesteros, O. R.; Auriemma, F. 1998b. *Chirality constraints in crystal-crystal transformations: Isotactic poly(1-butene) versus syndiotactic polypropylene*. Macromolecules **31**, 9253-9257.

Lovinger, A. J. 1978a. *Crystallographic factors affecting the structure of polymeric spherulites. I. Morphology of directionally solidified polyamides*. Journal of Applied Physics **49**, 5003-5013.

Lovinger, A. J. 1978b. *Crystallographic factors affecting the structure of polymeric spherulites. II. X-ray diffraction analysis of directionally solidified polyamides and general conclusions*. Journal of Applied Physics **49**, 5014-5028.

Lovinger, A. J. 1980. *Crystallization and morphology of melt-solidified poly (vinylidene fluoride)*. Journal of Polymer Science, Polymer Physics Edition **18**, 793-809.

Lovinger, A. J. 1981a. *Crystallization of the β phase of poly(vinylidene fluoride) from the melt*. Polymer **22**, 412-413.

Lovinger, A. J. 1981b. *Unit cell of the γ phase of poly(vinylidene fluoride)*. Macromolecules **14**, 322-325.

Lovinger, A. J. 1982. *Poly (vinylidene fluoride)*. In *Developments in Crystalline Polymers*. Bassett D. C., Ed. Chapter 5; Elsevier Applied Science: Oxford.

Lovinger, A. J.; Gryte, C. C. 1976a. *The morphology of directionally solidified poly(ethylene oxide) spherulites*. Macromolecules **9**, 247-253.

Lovinger, A. J.; Gryte, C. C. 1976b. *Model for the shape of polymer spherulites formed in a temperature gradient.* Journal of Applied Physics **47**, 1999-2004.

Lovinger, A. J.; Wang, T. T. 1979. *Investigation of the properties of directionally solidified poly (vinylidene fluoride).* Polymer **20**, 725-732.

Lovinger, A. J.; Chua, J. O.; Gryte, C. C. 1977. *Studies on the α and β forms of isotactic polypropylene by crystallization in a temperature gradient.* Journal of Polymer Science, Polymer Physics Edition **15**, 641-656.

Lovinger, A. J.; Davis, D. D.; Lotz, B. 1991. *Temperature dependence of structure and morphology of syndiotactic polypropylene and epitaxial relationship with isotactic polypropylene.* Macromolecules **24**, 552-560.

Lovinger, A. J.; Lotz, B.; Davis, D. D. 1990. *Interchain packing and unit cell of syndiotactic polypropylene.* Polymer **31**, 2253-2259.

Lovinger, A. J.; Lotz, B.; Davis, D. D.; Padden, F. J. Jr. 1993. *Structure and defects in fully syndiotactic polypropylene.* Macromolecules **26**, 3494-3503.

Lu, J.; Huang, R.; Chen, Y.; Li, L. B. 2006. *Extended-chain crystals in high-pressure crystallized poly (ethylene terephthalate)/bisphenol A polycarbonate blends.* Journal of Polymer Science, Polymer Physics Edition **44**, 3148-3156.

Luciani, L.; Seppälä, J.; Löfgren, B. 1988. *Poly-1-butene: Its preparation, properties and challenges.* Progress in Polymer Science **13**, 37-62.

Lustiger, A.; Lotz, B.; Duff, T. S. 1989. *The morphology of the spherulitic surface in polyethylene.* Journal of Polymer Science, Polymer Physics Edition **27**, 561-579.

Mareau, V. H.; Prud'homme, R. E. 2005. *In-situ hot stage atomic force microscopy study of poly(ε-caprolactone) crystal growth in ultrathin films.* Macromolecules **38**, 398-408.

Mathieu, C.; Stocker, W.; Thierry, A.; Wittmann, J. C.; Lotz, B. 2001. *Epitaxy of isotactic poly (1-butene): New substrates, impact and attempt at recognition of helix orientation in form I' by AFM.* Polymer **42**, 7033-7047.

Matsushige, K.; Takemura, T. 1978. *Melting and crystallization of poly(vinylidene fluoride) under high pressure.* Journal of Polymer Science, Polymer Physics Edition **16** 921-934.

Matsushige, K.; Takemura, T. 1980. *Crystallization of macromolecules under high pressure.* Journal of Crystal Growth **48**, 343-354.

Meille, S. V.; Ferro, D. R.; Brückner, S.; Lovinger, A. J.; Padden, F. J. Jr. 1994. *Structure of β-isotactic polypropylene: A long-standing structural puzzle.* Macromolecules **27**, 2615-2622.

Melillo, L.; Wunderlich, B. 1972. *Extended-chain crystals. VIII. Morphology of polytetrafluoroethylene.* Kolloid-Zeitschrift & Zeitschrift für Polymere **250**, 417-425.

Meyer, R. B.; Liébert, L.; Strzelecki, L.; Keller, P. 1975. *Ferroelectric liquid crystals.* Journal de Physique, Lettres **36**, L69-L71.

Mezghani, K.; Phillips, P. J. 1995. *γ-phase in propylene copolymer at atmospheric pressure.*

Polymer **36**, 2407-2411.

Mezghani, K.; Phillips, P. J. 1998. *The γ-phase of high molecular weight isotactic polypropylene: III. The equilibrium melting point and the phase diagram.* Polymer **39**, 3735-3744.

Miyamoto, Y.; Nakafuku, C.; Takemura, T. 1972. *Crystallization of poly ( Chlorotrifluoro-ethylene ).* Polymer Journal ( Japan ) **3**, 122-128.

Monkman, L. J. 1979. *Asbestos-recent developments.* In *Applied Fiber Science. Volume 3.* Happey, F., Ed. Chapter 4; Academic Press: London.

Morgan, R. L.; Barham, P. J.; Hill, M. J.; Keller, A.; Organ, S. J. 1998. *The crystallization of the n-alkane $C_{294}H_{590}$ from solution: Inversion of crystallization rates, crystal thickening, and effects of supersaturation.* Journal of Macromolecular Science, Part B: Physics **37**, 319-338.

Morrow, Darrell R.; Newman, B. A. 1968. *Crystallization of low-molecular-weight polypropylene fractions.* Journal of Applied Physics **39**, 4944-4950.

Nagata, K.; Tagashira, K.; Taki, S.; Takemura, T. 1980. *Ultrasonic study of high pressure phase in polyethylene.* Japanese Journal of Applied Physics **19**, 985-990.

Natta, G.; Corradini, P. 1959. *Conformation of linear chains and their mode of packing in the crystal state.* Journal of Polymer Science **39**, 29-46.

Natta, G.; Corradini, P. 1960. *General considerations on the structure of crystalline polyhydrocarbons.* Del Nuovo Cimento, Supplemento **15**, 9-39.

Natta, G.; Corradini, P.; Bassi, I. W. 1960a. *Crystal structure of isotactic poly-alpha-butene.* Del Nuovo Cimento, Supplemento **15**, 52-67.

Natta, G.; Corradini, P.; Bassi, I. W. 1960b. *Crystal structure of poly-ortho-fluorostyrene.* Del Nuovo Cimento, Supplemento **15**, 83-95.

Natta, G.; Peraldo, M.; Corradini, P. 1959. *Modificazione mesomorpha smettica del polipropilene isotattico.* Atti della Accademia nazionale dei Lincei. Rendiconti della Classe di scienze fisiche, matematiche e naturali **26**, 14-17.

Ocko, B. M.; Wu, X. Z.; Sirota, E. B.; Sinha, S. K.; Gang, O.; Deutsch, M. 1997. *Surface freezing in chain molecules: Normal alkanes.* Physical Review E **55**, 3164-3182.

Okihara, T.; Kawaguchi, A.; Tsuji, H.; Hyon, S. H.; Ikada, Y.; Katayama, K. 1988. *Lattice disorders in the stereocomplex of poly( L-lactide ) and poly( D-lactide ).* Bulletin of the Institute for Chemical Research, Kyoto University **66**, 271-282.

Okihara, T.; Tsuji, M.; Kawaguchi, A.; Katayama, K. -I; Tsuji, H.; Hyon, S. -H.; Ikada, Y. 1991. *Crystal structure of stereocomplex of poly( L-lactide ) and poly( D-lactide ).* Journal of Macromolecular Science, Part B: Physics **30**, 119-140.

Organ, S. J.; Keller, A. 1985a. *Solution crystallization of polyethylene at high temperatures. Part 1. Lateral crystal habits.* Journal of Materials Science **20**, 1571-1585.

Organ, S. J.; Keller, A. 1985b. *Solution crystallization of polyethylene at high temperatures.*

*Part 2. Three-dimensional crystal morphology and melting behavior.* Journal of Materials Science **20**, 1586-1601.

Organ, S. J.; Keller, A. 1985c. *Solution crystallization of polyethylene at high temperatures. Part 3. The fold lengths.* Journal of Materials Science **20**, 1602-1615.

Organ, S. J.; Ungar, G.; Keller, A. 1989. *Rate minimum in solution crystallization of long paraffins.* Macromolecules **22**, 1995-2000.

Organ, S. J.; Barham, P. J.; Hill, M. J.; Keller, A.; Morgan, R. L. 1997. *A study of the crystallization of the n-alkane $C_{246}H_{494}$ from solution: Further manifestations of the inversion of crystallization rates with temperature.* Journal of Polymer Science, Polymer Physics Edition **35**, 1775-1791.

Ostwald, W. 1897. *Studien über die Bildung und Umwandlung fester Körper.* Zeitschrift für Physikalische Chemie, Stöchiometrie und Verwandschaftslehre **22**, 289-300.

Pae, K. D.; Morrow D. R.; Sauer, J. A. 1966. *Interior morphology of bulk polypropylene.* Nature **211**, 514-515.

Pardey, R.; Zhang, A. Q.; Gabori, P. A.; Harris, F. W.; Cheng, S. Z. D.; Adduci, J.; Facinnelli, J. V.; Lenz, R. W. 1992. *Monotropic liquid crystal behavior in two poly (ester imides) with even and odd flexible spacers.* Macromolecules **25**, 5060-5608.

Pardey, R.; Shen, D. X.; Gabori, P. A.; Harris, F. W.; Cheng S. Z. D.; Adduci, J.; Facinelli, J. V.; Lenz, R. W. 1993. *Ordered structures in a series of liquid-crystalline poly (ester imide)s.* Macromolecules **26**, 3687-3697.

Pardey, R.; Wu, S. S.; Chen, J.; Harris, F. W.; Cheng, S. Z. D.; Keller, A.; Adduci, J.; Facinelli, J. V.; Lenz, R. W. 1994. *Liquid crystal transition and crystallization kinetics in poly(ester imide)s.* Macromolecules **27**, 5794-5802.

Passaglia, E.; Khoury, F. 1984. *Crystal-growth kinetics and the lateral habits of polyethylene crystals.* Polymer **25**, 621-644.

Patel, D.; Bassett, D. C. 1994. *On spherulitic crystallization and the morphology of melt-crystallized poly (4-methylpehtene-1).* Proceedings: Mathematical and Physical Sciences **445**, 577-595.

Pennings, A. J.; Kiel, A. M. 1965. *Fractionation of polymers by crystallization from solution, III. On the morphology of fibrillar polyethylene crystals grown in solution.* Kolloid-Zeitschrift & Zeitschrift für Polymere **205**, 160-162.

Pennings, A. J.; van der Mark, J. M. A. A.; Booij, H. C. 1970. *Hydrodynamically induced crystallization of polymers from solution. II. The effect of secondary flow.* Kolloid-Zeitschrift & Zeitschrift für Polymere **236**, 99-111.

Percec, V.; Keller, A. 1990. *A thermodynamic interpretation of polymer molecular weight effect on the phase transitions of main-chain and side-chain liquid-crystal polymers.* Macromolecules **23**, 4347-4350.

Percec, V.; Yourd, R. 1989a. *Liquid crystalline polyethers based on conformational isomerism.*

2. *Thermotropic polyethers and copolyethers based on 1-( 4-hydroxyphenyl )-2-( 2-methyl-4-hydroxyphenyl)ethane and flexible spacers containing an odd number of methylene units.* Macromolecules **22**, 524-537.

Percec, V.; Yourd, R. 1989b. *Liquid crystalline polyethers and copolyethers based on conformational isomerism. 3. The influence of thermal history on the phase transitions of thermotropic polyethers and copolyethers based on 1-( 4-hydroxyphenyl )-2-( 2-methyl-4-hydroxyphenyl)ethane and flexible spacers containing an odd number of methylene units.* Macromolecules **22**, 3229-3242.

Petraccone, V.; Pirozzi, B.; Frasci, A.; Corradini, P. 1976. *Polymorphism of isotactic poly-α-butene. Conformational analysis of the chain and crystalline structure of form 2.* European Polymer Journal **12**, 323-327.

Point, J. J. 1955. *Enroulement hélicoïdal dans les sphérolithes der polyéthylène.* Bulletin de la Classe des Sciences, Académie Royale de Belgique **41**, 982-990.

Pradere, P.; Thomas, E. L. 1990. *Antiphase boundaries and ordering defects in syndiotactic polystyrene crystals.* Macromolecules **23**, 4954-4958.

Prasad, S.; Hanne, L.; Dhinojwala, A. 2005. *Thermodynamic study of a novel surface ordered phase above the bulk melting temperature in alkyl side chain acrylate polymers.* Macromolecules **38**, 2541-2543.

Price, F. P. 1959. *Extinction patterns of polymer spherulites.* Journal of Polymer Science **39**, 139-150.

Prime, R. B.; Wunderlich, B. 1969. *Extended-chain crystals. III. Size distribution of polyethylene crystals grown under elevated pressure.* Journal of Polymer Science, Polymer Physics Edition **7**, 2061-2072.

Putra, E. G. R.; Ungar, G. 2003. *In situ solution crystallization study of $n$-$C_{246}H_{494}$: Self-poisoning and morphology of polymethylene crystals.* Macromolecules **36**, 5214-5225.

Rastogi, S.; Ungar, G. 1992. *Hexagonal columnar phase in 1, 4-trans-polybutadiene: Morphology, chain extension, and isothermal phase reversal.* Macromolecules **25**, 1445-1452.

Rastogi, S.; La Camera, D.; van der Burgt, F.; Terry, A. E.; Cheng, S. Z. D. 2001. *Polymorphism in syndiotactic polypropylene: Thermodynamic stable regions for Form I and Form II in pressure-temperature phase diagram.* Macromolecules **34**, 7730-7736.

Rees, D. V.; Bassett, D. C. 1968. *Origin of extended-chain lamellae in polyethylene.* Nature **219**, 368-370.

Rees, D. V.; Bassett, D. C. 1971. *Crystallization of polyethylene at elevated pressures.* Journal of Polymer Science, Polymer Physics Edition **9**, 385-406.

Sauer, J. A.; Morrow, D. R.; Richardson, G. C. 1965. *Morphology of solution-grown polypropylene crystal aggregates.* Journal of Applied Physics **36**, 3017-3021.

Seto, T.; Hara, T.; Tanaka, K. 1968. *Phase transformation and deformation processes in oriented polyethylene*. Japanese Journal of Applied Physics **7**, 31-42.

Shcherbina, M. A.; Ungar, G. 2007. *Asymmetric curvature of growth faces of polymer crystals*. Macromolecules **40**, 402-405.

Sirota, E. B.; Pershan, P. S.; Sorensen, L. B.; Collett, J. 1987. *X-ray and optical studies of the thickness dependence of the phase diagram of liquid-crystal films*. Physical Review A **36**, 2890-2901.

Somani, R. H.; Yang, L.; Zhu, L.; Hsiao, B. S. 2005. *Flow-induced shish-kebab precursor structures in entangled polymer melts*. Polymer **46**, 8587-8623.

Song, K.; Krimm, S. 1989. *Mixed-integer and fractional-integer chain folding in crystalline lamellae of poly (ethylene oxide): A Raman longitudinal acoustic mode study*. Macromolecules **22**, 1504-1505.

Song, K.; Krimm, S. 1990a. *Raman longitudinal acoustic mode (LAM) studies of folded-chain morphology in poly(ethylene oxide) (PEO). I. Normal mode analysis of LAM of a helical-chain oligomer of PEO*. Journal of Polymer Science, Polymer Physics Edition **28**, 35-50.

Song, K.; Krimm, S. 1990b. *Raman longitudinal acoustic mode (LAM) studies of folded-chain morphology in poly (ethylene oxide) (PEO). 3. Chain folding in PEO as a function of molecular weight*. Macromolecules **23**, 1946-1957.

Starkweather, H. W. Jr. 1979. *A comparison of the rheological properties of polytetrafluoroethylene below its melting point with certain low-molecular weight smectic states*. Journal of Polymer Science, Polymer Physics Edition **17**, 73-79.

Starkweather, H. W. Jr.; Zoller, P.; Jones, G. A.; Vega, A. J. 1982. *The heat of fusion of poly (tetrafluoroethylene)*. Journal of Polymer Science, Polymer Physics Edition **20**, 751-761.

Stocker, W.; Schumacher, M.; Graff, S.; Thierry, A.; Wittmann, J. -C.; Lotz, B. 1998. *Epitaxial crystallization and AFM investigation of a frustrated polymer structure: Isotactic poly(propylene), β phase*. Macromolecules **31**, 807-814.

Storks, K. H. 1938. *An electron-diffraction examination of some linear high polymers*. Journal of the American Chemical Society **60**, 1753-1761.

Suehiro, K.; Takayanagi, M. 1970. *Structural studies of the high temperature from of trans-1, 4-polybutadiene crystal*. Journal of Macromolecular Science, Part B: Physics **4**, 39-46.

Sutton, S. J.; Vaughan, A. S.; Bassett, D. C. 1996. *On the morphology and crystallization kinetics of monodisperse polyethylene oligomers crystallized from the melt*. Polymer **37**, 5735-5738.

Tadokoro, H. 1979. *Structure of Crystalline Polymers*. Wiley-Interscience: New York.

Tanda, Y.; Kawasaki, N.; Imada, K.; Takayanagi, M. 1966. *New crystal modifications of isotactic poly-4-methyl-pentene-1*. Reports on Progress in Polymer Physics in Japan **IX**, 165-168.

Till, P. H. Jr. 1957. *The growth of single crystals of linear polyethylene*. Journal of Polymer

Science **24**, 301-306.

Toda, A. 1992. *Growth of polyethylene single crystals from the melt : Change in lateral habit and regime I-II transition.* Colloid and Polymer Science **270**, 667-681.

Toda, A. 1993. *Growth mode and curved lateral habits of polyethylene single crystals.* Faraday Discussions **95**, 129-143.

Toda, A.; Keller, A. 1993. *Growth of polyethylene single crystals from the melt : Morphology.* Colloid and Polymer Science **271**, 328-342.

Toda, A.; Arita, T.; Hikosaka, M. 2001. *Three-dimensional morphology of PVDF single crystals forming banded spherulites.* Polymer **42**, 2223-2233.

Toda, A.; Miyaji, H.; Kiho, H. 1986. *Regime II growth of polyethylene single crystals from dilute solution in n-octane.* Polymer **27**, 1505-1508.

Tonelli, A. E. 1989. *NMR Spectroscopy and Polymer Microstructure : The Conformational Connection.* VCH : New York.

Tosaka, M.; Tsuji, M.; Kohjiya, S.; Cartier, L.; Lotz, B. 1999. *Crystallization of syndiotactic polystyrene in β-form. 4. Crystal structure of melt-grown modification.* Macromolecules **32**, 4905-4911.

Tosaka, M.; Kamijo, T.; Tsuji, M.; Kohjiya, S.; Ogawa, T.; Isoda, S.; Kobayashi, T. 2000. *High-resolution transmission electron microscopy of crystal transformation in solution-grown lamellae of isotactic polybutene-1.* Macromolecules **33**, 9666-9672.

Tracz, A.; Ungar, G. 2005. *AFM study of lamellar structure of melt-crystallized n-alkane $C_{390}H_{782}$.* Macromolecules **38**, 4962-4965.

Turner-Jones, A. 1971. *Development of the γ-crystal form in random copolymers of propylene and their analysis by differential scanning calorimetry and X-ray methods.* Polymer **12**, 487-508.

Turner-Jones, A.; Aizlewood, J. M.; Beckett, D. R. 1964. *Crystalline forms of isotactic polypropylene.* Die Makromolekulare Chemie **75**, 134-158.

Tweet, D. J.; Holyst, R.; Swanson, B. D.; Stragier, H.; Sorensen, L. B. 1990. *X-ray determination of the molecular tilt and layer fluctuation profiles of freely suspended liquid-crystal films.* Physical Review Letters **65**, 2157-2160.

Ungar, G. 1993. *Thermotropic hexagonal phases in polymers : Common features and classification.* Polymer **34**, 2050-2059.

Ungar, G.; Keller, A. 1986. *Time-resolved synchrotron X-ray study of chain-folded crystallization of long paraffins.* Polymer **27**, 1835-1844.

Ungar, G.; Keller, A. 1987. *Inversion of the temperature dependence of crystallization rates due to onset of chain folding.* Polymer **28**, 1899-1907.

Ungar, G.; Zeng, X. -B. 2001. *Learning polymer crystallization with the aid of linear, branched and cyclic model compounds.* Chemical Reviews **101**, 4157-4188.

Ungar, G.; Zeng, X. B.; Brooke, G. M.; Mohammed, S. 1998. *Structure and formation of noninteger and integer folded-chain crystals of linear and branched monodisperse ethylene oligomers*. Macromolecules **31**, 1875-1879.

Ungar, G.; Feijoo, J. L.; Keller, A.; Yourd, R.; Percec, V. 1990. *Simultaneous X-ray/ DSC study of mesomorphism in polymers with a semiflexible mesogen.* Macromolecules **23**, 3411-3416.

Ungar, G.; Putra, E. G. R.; de Silva, D. S. M.; Shcherbina, M. A.; Waddon, A. J. 2005. *The effect of self-poisoning on crystal morphology and growth rates.* Advances in Polymer Science **180**, 45-87.

Ungar, G.; Stejny, J.; Keller, A.; Bidd, I.; Whiting, M. C. 1985. *The crystallization of ultralong normal paraffins - The onset of chain folding.* Science **229**, 386-389.

Ungar, G.; Mandal, P. K.; Higgs, P. G.; de Silva, D. S. M.; Boda, E.; Chen, C. M. 2000. *Dilution wave and negative-order crystallization kinetics of chain molecules.* Physical Review Letters **85**, 4397-4400.

Varga, J. 1989. *β-Modification of polypropylene and its two-component systems.* Journal of Thermal Analysis **35**, 1891-1912.

Vaughan, A. S. 1993. *Etching and morphology of poly (vinylidene fluoride) have been examined following the development of an etching technique which allows the study of representative morphologies in this polymer.* Journal of Materials Science **28**, 1805-1813.

Waddon, A. J.; Keller, A. 1990. *A temperature window of extrudability and reduced flow resistance in high-molecular weight polyethylene; Interpretation in terms of flow induced mobile hexagonal phase.* Journal of Polymer Science, Polymer Physics Edition **28**, 1063-1073.

Waddon, A. J.; Keller, A. 1992. *The temperature window of minimum flow resistance in melt flow of polyethylene-Further studies on the effects of strain rate and branching.* Journal of Polymer Science, Polymer Physics Edition **30**, 923-929.

Weinhold, S.; Litt, M. H.; Lando, J. B. 1979. *Oriented phase III poly (vinylidene fluoride).* Journal of Polymer Science, Polymer Letter Edition **17**, 585-589.

Weinhold, S.; Litt, M. H.; Lando, J. B. 1980. *The crystal structure of the γ phase of poly (vinylidene fluoride).* Macromolecules **13**, 1178-1183.

Weng, X.; Li, C. Y.; Jin, S.; Zhang, J. Z.; Zhang, D.; Harris, F. W.; Cheng, S. Z. D.; Lotz, B. 2002. *Helical senses, liquid crystalline behavior, crystal rotational twinning in a main-chain polyester with molecular asymmetry and odd-even effects on its analogs.* Macromolecules **35**, 9678-9686.

Wittmann, J. C.; Lotz, B. 1982. *Crystallization of paraffins and polyethylene from the "vapor phase". A new surface decoration technique for polymer crystals.* Die Makromolekulare Chemie, Rapid Communications **3**, 733-738.

Wittmann, J. C.; Lotz, B. 1985. *Polymer decoration: The orientation of polymer folds as revealed by the crystallization of polymer vapors.* Journal of Polymer Science, Polymer Physics Edition **23**, 205-226.

Wittmann, J. C.; Lotz, B. 1989. *Epitaxial crystallization of monoclinic and orthorhombic polyethylene phases*. Polymer **30**, 27-34.

Wittmann, J. C.; Lotz, B. 1990. *Epitaxial crystallization of polymers on organic and polymeric substrates*. Progress in Polymer Science **15**, 909-948.

Woo, E. M.; Sun, Y. S.; Yang, C. -P. 2001. *Polymorphism, thermal behavior, and crystal stability in syndiotactic polystyrene vs. its miscible blends*. Progress in Polymer Science **26**, 945-983.

Woodward, A. E.; Morrow, D. R. 1968. *Annealing of poly-1-butene single crystals*. Journal of Polymer Science, Polymer Physics Edition **6**, 1987-1997.

Wu, X. Z.; Ocko, B. M.; Sirota, E. B.; Sinha, S. K.; Deutsch, M.; Cao, B. H.; Kim, M. W. 1993. *Surface tension measurements of surface freezing in liquid normal alkanes*. Science **261**, 1018-1021.

Wunderlich, B. 1973. *Macromolecular Physics. Volume I. Crystal Structure, Morphology, Defects*. Academy Press: New York.

Wunderlich, B. 1980. *Macromolecular Physics. Volume III. Crystal Melting*. Academic Press: New York.

Wunderlich, B. 2005. *Thermal Analysis of Polymeric Materials*. Springer: Berlin.

Wunderlich, B.; Arakawa, T. 1964. *Polyethylene crystallized from the melt under elevated pressure*. Journal of Polymer Science, Polymer Physics Edition **2**, 6397-6706.

Wunderlich, B.; Davidson, T. 1969. *Extended-chain crystals. I. General crystallization conditions and review of pressure crystallization of polyethylene*. Journal of Polymer Science, Polymer Physics Edition **7**, 2043-2050.

Wunderlich, B.; Melillo, L. 1968. *Morphology and growth of extended chain crystals of polyethylene*. Die Makromolekulare Chemie **118**, 250-264.

Wunderlich, B.; Sullivan, P. 1962. *Solution-grown polyethylene dendrites*. Journal of Polymer Science **61**, 195-221.

Wunderlich, B.; James, E. A.; Shu, T. -W. 1964. *Crystallization of polyethylene from o-xylene*. Journal of Polymer Science, Polymer Physics Edition **2**, 2759-2769.

Wunderlich, B.; Möller, M.; Grebowicz, J.; Baur, H. 1988. *Conformational motion and disorder in low and high molecular mass crystals*. Advances in Polymer Science **87**, 1-137.

Xie, B.; Shi, H.; Jiang, S.; Zhao, Y.; Han, C. C.; Xu, D.; Wang, D. 2006. *Crystallization behaviors of n-nonadecane in confined space: Observation of metastable phase induced by surface freezing*. Journal of Physical Chemistry B **110**, 14279-14282.

Xue, C.; Jin, S.; Weng, X.; Ge, J. J.; Shen, Z.; Shen, H.; Graham, M. J.; Jeong, K. -U.; Huang, H.; Zhang, D.; Guo, M.; Harris, F. W.; Cheng, S. Z. D.; Li, C. Y.; Zhu, L. 2004. *Self-assembled "supra-molecular" structures via hydrogen bonding and aromatic/aliphatic microphase separation on different length scales in a symmetric-tapered bisamides*. Chemistry of Materials **16**, 1014-1025.

Yamamoto, T.; Miyaji, H.; Asai, K. 1977. *Structure and properties of a high pressure phase of polyethylene.* Japanese Journal of Applied Physics **16**, 1891-1898.

Yamashita, M.; Hoshino, A.; Kato, M. 2007. *Isotactic poly (butene-1) trigonal crystal growth in the melt.* Journal of Polymer Science, Polymer Physcis Edition **45**, 684-697.

Yan, S.; Katzenberg, F.; Petermann, J.; Yang, D.; Shen, Y.; Straupe, C.; Wittmann, J. C.; Lotz, B. 2000. *A novel epitaxy of isotactic polypropylene (α phase) on PTFE and organic substrates.* Polymer **41**, 2613-2625.

Yandrasits, M. A.; Cheng, S. Z. D.; Zhang, A.; Cheng, J.; Wunderlich, B.; Percec, V. 1992. *Mesophase behavior in thermotropic polyethers based on the semiflexible mesogen 1-(4-hydroxyphenyl)-2-(2-methly-4-hydroxyphenyl)ethane.* Macromolecules **25**, 2112-2121.

Yashioka, A.; Tashiro, K. 2003. *Polymer-solvent interactions in crystalline δ form of syndiotactic polystyrene viewed from the solvent from the solvent-exchange process in the δ form and the solvent evaporation phenomenon in the thermally induced δ-γ phase transition.* Macromolecules **36**, 3593-3600.

Yasuniwa, M.; Nakafuku, C.; Takemura, T. 1973. *Melting and crystallization process of polyethylene under high pressure.* Polymer Journal (Japan) **4**, 526-533.

Yasuniwa, M.; Enoshita, R.; Takemura, T. 1976. *X-ray studies of polyethylene under high pressure.* Japanese Journal of Applied Physics **15**, 1421-1428.

Yokouchi, M.; Sakakibara, Y.; Chatani, Y.; Tadokoro, H.; Tanaka, T.; Yoda, K. 1976. *Structures of two crystalline forms of poly (butylene terephthalate) and reversible transition between them by mechanical deformation.* Macromolecules **9**, 266-273.

Yoon, Y.; Zhang, A. Q.; Ho, R. -M.; Cheng, S. Z. D.; Percec, V.; Chu, P. 1996a. *Phase identification in a series of liquid crystalline TPP polyethers and copolyethers having highly ordered mesophase structures. 1. Phase diagrams of odd-numbered polyethers.* Macromolecules **29**, 294-305.

Yoon, Y.; Ho, R. -M.; Moon, B. -S.; Kim, D.; McCreight, K. W.; Li, F.; Harris, F. W.; Cheng, S. Z. D.; Perce, V.; Chu, P. 1996b. *Mesophase identifications in a series of liquid crystalline biphenylylphenylpropane polyethers and copolyethers having highly ordered mesophase structures 2. Phase diagrams of even-numbered polyethers.* Macromolecules **29**, 3421-3431.

Zeng, X.; Ungar, G. 1998. *Lamellar structure of non-integer folded and extended long-chain n-alkanes by small-angle X-ray diffraction.* Polymer **39**, 4523-4533.

Zeng, X. B.; Ungar, G.; Spells, S. J.; King, S. M. 2005. *Real-time neutron scattering study of transient phases in polymer crystallization.* Macromolecules **38**, 7201-7204.

Zhang, J.; Yang, D.; Thierry, A.; Wittmann, J. C.; Lotz, B. 2001. *Isochiral form II of syndiotactic polypropylene produced by epitaxial crystallization.* Macromolecules **34**, 6261-6267.

Zhou, W. S.; Cheng, S. Z. D.; Putthanarat, S.; Eby, R. K.; Reneker, D. H.; Lotz,

B.; Magonov, S.; Hsieh, E. T.; Geerts, R. G.; Palackal, S. J.; Hawley, G. R.; Welch, M. B. 2000. *Crystallization, melting, and morphology of syndiotactic polypropylene fractions. 4. In-situ lamellar single crystal growth and melting in different sectors.* Macromolecules **33**, 6861-6868.

Zhou, W.; Weng, X.; Jin, S.; Rastogi, S.; Lovinger, A. J.; Lotz, B.; Cheng, S. Z. D. 2003. *Chain orientation and defects in lamellar single crystals of syndiotactic polypropylene fractions.* Macromolecules **36**, 9485-9491.

Zimmermann, H. J. 1993. *Structural analysis of random propylene-ethylene copolymers.* Journal of Macromolecular Science, Part B: Physics **32**, 141-161.

Zwiers, R. J. M.; Gogolewski, S.; A. Pennings, A. J. 1983. *General crystallization behavior of poly(L-lactic acid) PLLA: 2. Eutectic crystallization of PLLA.* Polymer **24**, 167-174.

# 第六章
# 不同长度尺度上亚稳态的
# 相互依赖性

　　本章的重点是关注不同长度尺度上亚稳态的相关性。特别重要的是需要理解在不同长度尺度上的亚稳态的相互依赖性，并以此来解释复杂的实验观察结果。本章从高分子存在的两个多晶态主题开始，它们的每一个都具有各自的相稳定性（熔融温度）及相尺寸（片晶厚度）依赖性。两个多晶态之间的相稳定性反转可以是由相尺寸而引起的，在高分子晶体中相的稳定性反转则是由片晶厚度的变化来决定的。下一个主题是高分子-溶剂混合物中玻璃化和液-液相分离两个现象之间的相互关系。只要温度降至该双组分体系两相共存线与玻璃化温度下降线的交点时，高分子的富集相就会被玻璃化，其玻璃化与两相的组成无关。另一类有趣的例子是半晶高分子-溶剂混合物或一个高分子组分能结晶的高分子共混物中的一个高分子组分结晶和液-液相分离现象之间的相互关系。依赖于两相共存线和熔点下降线的相对位置，它们可能会相交，或者液-液相分离可能发生在熔点降低线以下，导致这个相分离完全处在亚稳状态。更复杂的例子兼有如液-液相分离、凝胶化和结晶三种（甚至三种以上）不同的过程。而在这三个（甚至三个以上的）过程的每一个中，都存在着各自物理起源的亚稳态。不过，在更大的尺度上，这些过程要么相互交叉要么相互跨越。当体系通过不同的亚稳态路径向最终的稳定态发展的时候，可以观察到复杂和不同的结晶形貌和相形态以及差异很大的材料性能。

## VI.1　结合相尺寸效应和多晶态

### VI.1.1　多晶态中基于相尺寸的相稳定性变化

在大多数研究过的普通半晶高分子体系中，不同长度尺度上的亚稳态经常是相互依存的。在这里讨论的最小长度尺度上，高分子片晶的晶体对称性和结构遵循结晶学上的标准定义。对于特定的高分子，在传统意义上的一系列的多晶态都有可能。例如，聚乙烯具有正交、单斜和六方晶体结构的三个多晶态。正如在 III.3 节中描述的，在固定的温度和压力下除了一个以外的所有多晶态都是亚稳的。但是，每个晶体结构也可能在一个更大的长度尺度上与不同的片晶厚度有关，这是由过冷度决定的（见 IV.2.3 节的讨论）。因此，基于一类与晶格相关的亚稳定性和另一类与片晶厚度相关的亚稳定性的相互依赖性，我们会得到不同层次不同尺度上的亚稳态。特别是对于后者（片晶厚度），高分子和均匀的低聚物的链折叠片晶骑跨在这两类亚稳定性的边界上。

以上的讨论指出每个结晶学上具有自身晶格对称性的多晶态可以形成小的晶体。因此，按照汤姆孙-吉布斯方程（由方程 IV.6 给出），每个多晶态的片晶有其自身的尺寸依赖性。每个多晶态的这个尺寸依赖性都可能不同，取决于折叠表面自由能（$\gamma_e$）和熔融热（$\Delta h_f$）。如图 IV.18 所示，熔点和片晶厚度的倒数成线性相关。这一线性关系可作为相稳定性的边界。平衡熔点可以通过熔点的尺寸依赖性外推到片晶厚度倒数为 0（即片晶厚度为无穷大）来确定，斜率则正比于折叠表面自由能（$\gamma_e$）和熔融热（$\Delta h_f$）的比值（$2T_m^0\gamma_e/\Delta h_f$）。如果我们有一个半晶高分子，它有两个多晶态，亚稳相的平衡熔点将比稳定相的要低，$(T_m^0)_{meta} < (T_m^0)_{st}$。因为这两个相每个都有其熔点和片晶厚度倒数间各自的线性关系，这就导致了各自不同的相稳定性边界，产生了两个斜率：$2(T_m^0)_{meta}(\gamma_e/\Delta h)_{meta}$ 和 $2(T_m^0)_{st}(\gamma_e/\Delta h)_{st}$。对于这两个相稳定性边界，会有两种可能性。第一，它们可能会交叉，导致在更小片晶厚度时相稳定性的反转；第二，它们也可能不相交，表明作为相尺寸的函数，相稳定性没有反转。这两条相稳定性线的交叉要求亚稳相斜率的绝对值比稳定相的要小，这样就有 $|(T_m^0)_{meta}(\gamma_e/\Delta h)_{meta}| < |(T_m^0)_{st}(\gamma_e/\Delta h)_{st}|$。这两条线的交叉点定义了一个临界片晶厚度，这预示了如 IV.2.3 节中定义的结构上的亚稳相在这个相的尺寸小于临界片晶厚度时可以变成稳定的相。反之，当稳定相的尺寸小于临界片

晶厚度时可以变成亚稳相。就是说，这里会发生稳定性随相尺寸而反转的情况。这一描述也可以从示意图 VI.1 中得以理解。稳定性随尺寸变化而反转的可能性在高分子结晶过程中也许具有潜在的重要性（Keller 等，1994、1996；Keller 和 Cheng，1998；Cheng 等，1999）。

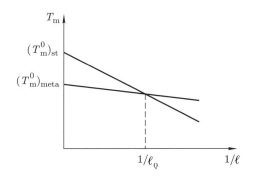

图 VI.1　稳定相和亚稳相熔点和片晶厚度倒数之间关系的示意图。稳定相的斜率大于亚稳相的。因此，当晶体厚度小于 $\ell_Q$ 时，这两相之间相稳定性发生反转。（重绘 1999 年 Cheng 等的图，承蒙许可）

　　现在要问的问题是：这种相尺寸-稳定性反转的热力学依据是什么？让我们首先研究如图 III.7a（图 VI.2a 是将图 III.7a 重画而得到的）所示的单组分体系中的亚稳相、稳定有序态和各向同性熔体在固定压力下自由能和温度的关系。注意在这张图上，这三个相都具有无限大的尺寸，因此，在热力学平衡时，我们只考虑相结构的亚稳定性。在图 VI.2a 的整个温度范围内，亚稳相在任何温度都不具有最低的自由能。图中存在三个转变温度：稳定有序态和各向同性熔体之间的转变是熔点 $(T_m^0)_{st}$；亚稳相和熔体之间的转变温度是熔点 $(T_m^0)_{meta}$；稳定相和亚稳相之间的转变是无序化温度 $T_d^0$。但是，因观察不到无序化温度，这 $T_d^0$ 只是一个虚拟的转变温度。

　　有两种可能的途径使亚稳相变得稳定。一是可以把熔体的自由能线向上移动，使熔体状态比较不稳定，如图 VI.2b 所示；二是把稳定相的自由能线向上移动使稳定相变得比较不稳定，如图 VI.2c 所示。在这两种情况中，原来亚稳的相在无序化温度 $T_d^0$ 和亚稳相熔点 $(T_m^0)_{meta}$ 之间变成了热力学上的稳定相，这样，在实验上就可观察到了。图 VI.2b 说明熔体的焓增大了，或者熵减小了，抑或这两种情况都出现了。在大多数情况下这可以通过对体系施加高压来实现。如克劳修斯-克拉珀龙方程（由方程 III.1 给出）描述的那样，熔点随压力的增加而升高（在晶体的密度大于相应无定形的密度的条件下）。如果亚稳相受压力变化的影响比稳定相的要小，这个相在无序化温度 $T_d^0$ 和亚稳相的熔点

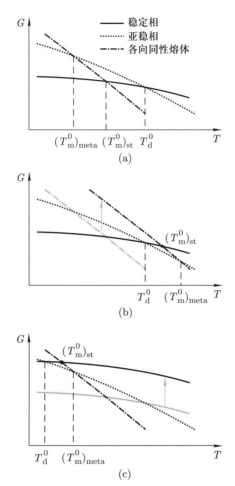

图 VI.2　固定压力下自由能对温度的示意图：（a）亚稳相在研究的整个温度区域都不具有最低自由能；（b）当熔体自由能线上移时，亚稳相在无序化温度 $T_d^0$ 和熔点 $(T_m^0)_{meta}$ 之间的温度区域内变成稳定的；（c）当稳定有序相的自由能线上移时，亚稳相在无序化温度 $T_d^0$ 和熔点 $(T_m^0)_{meta}$ 之间的温度区域内变成稳定的。

（重绘 1994 年 Keller 等的图，承蒙许可）

$(T_m^0)_{meta}$ 之间就有可能变成热力学上稳定的，如图 VI.2b 所示。当然其他的途径也是存在的，如在外场作用下取向熔体状态或防止熔融时取向固态的解取向，等等。熔体状态自由能线的升高也可以通过调节化学结构来实现。例如，可以增加链分子的刚性以减小熵及/或增强分子相互作用，从而增大堆积密度和焓（Keller 等，1994）。

　　为了向上移动稳定有序相的自由能线，我们可以通过两种方法来实现。第一种方法是在有序相内引入缺陷，如在晶体内引入缺陷。第二种方法是减小相尺寸（Keller 等，1994；Keller 和 Cheng，1998；Cheng 等，1999）。实验观测显示，由于表面自由能和本体自由能比例的大幅增加，减小相尺寸在降低晶相的稳定性上会更加有效。结果，亚稳相在无序化温度 $T_d^0$ 和亚稳相熔点 $(T_m^0)_{meta}$ 之间的温度区域内可以变成稳定的，如图 VI. 2c 所示。

现在我们将注意力转到结构稳定、片晶厚度不同的晶态的情况。假设晶体内部或晶体表面都没有发生结构的变化，那么，片晶厚度的差异就完全代表了相稳定性的尺寸依赖性，并对其有支配作用。每一个片晶厚度都具有其自身的自由能线，如图 VI. 3 所示。随片晶厚度的减小，自由能线上移，因而代表了晶体稳定性的降低。所以，每个晶体厚度都有一个相应的熔点。换而言之，熔点代表了晶体的稳定性。正确测定亚稳晶体的熔点对片晶厚度的依赖性要求加热过程中不发生片晶增厚，因为片晶增厚会增大晶体稳定性，进而改变体系的熵值。没有片晶增厚或不改变稳定性的晶体熔点称为"零熵生成熔点"，如在 III. 5 节所描述的（Wunderlich，1980）。这些温度才能被作为熔点正确地用于汤姆孙-吉布斯方程（由方程 IV. 6 给出）中。

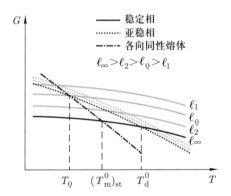

图 VI. 3　固定压力下几个亚稳片晶厚度的自由能对温度的图解。片晶越薄，晶体的稳定性越低，这样自由能线上移以增加自由能。当我们引入另一个亚稳相，它具有其自身的依赖于尺寸的相稳定性。在厚度为 $\ell_Q$ 时，三个转变温度合而为一，导致在 $T_Q$ 处的一个"三相点"。对于任何小于 $\ell_Q$ 的片晶厚度，亚稳相至少在一个有限的温度区域中变成稳定的。（重绘 1994 年 Keller 等的图，承蒙许可）

现在我们可以把形态上的亚稳态再加到图 VI. 3 中结构上的亚稳态之上。随着相尺寸的减小，如片晶厚度的减小，这个亚稳相的稳定性随之降低（自由能线在图中逐渐上移）。但是，亚稳相的尺寸依赖性不同于稳定相，而在图 VI. 1 中描述的情况中，我们假设亚稳相的尺寸依赖性弱于稳定相。为了简化讨论，我们将暂时排除图 VI.3 中亚稳相的尺寸依赖性。就熔点而言，图 VI.1 中显示的两个斜率的差异意味着稳定相的熔点降低得比亚稳相快。在图 VI.3 中，减小片晶厚度至 $\ell_Q$ 使得稳定相的熔点 $(T_m)_{st}$、亚稳相的熔点 $(T_m)_{meta}$ 以及从稳定相向亚稳相转化的无序化温度 $T_d$ 变得相等。这就是图 VI.3 所示的"三相点"。当片晶厚度比三相点厚度 $\ell_Q$ 薄时，稳定相的熔点变得比亚稳相的熔点低。在这之前的亚稳相现在变成稳定的了。加入亚稳相的弱的尺寸依赖性，类似的讨论也可以展开，如图 VI.3 所示。

如果我们现在将从图 VI.3 中得到的稳定相的熔点 $(T_m)_{st}$、亚稳相的熔点 $(T_m)_{meta}$ 以及无序化温度 $T_d$ 对片晶厚度倒数 $1/\ell$ 作图，我们就得到图 VI.4。这张图表示相稳定性的尺寸依赖性，如图 VI.1 所示。因此，它是相稳定性图，而不是描述在无限大尺寸时相稳定性的平衡相图。现在有三条相对于片晶厚度倒数的转变温度线，它们构建了这些相对于相尺寸的相稳定性图。不同的阴影线区域代表由于相尺寸的变化而导致的有序稳定相或亚稳相是稳定或者亚稳的。

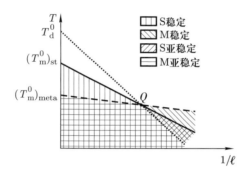

图 VI.4　三个转变的转变温度和厚度倒数之间依赖于尺寸的相稳定性关系：结构上稳定的相和熔体（实线）、亚稳相和熔体（虚线）以及稳定和亚稳的相（点线）。所有这些转变温度可以基于图 VI.3 得到。"三相点" $Q$ 代表三个相态的共存。不同的阴影线区域代表 S 和 M 相能够以稳定的或者亚稳定的相态存在的相区域。stable 和 metastable 指在无限大尺寸时的相对相稳定性，而 S 和 M 指在有限尺寸时的相对相稳定性。（重绘 1994 年 Keller 等的图，承蒙许可）

现在我们需要详细地来理解这张图。在"三相点"的厚度倒数 $1/\ell_Q$ 以下的实线是稳定相-熔体转变 $(T_m)_{st}$ 线，它是稳定相相对于厚度倒数的稳定性边界。在这个边界以上的点线，由稳定和亚稳相的转变温度 $T_d$ 相对于厚度倒数而作成。这条线除了在"三相点"处以外在实验上观察不到，所以我们把这条线称作虚拟的相稳定性边界。在稳定相的稳定性边界以下的虚线由亚稳相和熔体之间的转变温度 $(T_m)_{meta}$ 而构成，即亚稳相的稳定性边界。在高于"三相点"厚度

倒数 $1/\ell_Q$ 的区域内,这三个相稳定性边界的位置相对于转变温度与它们在低于"三相点"厚度倒数 $1/\ell_Q$ 的区域内有一个反转的顺序。也就是说,稳定相的相稳定性边界一直是在中间,在低于"三相点"厚度倒数 $1/\ell_Q$ 的区域内,虚拟的相态稳定性边界在上面,亚稳相的稳定性边界在底下,而高于"三相点"厚度倒数 $1/\ell_Q$ 的区域内,虚拟的相态稳定性边界在底下,亚稳相的稳定性边界在上面。这个相稳定性反转起源于斜率的差别,如图 VI.1 和 VI.4 所示。稳定相和亚稳相的斜率是 $-2(T_m^0)_{meta}(\gamma_e/\Delta h)_{meta}$ 和 $-2(T_m^0)_{st}(\gamma_e/\Delta h)_{st}$;它们可以重写成 $-2(\gamma_e/\Delta s)_{meta}$ 和 $-2(\gamma_e/\Delta s)_{st}$ 的形式。由此可见,折叠表面能和熵变的比例支配着相的稳定性(Ungar,1986)。

此外,这些边界也提供了在图 VI.4 中不同阴影部分稳定相和亚稳相区域的信息。在 $1/\ell$ 值低于"三相点" $1/\ell_Q$ 的亚稳相稳定性边界以下,以及 $1/\ell$ 值高于"三相点"的虚拟的相稳定性边界以下,有序稳定相是稳定的,而亚稳相是亚稳定的。$1/\ell$ 值在"三相点"以下的稳定相稳定性和亚稳相稳定性边界之间,只有稳定相存在。厚度倒数高于"三相点" $1/\ell_Q$,在虚拟的相态和稳定相的稳定性边界之间的区域,稳定相是亚稳的,而亚稳相是稳定的。最后,厚度倒数高于"三相点" $1/\ell_Q$,在稳定相稳定性边界和亚稳相稳定性边界之间的区域,只有"稳定的亚稳(stable metastable)"相存在。这是基于相尺寸的大小而决定的相稳定性反转。

图 VI.1 还可以提供由稳定性尺寸依赖性引起的相稳定性和转变速率之间关联的进一步信息。这张图上在熔点 $T_m$ 和片晶厚度倒数 $1/\ell$ 之间画出的线性相稳定性边界代表稳定相和亚稳相在每个温度下稳定的最小的相尺寸。这一边界暗示,在特定温度时在最小尺寸下稳定的多晶态在等温相生长中会首先出现。从动力学观点看,最小的稳定尺寸也是最小的临界核的尺寸。相应地,这一临界核尺寸代表着相生长能垒的一个方面。能垒高度越低,相的生长越快。正如我们所知,现有对亚稳定性的处理,包括为了解释奥斯特瓦尔德阶段规则(1897)的尝试,是以较低的能垒高度导致较快的转变速率这样一个概念作为在研究相转变中亚稳态变量的主轴和核心。有了相尺寸引起稳定性反转的概念,可以看出,结构上亚稳定(在无限大尺寸时)的相在足够小的尺寸上可能会有更高的稳定性以及更快地形成这个相的速率,而这两个要素是相互依赖的。事实上,这两个概念是等价的;他们仅仅是从两个不同的角度去理解同一个主题。因此,一个相优先在其亚稳定形式下发展,并不是因为对于亚稳定性自身所固有的偏爱,而是取决于在相转变开始时相的较小尺寸。这样一个相在整个相生长过程中能否保持同样的结构则是进一步的问题。如果是这样,相生长就遵循着奥斯特瓦尔德阶段规则。这个相或许也会转变成更稳定的相,在这种情况下,对瞬时起始态的记忆将会丢失。

从相稳定性图上可以看出相稳定性的尺寸依赖性同样会显著地改变相行为。以聚乙烯为例，聚乙烯的温度-压力相图可以从图 V.28 得到。在这张图上，可以看到一个各向同性熔体、正交相和六方相汇合的"三相点"的区域。现在，考虑到相稳定性的尺寸依赖性，这个"三相点"在足够小的尺寸下也可能会变成对相的尺寸有依赖性。如是，"三相点"会扩展成一条"三相线"，Defay 等人首次采用这种方式来处理气-液-固平衡的情况（1966）。在聚乙烯的情况中，可以想象相稳定性边界也会随着相尺寸的减小而移动，如图 VI.5 所示。这张图上虚线代表了这条"三相线"（Rastogi 和 Kurelec，2000）。在这个体系上的研究工作已经揭示在得到的"三相点"尺寸依赖性表达式中有一个无法预测的奇点，表示尺寸作为一个变量可能具有比预期的变化更复杂的效应。这个效应对于一般的相行为可能会有潜在的重要性。但是，这个奇点的物理意义至今尚不明了。

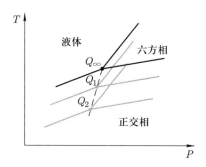

图 VI.5　聚乙烯在不同温度和压力下具有尺寸依赖性的相稳定性图。连接所有"三相点"的虚线代表"三相线"。这表明现在"三相点"是有尺寸依赖性的。（重绘 2000 年 Rastogi 和 Kurelec 的图，承蒙许可）

最后，小的相尺寸也可能由外部的约束所引起。相尺寸减小和表面条件改变的结合可能引起相稳定性的改变，并有可能导致在通常没有约束的体系中看不到的亚稳相的发展。这是一种完全由尺寸诱导引起的稳定性变化的情况。亚稳相在外部约束下变成稳定的，与通常讨论的小的相尺寸引起的亚稳相不同的是外部约束通常可以用热力学变量来表达，因此可以用真正的相图来描述（Evans，1990）。这种约束可以是固体中的小裂纹、缝隙或者空穴，如毛细管凝结这样的经典案例（Evans，1990）。在高分子体系中，它们可以是由嵌段共聚物局部液-液相分离形成的纳米相，构成纳米相的材料有可能进一步发生相转变，例如结晶或中间相的生成，正如 IV.3.4 节中描述的。这些过程必须在预先存在的受限纳米相中发生。例如，据报道高压下经辐射交联的聚乙烯的"三相点"随着辐射剂量-压力的叠加而移动（Vaughan 等，1985）。外部约束的另一个有趣例子是高分子-黏土形成的复合物,虽然不能精确控制受限的尺寸,但这种复合物在材料科技上非常重要。高分子插入黏土的薄片层之间,薄片层间的距离在几个纳米左右。根据一个关于尼龙-黏土复合物的早期报道,尼龙晶体在这些复合物中是亚稳的 γ 相(Kojima 等,1994)。尽管这个报道的作者没有从热力学稳定性的观点加以评论,我们倾向于用受限尺寸诱导的热力学稳定性变化来解释观测结果。事实上,因为黏土层的分隔是可控的,这样的体系应该用来进行尺寸诱导相稳定性的反转和可控产生亚稳晶体多晶态的系统性探索。

基于以上的描述,可以看出亚稳性比它初看上去的要复杂得多,出于同样的原因,种类也丰富得多。由于缺少合适的词汇来适当地描述涉及不同长度尺度的现象,我们在有的时候只能用一些新的命名和目前无法避免的、自相矛盾的术语,如"稳定的亚稳"和"亚稳的稳定(metastable stable)"等。我们希望读者在探索实际体系中出现的相应的效应和结构的过程中,能对这套命名和定义所表示的概念议题的微妙多样性有更好的理解和应用。

## VI.1.2 由于跨越相稳定性边界而引起的相反转的例子

首先让我们仔细分析和理解聚乙烯中由于跨越相对于片晶厚度的晶体稳定性边界而引起的相反转。如 V.2.2 节所述,聚乙烯有两个多晶态:正交和六方相(出于当前的目的,忽略力学诱导的单斜多晶态)。最初,聚乙烯的伸展链晶体是在高压的实验中观察到的(Wunderlich 和 Arakawa,1964;Geil 等,1964;Wunderlich 和 Melillo,1968;Prime 和 Wunderlich,1969;Wunderlich 和 Davidson,1969;Rees 和 Bassett,1968、1971)。随后认识到特殊的伸展链晶体形态是在六方相中结晶发育的(Bassett 和 Turner,1972;Bassett 等,1974a、b;Yasuniwa 等,1973、1976)。接着,观察到晶体可以在六方相中在"三相点"以下、正交相为稳定而六方相为亚稳的区域内开始生长(Bassett 和 Turner,1974a、b)。由此而得到的温度-压力相图见图 V.28。为了要解释这个现象,我们可以画出温度-压力平衡相图的示意图,如图 VI.6 所示(Hikosaka 等,1992)。

这张图描述在"三相点"上下,三个转变温度与压力的关系。三个转变温度分别是正交和六方相之间、正交相和熔体之间、六方相和熔体之间的转变温度。在"三相点"以上的区域由两条转变温度线界定,下限由从正交相到六方相的转变温度界定,而上限是六方相到各向同性熔体的转变温度。在这个区域内,六方相是唯一的稳定相。在"三相点"以下,我们可以发现另一个区域,它由六方相(下限)及正交相(上限)到各向同性熔体的两个熔点界定。在这个区域内,正交相是唯一的稳定相。因此,在"三相点"以下六方亚稳相的形成

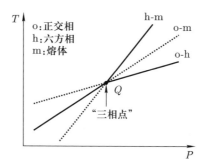

图 VI.6　聚乙烯在热力学平衡时的温度-压力相图的示意图。在"三相点"以上，较高温度和压力下有一个区域，六方相是稳定的。这个区域是由两条转变温度线界定的。这个区域的下限是由正交相到六方相的转变温度界定的，而上限是从六方相到各向同性熔体的转变温度。在"三相点"以下，我们也可以发现一个由六方相(下限)及正交相(上限)到各向同性熔体的两个熔点界定的区域。(重绘 1992 年 Hikosaka 等的图，承蒙许可)

只有在由六方相到各向同性熔体的熔点构建的边界下面才有可能。

　　这两个有序结构形式不仅在对称性和原子的位置上有差别，而且是两种不同的物质状态。在正交结构中，分子链形成一种规则的晶格，而六方相结构是分子链在链方向有较大活动性的中间相。由于存在这种差异，正交相是只发生横向生长的折叠链晶体的代表结构，它们具有由过冷度决定的固定的片晶厚度。另一方面，六方相具有伸展链晶体，晶体也在厚度方向继续生长，只有在与相邻的晶体碰撞时才会终止(Hikosaka 等，1992)。

　　后来的研究工作揭示，在略低于"三相点"和六方相-各向同性的熔点边界，结晶总是在亚稳的六方相中开始，并同时在横向和厚度方向进行，直至六方相到正交相的转变发生。换言之，发生了一个从亚稳的六方相到最终稳定的正交相的固-固转变(见图 VI.6)。同时，意想不到的观察结果是沿厚度以及横向两个方向的晶体生长在六方到正交相转变发生后就会停止(Rastogi 等，1991；Hikosaka 等，1992)。

　　图 VI.7 显示了一系列实时偏光显微镜图像以阐明上述的描述。在这一尺度的放大倍数中，只有晶体的横向尺寸可以定量测量，而正交和六方相的确定是基于光学判据结合实时广角 X 射线衍射结果而得到的(Rastogi 等，1991；Hikosaka 等，1992)。当温度升高到初始结晶温度以上时，正在生长的、尚未发生转变的六方相开始熔融，而由六方相转变的已经停止生长的正交相保持着晶体的特征而未熔融。因此，即使没有任何特定结构的确定，这也可以证明，相对于因从六方相到正交相的转变而停止生长的相，开始生长的相是亚稳的。

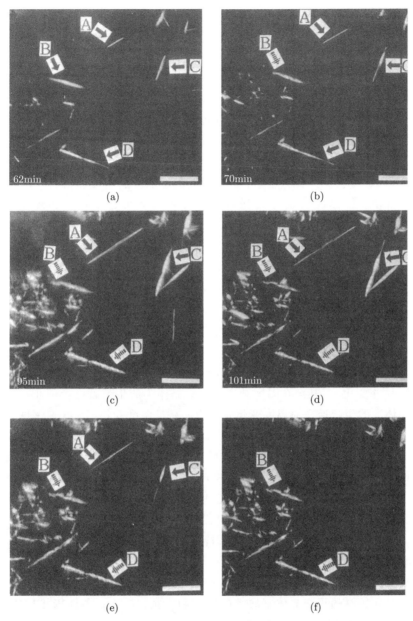

图 VI. 7　一个在 2. 82 kbar 高压结晶的聚乙烯样品的实时偏光显微镜图像。(a)-(d)是当样品在对应于过冷度 7 ℃ 的固定温度结晶时在不同时间拍的图像：(a)62 min，(b) 70 min，(c)95 min，(d )101 min。晶体 A 和 C 比晶体 B 和 D 生长得快。(e)和(f)是当样品温度变为对应于过冷度 2 ℃ 后的两个图像。(f)的等温时间比(e)的长。在此温度时，晶体 A 和 C 逐渐熔融，而晶体 B 和 D 仍维持晶体状态。标尺代表 50 μm。(从 1991 年 Rastogi 和 1992 年 Hikosaka 等的图复制，承蒙许可)

也就是说，在实验观测的时间尺度上结晶只发生在亚稳态。必须要指出的是，当结晶在"三相点"以上的压力和温度（在这里六方相是稳定的）进行时，六方相的熔点比正交相的高，如图 VI.6 所示。但是，当结晶发生在低于"三相点"压力和温度、六方-各向同性熔融温度边界之下时，如图 VI.7 所示，六方相的熔点比正交相的低。这是相尺寸驱动的稳定性反转的另一个证据。

从图 VI.7 上可以明确地证实这些推测。图 VI.7a 到 VI.7d 对应于聚乙烯样品在相当于过冷度 7 ℃ 的恒定温度和 2.82 kbar 压力下的不同结晶时间（从 VI.7a 的 62 min 到 VI.7d 的 101 min）。在这些图像中，我们的注意力集中在四个标记为 A、B、C 和 D 的晶体。随着时间的增加，晶体 A 和 C 都比晶体 B 和 D 生长得快。样品随后被加热到对应于过冷度 2 ℃ 的温度，如图 VI.7e 和 VI.7f 所示。和图 VI.7e 相比，图 VI.7f 代表在这个过冷度下更长的停留时间。A 和 C 都逐渐消失，而晶体 B 和 D 则保留下来（Rastogi 等，1991；Hikosaka 等，1992），揭示了 A 和 C（六方相）相对于 B 和 D（正交相）是亚稳的。

由于 VI.7 图是实时的实验记录，我们可以测量这些晶体的尺寸变化，以确定六方和正交相晶体的生长速率。图 VI.8 表示晶体生长的动力学结果。这幅图记录了两个晶体（1 和 2）的生长。在对应于过冷度 5.2 ℃ 的温度时，3.2 kbar 压力下，两个晶体的生长速率相同（斜率相同）。然后快速升温至对应于 2.5 ℃ 过冷度的温度，在等温结晶 26 min 后，晶体 1 的生长速率突然降低到 0（没有尺寸变化）。甚至在温度升高之前，晶体 1 的生长就已经停止。另一方面，晶体 2 的生长速率对温度变化有响应。一旦温度变化，生长速率就变成负值，表明晶体在长达 28 min 时间内都在熔融，如图 VI.8 所示。随后迅速降温回到 5.9 ℃ 过冷度。晶体 1 仍维持其尺寸不变，而晶体 2 的生长速率再次增加（Rastogi 等，1991；Hikosaka 等，1992）。事实上，这幅图提供的定量证据证明了与最终（具有无穷大尺寸）的稳定正交相比较，最终亚稳的六方相在小尺寸时具有更高的稳定性，这个相也以更快的速率生长，这是更高稳定性所对应的动力学部分。这个过程说明了奥斯特瓦尔德阶段规则（1897），尤其是，包含了相稳定性反转效应本身。

重要的问题是：为什么在六方到正交的相变后横向生长会停止？对较薄的六方片晶在较厚的正交晶体基底上的成核和生长，看来，条件仍然是完美的。这可能是证明 IV.1.5 节所讨论的"自毒化"最好的证据之一（Ungar 和 Keller，1986、1987；Organ 等，1989；Ungar 和 Zeng，2001；Putra 和 Ungar，2003；Ungar 等，2005）。在六方相中，沿厚度方向的滑移扩散导致生长前沿被晶体学上不规则的分子链所覆盖。一旦进入正交相，不准确折叠的链被固定在基底表面不能再折叠。在一个正交相的基底上不可能有可观的六方层，因为六方相到正交转变的前沿很快就覆盖了基底的表面。

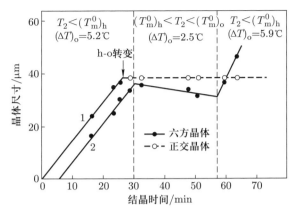

图 VI. 8　在 3.2 kbar 高压下晶体尺寸随结晶温度和时间的变化。数据由实时偏光显微镜测定得到。在开始的 31 min，等温结晶在过冷度 5.2 ℃ 下进行。晶体 1 和 2 以相同的速率生长。然而，在 26 min 时，晶体 1 突然改变其生长速率，暗示一个从六方到正交相的转变。在随后的 28 min 内，过冷度降低至 2.5 ℃。晶体 1 不再生长，而晶体 2 的速率变成负的，暗示了一个熔融过程。只有当过冷度再次增加到 5.9 ℃ 时，晶体 2 才恢复生长，而晶体 1 维持固定的尺寸不变。（重绘 1991 年 Rastogi 和 1992 年 Hikosaka 等的图，承蒙许可）

　　所有这些实验结果对于沿横向方向的相生长都是明确的。我们同样可以研究晶体在厚度方向的生长。这正如通过使用透射电镜的定量测量所证实的（Hikosaka 等，1997、2000），尽管偏光显微镜图像已经定性地说明了这一点（Rastogi 等，1991；Hikosaka 等，1992）。这一增厚生长的解释需要引入尺寸（$\ell$）作为稳定性的控制因素。我们现在将这个原则应用于聚乙烯这个特殊情况之中。

　　通过多个实验结果，如图 VI.7 和 VI.8 中观察到的，我们认为横向生长是和增厚生长相互关联的。对于在孤立的片晶单晶中横向生长和增厚之间的相互依赖性，有两个可能的原因。第一，横向生长和增厚生长同时在从六方到正交相的相转变后立即停止。第二，横向生长在一个固定的厚度继续进行（Gutzow 和 Toschev，1968）。已经观察到在一个比图 VI.7 及 VI.8 稍微低一点的温度和压力区域内，随着六方相到正交相的转变，横向生长在增厚生长停止后可以通过片晶的分支继续进行（Hikosaka 等，1995；Rastogi 和 Kurelec，2000）。

　　图 VI.1 和 VI.4 中表达的稳定性反转的概念可以很方便地用于解释聚乙烯的相变行为，假如相（在这里被称为稳定相和亚稳相）分别是正交相和六方相，而决定稳定性的尺寸 $\ell$ 是片晶厚度。图 VI.9 通过使用适合聚乙烯的标记的相稳定性图来阐明等温晶体生长。首先，要注意这样的事实，即随尺寸的稳定性反转只适用于比"三相点"温度 $T_Q$ 低的温度。在这个温度以上，最终稳定的正交相以常规途径直接从各向同性熔体中等温结晶，如图 VI.9 区域 A 中上方的水平箭头所示。但是，在"三相点"温度 $T_Q$ 以下，由于尺寸较小，聚乙烯等温实验中首先发展的相是稳定的六方相（注意六方相在无限大尺寸时是亚稳的）。这个小的尺寸是动力学上定义的临界核（例子见 IV.I.5 节）。随六方相增厚到比尺寸 $\ell_d$ 还大时，它转变成最终稳定的正交相。这一相转变由图 VI.9 区域 B 下部的一组水平箭头所示。它依赖于固态转变的动力学，这里有两种可能性。第一，在实验观测的时间尺度上没有固态转变，最终的结果是宏观亚稳的晶体。尽管这是在多数简单物质中亚稳多晶态存在的一种可能解释，但这肯定不会发生在聚乙烯中。经验证明六方相不会因"淬冷"而固定，因此它总是要转变成正交相的。第二，当生长超过片晶厚度 $\ell_d$ 时，形成最终稳定相的固态转变就开始了。因此，所有生长历史路径的痕迹都会被消除，不留下起始六方相的任何记忆。以上这个说法，尽管对多数晶体是对的，但并不适用于高分子如聚乙烯。特别是我们知道在六方到正交的相转变中，增厚生长停止了，在转变时的片晶厚度就成为晶体形态的一个永久特征。

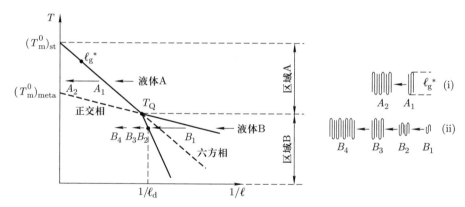

图 VI.9 在一个等温温度下的晶体生长对片晶厚度倒数作图。相稳定性图和图 VI.4 相同。实线代表稳定相边界线，虚线是亚稳相边界线。两套指向 $1/\ell = 0$ 的水平箭头是两个在不同温度下的等温结晶过程。一套高于"三相点"温度，在区域 A 中，另一套在下面，区域 B 中。水平的移动表明厚度生长。临界核厚度 $\ell^*$ 决定各自相态的稳定性极限（临界核）的尺寸。分子示意图(i)图解了区域 A 中在固定的、动力学上决定的厚度 $\ell_g^*$ 时通常想象的生长模式，它仅仅是横向的，这里，$\ell_g^* > \ell_A^*$，而(ii)显示了在横向和厚度方向同时的生长。厚度生长在六方到正交转变发生时终止，这发生在沿区域 B 中的箭头所指的进入正交相稳定区域的某个地方。（重绘 1994 年 Keller 等的图，承蒙许可）

以上的讨论在应用时具有两个更广泛的结果。第一个是我们有一个标记结构变化处的相尺寸的形态学标志物，提供了一个与起始态不同的结构开始生长的证据。第二个对于高分子特别重要的结果是，它对于链折叠高分子晶体的有限片晶厚度提供了一种解释。原因可以从图 VI.9 中区域 B 下的略图中看得很清楚。我们要强调的是这不一定是唯一的解释，也没必要排斥目前所持有的理论观点，比如包含在图 VI.9 中区域 A 下略图指出的链折叠的动力学的理论。事实上，和前面一样，这些理论可以应用于区域 A 中高于"三相点"温度 $T_Q$ 的结晶温度。如果这种生长确实存在，从聚乙烯在低于 B 区中"三相点"温度 $T_Q$ 的结晶温度下抑制片晶增厚的六方相-正交相的相变就能提供一个晶体生长的新观点。可以证明，证据确凿的片晶厚度 $\ell$ 对过冷度倒数 $1/\Delta T$ 依赖性在两种机制中都遵循，并且这两者不能仅在此基础上进行区分或测试（Hikosaka 等，1995）。

正如我们现在知道的，在高分子中厚度有限的链折叠片晶是亚稳的（相对于它自己无穷大的晶体而言），因为它们很薄，与晶体结构本身的稳定性或亚稳定性无关。我们再次提请注意在本章中一直在发展的多层次亚稳定性概念。聚乙烯这个示例正是个说明在不同的长度尺度上稳定性-亚稳定性之间错综复杂的相互影响和关系的例证。这在某种意义上对于聚乙烯及类似的高分子体系也有着普适性。也就是说，它们在这两种不同长度尺度（晶体结构和片晶厚度）之间的相互依赖性采取了一种特殊的形式。对于六方相结构稳定时的片晶厚度，晶体增厚生长会抵消尺寸决定的稳定性效应，直到这样的生长因为六方相-正交相转变而停止。所以，只在六方相中才可能发生的增厚生长是自我终止的过程。结果，这个相态结构在更大的长度尺度上决定片晶的厚度。

在这个阶段，需要提出的问题是如何把图 VI.4（及图 VI.9）中的关系和平衡温度-压力相图（如图 V.28 和图 VI.6 所示）联系起来。事实上，这两张图 V.28 和图 VI.6 代表了当厚度的倒数为零时（$1/\ell = 0$），三维压力-温度-厚度倒数的相稳定性图中的一个截面：也就是，在片晶厚度是无穷大（$\ell \to \infty$）时的截面。由于在这个阶段我们只知道聚乙烯在高压下的相稳定性，一个推理的普适压力-温度-厚度倒数相稳定性图可显示于图 VI.10。不过，温度对厚度倒数的相稳定性图，例如在图 VI.4 和图 VI.9，显然是图 VI.10 在固定压力下的截面，注意在这里压力需要低于图 V.28 和图 VI.6 的平衡压力-温度相图所示的"三相点"的压力 $P_Q (P < P_Q)$。事实上，图 VI.10 是相稳定性对尺寸（$\ell$）关系的完整表示（在不等式 $|(T_m^0)_{meta}(\gamma_e/\Delta h)_{meta}| < |(T_m^0)_{st}(\gamma_e/\Delta h)_{st}|$ 成立的条件下）。我们也看到通常的"三相点"延展成一条"三相线"，它标记了我们前面讨论中提到的奇点。

然而，略有不同的针对我们讨论过的聚乙烯情况提供支持的途径是，在如

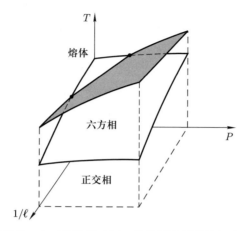

图 VI.10　聚乙烯的一个三维温度-压力-片晶厚度倒数的相稳定性图。在连续的阴影区域(在这个三维空间中的一个体积)里，亚稳的六方相是稳定的。固定压力时的截面得到图 VI.1 和图 VI.4 的相稳定性图。厚度倒数为零的截面得到图 V.27 的相图。在所有那些图中的"三相点"现在变成新的"三相线"，它定义了一个边界，在此之下六方相可以(或不可以)存在。(重绘 1994 年 Keller 等的图，承蒙许可)

图 VI.10 所示三维压力-温度-厚度倒数的相稳定性图中确立一个二维温度-厚度倒数的截面中存在一个稳定六方相区域。这个途径最好是通过对具有特定厚度、预先存在的晶体等压加热并使用实时广角 X 射线衍射实验监测其结构随温度的变化来实现。显然，对于比"三相点"厚度(见图 VI.4)小得多(足够小)的片晶厚度，加热时起初的正交相在这个正交晶体熔融前应该转变成六方相。另一方面，当厚度比"三相点"定义的厚得多时，正交相应该直接进入到熔体，不存在任何干扰的六方相。

　　图 VI.7 和 VI.8 中的实验结果都是在略低于"三相点"压力的条件下得到的。现在剩下的问题之一是：我们能否在(或临近)大气压下做这样的实验？换句话说，我们能否在既临近"三相点"又临近大气压的压力之间建立一个相稳定性关系？这个问题非常重要，因为我们想证实图 VI.10 是否是真实的相稳定性图(和图 VI.4 及 VI.9)，并由此证明尺寸诱导的相反转的存在。将实验扩展到更低压力和温度甚至远离平衡"三相点"的尝试是由 Rastogi 和 Kurelec 作出的(2000)。图 VI.11 显示了重均分子量为 120 kg/mol、多分散性为 1.2 的一个聚乙烯级分的实验温度-压力相图。可以观察到两组转变温度。较高温度的那组归结为从正交相到各向同性熔体转变的熔点，而较低温度的那组归结为六方相-各向同性熔体转变的熔点。这两列数据构建了图 VI.6 所示"三相点"以下的相边界(Rastogi 和 Kurelec，2000)。由于所有这些熔点是伸展链晶体的熔点，它们处于热力学平衡。下一步将是至少在正交相情况中如何得到链折叠晶体的温度-压力相图。如果可能的话，我们可以系统地观察"三相点"处的尺寸依赖性并形成一条在这里已经演绎和分析过的"三相线"。

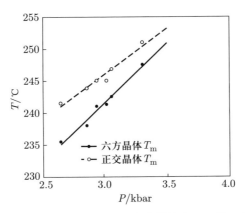

图 VI. 11　重均分子量为 120 kg/mol、多分散性为 1. 2 的一个聚乙烯级分的温度-压力相图。熔点通过使用实时等压熔融单晶得到。(重绘 2000 年 Rastogi 和 Kurelec 的图，承蒙许可)

　　获得实验证据系统地理解"三相点"的尺寸依赖性是困难的。其中使实验变复杂但对于整个理论提供进一步支持的一个实际问题是，厚度在加热实验的过程中不能保持不变。事实上，这样的片晶厚度的增大在进入六方相区域后就开始了，或者至少是加速了(Rastogi 和 Kurelec，2000)。一方面，这一发现和六方相中预期的较高分子链活动性是一致的，这样的活动性通过经由滑移扩散的链的重新折叠来诱导或促进片晶增厚(Hikosaka，1987、1990)。要注意这个过程相当于一个二次结晶过程，和前面考虑的、涉及增加新的分子到生长晶体中去的增厚相对照，这是一个把已形成晶体进一步完善的过程。这样的片晶增厚可能将实验路径从初始选择的、比"三相点"处的小得多的厚度推向无限厚。在片晶增厚的情况，我们既改变了片晶厚度也改变了温度，因此把片晶厚度倒数推向到更小的值，与此同时把图 VI. 9 中的温度移向更高的值。在使用同步辐射实时 X 射线衍射的工作中，在一定程度上，我们有可能控制和跟踪随着温度升高的片晶增厚过程。事实上，可以证明只要片晶厚度仍然比"三相点"处的厚度来得薄，就可以维持六方相的存在。我们可以通过增大片晶厚度、即沿图 VI. 9 中片晶厚度倒数轴水平移动而造成一个六方相到正交相的转变。我们也可以用连续升温、通过沿 VI. 9 图中温度轴的垂直移动，而重新回到六方相中去。

　　这个聚乙烯的例子是否代表了具有多晶态的高分子结晶的普遍原理呢？还有两个具有类似结晶行为和相行为的例子。第一个例子是间规聚苯乙烯从熔体结晶的多晶态的 α（三方）和 β（正交）相（Guerra 等，1990、1991；Pradère 和 Thomas，1990；De Rosa 等，1992；De Rosa，1996；Cartier 等，1998；Tosaka 等，1999）。对于这个同质多晶现象的详细描述可以在 V.2.1 节中找到。取决于结晶条件，例如结晶温度和熔体中的停留温度，单纯的 α 相或单纯的 β 相均可生长。热力学上，发现在无穷大尺寸时 β 相比 α 相更稳定。也就是说，β 相的平衡熔点比 α 相的高。但是，在亚稳的薄片晶中，在一定的结晶温度范围里，α 相的熔点实验上高于 β 相的熔点，而且 α 相生长更快。当增大结晶/退火时间或者加热样品到更高温度时，β 相才逐渐发育，这可能也是晶体片晶增厚时相稳定性反转的一个实例。

　　也对间规聚苯乙烯的相行为进行了类似于图 VI.9 的亚稳定性分析（Ho 等，2000）。通过广角 X 射线和电子衍射技术观察到了 α 相到 β 相的转变。两种晶相具有相同的 c 轴取向，而这两个相结构之间在 ab 面上有三个不同的晶体学相关性（Ho 等，2001）。剩下的问题是确定 α 相到 β 相的转变如何发生以及定位相稳定性图的"三相点"。受挫的三方 α 相是否如聚乙烯中的六方相沿 c 轴也具有较大的活动性？所有这些问题都要通过使用固态碳 13 核磁共振和其他实验技术研究 α 相中的分子动态力学来回答。另外，为了验证相尺寸诱导的稳定性反转，定量地测定耦合相转变的片晶厚度变化是必要的。

　　另一个例子是等规聚丙烯中 α（单斜）和 γ（正交）晶相之间的竞争（Turner-Jones 等，1964；Brückner 和 Meille，1989；Lotz 等，1996）。我们已经知道等规聚丙烯具有多晶态的相行为，而 α 相和 γ 相形式是这四种异形体中的两种。已知在很高等规度的聚丙烯均聚物中，很难形成 γ 相。详细的形成条件可以在 V.2.1 节中找到。

　　由于等规聚丙烯的 γ 相的平衡熔点比 α 相的略高，而它们的熔融热和折叠表面自由能差别不大，"三相点"应该位于片晶厚度大的地方。这就是为什么 γ 相在通常的结晶条件下难于形成的原因。但是，增加乙烯共聚单体的含量能提高 γ 相的含量，这也许可以由"三相点"显著的下移来解释（Foresta 等，2001）。这是另一个转换"三相点"到"三相线"的例子。然而，在这种情况下，γ 相的形成是由于共聚单体的化学组成发生了变化，而非改变结晶条件。此外，也不存在从 α 相到 γ 相的转变的可能性，因为 α 相是一个真正的晶相（单斜），分子链活动性在这个相中非常有限。而且，γ 相的形成需要晶体中存在与 α 相完全不同的链取向。这一研究工作也没有考虑 γ 相需要在 α 相上外延生长的事实，这意味着 α 相总是在 γ 相发育之前形成。

　　最后，回到在我们的讨论中所指的更广阔的观点。使用我们的术语，在本节中所考虑的相(晶体或中间相)都算是"稳定的"。然而,严格的热力学定义需要无穷大的尺寸,以致如图 V.28 和 VI.6(或者图 VI.10 厚度倒数趋于零的二维截面)所示的,聚乙烯在压力和温度低于平衡相转变温度时观察到的六方相被归类为亚稳的。因此,所有目前的讨论暴露了我们在术语使用上存在的问题,这些问题出现在亚稳定性的描述甚至在定义上。然而,不管依据任何标准,在相稳定性图上都存在着亚稳的区域。这些区域由图 VI.4 中的图标(阴影线的亚稳区域和稳定区域)所定义,在三维扩展的图 VI.10 中则为相应的面(未画出)。这样的相区域在这个意义上是真正亚稳的,在稳定性的经典定义下它们既不能被看作"稳定的",也不能仅因为尺寸上的考虑或者外加的约束而是亚稳的。这个条件已贯穿应用于这个部分以及本章的其他部分。据我们所知,仅仅移动稳定性-亚稳定性边界和"真正的"亚稳定性之间的区别在过去还没有被确切地认识到。

当然,我们承认真正亚稳定的相(它们没有外部约束,但有无穷大尺寸)确实存在,如所有通常的多晶态,而如果没有它们,奥斯特瓦尔德阶段规则(1897)就决不可能被制定出来。然而,正如我们已经表明的,和一个对亚稳态有一些内在偏好的亚稳定性的体系相反,可以把这样亚稳的相看成是在它们发展的起始阶段由尺寸诱导的稳定性变化引起的。如果没有这些可能性的识别,就不能评定乃至充分讨论真正亚稳态(与因任何原因和在相演变的任何阶段引起的稳定性判据的任何变化无关)的作用和重要性。通过至少提出了这些问题,希望我们可以在这个方向上向前跨进一步。

### VI.1.3 不跨越相稳定性边界的相反转的例子

当将汤姆孙-吉布斯方程(由方程 IV.6 给出)应用到两个多晶态时遇到的另一个可能的相稳定性关系是,这两相在它们的整个尺寸范围内并不存在稳定性的反转。这种情形在图 VI.12 中举例说明。这一相稳定性关系似乎不那么令人兴奋,因为两个相的稳定性具有相类似的尺寸依赖性。

但是,在更深入仔细地思考中,相稳定性的尺寸效应以及两个相稳定性的反转在这种情况下也可以被研究和确认。如图 VI.12 所示,两个重要的特征是:第一,在热力学平衡时(此处表示为片晶厚度无穷大),稳定相的平衡熔点总是比亚稳相的高,因而 $(T_m^0)_{st} > (T_m^0)_{meta}$;第二,两个相稳定性边界的斜率的绝对值近似, $|(T_m^0)_{meta}(\gamma_e/\Delta h)_{meta}| \approx |(T_m^0)_{st}(\gamma_e/\Delta h)_{st}|$。这里,相稳定性边界或多或少是相互平行的,而且在有意义的片晶厚度范围内永远不会相交。因此,不管片晶厚度是小还是大,亚稳相的熔点总是比稳定相的低。

这类相关系的例子可以在反式-1,4-聚丁二烯中找到。这个高分子具有两种多晶态。已确定在低温下有一个单斜晶相(Iwayanagi 等,1968)。取决于

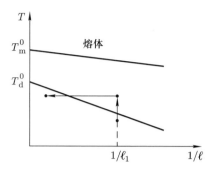

图 VI.12　两个多晶态的两个熔点和片晶厚度倒数之间关系的示意图。这两个斜率的绝对值是近似的，因此改变相尺寸显然没有相稳定性反转发生。箭头代表被设计来观察相转变的一个实验路径；见正文。（重绘 1994 年 Keller 等的图，承蒙许可）

片晶厚度，这个相在约 70 ℃ 转变成一个具有相当大构象无序度的六方相（Suehiro 和 Takayanagi，1970）。相变可以在差示扫描量热实验中观察到，如图 VI.13 所示。这两相的片晶厚度可以利用小角 X 射线散射得到。反式-1,4-聚丁二烯的相稳定性图可以用这两相的熔点和它们相应的片晶厚度倒数之间的关系来阐明。图 VI.14 显示了这样一个相稳定性图（Finter 和 Wegner，1981）。

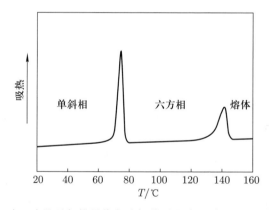

图 VI.13　在一个差示扫描量热实验加热过程中反式-1,4-聚丁二烯的热图。在 76 ℃ 以下，样品处于单斜相。在 76 ℃ 发生一个相变，在这个温度以上，样品进入六方相。这一六方相在约 140 ℃ 熔融。（重绘 1981 年 Finter 和 Wegner 的图，承蒙许可）

应该注意到在 70 ℃ 以上，反式-1,4-聚丁二烯在六方相里具有较大的分子链活动性，这导致了分子链沿链轴的滑移运动。因此，在六方相中可以观察

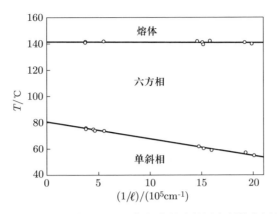

图 VI.14 通过这两相的熔点相对于它们相应的片晶厚度倒数作图得到的反式-1,4-聚丁二烯的相稳定性图。由于两个斜率是分开的,改变相尺寸没有相稳定性反转发生。(重绘 1981 年 Finter 和 Wegner 的图,承蒙许可)

到显著的片晶增厚过程,如在 V.2.2 节所描述的。但是,为了观察六方相和单斜相之间的转变,我们需要设计一个特殊的实验。实验的路径由图 VI.12 中的实线和箭头表示。首先,我们通过溶液中等温结晶得到具有固定厚度 $\ell_1$ 的反式-1,4-聚丁二烯片晶,如图 VI.12 所示,晶体沉淀并收集成单晶毡片(mat)。然后这些样品被加热到比单斜到六方相转变温度略高的一个温度,并在那个温度等温退火。要注意,这个转变温度依赖于片晶厚度,如图 VI.14 所示。在这个退火过程中,片晶开始增厚,这个现象相当于图 VI.12 中从右到左的水平移动。片晶厚度一旦跨越单斜相的稳定性边界,必然会导致六方相回到单斜相的转变。

这个推测确实用同步辐射一维广角 X 射线衍射实验检测到了,如图 VI.15 所示(Rastogi 和 Ungar,1992)。在这张图上,衍射花样遵循图 VI.12 所示精确描述的加热和退火过程。在 $2\theta = 22.4°$ 处的强衍射峰是室温时单斜相的(200)面的特征衍射。当样品加热到 68.5 ℃ 时,这个衍射峰消失,并且在 $2\theta = 20.7°$ 处出现一个新的衍射峰。这个新出现的衍射属于六方相的(100)面的衍射。但是,样品在 68.5 ℃ 退火 20 min 后,在 $2\theta = 22.4°$ 处单斜相的(200)面的衍射再次出现,并伴有六方相(100)面衍射峰强度的降低。这个样本清楚地表明有一个随着片晶厚度的增加从六方相返回到单斜相的转变。也就是说,六方到单斜的相转变是尺寸诱导的。此外,这个实验观测显示六方相在 68.5 ℃ 的出现(而不是在厚片晶的 76 ℃,如图 VI.14 所示)是薄片晶存在的结果,而回到单斜相则是增厚的结果。这是由于六方相具有较大的分子链活动性,有利于分子进行沿链轴的滑移运动,从而允许分子链解折叠以使其能够增厚。同时存在的小角

X射线散射数据显示了进入单斜到六方的相变后快速的增厚过程。可以预期一旦六方相返回到单斜相，这个增厚过程就会停止。这个过程和图Ⅵ.9的B区中描述的增厚过程相同。尽管反式-1，4-聚丁二烯中单斜和六方相之间的相稳定性边界没有交叉，这个例子揭示，由于相尺寸引起的相稳定性反转也能在这种情况中找到。

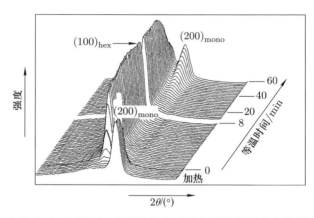

图Ⅵ.15　从反式-1，4-聚丁二烯样品的实时同步辐射X射线实验得到的系列广角X射线衍射花样。薄片晶毡片样品首先从室温加热到68.5 ℃。在那个温度时，单斜相的(200)衍射峰消失，而六方相的(100)衍射峰发育。样品在68.5 ℃退火20 min或更长后，单斜相的(200)衍射再次出现，伴有六方相(100)衍射强度的降低。(重绘1992年Rastogi和Ungar的图，承蒙许可)

　　据我们所知，这是迄今为止第一个也是唯一的一个能证明多晶态中在两个相稳定性边界不相交时的相稳定性反转的例子。我们也注意到反式-1，4-聚丁二烯结晶成伸展链晶体不需要在高压的环境里，因为在常压下反式-1，4-聚丁二烯中存在着有高活动性的六方相。我们推测其他一些具有活动性六方相的高分子例如V.2.2节中描述的碳氢氟高分子，也有可能会在常压下表现出这种相稳定性的反转。

## Ⅵ.2　玻璃化与液-液相分离共存的相转变

　　下面，我们引入玻璃化作为构成亚稳定性的一种手段，不仅是通过亚稳的玻璃，而且也通过中断其他的相转变，比如，中断了液-液相分离的过程来构成亚稳定性。为了说明的目的，我们将自己限制在显示有高临界共溶温度的二元高分子-溶剂混合物的液-液相分离。

　　我们首先回顾高分子-溶剂体系中的玻璃化过程，在一个单组分液相体系，冷却时在玻璃化温度($T_g$)发生玻璃化，如 IV. 1.1 节中所述。对于一个完全相溶的二元混合物体系，如高分子和溶剂共混物，高分子的玻璃化温度会随着溶剂组分的增加而降低。这一降低示意图为 VI. 16 图，类似的玻璃化降低的行为也可以在完全相容的高分子共混物中观察到。为了定量地描述在二元体系中玻璃化温度变化的现象，已提出和建立了多种玻璃化温度和浓度之间的关系（例子见 Paul 和 Bucknall，2000；Utracki，2002）。这些关系显示，当高分子的链段和溶剂的相互作用与高分子自身的链段之间或溶剂自身之间的相互作用相当时，玻璃化温度随着浓度线性变化，如图 VI. 16a 所示。但是，当高分子溶质和溶剂的相互作用以及所占据的链段体积变得稍有不同，玻璃化温度相对于浓度的变化可能表现出凹的或凸的形状（图 VI. 16b、c）。

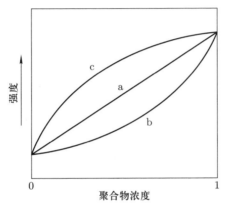

图 VI. 16　一个高分子-溶剂体系中高分子玻璃化温度和浓度之间的关系。最高的玻璃化温度是纯高分子的，而最低的玻璃化温度是纯溶剂的。有三类玻璃化相对于高分子浓度的变化：(a)线性、(b)凹的、(c)凸的。

　　另一方面，一个具有典型的等压、高临界共溶温度相行为的高分子-溶剂的二元体系已经在 IV. 3.1 节中详细讨论过，见图 IV. 24a。如前所述，随温度的降低，体系进入由两相共存线界定的相分离区域，液-液相分离发生。体系分成两个截然不同的相，它们的浓度由特定温度时连结线在两相共存线上的终点来定义。其中的一个相有更多的溶剂存在（溶剂富集），而另一相则有更多的高分子存在（溶质富集）。随着体系向更低的温度移动，两个相分离浓度的差别变得越来越大。如图 IV. 24a 所示，基于热力学的定义，在两相共存线和亚稳极限线之间的区域，相分离只能通过克服成核能垒而实现。另一方面，在亚稳极限线界定的区域内，发生自发的、没有能垒的亚稳极限分解。

　　不管是何种相分离机理在主导，最终稳定而平衡的相分离形态应该是一个双层分相的液体，如图 IV. 24b 所示。同时，层的组成决定于由相图的两相共存线定义的热力学相边界所对应的浓度。但是，达到这个最终形态的动力学路径可以是非常不同的，取决于相分离的发生是经过成核还是经过亚稳极限分解机理。如果我们冻结这个发展过程来研究液-液相分离的形态，小滴通常会标示成核控制的过程，而一个双连续的网络则标示亚稳极限分解。实际上，由于热力学和经由熟化的相粗化之间的竞争，相分离形态的种类千奇百态，丰富多姿。

　　二元体系中我们感兴趣的除了发生玻璃化过程之外，还发生具有高临界共溶温度的液-液相分离。定性地来说，在相分离的早期阶段，玻璃化的影响可能会导致液-液相分离时平衡组成的分配受到阻碍，从而产生另一类亚稳定性。在相分离的后期阶段，玻璃化也可能冻结相分离形态的熟化。如果玻璃化曲线和两相共存线相交，如图 VI.17 所示，交点被称为 Berghmans 点（Arnauts 和 Berghmans，1987）。跟随图 VI.17 中的垂直降温箭头进入液-液相分离区域，具有不同高分子和溶剂浓度的两种液体开始发育，最终的浓度由每个温度的连结线确定。但是，当温度连结线经过 Berghmans 点时，高分子富集相就玻璃化了。图 VI.17 解析了好几个由此产生的重要结果，容后一一加以描述。

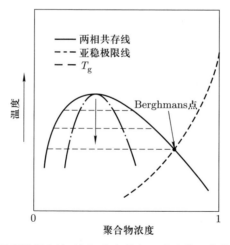

图 VI.17　玻璃化温度降低和液-液相分离共存。玻璃化温度线和高分子-溶剂二元混合物的两相共存线相交。交点是 Berghmans 点。当温度降低到这一点时，高分子富集相玻璃化。（重绘 1995 年 Keller 的图，承蒙许可）

　　首先，玻璃化时的相形态会被保留在一个形态学上的亚稳态中。形态本身的特性取决于降温速率及混合物的起始浓度。这些参数将决定哪个组分是分散的，哪个组分是基体或者是双连续相以及相分离的机理。丰富的形态可以系统有效地在实验中观察到（Hikmet 等，1988；Callister 等，1990；Arnauts 等，

1993）。作为第二个重要的结果，在（或低于）Berghmans 点的温度，不仅相形态的发展被终止，而且溶质富集相的组成变化也停止了。

由玻璃化而固定相组成最直接的结果可以从实验上观察到。沿着达到Berghmans 点的连结线，相分离后高分子富集相的玻璃化温度不随体系的起始浓度而变化（Arnauts 和 Berghmans，1987）。图 VI. 18 显示了在环己醇中不同浓度的重均分子量为 275 kg/mol、分子量分布很窄的无规聚苯乙烯（PS）的实验和理论计算结果。这个样品是由阴离子聚合而得到的。这幅图显示了该二元体系液-液相分离的两相共存线，该曲线是通过溶液的"雾点（cloud point）"测量法实验而得到。亚稳极限线由图 VI. 18b 中的点划线表示，是由理论计算而得到。在图 VI. 18a 中，两相共存线与玻璃化温度线相交。一旦到达 Berghmans点，玻璃化温度相对于浓度变为常数。这种不变性是因为形态和组成都"被锁定（locked in）"的结果。因此，除了形态亚稳定性，还有组成上的亚稳定性。

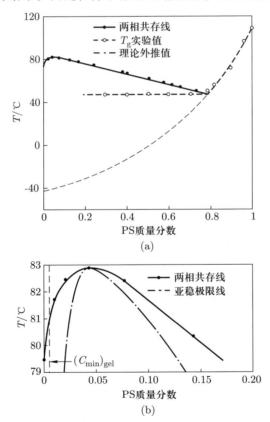

图 VI. 18  无定形聚苯乙烯（重均分子量为 275 kg/mol）和环己醇的二元混合物的相图，涉及玻璃化线（短划线是理论外推）(a)；(a) 相应相分离点附近放大的细节（包括用点划线表示的亚稳极限线）(b)。（重绘 1988 年 Hikmet 等的图，承蒙许可）

最后一个问题已以图表的形式从理论上解决了（Frank 和 Keller，1988），并由"组成老化（compositional aging）"效应得到实验上的证明（Arnauts 等，1993）。然而，这些解释都只是很粗略的概述。需要在这个重要课题上进行后续的深入研究，主要是探索通过玻璃化获得的、组成沿特定连接线变化时相分离的早期和中间阶段的全新机会。

高分子富集相在 Berghmans 点玻璃化以后，虽然该相的玻璃化温度不变，但是相分离形态差别很大。这一差异的存在是因为依赖于高分子的起始浓度，高分子富集相在液-液相分离形态中要么可能是少数相要么是多数相。如果高分子富集相是少数相，得到的体系的形态将是固体小液滴浸没在液体基体当中。另一方面，如果高分子富集相是多数相，体系将是液体小滴包埋在固体基体当中。在这两种情况之间，玻璃化固体相和液相都会形成双连续相。形态随起始高分子浓度的变化展示于图 VI.19 中。不用说，可以预期这些二元混合物的力学行为有很大差别，范围从液体到橡胶到固体。

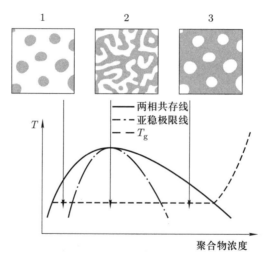

图 VI.19　三个不同起始高分子浓度的液-液相分离（1、2 和 3），外加玻璃化温度线。它们的相分离形态差别非常明显。（重绘 1990 年 Callister 等的图，承蒙许可）

由此，问题变成：如果我们把这个二元混合物快速淬冷到低于 Berghmans 点的温度，将会发生什么？在这种情况下，尽管液-液相分离可以发生，但不可能达到热力学分配，因为浓度一旦接触玻璃化温度线，分配就会停止。这样，其中一个分离的相在它到达由两相共存线决定的最终平衡浓度之前就会变成玻璃态。因此玻璃化的固体只具有在玻璃化温度线处的浓度，而不是位于两相共存线的边界上。相应的溶剂富集相也将不能达到由两相共存线边界定义的浓度，而相分离体系现在变成了热力学上不稳定的，但由于一相已经玻璃化了，它可以维持在很长的时间尺度上。两个更大的问题是：当其中一相被冻结时，我们还能否使用平衡热力学来提供对这种观测的解释？由于这些相在热力学定义上是不稳定的，玻璃态能在多长时间内阻碍热力学驱动的液−液相分离进一步进行？

Frank 和 Keller 已经明确地意识到这个问题（1988）。假设高于 Berghmans 点，体系完全处于热力学平衡，那么热力学驱动的液−液相分离就会自发且迅速地发生，以至于不用考虑相分离动力学。玻璃化是突然的，而且发生在一个温度，在二元混合物体系中转变温度的浓度依赖性可以明确定义；也就是说，高于这个玻璃化温度，液−液相分离没有影响，而低于这个温度，高分子富集相就被冻结。此外，两相共存线和玻璃化温度的浓度依赖性可以外推到这个富集相被冻结的那个点以下。图 VI.20 显示了二元混合物的温度−浓度相图，其中高临界共溶温度和玻璃化过程相交。正如前面指出的，低于 Berghmans 点，溶剂富集相的浓度不能达到两相共存线，因为高分子富集相在到达它由两相共存线定义的平衡浓度之前就变成了固体。所以在这张图上，由溶剂富集相的浓度构成的实际"两相共存线"（图 VI.20 中的实线）和在较低高分子浓度一侧的真正的（热力学决定的）两相共存线（图 VI.20 中的点划线）作了比较（Frank 和 Keller，1988）。但是，图 VI.20 仍然需要实验证据。Callister 等报道了通过特殊设计的探索性实验得到的一些结果以说明图 VI.20 对于研究被玻璃化中断的相分离是具有代表性的。液−液相分离受到了玻璃化的极大阻碍，不过相分离仍然可以在玻璃态以内受限的局部区域中在小得多的尺度上进行（Callister 等，1990）。

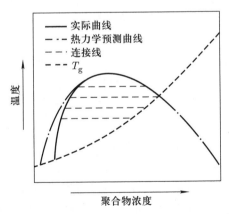

图 VI.20　具有一个高临界共溶温度的二元混合物的玻璃化温度线与液−液相分离相交。点划线代表由热力学定义的真正的两相共存线，实线是实验上能观察到的曲线。（重绘 1988 年 Frank 和 Keller 的图，承蒙许可）

## VI. 3　结晶和液-液相分离共存

### VI. 3. 1　受溶液中结晶干预的液-液相分离

在这部分，我们将关注高分子共混物中结晶和液-液相分离两个过程的相互制约和影响。在理想条件下，如果该体系中的高分子是能够结晶的，就形成了具有最稳定晶体结构的晶体，它在那个温度是最终的稳定状态(对于现在的讨论，我们不考虑由具有不同片晶厚度的链折叠晶体所引起的不同尺度的形态学上的亚稳定性)。亚稳态的出现是由于较高的过冷度，这通常是晶体发生以可实现的速率生长所必需的。在这个过冷的状态下，体系可能会有多种路径来进入不同的亚稳态。但是，从动力学的观点看，一旦亚稳态形成了，它就比最终的稳定相要进展得快，并且会支配相变。因此，首先达到的是亚稳态。

我们首先关注二元混合物中液-液相分离与结晶过程之间的关系。早在二十多年前，Tanaka 和 Nishi(1985、1989)就已经总结了这些关系。图 VI. 21 示意性地阐明了其中一种组分结晶后，液-液相分离两相共存线与熔点降低曲线之间相对位置的六种情况。这个热力学相图，可由实验得到，但是根据相律来看图的内容在理论上是不完善的。图 VI. 21 上方的三个图是高临界共溶温度行为与熔点降低的关系，下方的三个是低临界共溶温度行为与熔点降低的关系。在前一种情况下，这两个过程相交，如图 VI. 21a 和 VI. 21d 所示；在后一种情况下，两种过程只会彼此相切，即熔点降低曲线接触到临界点，如图 VI. 21b 和 VI. 21e 所示。最后，如图 VI. 21c 和 VI. 21f 所示，这两种过程全然不相交。在图 VI. 21c 中，对于有高临界共溶温度的二元混合物，熔点降低曲线位于两相共存线上方。在图 VI. 21f 中，对于有低临界共溶温度的二元混合物，熔点降低曲线位于两相共存线下方。此外，如果晶体处于链折叠的亚稳态，用我们的话说，处于一种"稳定的亚稳"相，根据晶体的稳定性，熔点降低曲线必然下移。然而，液-液相分离的两相共存线仍维持在热力学平衡状态。

一般而言，高分子从溶液，尤其是从极稀溶液中结晶要求结晶性高分子在高温下能溶于溶剂中，表明溶剂是高分子的一种良溶剂。当温度下降开始结晶，溶剂变成接近高分子的 $\theta$ 溶剂，这时，由于高分子链间的相互作用变得比高分子与溶剂间的相互作用强，高分子从溶液中结晶出来。在极稀溶液中，如 V. 1. 1 节中讨论的那样，高分子单晶可能会有机会生长。而另一方面，在浓溶液中则通常观察到多晶聚集体，其形态取决于高分子的浓度离开它的单组分熔体有多远以及其他结晶条件。

图 VI. 21 适用于结晶高分子-溶剂体系以及至少有一个组分是能结晶的高

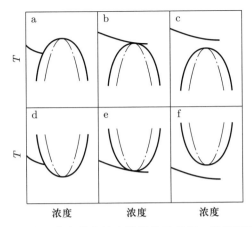

图 VI.21　液-液相分离结合熔点降低的示意图。基于两相共存线与
熔点降低曲线的相对位置，有六种情况。其中，上方的三图是高临界
共溶温度图，下方的三图是低临界共溶温度图。这两条曲线在(a)和
(d)中相交，在(b)和(e)中于临界点相切，而在(c)和(f)中不相交。
(重绘 1989 年 Tanaka 和 Nishi 的图，承蒙许可)

分子共混物，因为这两种情况遵循相同的热力学原理，只是在高分子二元混合
物中要用体积分数来描述热力学行为。我们现在关注结晶性高分子-溶剂二元
混合物。当二元混合物经历液-液相分离时，如图 VI.21a 和图 VI.21d 所示，
一般而言会有两种形态织构共存。一种对应于高分子富集相，另一种对应于溶
剂富集相。即使在溶剂富集相中，高分子通常也不会形成单独的单晶，而只是
形成片晶的堆积。在高分子富集相，经常能发现更密集堆积的多晶聚集体。

　　长期以来，人们报道观察到高分子溶液结晶中的"反常"形态。例如，
Garber 和 Geil 报道，他们在聚乙烯的溶液结晶中观察到具有近乎球形的"小球
(globular)"小颗粒(1966)。他们将这些颗粒和聚乙烯从它的溶剂中的相分离
关联起来。Hay 和 Keller 也得到了相同的结论(1965)。尽管这些观测是液-液
相分离和结晶之间建立的最早的关联，这些结果大部分已被忽视或遗忘。现在
我们应该重新拾起我们的兴趣，按照两种长度尺度上相互依赖的亚稳态的概念
来进一步考察所有这些已经存在的实验观测结果。

　　我们将首先描述一个详细的研究工作，其中聚乙烯和不同溶剂组成的二元
混合物中液-液相分离和结晶(和熔融)过程相交。从本质上讲，这是液-液相
分离和结晶的一种相互竞争。迄今为止，关于聚乙烯在不良溶剂中的相图和最
终的结晶形态进行的最详细的研究是由 Schaaf 等(1987)实施的。我们知道很
多溶剂在高温时都可以溶解聚乙烯，而在低温时会发生相分离。这些混合物的
相图是已知的，它们几乎都是高临界共溶温度体系。不良溶剂中聚乙烯相图的

最早的例子之一是早在六十多年前 Richards(1946)报道的在乙酸戊酯和硝基苯中支化聚乙烯相图。之后，Nakajima 等证明了线形聚乙烯在几个溶剂中也有着相似的相图(1966)。如前所述，我们最感兴趣的是如图 VI.21a 所示的情况，其中包含着两种过程的竞争。图 VI.22 是一个单分散高分子和溶剂的二元混合物相图的示意图。高分子能结晶，并且它的熔点和高临界共溶温度液-液相分离的两相共存线相交。在这张图上，不仅液-液相分离而且高分子晶体的熔点降低都被认为是处于热力学平衡。

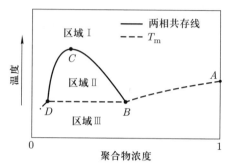

图 VI.22　单分散聚乙烯和一个不良溶剂组成的二元混合物平衡相图的示意图。高分子-不良溶剂二元混合物的三个区域标记为 I、II 和 III。在高温下的区域 I 中，形成均一的液相。液-液相分离发生在区域 II 中。在 AB 之间的熔点降低线指出高分子直接从溶液中结晶。但是，当这条线与两相共存线相交后，在 BD 之间的熔融温度保持不变。(重绘 1987 年 Schaaf 等的图，承蒙许可)

在图 VI.22 中存在着三个区域。在高温的区域 I，高分子和溶剂相溶形成各向同性的单相液体。区域 II 由两相共存线界定，在此区域内高临界共溶温度体系中发生液-液相分离。这个图上在平衡熔点降低线以下为区域 III。这里有两个子区域需要讨论。第一个是熔点降低线在它与两相共存线相交之前高分子浓度较高的单一液相中(图中标记为 AB)。这个例子展示了一个典型的现象，即在温度降低至熔点降低线以下时，高分子从溶液中结晶并分离出来。随着高分子浓度的降低，熔融温度持续降低。但是，当这条熔点降低线与两相共存线相交时，在这个液-液相分离区域形成的晶体的平衡熔点不再变化(这张图中标记为 BD)。因此，问题是：为什么这些熔点会不变呢？或者更加具体地问：为什么熔点不依赖于高分子浓度的变化？这是由于形成高分子富集相和溶剂富集相的液-液相分离而造成的。当二元混合物淬冷到图 VI.22 中 BD 线显示的温度时，相分离而形成两个相。当高分子的浓度较低时，高分子富集相总是少数相，它通常形成相对浓缩的小滴存在于溶剂富集的多数相中。因此，不管沿 BD 线的起始高分子浓度，在液-液相分离后，少数的高分子富集相始终具有 B

点处的固定组成。所以，结晶后的熔点始终由于恒定浓度溶剂的存在而降低。需要再次指出的是我们的讨论只涉及热力学平衡的情况，而忽略高分子结晶中的任何动力学因素。

但是，高分子结晶是一个由成核和生长支配的动力学过程（IV.1.5 节），因此为了使高分子结晶，过冷度是必需的。最终的晶体形态依赖于过冷度的大小和冷却过程的速率。由于不同的热历史，不是异相成核就是均相成核可能会占优。此外，在高分子结晶发生前，究竟我们能允许液-液相分离发展到什么程度是另一个影响最终晶体形态的重要因素（Schaaf 等，1987），这是因为如 II.3.4 节所描述的液-液相分离中形态的熟化过程具有时间依赖性。这就构成了液-液相分离和高分子溶液结晶的相互竞争。最终的结晶形态取决于很多不同的因素，包括高分子和溶剂之间的相互作用、浓度以及结晶和液-液相分离两者所具有的不同的动力学。

对于一些高分子，高分子结晶"小球"或其他形状致密的晶体聚集体的形成已有报道。它们总是在使用相对不良溶剂时获得。高分子-溶剂二元混合物的很多这些实验观察和液-液相分离有关联。例如，聚酰胺和苯甲酸的二元混合物显示出具有中空的类似雪茄形状的细长"小球"。各向异性的形状很可能是由于在聚酰胺中沿氢键方向的优先晶体生长（Wittmann 等，1983）。可能与液-液相分离相关联的其他类型晶体形态是发现在二氧杂环己烷中及在"半六方的"六氟异丙醇中具有六方晶胞的聚 D，L-谷氨酸苄酯的碗状晶体聚集体（Schaaf 等，1987；Price 等，1975、1979）。这些观测很可能与所有这些高分子的高旋转对称晶格有关联（见 V.1.1 节）。例如，"鱼缸"状晶体聚集体的发展或许也能和在相对较高的过冷度区域晶胞和单晶的旋转对称性而产生弯曲晶体相关联。但是，对它们热力学行为（相图如图 VI.22 所示）的完全理解仍然需要知道液-液相分离以及结晶和熔融过程的定量描述。

晶体的最终形态相应地也可能提供证据来判断液-液相分离是否和结晶过程相交叉。在这些液-液相分离与结晶过程相交叉的二元混合物中，结晶的球形"小滴"和其他致密聚集体一般归结于高分子富集少数相的结晶，它们可能和溶剂富集多数相中的另一类结晶形态共存，这可能是不太致密的聚集体，甚至在少数情况下是单晶。最后，需要再次强调所有这些晶体并不处于最终平衡，而是处于不同的亚稳态之中（见 IV.2.3 节）。

## VI.3.2  溶液中的顺序液-液相分离和结晶

当二元混合物中的溶剂越来越成为良溶剂时，它们的相行为会发生什么变化呢？它们的液-液相分离的两相共存线会被抑制到更低的温度，从而发生如图 VI.21c 所示的情况。然而，当两相共存线被熔点降低线所"掩埋（buried）"，但还不埋得太深时，如果高分子结晶速率不是太快，在快速淬冷的条件下仍然有可能进入这个液-液相分离区域。这一系列持续的过程所构成的状态代表了对不同的物质行为的一个基本影响因素。在这种情况下，相对于晶相，相分离完全是亚稳定的。在图 VI. 23 中，我们也添加了一个玻璃化过程。任何一个或是所有相应的相转变都有可能被玻璃化所阻止。

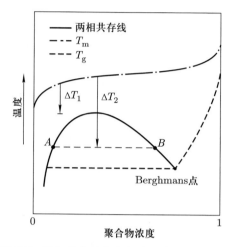

图 VI. 23　具有亚稳定液-液相分离的完全相溶的高分子溶液的平衡相图示意图。这个相分离在稳定的液体-晶体相线之下。依赖于淬冷深度（$\Delta T$）和/或冷却速度，在过冷度为 $\Delta T_1$ 时，我们可以有从溶液中的结晶，或者在过冷度为 $\Delta T_2$ 时，可以进入液-液相分离区域，或者甚至在更大的过冷度下，受到玻璃化的影响。（重绘1995 年 Berghmans 等和 1998 年 Keller 和 Cheng 的图，承蒙许可）

　　图 VI. 23 仅代表了液-液相分离在熔点降低线（结晶线）以下的情况中一个基本原理的示意图。在这张图中，上面的线对应于稳定的晶体-液体相边界，代表热力学平衡下晶体熔融和结晶。对应于液-液相分离的两相共存线在晶体-液体相边界之下。由于结晶的发生需要过冷度。在这张图中，举例说明了具有不同过冷度的两个案例。对于较小的过冷度 $\Delta T_1$，倘若时间足够，结晶预计从起始的完全相溶的溶液中就发生了。然而在更大的过冷度 $\Delta T_2$ 下，首先发生的会是液-液相分离。依赖于过冷度的程度，我们可能有在高分子富集相中发生结晶的情况（图 VI. 23 中在 $B$ 点处），或浓缩的相在 Berghmans 点处玻璃化的情况（图 VI. 23 的 Berghmans 点）。在后一种情况中，不仅液-液相分离被中断，结晶过程也会被阻止。

　　图 VI. 23 中情况的实验观测已有报道。譬如在环己醇中的聚（2，6-二甲基对亚苯基醚）（Berghmans 等，1995），如图 VI. 24 所示。在这张图上可以观察到四个转变过程。在低温侧，第一个观察到的是玻璃化温度随聚(2，6−二甲基对亚苯基醚)在环己醇中的浓度而变化。高分子浓度在 70% 以上，玻璃化温度随高分子浓度的增加升高很快，表明在这个浓度区域高分子与溶剂为相溶的混合物。在这个 70% 的高分子浓度以下，玻璃化温度变得不依赖于浓度，暗示着混合物现在进入了液−液相分离区域。这一相分离可以通过图 VI. 24 所示的雾点测定的实验来核实。因此，由雾点构成的线应该代表这个二元混合物的两相共存线。在雾点线以上是一个结晶过程，在量热实验中以 5 ℃/min 的速率冷却时是放热的(要注意实验是在固定冷却速率下，而不是在等温的条件下)。最高的相变边界归结为晶体熔融，在量热实验中以 10 ℃/min 加热时测定。尽管这张图提供不了热力学平衡下的相图，但它给出了推论图 VI. 23 的实验证据。

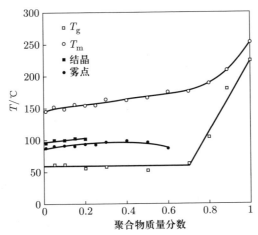

图 VI. 24  聚(2，6−二甲基−1，4−对亚苯基醚)和环己醇的混合物的温度−浓度相边界图。高分子的分子量为 30 kg/mol。空心正方形是玻璃化温度，空心圆圈是 10 ℃/min 加热时测量的晶体熔点，而黑色正方形是量热实验中 5 ℃/min 冷却时测量的结晶温度。黑色圆圈是慢冷却时的雾点。(重绘 1995 年 Berghmans 等的图，承蒙许可)

一个更复杂的案例是溶在环己醇中的间规聚苯乙烯。这个二元混合物显示了和图 VI. 23 中类似的相行为。但是，由于间规聚苯乙烯具有多晶态(V. 2. 1节)，相分离的间规聚苯乙烯可能结晶成不同的晶体结构和对称性。De Rudder 等对这个体系开展了详细的研究，图 VI. 25 示意性地显示了其相图(1999)。首先，液−液相分离被深深地埋在晶体熔点之下。玻璃化温度的浓度依赖性也能观察到，并且当高分子浓度低于 70% 时这个温度在 36 ℃ 变成常数，和无规的异构体类似。当深度淬冷二元混合物到低温并直接进入略低于玻璃化温度的液−液相分离区域时，只能得到无定形聚集体。加热到高于玻璃化温度，高分子富集相开始结晶成 γ 相，它只能在溶液中形成（V.2.1 节）。进一步加热导致间规聚苯乙烯样品的熔融和重结晶。也就是说，γ 相熔融并重结晶成具有锯齿链构象的 β 相。要注意 β 相只能通过间规聚苯乙烯的熔体结晶生长。这暗示着甚至在温度远高于 θ 温度时，γ 相晶体也不会溶解回到环己醇中，而继续保持着分离的状态，尽管此时溶剂已经变成相对来说的良溶剂（de Rudder 等，1999）。

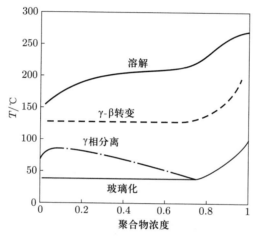

图 VI.25　间规聚苯乙烯在环己醇中的温度–浓度相图的示意图。液–液相分离由两相共存线界定。玻璃化过程表现为玻璃化温度在高于 70% 高分子浓度时变化，而低于 70% 不变。虚线表示 γ 相的熔融及重结晶成 β 相。在高温一侧上面的边界对应于 β 相晶体熔融。（重绘 1999 年 de Rudder 等的图，承蒙许可）

　　液–液相分离在熔点降低线（结晶线）以下的其他可能例子有在不同的溶剂中的聚（4–甲基–1–戊烯）（Khoury 和 Barnes，1972）、聚甲醛（Khoury 和 Barnes，1974a）、聚三氟氯乙烯（Khoury 和 Barnes，1974b），以及在乙酸戊酯中的反式–1，4–聚异戊二烯（Kuo 和 Woodward，1984；Xu 和 Woodward，1986）。这些例子的共同特征是，在低过冷度时，它们都生长片层单晶，暗示晶体在溶液中直接形成。随着过冷度的增大，晶体形态变成中空的类似于"鱼缸"形或杯状的片晶聚集体。这些聚集体的出现可提供二元混合物已进入液–液相分离区域的有力证据。最后要提醒的是液–液相分离和结晶动力学之间的竞争将最终决定最后晶体形态的演变。再一次要强调，如果体系涉及玻璃化过程，这些不同层次的形态将会终止。

## VI. 3. 3  高分子共混物中和熔点降低线(结晶线)相交的液-液相分离

到目前为止,我们已经讨论了高分子-溶剂二元混合物。如果我们用一个高分子代替溶剂,我们就得到高分子的共混物。我们感兴趣的是共混物中至少一种组分是可以结晶的情况。因此,图 VI. 21 中的所有情况都可以用来代表高分子共混物中液-液相分离(高或低临界共溶温度)和结晶(一种或两种组分是结晶性的)之间的关系。对于结晶性高分子共混物文献中有大量可用的报道和数据(例子见 Paul 和 Bucknall,2000;Utracki,2002)。不过,我们只关注液-液相分离对结晶的影响,在这里,两种不同层次的亚稳态是相互依赖的。

我们从很多例子中挑选了几个体系来阐述我们想要和大家讨论的原理。所选的第一个体系是数均分子量为 10.7 kg/mol、分散度为 3 的聚 ε-己内酯(PCL)和数均分子量为 840 g/mol、分散度为 1.1 的低分子量聚苯乙烯的二元混合物。Tanaka 和 Nishi 发表了他们对这个体系的研究,它使这个例子成为了具有一定历史意义的工作,因为这个例子可能是首次明确地提出了液-液相分离和结晶之间的相互依赖性(1985、1989)。图 VI. 26 显示了实验上得到的这个二元共混物的等压温度-浓度相图。高温时,这两个高分子是相容的。但随着温度的降低,通过雾点和散射技术测定,体系经历了一个液-液相分离的过程,表明这是一个高临界共溶温度体系。另外,聚 ε-己内酯可以结晶,图 VI. 26 中聚 ε-己内酯的熔点随着聚苯乙烯的浓度而降低。因此,晶态固体-熔体相边界反映了这个二元共混物中的熔点降低线。这一熔点降低线和两相共存线相交。在两相共存线以内,液-液相分离发生,如图 VI. 26 所示。然而,由于动力学缓慢,这个相分离可能达不到最终的平衡状态。用我们的语言,在相形态尺度上,这是一个"稳定的亚稳"相态。另一方面,取决于过冷度,当温度低于这条熔点降低线时,结晶可能发生。这个相应该是另一个"稳定的亚稳"相态。因此,这两个"稳定的亚稳"相态是在两个不同(晶体和相分离区)的长度尺度上。在这种两个过程竞争的情况下,动力学的快慢决定了哪一个过程主导形态的发展。

将浓度比例为 70∶30 的聚 ε-己内酯和聚苯乙烯共混物样品淬冷到低温,聚 ε-己内酯开始在相容区结晶。聚苯乙烯分子需要从生长面的前沿被不断地排斥出来,只有聚 ε-己内酯分子才被允许结晶。这也是一种 IV.1.5 节中描述的"毒化"的情况。在一个局部范围内,取决于聚苯乙烯的扩散速率,聚 ε-己内酯受扩散控制(非线性)的晶体生长速率逐渐变慢。通过体系中的聚 ε-己内酯持续结晶,聚 ε-己内酯在剩余溶液中的总体浓度会降低,并向右水平移动到经过两相共存线而进入液-液相分离区域(见图 VI. 26),在这里相分离就开始了。这两个过程之间的竞争始于聚 ε-己内酯球晶生长前沿处的局部相分离

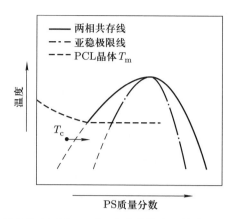

图 VI.26　数均分子量为 10.7 kg/mol、多分散性为 3 的聚 ε-己内酯和数均分子量为 840 g/mol、多分散性为 1.1 的低分子量聚苯乙烯的一个二元共混物的温度-浓度相图。液-液相分离是高临界共溶温度，由两相共存线界定。聚 ε-己内酯晶体的熔点在两相共存线外面随浓度降低而降低。箭头表示展开结晶过程时的浓度变化。（重绘 1989 年 Tanaka 和 Nishi 的图，承蒙许可）

处，在那里聚 ε-己内酯浓度是最低的（Tanaka 和 Nishi，1989）。在这个研究中，使用低分子量聚苯乙烯有两个原因。第一，随着聚苯乙烯分子量的增大，两相共存线会移向更高温度，从而增加了高分子降解的可能性。第二，随着聚苯乙烯分子量的增大，共混物的玻璃化温度会升高。这将显著影响聚苯乙烯的扩散速率，最后，当玻璃化温度和结晶温度相同时，整个体系就会被冻结。Nojima 等也报道了分子量分布更窄的聚 ε-己内酯和聚苯乙烯低聚物的共混物的相分离和结晶行为（1991），获得了相似的结果。

我们挑选的第二个例子是有重要工业应用的聚烯烃共混物。随着单活性位点催化剂的发展，工业界已经掌握了在聚烯烃合成时精确控制化学结构和短链支化的能力。商业上成功的聚烯烃企业需要多种二元共混物以改进和优化材料的特定靶向性能。我们关注的共混物是两个高分子组分都带有短支链，但支链长短不一，组分也不相同；或者其中一种高分子是线形无支化的。在模型聚烯烃以及商用高分子的二元共混物方面已经有大量的研究。在这些二元共混物上的研究稿件产生了大量关于在这些体系中液-液相分离以及结晶诱导的相分离的讨论。一篇早期的综述概括了那些讨论中的主要事实和争议（Crist 和 Hill，1997）。

让我们来看看一组由分别含己基和丁基支化的两个聚乙烯组成的二元共混物（Wang 等，2002）。样品经过专门设计，其支化含量差别很大。在含己基支化的聚乙烯（PEH）中，己基支化的含量是每 1000 个碳中有 9 个，分子量为

112 kg/mol，而在含丁基支化的聚乙烯中，支化的含量高至每 1000 个碳中有 77 个，分子量为 77 kg/mol。含己基支化的聚乙烯样品在高温结晶，而含丁基支化的聚乙烯只在更低的温度时才结晶。

　　图 VI. 27 是大气压下这两个短链支化聚乙烯组成的二元共混物实验上得到的温度-浓度相图。这张图和图 VI. 26 非常相似。使用特别改进的散射和光学显微镜技术，可以观察到在这个体系中的液-液相分离现象，如图 VI. 27 所示。平衡熔点是通过外推而求得的。在这张图上，固态晶体-熔体相边界反映了含己基支化的聚乙烯形成的晶体的熔点，它随浓度的降低而降低。这个固态晶体-熔体相边界(熔点降低线)和液-液相分离的两相共存线相交。在相分离区域内，熔点不随浓度的变化而改变(Wang 等，2002)。这个例子说明在液-液相分离完成并得到两个不同浓度后结晶过程才开始。

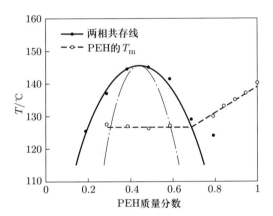

图 VI. 27　含己基支化、支化密度为每 1000 个碳中有 9 个的聚乙烯和含丁基支化、支化密度为每 1000 个碳中有 77 个的聚乙烯的二元共混物的温度-浓度相图。液-液相分离是高临界共溶温度，由两相共存线界定。晶态固体-熔体边界线反映了含己基支化聚乙烯形成的晶体的熔点，可以看出其在两相共存线之外随着浓度的降低而降低，但是在两相共存线内保持不变。亚稳极限线是基于 Flory-Huggins 理论计算的。(重绘 2002 年 Wang 等的图，承蒙许可)

　　这个研究工作提出了好几个需要进一步研究的有趣问题。例如，如果液-液相分离是处在相分离的不同阶段，比如像在 IV. 3. 2 节中描述的在初始或在中间阶段，这时相分离区内的浓度是瞬时的，含己基支化的聚乙烯在这个浓度瞬时变化的过程中的结晶行为将会是如何的呢？此外，如果在整个液-液相分离期间在不同过冷度时可以监测总体结晶和生长速率，我们可能获得对结晶和相分离之间相互影响和竞争的定量分析和理解。可以预期，结晶动力学也会受相分离形态的影响。当相分离处于初始阶段、相分离形态还没有生长到成熟时，这样的相互影响应该尤其显著。这样认为的原因是，当含己基支化的可结晶聚乙烯被约束在非常小的空间内，例如在小滴中时，生长速率会慢下来。再者，只要相分离区不达到一个不变的浓度（在相分离的后期阶段），晶体的生长速率就不会是线性的。

　　这些有趣的问题中有几个已经被人们使用同样（或类似）的聚乙烯共混物研究过。这些研究的主要困难在于如何精确地分离和识别结晶和液-液相分离的过程，以及单独测量它们的动力学。例如，在同样系列的聚乙烯共混物样品中，Shimizu 等（2000）通过将样品从均一的熔体淬冷到不同的结晶温度后用光学显微镜测定晶体生长速率。他们也通过使用小角光散射技术监测粗化阶段时液-液相分离的生长速率。对于含 50% 己基支化的聚乙烯和 50% 丁基支化的另一个聚乙烯的一个样品，图 VI.28 显示了将两个系列的动力学数据放在一起得到的图，以阐述这两个过程之间的关系。当温度远低于交叉温度 118 ℃时，结晶速率较快，它支配了最后的相形态的发展。远高于 118 ℃时，相粗化过程处于控制地位。接近 118 ℃时，这两个过程是相互竞争的（Shimizu 等，2004）。

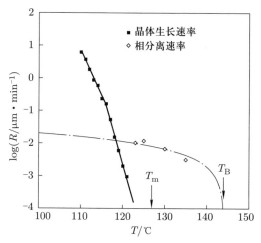

图 VI.28　由含己基支化、支化密度为每 1000 个碳中有 9 个的聚乙烯（50%）和含丁基支化、支化密度为每 1000 个碳中有 77 个的聚乙烯（50%）组成的一个二元共混物的晶体生长速率和液-液相分离速率。实心正方形代表晶体生长速率，空心钻石形是在粗化阶段液-液相分离特征长度的生长速率。$T_B$ 是两相共存线温度，$T_m$ 是含己基支化、支化密度为每 1000 个碳中有 9 个的聚乙烯晶体的熔点。两条速率线在 118 ℃相交。（重绘 2004 年 Shimizu 等的图，承蒙许可）

　　特殊的实验设计也可用来保证聚乙烯共混物中液-液相分离在结晶前进行：这是一种两步等温过程。实验首先对共混物进行等温退火，温度在高于或在两相共存线边界以内，但高于聚乙烯晶体的熔点，在这里结晶不能发生。当退火温度在两相共存线边界之内时，液-液相分离形态可以发展到后期阶段，并且在两相中都可以达到平衡浓度。在第二步中，通过淬冷样品到结晶可以迅速发生的低结晶温度，等温结晶随后可以发生。因为结晶发生得非常快，两相中高分子的浓度没有时间发生进一步变化。相分离的形态就此得到保持。

　　利用这种两步等温实验，结晶动力学及观察到的结晶形态可以用来确定两相共存线和亚稳极限线。让我们来考察高于 100 ℃ 时由线形结晶性聚乙烯及具有随机分布己基支化的低温结晶性聚乙烯（支化密度为每 1000 个碳中有 70 个）构成的一组共混物。图 Ⅵ.29 显示了浓度为 40% 的结晶性线形聚乙烯共混物在两个不同退火温度时的两张实时原子力显微镜的相图像。对于图 Ⅵ.29 中的第一张图像，第一步将样品降温至 180 ℃ 并退火 24 小时。第二步进一步淬冷至 120 ℃，此时结晶迅速发生。在同一张图上的第二张图像，第一步淬冷将样品降温至 170 ℃，体系随之退火 24 小时。第二步和前一种情况相同，样品在 120 ℃ 结晶。在这两张图像中由球晶修饰图案揭示的相形态是截然不同的。第一张图像显示了球形微区，是成核生长机理的范例。这个例子表明相分离发生在两相共存线和亚稳极限线之间。另一方面，第二张图像是双连续的相形态，暗示亚稳极限分解机理，因而揭示了相分离是发生在亚稳极限线区域内。

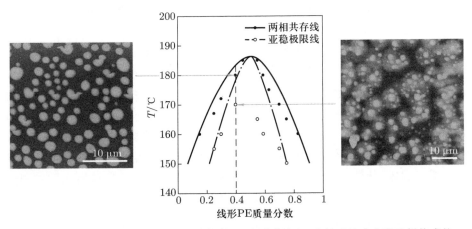

图 Ⅵ.29　由线形聚乙烯及支化密度为每 1000 个碳中有 70 个的己基支化聚乙烯构成的一个二元共混物的温度-浓度相图。实线为两相共存线，点划线为亚稳极限线。利用两步等温实验，由轻敲模式原子力显微镜观察到两种不同的相形态。在第一个样品中，最终的形态暗示成核生长机理；在第二个样品中，其形态暗示亚稳极限分解机理。

现在，第一个问题是如何得到图 VI. 29 所示的两相共存线。我们需要对第一个等温步骤设置一系列不同的退火温度，而每一步需要有较长的粗化时间（~24 小时）。一旦达到两相共存线的温度，第二个等温步骤中的结晶动力学因液-液相分离而在线形聚乙烯的富集相中加快。因为在初始退火步骤时形成了可结晶聚乙烯富集相，并被粗化，减缓低温可结晶聚乙烯结晶动力学的"毒化"较少（IV. 1. 5 节）。所以，对于那个特定的浓度，结晶动力学显示突然增大的退火温度一定是在两相共存线上。使用具有不同浓度的共混物，就可以得到整个浓度范围内的两相共存线。

第二个问题则是我们能否通过实验来描绘亚稳极限线？要注意亚稳极限线通常是根据理论计算得到的。如上面描述的图 VI. 29 中两张原子力显微镜图像，亚稳极限线可以从液-液相分离形态由小滴生长变成双连续相时那个阶段的实验观察来确定。如果我们对于不同共混物浓度进行这类实验以测定形态的变化，反映出由成核到亚稳极限分解的相分离机理的转变，就可以得到包括实验测定的两相共存线和亚稳极限线的整个相图，如图 VI. 29 所示。这个实验暗示，当结晶速率很快并且等温实验的第二个阶段中链分子不能扩散很远（因此抑制了进一步的相分离）时，相分离的形态可以通过结晶来保持原状，因而预示液-液相分离的作用机理。图 VI. 29 中空心圆表示实验中观察到由球晶形态修饰的双连续相形态的温度；而实心的圆圈是观察到小滴形态的温度。再重复一次，这些晶体及相形态现在都处在"稳定的亚稳"状态。晶体亚稳态的存在是因为晶体是链折叠的；而亚稳定的相分离形态则是由于两相都没有达到它们最终的双层平衡相形态。

其他有趣的例子包括聚偏氟乙烯和聚丙烯酸乙酯或聚 ε-己内酯和聚苯乙烯-b-聚丙烯腈的二元共混物。在聚偏氟乙烯和聚丙烯酸乙酯共混物的情况，因存在低临界共溶温度而发生液-液相分离，两相共存线和晶态固体-熔体相边界相交。图 VI. 30 图解了温度-浓度相边界图（Endres 等，1985；Briber 和 Khoury，1987）。在聚 ε-己内酯和聚苯乙烯-b-聚丙烯腈二元共混物的情况，由一个低和一个虚拟的高临界共溶温度组成的一个封闭的相容性回路已被报道。晶态固体-熔体相边界也和相分离的两相共存线相交，这可由光散射和透射电镜的实验观察来证实（Svoboda 等，1994）。

## VI. 3. 4　高分子共混物中的顺序液-液相分离和结晶

当高分子-溶剂体系中液-液相分离和结晶顺次发生时，这和 VI. 3. 2 节描述到的第一种情况相同。在这种情况，具有高临界共溶温度的液-液相分离被埋在晶态固体-液体相边界之下。因此，相分离与晶体熔融（结晶）相比是亚稳的，尽管结晶过程本身需要过冷度并且晶体处在"稳定的亚稳"状态（图 VI. 21c）。

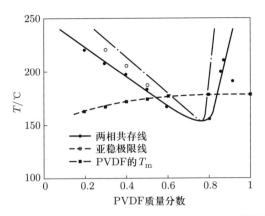

图 VI. 30　常压下聚偏氟乙烯和聚丙烯酸乙酯组成的一个二元共混物的温度-浓度相边界图。液-液相分离具有低临界共溶温度，晶态固体-熔体相边界和两相共存线及亚稳极限线相交。(重绘 1985 年 Endres 等的图，承蒙许可)

描述高分子-溶剂体系的热力学原理对于高分子二元共混物同样适用。此外，有时会出现一些更复杂的顺序，涉及多晶态以及同时具有高和低临界共溶温度的相分离现象。我们特别关注至少有一个组分是可结晶的高分子的二元共混物中顺序的液-液相分离和结晶对最终相形态所产生的结果。

　　图 VI. 31 示意地展示了其中有一个可结晶高分子的二元共混物的温度-浓度相图。在这张图上，我们还阐明了在不同温度和浓度区域结晶后的晶体和相形态对共混物的影响。由于晶态固体-熔体相边界线是处于最高的温度，而由两相共存线界定的液-液相分离区域处于较低温度，因此这种液-液相分离完全是亚稳的。当然，在晶相中，片晶本身对于伸展链平衡晶体也是亚稳的。因此，片晶又是"稳定的亚稳"。由于在几乎所有的情况下，处于固态晶体-熔体边界线之下的液-液相分离不可能达到最终的平衡相分离，它应该是"亚稳的亚稳(metastable metastable)"相态。

　　根据不同的过冷度和不同的浓度，我们至少有两条路径来研究如 VI. 3. 2 节描述的结晶过程和晶体形态。当共混物被淬冷至两相共存线之外的温度和浓度区域时，可结晶的组分将从均一的单相熔体中发育生长。晶体的形态可以从一个极端的单层片晶到另一个极端的球晶织构范围内变化，它们反映了非结晶组分的宏观及/或微观的相分离。当淬冷过程将体系带入相分离区域而且液-液相分离可以在结晶之前发生时，我们实际上可以观察到由这个液-液相分离产生的小滴相形态。要注意这种相形态只有在共混物被带入两相共存线和亚稳极限线之间的亚稳区域时才可以得到，此时成核生长机理主导相分离。这些小滴的尺寸取决于粗化过程的动力学，以及结晶开始前这个过程能允许多长时间

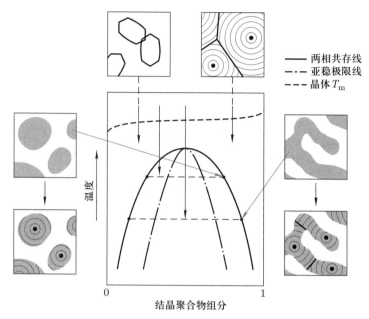

图 VI.31　有一个可结晶高分子的一个二元高分子共混物的温度-浓度相图的示意图。最高线为晶态固体-熔体相边界。两相共存线位于更低的温度。图解了两种不同的淬火过程。一种是相对较小的过冷度；这样，淬冷之后温度处于两相共存线之外。结晶从均一的单相熔体中发生。晶体形态相对一致，并被微观尺度的非结晶相所分隔。第二种为更深的淬冷，温度处在两相共存线之内。如果液-液相分离首先完成，随后结晶，那么可结晶高分子富集相中的晶体形态会呈现出多种形式。

来进行。理想情况下，结晶发生在可结晶高分子富集相中（假设它位于小滴内），并且晶体形态会充满小滴，如图 VI.31 所示。在小滴之外，由于可结晶高分子只在少数区域，很少有晶体可以观察到。

　　另一方面，当共混物被带至亚稳极限线界定的区域时，由于液-液相分离的亚稳极限分解机理，一个双连续的相形态会取代小滴。进一步的结晶只在可结晶高分子富集的双连续相中发生。实际上，这些形态比 VI.3.2 节中描述的那些在高分子-溶剂二元混合物中观察到的有更多的种类，尽管基本的热力学原理是相同的。

　　含一个或两个结晶性组分的高分子共混物的实验观测已有很多报道。然而多数的研究关注共混物中结晶行为如何改变（与相应的均聚物相比）以及非结晶组分位于何处，比如它们是在晶体片层之间还是在结晶聚集体前沿处。人们却很少留意高分子共混物中的顺序液-液相分离和结晶现象。因此研究文献极少。第一个例子是聚偏氟乙烯（PVDF）和聚己二酸-1，4-丁二酯（PBA）的二元共混物。大气压下的温度-浓度相图示于图 VI. 32(Penning 和 Manley，1996a、b；Fujita 等，1996)。有趣的是在这个二元共混物中，液-液相分离发生在最高温度区域，暗示一个低临界共溶温度行为。也就是说在高温区有液-液相分离发生，而在低温两种高分子是相容的。在低临界共溶温度的两相共存线之下，出现聚偏氟乙烯和聚己二酸-1，4-丁二酯的两个晶态固体-熔体相边界线。在最低温度，可观察到共混物每个组成的单一玻璃化温度，这是表明这两种高分子在无定形态形成混合相的另一个证据。

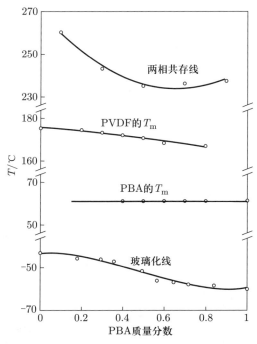

图 VI. 32  聚偏氟乙烯和聚己二酸-1，4-丁二酯组成的一个二元共混物的温度-浓度相图。最上面的线是具有低临界共溶温度的液-液相分离的两相共存线。两相共存线以下是聚偏氟乙烯的晶态固体-熔体相边界，接着是聚己二酸-1，4-丁二酯的。最低温度的线是相容共混物的玻璃化。(重绘 Penning 和 Manley 的图(1996a)，承蒙许可)

在这个共混体系中，液-液相分离在高温区域是稳定的。如果在两相共存线以上的高温区域相分离未达到最终的平衡，它又是"稳定的亚稳"相。到目前为止，人们大多关注于研究聚偏氟乙烯和聚己二酸-1，4-丁二酯从均一的单相熔体中，即低于两相共存线以下的结晶过程。它们分离的片晶相、结晶后相容的无定形相(Liu 等，1997、2000)以及组成对晶体形态的影响(Isayeva 等，1998)已被报道。但是，这些晶体相对于液-液相分离以及它们本身的平衡晶体在两个不同长度尺度上是亚稳定的。因此，它们是"亚稳的亚稳"相。

　　一个还没有被充分解决的问题是，如果结晶在相分离区域开始，它将如何进一步发展。结晶后我们能否保持亚稳相的形态，无论这个相形态是由成核控制过程形成的小滴还是由亚稳极限分解过程形成的双连续相？只要结晶速率足够快，相形态的保持应该是可能的。一个类似的例子是结晶性聚 ε-己内酯和聚碳酸酯的二元共混物，关于它们的同样具有低临界共溶温度的液-液相分离也已被报道(Cheung 和 Stein，1994；Cheung 等，1994)。

　　另一方面，研究了等规聚丙烯和氢化的聚苯乙烯-b-聚丁二烯的一系列共混物。在这系列高分子共混物中，等规聚丙烯的重均分子量为 350 kg/mol，分散度为 7，而氢化的聚苯乙烯-b-聚丁二烯重均分子量为 300 kg/mol，苯乙烯的含量为 10%。共混物表现出高临界共溶温度相行为，由实时小角光散射实验确定。基于透射电镜的观察，在两相共存线以上和以下，发现有不同的晶体形态和尺寸，表明发生了液-液相分离。

　　一个有趣的例子是数均分子量为 70 kg/mol 的结晶性聚偏氟乙烯和重均分子量为 110 kg/mol、分散度为 2.2 的聚甲基丙烯酸甲酯的一系列二元共混物。也发现这些共混物具有一个约 350 ℃ 的低临界共溶温度(Bernstein 等，1977)。在这个温度以下，确定两个组分在无定形状态中相容。但是，根据光散射和形态观测，发现这些共混物在较低温度下也表现出一个高临界共溶温度，如图 VI.33 所示。因此，聚偏氟乙烯可以在熔点和高临界共溶温度两相共存线之间

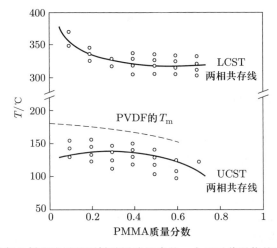

图 VI.33　聚偏氟乙烯和聚甲基丙烯酸甲酯组成的一个二元共混物的温度-浓度相图。最上面的线是有低临界共溶温度的液-液相分离的两相共存线。在两相共存线以下是聚偏氟乙烯的晶态固体-熔体的相边界，接着是另一条两相共存线，属于有高临界共溶温度的液-液相分离。(重绘 1987 年 Saito 等的图，承蒙许可)

的相对较窄的温度区域内在相容的熔体中结晶，或者也可以在这个两相共存线以下结晶(Saito 等，1987)。当聚偏氟乙烯的结晶从相容熔体中发生时，观察到一种硕大球晶形态；而当共混物淬冷进入两相共存线区域时，只找到一种调制的形态。这个形态上的转变发生在两相共存线的边界，如图 VI. 33 所示。这就为高临界共溶温度的液−液相分离的发生提供了实验证据。

事实上，我们可以设计不同的聚偏氟乙烯的结晶路径。它可以通过从高于约 350 ℃ 的低临界共溶温度淬冷样品，以不同程度的亚稳定相分离从相分离的熔体中结晶，或在高于聚偏氟乙烯晶体熔点但低于低临界共溶温度到相容熔体的更低温度从相容的熔体中结晶。要监测相分离对聚偏氟乙烯结晶的影响，也可以在高温从相分离的熔体淬冷样品进入低温下高临界共溶温度的两相共存线区域之内来观察它的结晶行为。

# VI. 4　和凝胶化及结晶相关联的液−液相分离

我们已经描述了高分子中不同层次亚稳定性存在的可能性，并已对某些结合玻璃化和结晶的液−液相分离的多层次亚稳定性进行了特别介绍。在第一个层次上(经常是在经典的意义上)，亚稳态存在于每一个过程中。在第二个层次，也经常是更大的长度尺度上，这些过程在试图到达最终稳定性的路径上也会相互交叉或者是一个过程跨越到另一个。

在下文中，我们将具体讨论液−液相分离形态中与高分子富集相直接关联的一个特征。这种关联性导致了在这个相中的连接性问题。如果玻璃化的高分子富集相在整个宏观尺度是连通的，就形成了凝胶。事实上，正是通过物理凝胶化这个话题——实验观察无定形聚苯乙烯溶液随着冷却就能凝固为一个凝胶(Arnauts 等，1987；Hikmet 等，1988)——使得整个这个学科领域已经处于当前相当突出的地位，尽管很多具体问题也还在进一步的研究之中。起初，形成凝胶所需的连接性被认为是由链分子提供的，于是要求链分子足够长，所以它们可以被结合到一个以上的玻璃化高分子富集区中去(Keller，1995)。溶剂化的长链分子形成这些区之间的"橡胶似的"桥梁。通过使用近乎单分散的无定形聚苯乙烯的实验，发现产生连接形成凝胶所需的分子量遵循预期的标度关系(Callister 等，1990；Arnauts 等，1993)。在通常的凝胶概念中，这种凝胶具有低模量易变形的(软)特征。

除这种溶剂化链分子的连接性外，总体连接性也可通过链分子聚集的玻璃态在双连续相中的连续性来确立。在这种情况，"凝胶"是通过更大长度尺度上的连接来形成的。它们坚硬、耐用、像玻璃一样，正如一个不言自明的例子是通过高分子的高浓度出现的相连续性(基体反转的情况)。在相连续性是通过液-液相分离的亚稳极限分解所产生的情况中，这种凝胶的物理特征是易碎的，尤其是在高分子浓度低时，它的形态是一个精细连续的玻璃状网络。事实上，在这样的条件下，凝胶化也可以用来确定相图中的亚稳极限线（Keller，1995；Arnauts 等，1987、1993）。特别是，两种凝胶，也就是"软的"和"硬的"凝胶是可以通过它们差异巨大的力学性能来加以区分，如果把它们作为特定温度时浓度的函数来跟踪，也可以用来描绘亚稳极限线（Callister 等，1990）。

如同所有前面描述的形态一样，那些导致连接性从而形成凝胶的形态都对应于亚稳态。事实上，所有通过化学上均匀的均聚物而形成的物理凝胶和通过相变（不管是结晶还是液-液相分离）产生的物理凝胶，必然是处于亚稳态的，在这个形态某种类型的能量（自由能能垒或干预另一个转变过程的）必须采取行动以阻止相变的完成。因此，这些凝胶处在双连接性阶段。在目前和概念上最简单的情况中，这个过程是玻璃化。

现在我们将在不同的长度尺度上考虑更复杂的多层次的亚稳态。比如，液-液相分离在降温时可以和一个或多个组分的凝胶化和结晶结合在一起。在这种情况，相分离、凝胶化和结晶会互相竞争，而最终的形态通常不仅仅取决于相变的顺序，并且还取决于相变过程中分子或链段间的相互作用。我们知道结晶过程具有较强的相互作用，而液-液相分离过程中的相互作用较弱。

另一方面，凝胶化实质上会终止高分子的大尺度分子扩散。图 VI.34 展示了等规聚苯乙烯在反式十氢萘中的一个典型例子。这里最上面的相边界对应于链折叠单晶的形成，其中链具有早已确定的、正常的 $3_1$ 螺旋结构（Natta 等，1960）。这些稳定的晶体（暂时忽略链折叠状态本身是亚稳的）在降温时析出，产生一个混浊的悬浮液。如果这些晶体在足够的浓度中形成，这个体系可以变成一个在分子水平上连接的凝胶（图 VI.34 中凝胶 I）。但是，当降温速率不是足够慢的时候，等规聚苯乙烯在溶液中就会错过这个结晶的机会而到达一个新的晶相形成的边界。在这个边界上或稍低于这个新的晶体-液体相边界，如图 VI.34 所示，会显现一个新的现象，也就是即使等规聚苯乙烯浓度很低，整个体系也会非常迅速地固化成一个透明的凝胶。由于这个原因，这已成为与凝胶研究相关的最前沿主题。不过，对于我们现在的目的，凝胶化并不是强调的重点；它仅仅作为在远低于一般的晶态固体-液体相边界线之下发生的相态变化的一个简单标志。

与凝胶亚稳态有关的详细性质距离完全解决还很远，它仍然是某些争议及有待进一步探讨的课题（Keller，1995）。它具有晶体相本身产生连接性的特性，因此它是凝胶化的来源（图 VI.34 中的凝胶 II）。晶体的特征在广角 X 射线衍射实验中是很明显的，虽然在许多情况下很难得到这样的衍射花样。Atkins 等

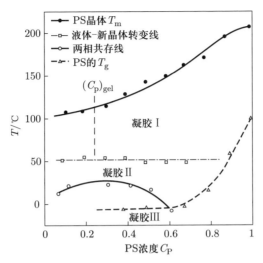

图 VI.34　等规聚苯乙烯在反式十氢萘中的温度-浓度相图。上面的线代表具有 $3_1$ 螺旋构象的正常晶体的晶体-液体边界。在低温部分可以观察到液-液相分离区域，它由两相共存线界定。一个玻璃化过程也与两相共存线相交，得到 Berghmans 点。在晶态固体-液体边界和两相共存线之间的、新的晶态固体-液体边界显示了另一个亚稳相的介入。这些相转变的每一个都可以引起凝胶的形成。高于特定浓度 $(C_p)_{gel}$ 以上时，凝胶 I 可以在晶态固体-晶态晶体和新的晶态固体-液体边界之间形成。结合玻璃化温度的液-液相分离形成凝胶 III。在新的晶体-液体边界以下，凝胶 II 形成，它具有其本身的特点。（重绘 1995 年 Keller 的图，承蒙许可）

得到了等规聚苯乙烯凝胶中晶体的广角 X 射线衍射花样，结果表明分子具有高度伸展的链构象，有可能是一个 $12_1$ 的螺旋链（1977、1980）。观察到的形态对应于纤丝状织构（Atkins 等，1984）。我们推断由于结晶导致的联结及晶体的堆积，这里的等规聚苯乙烯分子链几乎不是折叠而是或多或少伸展的。所以，观察到的形态有利于通过链连接来形成凝胶。图 VI.34 中新结晶固体-液体边界的水平特征暗示与溶剂或晶体溶剂化物形成了某种复合物（Atkins，1984）。这个特征看来是类似体系中这类现象的共同特性。不过，晶体溶剂化物的化学计量关系还没有建立，这种复合物的形成及/或晶体溶剂化物看来并非与特定的溶剂相关。但是，这个效应的基本特性在一系列不同的溶剂中都展现了出来。复合物及/或晶体溶剂化物的形成是个新出现的课题，本身就很重要；在这里的亚稳态主题下我们就不对其进行更多的强调了。

移动到图 VI.34 中更低的温度，我们到达两相共存线界定的液-液相分离区域。这个区域可以由起始透明的体系立刻转变为混浊得到证明。与在更高温度下停留足够长时间后出现在晶体-液体相边界线以下、具有 $3_1$ 螺旋链的晶体而引起的混浊相对照，这里混浊的出现是瞬时的，并随温度是可逆的，与液-液相分离的本质相符。因为如果没有一定的转变发生，新的晶态固体-液体相边界线是不可能被穿过的，所以液-液相分离本身发生在至少已部分凝胶化的体系中。也就是说，剩余的还没有参与凝胶连接（图中那些对应于凝胶 II 的）的分子链或者链的一部分会在更低的温度下参与这一轮的液-液相分离。这个物理图像很可能会得到实验观测的支持。

　　例如，如果体系停留在新的晶体-液体相边界线和液-液相分离曲线之间的温度间隔中的时间越来越长，在随后的降温中，就会发现液-液相分离的能力变得越来越弱（Keller，1995）。另外，随着停留时间的增加，液体转变成新晶体的过程消耗的等规聚苯乙烯分子越来越多。这导致在随后的降温中，能发生液-液相分离的高分子越来越少。

　　进一步降温至液-液相分离曲线以下，最终会到达其与玻璃化温度线的交点，如同在玻璃化温度中的不变性所揭示的一样（由量热测试仪检测到）。这里，我们几乎回到 VI.2 节所描述的受玻璃化干预的情况。与前面讨论的情况不同的是，在当前的情形下，整个玻璃化的体系是处于深埋在晶体-液体和新的晶体-液体的相边界线之下的一种亚稳相。两相共存线与玻璃化温度线的相交也应该导致一种凝胶，但是这种凝胶将位于跨越新的晶体-液体边界线时早已形成的凝胶之中。因此，凝胶形成本身预期不易看得出来，仅仅是在原有刚性凝胶中察觉到更强的刚性。到目前为止，这个现象只是得到了定性的描述，还在期待着更定量的描述。

　　关于凝胶化的主题，图 VI.34 包含了凝胶形成的三个不同来源的信息，它们在一个相同的体系中要么是同时要么是单独地起着作用。在这张图中，在晶体-液体相边界线之下，浑浊的凝胶 I 对应着悬浮的单晶（折叠链片晶）之间分子连结性的形成，由从足够高浓度（$C_p$）$_{gel}$ 的溶液中形成的 $3_1$ 螺旋构成。透明的凝胶 II 是通过伸展链类型的纤维状晶体内在能力形成的凝胶，可能是由 $12_1$ 螺旋链组成，这个区域是处在新的晶体-液体的水平相边界线之下。这是三种凝胶化过程中最为显著的一种。第三种凝胶，凝胶 III，是由于在相连接性充分的条件下液-液相分离的两相共存线和玻璃化线的相交，这已在 VI.2 节中单独讨论过了。

　　从前面的讨论中可以看出，即使限制在经典的亚稳态的概念里，由可能的亚稳态引起的相行为的复杂性与多样性也是非常明显的。对于如图 VI.34 中表示的体系，我们还只是处于全面理解这些相转变过程的初级阶段。而现在这一步还只是充分理解不同亚稳态和它们之间关系的开始。越来越多的迹象表明，在足够高的过冷度（不过仍在或者高于新的晶体-液体相线边界上）下，无规线团本身的构象在结晶开始前会经历线团到螺旋链的转变。正如图 VI.34 所描述的，这种构象上的转变已在等规聚苯乙烯在环己醇中的情况中观察到。基于细心的光谱学鉴定证明，其他的例子包括在甲苯中（Berghmans 等，1994）和在 2-丁酮中（Buyse 和 Berghmans，2000）的等规聚甲基丙烯酸甲酯、在顺式十氢萘中（Deberdt 和 Berghmans，1993；Roels 等，1997）和三溴甲烷中（De Rudder 等，2002）的间规聚苯乙烯以及在甲苯中的间规聚甲基丙烯酸甲酯（Buyse 等，1998）。这些例子意味着在足够高的过冷度下，相对于无规线团，有可能通过与溶剂的结合而稳定的螺旋链是稳定的，而相对于由晶态固体-液体相边界线表示的最终的稳定晶体是亚稳的。因此，正是这些新形成的螺旋将在穿过新的晶体-液体相边界时通过联结产生凝胶（在反式十氢萘中的等规聚苯乙烯凝胶 II）。所以，我们会有这样一种情况，结晶的两个因素，即形成一个规则的链构象及将这些链配置到一个晶格中，会按次序发生，这和一般想象的它们会同时发生的观点正相反。这个概念还需要详尽的实验去证实。目前剩下的不确定性是确认螺旋链的形成实际上先于联结（凝胶状态），这仍然是个问题，因为螺旋链一旦形成，联结就非常之快。即使如此，上述可能性还是可预期的，而如果确实如此，这将具有潜在的重要性。

当然图 VI.34 所示的一般原理不仅只是表示了在反式十氢萘中等规聚苯乙烯的情况。越来越多的例子已被报道，它们也属于图 VI.34 中讨论的情况。这些例子包括在甲苯中的间规聚甲基丙烯酸甲酯（Berghmans 等，1994）、在 2-丁酮中的等规聚甲基丙烯酸甲酯（Buyse 和 Berghmans，2000）以及在若干种溶剂如顺式十氢萘、邻二甲苯、一些氯苯和三溴甲烷中的间规聚苯乙烯（Deberdt 和 Berghmans，1993、1994；Roel 等，1994、1997；Berghmans 和 Deberdt，1994；De Rudder 等，2002）。这里描述的研究工作的另一个方面是将这些相行为与溶液中的生物高分子，如角叉菜胶、明胶等等相联系。多数情况下，这些体系中的溶剂是水（Bongaerts 等，2000）。

最后，应该对相转变动力学之间的竞争作出特别的评论。如前所述，在这些体系中结晶在经过晶态固体-液体相边界线时通常是非常慢的，这是为什么多种深埋在晶态固体-液体相边界线之下的亚稳相可以一再被发现。但是，这里还有更多的原因，而不仅仅是以足够快的降温速率来赶超随更大的过冷度而增加的结晶速率。这情况在等规聚苯乙烯中已被发现，稳定 $3_1$ 螺旋链晶体形成的实际速率在晶体-液体和新晶体-液体相边界线之间的整个温度范围内并不加快，相反，经过一个极大值后，速率变成一个极小值，在新晶态固体-液体过程开始之前变成了一个可以忽略的值。因此，似乎两个过程在它们的稳定性区域开始重叠的温度范围内会相互干扰和妨碍。

这样的一个可能性，连同 III.3 节中图 III.8 的区域 II，我们已经描述过了，以前也得到了如正烷烃（Ungar 和 Keller，1986、1987；Organ 等，1989、

1997；Sutton 等，1996；Boda 等，1997；Morgan 等，1998；Hobbs 等，2001；Ungar 等，2000；Hosier 等，2000；Ungar 和 Zeng，2001；Putra 和 Ungar，2003；Ungar 等，2005)以及低分子量聚环氧乙烷那样的低聚物在一次折叠和伸展链晶体之间的转变区域(Cheng 和 Chen，1991)中结晶速率明显极小值的观察结果的支持，正如 IV.1.5 节中描述的。现在，在目前讨论的高分子-溶剂体系中看到了相同的效应，即在总体转变过程中的一个速率极小值，这使得我们可以把这两方面的结果放到一个框架中去考虑它们的真实性和普适性。

现在让我们简略地考察最后一个例子，它代表另一类二元混合物，而且在生物体系里有潜在的应用性，它可以归入本节讨论的相行为。这是一个水溶性、不结晶的聚甲基乙烯基醚(PVME)和氘代水的二元混合物。这个体系的相行为比较有趣，因为不是高分子能结晶而是氘代水溶剂可以结晶。根据小角中子散射实验，这个体系在高温有两个低临界共溶温度，液-液相分离有两个稳定的临界点，具有双峰性(bimodality)(Nies 等，2005)，如图 VI.35 所示。再者，在低温时，也能在聚甲基乙烯基醚浓度在 0.6 和 1.0 之间的区域发现一个较窄的高临界共溶温度(Nies 等，2006)，在此之内则由液-液相分离的两相结构所组成。在这张图上，除了随氘代水浓度增加玻璃化温度的降低，氘代水的晶态固体-液体相边界线也包括在内。这些数据源自于 Van Durme 等的工作(2005)。这个晶态固体-液体相边界线处于低和高临界共溶温度之间，并且它应该接近于热力学平衡。在足够高的高分子浓度(高于约 0.6)，溶剂停止结晶(Meeussen 等，2000；Zhang 等，2003)。这个发现起初归结为高分子和溶剂之间由氢键复合物引起的强相互作用(Meeussen 等，2000；Maeda，2001)。

但是，最近的理论计算并不支持这种复合物的形成。新发现的高临界共溶温度相分离因此被归结为结晶过程的原因(Nies 等，2006)。不考虑这个不均匀结构的来源，可以预期有两种不同的"凝胶"。其中一种"凝胶"是当高分子浓度低于 0.6 时氘代水结晶后在晶体-液体相边界线以下；而另一种由液-液相分离形成。这两种"凝胶"必然表现出不同的力学响应。更重要的是，它们不处于热力学平衡，而是处在亚稳定性的不同阶段。图 VI.35 中描述的相行为再一次提供了阐明多层次亚稳态的不同途径，不过这种研究才刚刚开始。

玻璃化温度降低经过高临界共溶温度区域，如图 VI.35 所示。原则上，在这个较窄浓度区域，应该有两个玻璃化温度，它们代表两个不同组成的相分离区。这两个玻璃化温度相对于浓度必然都是不变的(VI.2 节)。但是，由于这个高临界共溶温度的浓度区域较窄，这两个玻璃化温度足够接近以至于会重叠，导致只能观察到一个相对较宽的转变。这个玻璃化温度表观上的降低可能是由于从液-液相分离形成的这两相的不同组成分配而造成的。

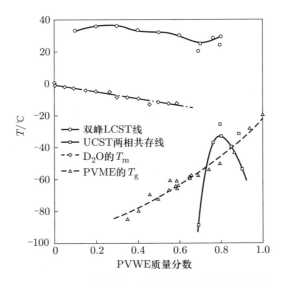

图 VI.35　聚甲基乙烯基醚和氘代水的二元混合物的温度-浓度相图。高于 20 ℃，有一个低临界共溶温度两相共存线（圆圈符号为实验观测数据）。略低于 0 ℃，它是氘代水的晶态固体-液体边界。这个边界在聚甲基乙烯基醚浓度约 0.6 时结束（钻石符号）。在 0.6 和 1.0 之间一个较窄的浓度区域，−30 ℃ 以下可以观察到一个具有高临界共溶温度的液-液相分离（正方形符号）。最后，玻璃化温度随高分子浓度而升高，由三角符号表示。（重绘 2006 年 Nies 等的图，承蒙许可）

# 参 考 文 献 及 更 多 读 物

Arnauts, J.; Berghmans, H. 1987. *Amorphous thermoreversible gels of atactic polystyrene.* Polymer Communications **28**, 66-68.

Arnauts, J.; Berghmans, H.; Koningsveld, R. 1993. *Structure formation in solutions of atactic polystyrene in trans-decalin.* Die Makromolekulare Chemie **194**, 77-85.

Atkins, E. D. T.; Isaac, D. H.; Keller, A. 1980. *Conformation of polystyrene with special emphasis to the near all-trans extended-chain model relevant in polystyrene gels.* Journal of Polymer Science, Polymer Physics Edition **18**, 71-82.

Atkins, E. D. T.; Isaac, D. H.; Keller, A.; Miyasaka, K. 1977. *Analysis of anomalous X-ray diffraction effects of isotactic polystyrene gels and its implications for chain conformation and isomeric homogeneity.* Journal of Polymer Science, Polymer Physics Edition **15**, 211-226.

Atkins, E. D. T.; Hill, M. J.; Jarvis, D. A.; Keller, A.; Sarhene, E.; Shapiro, J. S.

1984. *Structural studies on gels from isotactic polystyrene*. Colloid and Polymer Science **262**, 22-45.

Bassett, D. C.; Turner, B. 1972. *New high-pressure phase in chain-extended crystallization of polythene*. Nature Physical Science **240**, 146-148.

Bassett, D. C.; Turner, B. 1974a. *On chain-extended and chainfolded crystallization of polyethylene*. Philosophical Magazine **29**, 285-307.

Bassett, D. C.; Turner, B. 1974b. *On the phenomenology of chain-extended crystallization in polyethylene*. Philosophical Magazine **29**, 925-955.

Berghmans, H.; Deberdt, F. 1994. *Phase behavior and structure formation in solutions of vinyl polymers*. Philosophical Transactions: Physical Sciences and Engineering **348**, 117-130.

Berghmans, S.; Mewis, J.; Berghmans, H.; Meijer, H. 1995. *Phase behavior and structure formation in solutions of poly ( 2, 6-dimethyl-1, 4-phenylene ether )*. Polymer **36**, 3085-3091.

Berghmans, M.; Thijs, S.; Cornette, M.; Berghmans, H.; De Schryver, F. C.; Moldenaers, P.; Mewis, J. 1994. *Thermoreversible gelation of solutions of syndiotactic poly ( methyl methacrylate ) in toluene: A two-step mechanism*. Macromolecules **27**, 7669-7676.

Bernstein, R. E.; Cruz, C. A.; Paul, D. R.; Barlow, J. W. 1977. *LCST behaviors in polymer blends*. Macromolecules **10**, 681-686.

Boda, E.; Ungar, G.; Brooke, G. M.; Burnett, S.; Mohammed, S.; Proctor, D.; Whiting, M. C. 1997. *Crystallization rate minima in a series of n-alkanes from $C_{194}H_{390}$ to $C_{294}H_{590}$*. Macromolecules **30**, 4674-4678.

Bongaerts, K.; Paoletti, S.; Denef, B.; Vanneste, K.; Cuppo, F.; Reynaers, H. 2000. *Light scattering investigation of ι-carrageenan aqueous solutions. Concentration dependence of association*. Macromolecules **33**, 8709-8719.

Briber, R. M.; Khoury, F. 1987. *The phase diagram and morphology of blends of poly ( vinylidene fluoride ) and poly ( ethyl acrylate )*. Polymer **28**, 38-46.

Brückner, S.; Meille, S. V. 1989. *Non-parallel chains in crystalline γ-isotactic polypropylene*. Nature **340**, 455-457.

Buyse, K.; Berghmans, H. 2000. *Thermoreversible gelation of solutions of isotactic poly ( methyl methacrylate ) in 2-butanone*. Polymer **41**, 1045-1053.

Buyse, K.; Berghmans H.; Bosco, M.; Paoletti, S. 1998. *Mechanistic aspects of the thermoreversible gelation of syndiotactic poly ( methyl methacrylate ) in toluene*. Macromolecules **31**, 9224-9230.

Callister, S.; Keller, A.; Hikmet, R. M. 1990. *On thermoreversible gels: Their classification, relation to phase transitions and vitrification, their morphology and properties*. Die Makromolekulare Chemie, Macromolecular Symposia **39**, 19-54.

Cartier, L.; Okihara, T.; Lotz, B. 1998. *The α″ "superstructure" of syndiotactic polystyrene: A frustrated structure*. Macromolecules **31**, 3303-3310.

Cheng, S. Z. D.; Chen, J. H. 1991. *Nonintegral and integral folding crystal growth in low-molecular mass poly(ethylene oxide) fractions. III. Linear crystal growth rates and crystal morphology.* Journal of Polymer Science, Polymer Physics Edition **29**, 311-327.

Cheng, S. Z. D.; Zhu, L.; Li, C. Y.; Honigfort, P. S.; Keller, A. 1999. *Size effect of metastable states on semicrystalline polymer structures and morphologies.* Thermochimica Acta **332**, 105-113.

Cheung, Y. W.; Stein, R. S. 1994. *Critical analysis of the phase behavior of poly(ε-caprolactone)(PCL)/polycarbonate(PC) blends.* Macromolecules **27**, 2512-2519.

Cheung, Y. W.; Stein, R. S.; Lin, J. S.; Wignall, G. D. 1994. *Small-angle scattering investigation of poly(ε-caprolactone)/polycarbonate blends. 2. Small-angle X-ray and light scattering study of semicrystalline/semicrystalline and semicrystalline/amorphous blend morphologies.* Macromolecules **27**, 2520-2528.

Crist, B.; Hill, M. J. 1997. *Recent development in phase separation of polyolefin melt blends.* Journal of Polymer Science, Polymer Physics Edition **35**, 2329-2353.

De Rosa, C. 1996. *Crystal structure of the trigonal modification (α form) of syndiotactic polystyrene.* Macromolecules **29**, 8460-8465.

De Rosa, C.; Rapacciuolo, M.; Guerra, G.; Petraccone, V.; Corradini, P. 1992. *On the crystal-structure of the orthorhombic form of syndiotactic polystyrene.* Polymer **33**, 1423-1428.

De Rudder, J.; Berghmans, H.; Arnauts, J. 1999. *Phase behavior and structure formation in the system syndiotactic polystyrene/cyclohexanol.* Polymer **40**, 5919-5928.

De Rudder, J.; Berghmans, H.; De Schryver, F. C.; Bosco, M.; Paoletti, S. 2002. *Gelation mechanism of syndiotactic polystyrene in bromoform.* Macromolecules **35**, 9529-9535.

Deberdt, F.; Berghmans, H. 1993. *Phase behavior of syndiotactic polystyrene-decalin.* Polymer **34**, 2192-2201.

Deberdt, F.; Berghmans, H. 1994. *Phase behavior of syndiotactic polystyrene-o-xylene.* Polymer **35**, 1694-1704.

Dafay, R.; Prigogine, I.; Bellemans, A.; Everett, D. H. 1966. *Surface Tension and Adsorption.* Wiley: New York.

Endres, B.; Garbella, R. W.; Wendorff, J. H. 1985. *Studies on phase separation and coarsening in blends of poly(vinylidene fluoride) and poly(ethyl acrylate).* Colloid and Polymer Science **263**, 361-371.

Evans, R. 1990. *Fluids adsorbed in narrow pores: Phase equilibria and structure.* Journal of Physics: Condensed Matter **2**, 8989-9007.

Finter, J.; Wegner G. 1981. *The Relation between phase transition and crystallization behavior of 1, 4-trans-poly(butadiene).* Die Makromolekulare Chemie **182**, 1859-1874.

Foresta, T.; Piccarolo, S.; Goldbeck-Wood, G. 2001. *Competition between α and γ phases in isotactic polypropylene*: *Effects of ethylene content and nucleating agents at different cooling rates*. Polymer **42**, 1167-1176.

Frank, F. C.; Keller, A. 1988. *Two-fluid phase separation*: *Modified by a glass transition*. Polymer Communications **29**, 186-189.

Fujita, K.; Kyu, T.; Manley, R. St. J. 1996. *Miscible blends of two crystalline polymers. 3. Liquid-liquid phase separation in blends of poly (vinylidene fluoride)/poly (butylene adipate)*. Macromolecules **29**, 91-96.

Garber, C. A.; Geil, P. H. 1966. *Solution crystallization of poly-3, 3-bis (Chloromethyl)-oxacyclobutane*. Journal of Applied Physics **37**, 4034-4040.

Geil, P. H.; Anderson, F. R.; Wunderlich, B.; Arakawa, T. 1964. *Morphology of polyethylene crystallized from the melt under pressure*. Journal of Polymer Science, Part A **2**, 3707-3720.

Guerra, G.; Vitagliano, V. M.; De Rosa, C.; Petraccone, V.; Corradini, P. 1990. *Polymorphism in melt crystallized syndiotactic polystyrene samples*. Macromolecules **23**, 1539-1544.

Guerra, G.; De Rosa, C.; Vitagliano, V. M.; Petraccone, V.; Corradini, P. 1991. *Effects of blending on the polymorphic behavior of melt-crystallized syndiotactic polystyrene*. Journal of Polymer Science, Polymer Physics Edition **29**, 265-271.

Gutzow, I.; Toschev, S. 1968. *Non-steady state nucleation in the formation of isotropic and anisotropic phases*. Kristall und Technik **3**, 485-497.

Hay, I. L.; Keller, A. 1965. *Polymer deformation in terms of spherulites*. Kolloid-Zeitschrift **204**, 43-74.

Hikmet, R. M.; Callister, S.; Keller, A. 1988. *Thermoreversible gelation of atactic polystyrene*: *Phase transformation and morphology*. Polymer **29**, 1378-1388.

Hikosaka, M. 1987. *Unified theory of nucleation of folded-chain crystals and extended-chain crystals of linear-chain polymers*. Polymer **28**, 1257-1264.

Hikosaka, M. 1990. *Unified theory of nucleation of folded-chain crystals (FCCs) and extended-chain crystals (ECCs) of linear-chain polymers. 2. Origin of FCC and ECC*. Polymer **31**, 458-468.

Hikosaka, M.; Amano, K.; Rastogi, S.; Keller, A. 1997. *Lamellar thickening growth of an extended chain single crystal of polyethylene. 1. Pointers to a new crystallization mechanism of polymers*. Macromolecules **30**, 2067-2074.

Hikosaka, M.; Amano, K.; Rastogi, S.; Keller, A. 2000. *Lamellar thickening growth of an extended chain single crystal of polyethylene (II)*: *$\Delta T$ dependence of lamellar thickening growth rate and comparison with lamellar thickening*. Journal of Materials Science **35**, 5157-5168.

Hikosaka, M.; Rastogi, S.; Keller, A.; Kawabata, H. 1992. *Investigations on the crystallization of polyethylene under high pressure*: *Role of mobile phase, lamellar thickening growth, phase transformations, and morphology.* Journal of Macromolecular Science, Part B: Physics **31**, 87-131.

Hikosaka, M.; Okada, H.; Toda, A.; Rastogi, S.; Keller, A. 1995. *Dependence of the lamellar thickness of an extended-chain single crystal of polyethylene on the degree of supercooling and the pressure.* Journal of the Chemical Society, Faraday Transactions **91**, 2573-2579.

Ho, R. -M.; Lin, C. -P.; Tsai, H. -Y.; Woo, E. -M. 2000. *Metastability study of syndiotactic polystyrene polymorphism.* Macromolecules **33**, 6517-6526.

Ho, R. -M.; Lin, C. -P.; Hseih, P. -Y.; Chung, T. -M.; Tsai, H. -Y. 2001. *Isothermal crystallization-induced phase transition of syndiotactic polystyrene polymorphism.* Macromolecules **34**, 6727-6736.

Hobbs, J. K.; Hill, M. J.; Barham, P. J. 2001. *Crystallization and isothermal thickening of single crystals of $C_{246}H_{494}$ in dilute solution.* Polymer **42**, 2167-2176.

Hosier, I. L.; Bassett, D. C.; Vaughan, A. S. 2000. *Spherulitic growth and cellulation in dilute blends of monodisperse long n-alkanes.* Macromolecules **33**, 8781-8790.

Isayeva, I.; Kyu, T.; Manley, R. St. J. 1998. *Phase transitions, structure evolution, and mechanical properties of blends of two crystalline polymers: Poly(vinylidene fluoride) and poly(butylene adipate).* Polymer **39**, 4599-4608.

Iwayanagi, S.; Sakurai, I.; Sakurai, T.; Seto, T. 1968. *X-ray structure analysis of trans-1, 4-polybutadiene.* Journal of Macromolecular Science, Part B: Physics **2**, 163-177.

Keller, A. 1995. *Introductory lecture: Aspects of polymer gels.* Faraday Discussions **101**, 1-49.

Keller A.; Cheng, S. Z. D. 1998. *The role of metastability in polymer phase transitions.* Polymer **39**, 4461-4487.

Keller, A.; Hikosaka, M.; Rastogi, S. 1996. *The role of metastability in phase transformations: New pointers through polymer mesophases.* Physica Scripta **T66**, 243-247.

Keller, A.; Hikosaka, M.; Rastogi, S. Toda, A.; Barham, P. J.; Goldback-Wood, G. 1994. *An approach to the formation and growth of new phases with application to polymer crystallization: Effect of finite size, metastability, and Ostwald's rule of stages.* Journal of Materials Science **29**, 2579-2604.

Khoury, F.; Barnes, J. D. 1972. *Formation of curved polymer crystals. Poly(4-methyl-1-pentene).* Journal of Research of the National Bureau of Standards, Section A: Physics and Chemistry **76**, 225-252.

Khoury, F.; Barnes, J. D. 1974a. *Formation of curved polymer crystals. Poly(oxymethylene).* Journal of Research of the National Bureau of Standards, Section A: Physics and Chemistry **78**, 95-128.

Khoury, F.; Barnes, J. D. 1974b. *Formation of curved polymer crystals. Poly(Chlorotrifluoroethylene).* Journal of Research of the National Bureau of Standards, Section A: Physics and Chemistry **78**, 363-373.

Kojima, Y.; Usuki, A.; Kawasumi, M.; Okada, A.; Kurauchi, T.; Kamigaito, O.; Kaji, K. 1994. *Fine structure of nylon-6-clay hybrid*. Journal of Polymer Science, Polymer Physics Edition **32**, 625-630.

Kuo, C. -C.; Woodward, A. E. 1984. *Morphology and properties of trans-1, 4-polyisoprene crystallized from solution*. Macromolecules **17**, 1034-1041.

Liu, L. -Z.; Chu, B.; Penning, J. P.; Manley, R. St. J. 1997. *A synchrotron SAXS study of miscible blends of semicrystalline poly(vinylidene fluoride) and semicrystalline poly(1, 4-butylene adipate)*. Macromolecules **30**, 4398-4404.

Liu, L. -Z.; Chu, B.; Penning, J. P.; Manley, R. St. J. 2000. *A synchrotron SAXS study of miscible blends of semicrystalline poly(vinylidenefluoride) and semicrystalline poly(1, 4-butylene adipate). II. Crystallization, morphology, and PBA inclusion in PVDF spherulites*. Journal of Polymer Science, Polymer Physics Edition **38**, 2296-2308.

Lotz, B.; Wittmann, J. C.; Lovinger, A. J. 1996. *Structure and morphology of poly (propylenes): A molecular analysis*. Polymer **37**, 4979-4992.

Maeda, Y. 2001. *IR spectroscopic study on the hydration and the phase transition of poly(vinyl methyl ether) in water*. Langmuir **17**, 1737-1742.

Meeussen, F.; Bauwens, Y.; Moerkerke, R.; Nies, E.; Berghmans, H. 2000. *Molecular complex formation in the system poly(vinyl methyl ether)/water*. Polymer **41**, 3737-3743.

Morgan, R. L.; Barham, P. J.; Hill, M. J.; Keller, A.; Organ, S. J. 1998. *The crystallization of the n-alkane $C_{294}H_{590}$ from solution: Inversion of crystallization rates, crystal thickening, and effects of supersaturation*. Journal of Macromolecular Science, Part B: Physics **37**, 319-338.

Nakajima, A.; Fujiwara, H.; Hamada, F. 1966. *Phase relationships and thermodynamic interactions in linear polyethylene-diluent systems*. Journal of Polymer Science, Polymer Physics Edition **4**, 507-518.

Natta, G.; Corradini, P.; Bassi, I. W. 1960. *Crystal structure of isotactic polystyrene*. Del Nuovo Cimento, Supplemento **15**, 68-82.

Nies, E.; Ramzi, A.; Berghmans, H.; Li, T.; Heenan, R. K.; King, S. M. 2005. *Composition fluctuations, phase behavior, and complex formation in poly(vinyl methyl ether)/$D_2O$ investigated by small-angle neutron scattering*. Macromolecules **38**, 915-924.

Nies, E.; Li, T.; Berghmans, H.; Heenan, R. K.; King, S. M. 2006. *Upper critical solution temperature phase behavior, composition fluctuations, and complex formation in poly(vinyl methyl ether)/$D_2O$ solutions: Small-angle neutron-scattering experiments and Wertheim lattice thermodynamics perturbation theory predictions*. Journal of Physical Chemistry B **110**, 5321-5329.

Nojima, S.; Satoh, K.; Ashida, T. 1991. *Morphology formation by combined effect of crystallization and phase separation in a binary blend of poly(ε-caprolactone) and polystyrene oligomer*. Macromolecules **24**, 942-947.

Organ, S. J.; Ungar, G.; Keller, A. 1989. *Rate minimum in solution crystallization of long paraffins.* Macromolecules **22**, 1995-2000.

Organ, S. J.; Barham, P. J.; Hill, M. J.; Keller, A.; Morgan, R. L. 1997. *A study of the crystallization of the n-alkane $C_{246}H_{494}$ from solution: Further manifestations of the inversion of crystallization rates with temperature.* Journal of Polymer Science, Polymer Physics Edition **35**, 1775-1791.

Ostwald, W. 1897. *Studien über die Bildung und Umwandlung fester Körper.* Zeitschrift für Physikalische Chemie, Stöchiometrie und Verwandschaftslehre **22**, 289-300.

Otsuka, N.; Yang, Y.; Saito, H.; Inoue, T.; Takemura, Y. 1998. *Phase behavior and morphology development in a blend of isotactic polypropylene and hydrogenated poly(styrene-co-butadiene).* Polymer **39**, 1533-1538.

Paul, D. R.; Bucknall, C. B. , Eds. 2000. *Polymer Blends.* John Wiley: New York.

Penning, J. P.; Manley, R. St. J. 1996a. *Miscible blends of two crystalline polymers. 1. Phase behavior and miscibility in blends of poly(vinylidene fluoride) and poly(1, 4-butylene adipate).* Macromolecules **29**, 77-83.

Penning, J. P.; Manley, R. St. J. 1996b. *Miscible blends of two crystalline polymers. 2. Crystallization kinetics and morphology in blends of poly(vinylidene fluoride) and poly(1, 4-butylene adipate).* Macromolecules **29**, 84-90.

Pradère, P.; Thomas, E. L. 1990. *Antiphase boundaries and ordering defects in syndiotactic polystyrene crystals.* Macromolecules **23**, 4954-4958.

Price, C.; Holton, T. J.; Stubbersfield, R. B. 1979. *Crystallization of poly(λ-benzyl-L-glutamate) from dilute solutions of hexafluoroisopropanol.* Polymer **20**, 1059-1061.

Price, C.; Harris, P. A.; Holton, T. J.; Stubbersfield, R. B. 1975. *Growth of lamellar crystals of Poly(γ-benzyl-L-glutamate).* Polymer **16**, 69-71.

Prime, R. B.; Wunderlich, B. 1969. *Extended-chain crystals, III. Size distribution of polyethylene crystals grown under elevated pressure.* Journal of Polymer Science, Polymer Physics Edition **7**, 2061-2072.

Putra, E. G. R.; Ungar, G. 2003. *In situ solution crystallization study of n-$C_{246}H_{494}$: Self-poisoning and morphology of polymethylene crystals.* Macromolecules **36**, 5214-5225.

Rastogi, S.; Kurelec L. 2000. *Polymorphism in polymers; its implications for polymer crystallization.* Journal of Materials Science **35**, 5121-5138.

Rastogi, S.; Ungar, G. 1992. *Hexagonal columnar phase in 1, 4-trans-polybutadiene: Morphology, chain extension, and isothermal phase reversal.* Macromolecules **25**, 1445-1452.

Rastogi, S.; Hikosaka, M.; Kawabata, H.; Keller, A. 1991. *Role of mobile phases in the crystallization of polyethylene. 1. Metastability and lateral growth.* Macromolecules **24**, 6384-6391.

Rees, D. V.; Bassett, D. C. 1968. *Origin of extended-chain lamellae in polyethylene.* Nature

**219**，368-370.

Rees，D. V.；Bassett，D. C. 1971. *Crystallization of polyethylene at elevated pressures*. Journal of Polymer Science，Polymer Physics Edition **9**，385-406.

Richards，R. B. 1946. *The Phase equilibria between a crystalline polymer and solvents. I. The effect of polymer chain length on the solubility and swelling of polythene*. Transactions of the Faraday Society **42**，10-20.

Roels，T.；Deberdt，F.；Berghmans，H. 1994. *Solvent quality and phase stability in syndiotactic polystyrene-solvent systems*. Macromolecules **27**，6216-6220.

Roels，T.；Rostogi，S.；De Rudder，J.；Berghmans，H. 1997. *Temperature induced structural changes in syndiotactic polystyrene/cis-decalin systems*. Macromolecules **30**，7939-7944.

Saito，H.；Fujita，Y.；Inoue，T. 1987. *Upper critical solution temperature behavior in poly (vinylidene fluoride)/poly (methyl metharylate) blends*. Polymer Journal（Japan）**19**，405-412.

Schaaf，P.；Lotz，B.；Wittmann，J. C. 1987. *Liquid-liquid phase separation and crystallization in binary polymer systems*. Polymer **28**，193-200.

Shimizu，K.；Wang，H.；Wang，Z. G.；Matsuba，G.；Kim，H.；Han，C. C. 2004. *Crystallization and phase separation kinetics in blends of linear low-density polyethylene copolymers*. Polymer **45**，7061-7069.

Suehiro K.；Takayanagi，M. 1970. *Structural studies of the high temperature form of trans-1，4-polybutadiene crystal*. Journal of Macromolecular Science，Part B：Physics **4**，39-46.

Sutton，S. J.；Vaughan，A. S.；Bassett，D. C. 1996. *On the morphology and crystallization kinetics of monodisperse polyethylene oligomers crystallized from the melt*. Polymer **37**，5735-5738.

Svoboda，P.；Kressler，J.；Chiba，T.；Inoue，T.；Kammer，H. -W. 1994. *Light-scattering and TEM analyses of virtual upper critical solution temperature behavior in PCL/SAN blends*. Macromolecules **27**，1154-1159.

Tanaka，H.；Nishi，T. 1985. *New types of phase separation behavior during the crystallization process in polymer blends with phase diagram*. Physical Review Letters **55**，1102-1105.

Tanaka，H.；Nishi，T. 1989. *Local phase separation at the growth front of a polymer spherulite during crystallization and nonlinear spherulitic growth in a polymer mixture with a phase diagram*. Physical Review A **39**，783-794.

Tosaka，M.；Tsuji，M.；Kohjiya，S.；Cartier，L.；Lotz，B. 1999. *Crystallization of syndiotactic polystyrene in β-form. 4. Crystal structure of melt-grown modification*. Macromolecules **32**，4905-4911.

Turner-Jones，A.；Aizlewood，J. M.；Beckett，D. R. 1964. *Crystalline forms of isotactic polypropylene*. Die Makromolekulare Chemie **75**，134-158.

Ungar，G. 1986. *From plastic crystal paraffins to liquid crystal polyethylene*. Macromolecules **19**，

1317-1324.

Ungar, G.; Keller, A. 1986. *Time-resolved synchrotron X-ray study of chain-folded crystallization of long paraffins.* Polymer **27**, 1835-1844.

Ungar, G.; Keller, A. 1987. *Inversion of the temperature dependence of crystallization rates due to onset of chain folding.* Polymer **28**, 1899-1907.

Ungar, G.; Zeng, X. -B. 2001. *Learning polymer crystallization with the aid of linear, branched and cyclic model compounds.* Chemical Reviews **101**, 4157-4188.

Ungar, G.; Putra, E. G. R.; de Silva, D. S. M.; Shcherbina, M. A.; Waddon, A. J. 2005. *The effect of self-poisoning on crystal morphology and growth rates.* Advances in Polymer Science **180**, 45-87.

Ungar, G.; Mandal, P.; Higgs, P. G.; de Silva, D. S. M.; Boda, E.; Chen, C. M. 2000. *Dilution wave and negative-order crystallization kinetics of chain molecules.* Physical Review Letters **85**, 4397-4400.

Utracki, L. A. 2002. *Polymer Blends Handbook.* Kluwer Academic Publishers: Dordrecht.

Van Durme, K.; Loozen, E.; Nies, E.; Van Mele, B. 2005. *Phase behavior of poly(vinyl methyl ether) in deuterium oxide.* Macromolecules **38**, 10234-10243.

Vaughan, A. S.; Ungar, G.; Bassett, D. C.; Keller, A. 1985. *On hexagonal phases of paraffins and polyethylene.* Polymer **26**, 726-732.

Wang, H.; Shimizu, K.; Hobbie, E. K.; Wang, Z. -G.; Meredith, J. C.; Karim, A.; Amis, E. J.; Hsiao, B. S.; Hsieh, E. T.; Han, C. C. 2002. *Phase diagram of a nearly isorefractive polyolefin blend.* Macromolecules **35**, 1072-1078.

Wittmann, J. C.; Hodge, A. M.; Lotz, B. 1983. *Epitaxial crystallization of polymers onto benzoic acid: polyethylene and paraffins, aliphatic polyesters, and polyamides.* Journal of Polymer Science, Polymer Physics Edition **21**, 2495-2509.

Wunderlich, B. 1980. *Macromolecular Physics. Volume III. Crystal Melting.* Academic Press: New York.

Wunderlich, B.; Arakawa, T. 1964. *Polyethylene crystallized from the melt under elevated pressure.* Journal of Polymer Science, Part A **2**, 3697-3706.

Wunderlich, B.; Davidson, T. 1969. *Extended-chain crystals. I. General crystallization conditions and review of pressure crystallization of polyethylene.* Journal of Polymer Science, Polymer Physics Edition **7**, 2043-2050.

Wunderlich, B.; Melillo, L. 1968. *Morphology and growth of extended chain crystals of polyethylene.* Die Makromolekulare Chemie **118**, 250-264.

Xu, J. -R.; Woodward, A. E. 1986. *Further morphological studies of trans-1, 4-polyisoprene crystallized from solution.* Macromolecules **19**, 1114-1118.

Yasuniwa, M.; Nakafuku, C.; Takemura, T. 1973. *Melting and crystallization process of polyethylene under high pressure.* Polymer Journal (Japan) **4**, 526-533.

Yasuniwa, M.; Enoshita, R.; Takemura, T. 1976. *X-ray studies of polyethylene under high pressure*. Japanese Journal of Applied Physics **15**，1421-1428.

Zhang，J.；Bergé，B.；Meeussen，F.；Nies，E.；Berghmans，H.；Shen，D. Y. 2003. *Influence of the interactions in aqueous mixtures of poly（vinyl methyl ether） on the crystallization behavior of water*. Macromolecules **36**，9145-9153.

# 第七章
# 展望——个人观点

在讲述高分子物理在当前和未来基础科学和科技发展中扮演的角色之前，首先我们应该简略地回顾一下高分子物理是如何发展起来的。通过实验和理论研究来理解分子以共价键连成长链所带来的结果时，高分子物理应运而生了。先驱性的实验研究是从处于**热力学平衡态**的高分子稀溶液中展开的。通过这些实验可以得到高分子的近似尺寸以及评估它们在不同环境条件下的行为。随着高分子日益深入日常生活，开展高分子溶液之外的工作势在必行。研究的热点集中到了高分子的固态，包括如何提高其物理性能如拉伸强度、冲击强度和弹性等，以及为了特定的技术应用而精确地调控这些物理性能。相应地，随着塑料技术的发展，有一点变得非常明显，即高分子的结构和动态力学都是决定高分子性能以及由高分子材料制备高分子产品的关键；因此，为充分挖掘高分子材料的潜在应用前景，建立结构-动态力学-性能之间关系是必要的。

高分子的相变不仅在对凝聚态物质的科学理解中，而且在其技术发展中都扮演着核心的角色。在这个领域内研究的现象从根本上都是结构和动态力学的结果。在相变点，高分子的结构和动态力学都会发生突变。相对成熟的科学结构分析一百多年前业已形成，并被广泛用来研究有机合成的及天然的高分子材料。通过确定它们的有序结构、形态以及相态分配（比如结晶度），现在已经有可能将这些参数和物理性能关联起来。不过，把这个领域的研究看成是"传统的"或者"经典的"就略显武断了。尽管测定这些结构的方法和程序早已很好地建立，但在多层次的结构如何影响材料性能方面，依然存在太多需要理解的问题。正因为如此，研究多层次结构的转变、热力学和动态力学，尤其是在低维和受限环境下的研究，是这个领域继续发展的关键。另一方面，分子动态力学是一个相对较晚建立的学科领域（起始与高分子加工有关）。动态力学探索对不同相结构、维度和尺寸下的链段、分子以及分子团簇的运动行为的理解。

尽管高分子物理是依赖简单小分子的大量基础知识而发展起来的，但这个学科为我们提供了一个独特的机会，可以在容易达到的条件下，在更广泛的长度和时间尺度上，控制结构和动态力学行为。由于高分子特有的结构和动态力学行为，高分子物理成为凝聚态物理和固态物理化学的核心组成部分。本书的目的是用**亚稳态和亚稳定性**的概念来关联高分子的相变现象，并说明亚稳定性是未来研究的一个丰富领域。

高分子研究领域完成了这样一项艰难任务，将高分子材料从基础科学研究移到了日常生活中的中心技术平台。为了实现这一点，化学家们提供了新的、结构可控的聚合物和大分子的合成制备方法；物理学家和工程师们则利用他们在结构分析和动态力学表征方面的知识来探测材料的物理变化及其与材料性能的关系。但是，人们发现仅仅在原子级别上精确合成亚纳米尺度的结构并不足以获得特定和专用的材料性能。高分子物理未来的发展在于：1）同时在热力学稳态和亚稳态，以及多种长度和时间尺度上，确定结构和动态力学的影响；2）理解相变中自由能的路径；3）学会掌控不同状态下结构和动态力学的变化以及它们与材料性能的关系；4）优化新技术新用途相关的材料性能。

为了实现这些目标，我们需要在原有的本体、表面及界面研究获取的知识基础之上，学习如何在更大的长度和时间尺度上调控结构和动态力学行为。在高分子的结构和动态力学上未解决的关键问题应该通过实验和理论进展来加以确认和探索。同时，如何将这些问题与材料的性能联系起来也非常重要。遗憾的是，还存在一些必须解决的实验局限性。所有这些问题都围绕着小尺寸、弱相互作用和短暂的、瞬时的亚稳态的相互结合而产生。

这些研究领域的成功依赖于以下几个方面的发展。首先，需要实现对单个以及多个链的化学结构、序列和功能性的绝对确认。重要的是观察和理解每一个这种结构如何被动和主动地对不同尺度的不同环境做出响应，以及结构如何影响那些响应。下一步是表征和确认原子及分子的弱物理相互作用，包括极性和非极性相互作用，所扮演的角色。这些相互作用在自组装的多层次结构中起主要作用。最后，为了确定高分子材料的结构-动态力学-性能关系，我们必须改进实时、原位的衍射和散射实验以在多种长度和时间尺度上识别复杂体系中结构、形态和动态力学的瞬时性和永久性的变化。这些实验观察结果可以帮助我们理解体系是否处于平衡态、亚稳态或者转变中。要解决已发现的问题的主要挑战包括实验测量和理论的结合。我们需要进一步发展我们的基本知识和实验方法学来表征和理解低维材料的结构-动态力学-性能的关系。

为了应对这些挑战，以下的发展应该是高度优先的。我们需要设计和合成精确定义的模型体系以在不同长度和时间尺度上进行结构及动态力学表征。我们需要推进新颖和非传统的技术来表征高分子的结构、形态、动态力学和界面。通过改进空间分辨率以把局部事件外推到全局行为，以及增加时间分辨率以确定材料对刺激响应的中间状态，这些进步将导致对新实验现象的观察，促进对新事物认识的理解，提供对新理论发展的基础。一个关键的技术突破是结合改进的空间和时间分辨率，不仅在单组分体系，而且在多组分体系和杂化材料中来同时监测低维度空间内的物理和化学现象。这样的发明可以使我们获得局部的化学和物理信息并且指导我们的研究，不仅在合成高分子中，而且在生物大分子中。另外，我们需要设计一些方法和发展一些技术来更好地测量完整的物理性能，如电子和光的传输以及生物相容性等。

确定多层次的结构-动态力学-性能关系的一个必要的途径是，通过包括合成化学家、物理学家和工程师的多学科专家的共同努力，来构筑不同尺度的、功能化的结构和动态力学，以了解其形成机制。特别是，**转变时**的结构和动态力学行为的变化需要仔细的检测和全面的解释。高分子物理在其他研究活动中扮演的角色极度依赖于对这门学科的基本理解和前沿突破的进一步发展。

高分子材料的新发展要求基础研究和教育两方面的长期努力。高分子教育已变得与其他科学和工程学科结合得更加紧密。我们如何保持高分子科学与工程的学科特性，但同时要训练我们的学生在一个多学科的环境下获得成功？其中一个关键问题就是在教育过程中怎样平衡这门学科的基础知识和新的前沿学科。我们知道，如果没有对广泛科学原理的深入理解，任何前沿新学科的发展都不会成功。因此，本书作为一种尝试，设计一种新途径介绍高分子的相变，并阐明高分子凝聚态物理的一个核心分支包括了**亚稳态**。希望本书能帮助读者认识到高分子物理在当前科学研究中所起的主要作用，能使大家在教育和多学科合作上做出新的努力。

# 索引

## K

## L

# Z

# 材料科学经典著作选译

## 已经出版

非线性光学晶体手册（第三版，修订版）
V. G. Dmitriev, G. G. Gurzadyan, D. N. Nikogosyan
王继扬 译，吴以成 校

ISBN 978-7-04-027780-7

非线性光学晶体：一份完整的总结
David N. Nikogosyan
王继扬 译，吴以成 校

ISBN 978-7-04-027779-1

脆性固体断裂力学（第二版）
Brian Lawn
龚江宏 译

ISBN 978-7-04-025379-5

凝固原理（第四版，修订版）
W. Kurz, D. J. Fisher
李建国 胡侨丹 译

ISBN 978-7-04-028879-7

陶瓷导论（第二版）
W. D. Kingery, H. K. Bowen, D. R. Uhlmann
清华大学新型陶瓷与精细工艺国家重点实验室 译

ISBN 978-7-04-025600-0

晶体结构精修：晶体学者的SHELXL软件指南（附光盘）
P. Müller, R. Herbst-Irmer, A. L. Spek, T. R. Schneider,
M. R. Sawaya
陈昊鸿 译，赵景泰 校

ISBN 978-7-04-028880-3

金属塑性成形导论
Reiner Kopp, Herbert Wiegels
康永林 洪慧平 译，鹿守理 审校

ISBN 978-7-04-028136-1

金属高温氧化导论（第二版）
Neil Birks, Gerald H. Meier, Frederick S. Pettit
辛丽 王文 译，吴维艾 审校

ISBN 978-7-04-030273-8

金属和合金中的相变（第三版）
David A.Porter, Kenneth E. Easterling, Mohamed Y. Sherif
陈冷 余永宁 译

ISBN 978-7-04-030567-8

电子显微镜中的电子能量损失谱学（第二版）
R. F. Egerton
段晓峰 高尚鹏 张志华 谢琳 王自强 译

ISBN 978-7-04-031535-6

纳米结构和纳米材料：合成、性能及应用（第二版）
Guozhong Cao, Ying Wang
董星龙 译

ISBN 978-7-04-032624-6

焊接冶金学（第二版）
Sindo Kou
闫久春 杨建国 张广军 译

ISBN 978-7-04-030127-4

晶体材料中的界面
A. P. Sutton, R. W. Balluffi
叶飞 顾新福 邱冬 张敏 译

ISBN 978-7-04-043153-7

透射电子显微学（第二版，上册）
David B. Williams, C. Barry Carter
李建奇 等 译

ISBN 978-7-04-043150-6

粉末衍射理论与实践
R. E. Dinnebier, S. J. L. Billinge
陈昊鸿 雷芳 译，陈昊鸿 校

ISBN 978-7-04-044970-9

材料力学行为（第二版）
Marc Meyers, Krishan Chawla
张哲峰 卢磊 等 译，王中光 校

ISBN 978-7-04-046336-1

晶体生长初步：成核、晶体生长和外延基础（第二版）
Ivan V. Markov
牛刚 王志明 译

ISBN 978-7-04-050061-5

固态表面、界面与薄膜（第六版）
Hans Lüth
王聪 孙莹 王蕾 译

ISBN 978-7-04-047854-9

透射电子显微学（第二版，下册）
David B. Williams, C. Barry Carter
李建奇 等 译

ISBN 978-7-04-052413-0

发光材料
G. Blasse，B. C. Grabmaier
陈昊鸿 李江 译，陈昊鸿 校

ISBN 978-7-04-052656-1

高分子相变：亚稳态的重要性
Stephen Z. D. Cheng
沈志豪 译，何平笙 校

ISBN 978-7-04-053520-4

**即将出版**

先进陶瓷制备工艺
M. N. Rahaman
宁晓山 译

材料的结构（第二版）
Marc De Graef, Michael E. McHenry
李含冬 王志明 译

水泥化学（第三版）
H. F. W. Taylor
沈晓冬 陈益民 许仲梓 译

位错导论（第五版）
D. Hull，D. J. Bacon
黄晓旭 吴桂林 译